José Roberto Julianelli

Cálculo Vetorial e Geometria Analítica

2ª Edição Revista e Ampliada

Editora Ciência Moderna

Cálculo Vetorial e Geometria Analítica - 2ª Edição Revista e Ampliada

Editor: Paulo André P. Marques
Produção Editorial: Dilene Sandes Pessanha
Capa: Cristina Satchko Hodge
Diagramação: Daniel Jara
Copidesque: Equipe Ciência Moderna

FICHA CATALOGRAFICA

JULIANELLI, José Roberto.

Cálculo Vetorial e Geometria Analítica - 2ª Edição Revista e Ampliada

Rio de Janeiro: Editora Ciência Moderna Ltda., 2022.

1. Matemática 2. Cálculo 3. Geometria

I — Título

ISBN: 978-65-5842-156-6

CDD 510
515
516

Editora Ciência Moderna Ltda.
R. Alice Figueiredo, 46 – Riachuelo
Rio de Janeiro, RJ – Brasil CEP: 20.950-150
Tel: (21) 2201-6662/ Fax: (21) 2201-6896
E-MAIL: LCM@LCM.COM.BR
WWW.LCM.COM.BR

05/22

SUMÁRIO

CAPÍTULO I - VETORES NO R^2

1.1. ÁLGEBRA OU GEOMETRIA?

A Geometria Analítica é o ramo da Matemática que estabelece relações existentes entre a Álgebra e a Geometria. A partir do estudo que será desenvolvido neste livro, vamos resolver muitos problemas de álgebra utilizando conhecimentos geométricos, assim como diversos problemas de geometria serão resolvidos com recursos da álgebra. Desse modo, objetos da Geometria, por exemplo, o ponto, a reta, a circunferência, terão suas propriedades estudadas através de métodos algébricos, e também objetos da Álgebra como equações e inequações, por exemplo, serão interpretados utilizando-se recursos da Geometria.

Os estudos iniciais da Geometria Analítica se deram no século XVII, e são atribuídos ao filósofo e matemático francês René Descartes (1596 - 1650), embora esses estudos também tenham tido importante colaboração de outro estudioso francês chamado Pierre de Fermat (1601-1665). Segundo alguns historiadores, a Geometria Analítica é um dos muitos casos em que as descobertas ocorreram simultaneamente, mas de forma independente.

Neste livro, vamos dar um tratamento vetorial aos principais assuntos que serão abordados, tais como o ponto e a reta, tanto no plano como no espaço. Optamos por fazer o estudo da Geometria Analítica apoiado no conceito de vetor, por considerarmos que os vetores são uma valiosa ferramenta para a compreensão de todos os tópicos que desenvolveremos na sequência deste trabalho.

1.2. ESTUDO DO PONTO NA RETA - $\Re$

Desde os primeiros anos de contato com a Matemática, os estudantes já começam a fazer uma relação entre os números e os pontos de uma reta. Quando começam a aprender sobre os números naturais, é muito comum esse tipo de associação. Traça-se uma linha reta, considera-se um ponto qualquer dessa reta como "ponto de partida", associando-o ao número zero, e depois, sempre considerando uma mesma distância entre todos os demais pontos, vão sendo marcados ou "identificados" os outros números naturais.

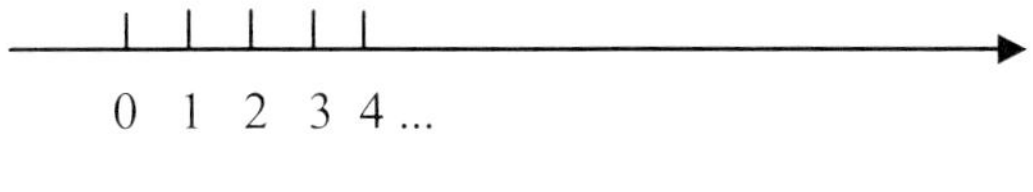

Em seguida essa ideia é estendida para os números inteiros, depois vêm os números racionais e, finalmente, os números reais, considerando-se então, que uma reta pode ser usada para se fazer a associação de seus infinitos pontos com todos os números reais. Assim, estabelece-se uma correspondência biunívoca entre os elementos do conjunto dos números reais e os pontos de uma reta.

Para que essas relações iniciais sejam estabelecidas e nos permitam avançar pelo caminho que planejamos para esse trabalho, considera-se importante o conhecimento de alguns conceitos, como eixo, segmento orientado, módulo e medida algébrica de um segmento, por exemplo, até chegarmos ao conceito de vetor no plano, tendo em vista que o objetivo principal deste livro é, como já dissemos, dar um tratamento vetorial ao estudo da Geometria Analítica.

Definições preliminares:

1. EIXO
   Uma reta pode ser percorrida por qualquer um de seus pontos em dois sentidos distintos. Orientar uma reta é escolher um destes dois sentidos de percurso como sendo o positivo. Toda reta orientada será chamada de **eixo**.

2. SEGMENTO ORIENTADO

Um segmento de reta de extremos pertencentes a um eixo é chamado **segmento orientado**, ficando, portanto, determinado por um par ordenado de pontos, onde o primeiro é a **origem** e o segundo a **extremidade** do segmento. Assim, um par ordenado (A, B) define um segmento orientado e o par (B, A) define o **segmento orientado oposto**. O sentido positivo do segmento orientado é o mesmo do eixo que o contém. No desenho abaixo, o segmento está orientado no sentido positivo, pois está no mesmo sentido convencionado como positivo para o eixo (e).

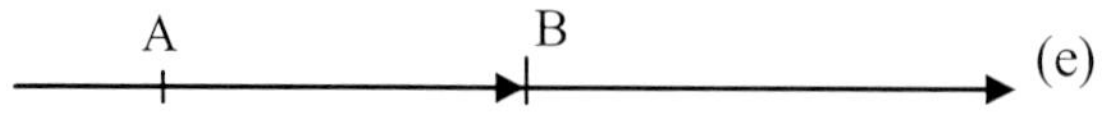

3. SEGMENTOS ORIENTADOS COINCIDENTES

Dados dois segmentos orientados AB e CD, dizemos que o primeiro coincide com o segundo se, e somente se, A = C e B = D e escrevemos (A, B) = (C, D)

4. SEGMENTO NULO

É o segmento cuja extremidade coincide com a origem: (A, A)

5. MÓDULO DE UM SEGMENTO

Dado um segmento orientado AB e escolhido um segmento unitário u, não nulo, existe um número real não negativo m, que é igual à razão dos dois segmentos AB e u; dizemos que m, medida do segmento AB com a unidade u, é o valor absoluto ou módulo de AB. Em outras palavras, escolhida uma unidade u, o módulo do segmento AB (que também é a distância entre os pontos A e B) será igual ao número de vezes que o segmento u "cabe" no segmento AB.

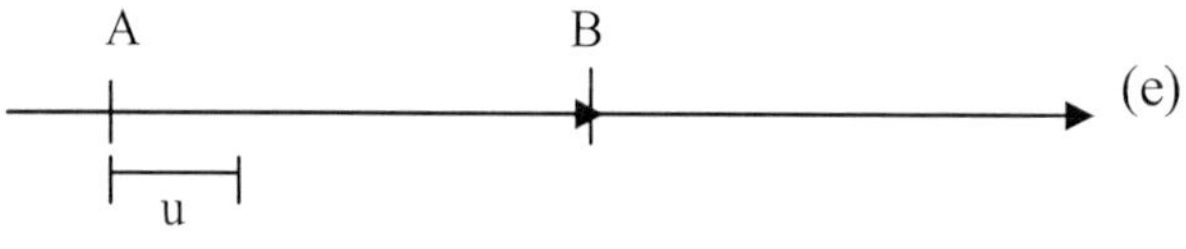

6. MEDIDA ALGÉBRICA

Dado um segmento AB, chamaremos de medida algébrica deste segmento ao produto de seu módulo por +1 ou – 1, conforme o seu sentido, respectivamente, coincida ou não com o sentido positivo do eixo que o contém. Usando a figura acima, se o segmento AB tem módulo 3, por exemplo, diremos que a medida algébrica de AB é 3, enquanto a medida algébrica do segmento BA será – 3.

7. DIREÇÃO DE UM SEGMENTO

A direção de um segmento é determinada pela reta que o contém, que chamaremos reta suporte do segmento. Dois segmentos têm a mesma direção quando pertencem a uma mesma reta suporte ou a retas paralelas entre si.

Observações:

a) O segmento orientado nulo não tem direção especificada;

b) Somente podemos comparar os sentidos de dois segmentos orientados quando eles tiverem a mesma direção.

8. ABSCISSA DE UM PONTO

Inicialmente vamos considerar um eixo (e) e um ponto O, que chamaremos de origem e será associado ao número zero, e um segmento unitário u, não nulo. Qualquer ponto P deste eixo é determinado por sua medida algébrica em relação à origem. Chamaremos a medida algébrica do segmento orientado OP, de abscissa do ponto P em relação a O e representaremos por x_p.

Abscissa do ponto P: $x_P = OP = + |OP|$

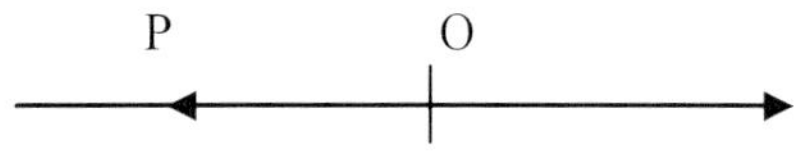

Abscissa do ponto P: $x_P = - |OP|$

9. MEDIDA ALGÉBRICA DE UM SEGMENTO AB DE ABSCISSAS x_A e x_B

Consideremos um segmento orientado AB contido no eixo (e), sendo x_A e x_B as abscissas respectivas dos extremos desse segmento.

Quaisquer que sejam as posições dos três pontos sobre o eixo, podemos afirmar que

$$OA + AB + BO = 0 \Rightarrow AB = - BO - OA \Rightarrow AB = OB - OA.$$

Como $OB = x_B$ e $OA = x_B$, conclui-se que:

A medida algébrica de um segmento AB de abscissas x_A e x_B é dada por $AB = x_B - x_A$

EXERCÍCIOS RESOLVIDOS

1) Dados os pontos M(- 5) e N(+2), determine a medida algébrica dos segmentos MN e NM, respectivamente.

Solução:

A medida algébrica de MN é dada por $x_N - x_M = 2 - (- 5) = 7$

Já a medida de NM será dada por $x_M - x_N = - 5 - 2 = - 7$

2) A medida algébrica do segmento PQ é –4. Se a abscissa de Q é igual 3, determine a abscissa do ponto P.

Solução:

Como a medida de PQ é igual a $x_Q - x_P$ *e* $x_Q = 3$, *podemos escrever:* $3 - x_P = - 4 \Rightarrow x_P = 7$

LEITURA COMPLEMENTAR: MÓDULO DE UM NÚMERO REAL

Quando você estudou o conjunto dos números inteiros representados em uma reta numerada, foi definido módulo ou valor absoluto de número inteiro como sendo a distância de sua imagem geométrica à origem O, que era associada ao número zero. Assim, dois números simétricos (ou opostos) têm o mesmo módulo, pois estão a uma mesma distância da origem. Mais tarde essa ideia foi estendida para qualquer número real.

Por exemplo, os números 7 e – 7 possuem o mesmo módulo, que é 7;

Os números 10 e – 10 possuem o mesmo módulo, que é 10.

Vamos dar uma definição algébrica para o módulo de um número real.

Primeiramente, lembremos que ao colocarmos o sinal de menos (–) antes de um número, estamos

indicando o oposto ou simétrico desse número, e não necessariamente que o número é negativo. Assim, o número negativo – 7 indica o oposto ou simétrico do número positivo 7. Porém, quando escrevemos – (– 9) estamos nos referindo ao oposto do oposto do número 9, que é igual ao número positivo 9.
Portanto, quando escrevemos a expressão – x não podemos afirmar que ela representa um número negativo, e sim que ela expressa o valor oposto ou simétrico do número representado pela variável x.
É evidente que se x for um número positivo, então a expressão – x representa um número negativo (o oposto de um número positivo é negativo); contudo, se x representar um número negativo, – x expressará um número positivo (o oposto de um número negativo é um número positivo).

Exemplo: Se x = – 20, o oposto de x será – x = – (– 20) = 20.

Agora, podemos definir o módulo de um número real.

MÓDULO DE UM NÚMERO REAL

DEFINIÇÃO
Módulo ou valor absoluto de um número real qualquer é a distância desse número ao zero (origem). O módulo de um número x é expresso por | x | e pode ser definido por:

$$|x| = \begin{cases} x \;;\; \text{se } x \geq 0 \\ -x \;;\; se\ x < 0 \end{cases}$$

Observe que, se o número x for positivo ou nulo, isto é, x ≥ 0, | x | é igual a x, isto é, a distância de x à origem é igual ao próprio valor de x;
Se o número x for negativo, isto é, x < 0, | x | não pode ser igual ao próprio valor de x, pois não podemos utilizar um número negativo para expressar uma distância. Logo, o módulo de x, nesse caso, deve ser o oposto do valor de x, ou seja, – x

Exemplos:
a) | 4 | = 4
b) | – 16 | = – (– 16) = 16 (como –16 é negativo, seu módulo é expresso pelo seu valor oposto)
c) $|2-\sqrt{15}| =$
Observemos inicialmente que o número $2-\sqrt{15}$ **é negativo. Assim,** $|2-\sqrt{15}| = -(2-\sqrt{15}) = -2+\sqrt{15} = \sqrt{15}-2$

d) |a – 3|
Nesse caso, teremos que considerar duas hipóteses:
1ª) Se os valores de a forem maiores ou iguais a 3 (3, 4, 7, 12, 20/3, por exemplo), teremos a – 3 ≥ 0, e então escreveremos |a – 3| = a – 3;

2ª) Se os valores de a forem menores do que 3 (2, 0, -5, - 12, -17/2 por exemplo), teremos a – 3 < 0, e então escreveremos |a – 3| = – (a – 3) = 3 – a

UMA CONSEQUÊNCIA MUITO IMPORTANTE DA DEFINIÇÃO ACIMA:
Quando se estuda radiciação, é visto que: $\sqrt{81}=9$, $\sqrt{121}=11$, $\sqrt{25}=5$, **isto é, define-se que a raiz quadrada de um número real não negativo N é sempre igual a um outro número real x, também não negativo, cujo quadrado é igual ao número N, ou seja,**

$$\sqrt{N} = x \iff x^2 = N,\ N \geq 0\ \ e\ \ x \geq 0$$

E se quiséssemos calcular $\sqrt{x^2}$ **? Observe que, se x é um número real,** x^2 **é positivo, logo possui raiz quadrada.**

Pelo que vimos no estudo dos radicais, podemos escrever $\sqrt{x^2} = x^{\frac{2}{2}} = x^1 = x$. **Certo? Não! Nem sempre essa igualdade é verdadeira. Por isso, é necessário ter muito cuidado ao escrever que** $\sqrt{x^2} = x$, **veja o porquê.**

Se isso fosse sempre verdade, teríamos dificuldade para responder qual é o valor de $\sqrt{81}$, **pois haveria duas respostas possíveis:**

$\sqrt{81} = \sqrt{9^2} = 9^{\frac{2}{2}} = 9^1 = 9$

ou

$\sqrt{81} = \sqrt{(-9)^2} = (-9)^{\frac{2}{2}} = (-9)^1 = -9$

No entanto, definimos que $\sqrt{81} = 9$ **e não – 9. Logo, não podemos considerar o segundo resultado como uma possível raiz quadrada real de 81. Para eliminarmos esse problema, vamos considerar como resposta correta para o segundo caso o valor simétrico ou oposto de – 9, ou seja, em ambos os casos, a resposta será igual a 9.**

Então, poderemos escrever:

$\sqrt{x^2} = x$, **apenas quando** $x \geq 0$; **quando** $x < 0$, **escreveremos** $\sqrt{x^2} = -x$.

Ora, o que acabamos de concluir nos remete exatamente à definição de módulo de um número real. Logo, podemos escrever:

$$\sqrt{x^2} = |\,x\,| = \begin{cases} x \;;\; \text{se } x \geq 0 \\ -x \;;\; se\ x < 0 \end{cases}$$

Observação: Se admitíssemos que $\sqrt{9} = -3$ **e que** $\sqrt{81} = -9$, **veja o que iria ocorrer:**

$\sqrt{9} \,.\, \sqrt{9} = \sqrt{81} = -9$ **; mas como estamos admitindo que** $\sqrt{9} = -3$, **teremos:**

(–3) . (–3) = – 9

Mas o produto de dois números negativos é positivo. Logo, estaríamos diante de um resultado absurdo!

Anteriormente foi visto que a medida algébrica de um segmento AB, em que $A = x_A$ e $B = x_B$ é dado por $x_B - x_A$.

O módulo ou a medida desse segmento AB será igual ao módulo de sua medida algébrica, ou seja $|\,x_B - x_A\,|$, que corresponde à distância entre os pontos A e B.

Assim, se A = 7 e B = 3, a medida algébrica do segmento AB é 3 – 7 = – 4 e o módulo do segmento AB (ou a distância entre A e B) será igual a |– 4 | = 4.

---

10. PONTO MÉDIO M DE UM SEGMENTO AB

Ponto médio de um segmento AB é aquele que divide o segmento em dois segmentos com o mesmo módulo. Sendo M o ponto médio do segmento AB, temos:

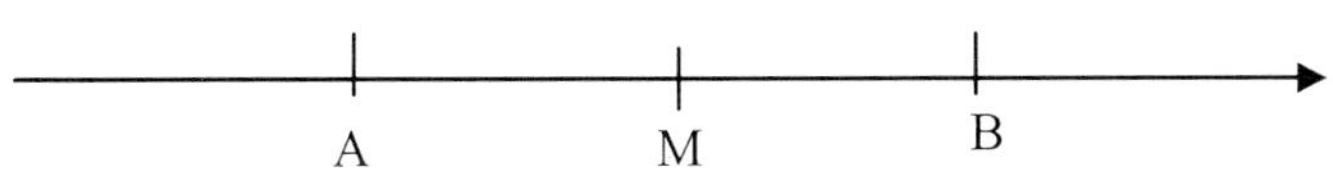

Se as abscissas de A, B e M são, respectivamente, $A(x_A)$, $B(x_B)$ e $M(x_M)$, e como AM = MB, tem-se

$$x_M - x_A = x_B - x_M \quad \Rightarrow \quad x_M = \frac{x_A + x_B}{2}$$

Então a abscissa do ponto médio de um segmento AB é igual à média aritmética entre as abscissas de A e B.

EXERCÍCIOS RESOLVIDOS:

1) Calcule o ponto médio do segmento AB, sendo A(-7) e B(13)

Solução: $x_M = \frac{-7+13}{2} = \frac{6}{2} = 3$. *Logo* $x_M = 3$
Observemos que a medida algébrica do segmento AB é igual a 13 – (-7) = 20; isto quer dizer que o ponto médio dista 10 unidades de cada extremidade do segmento. De fato, de – 7 até 3, há 10 unidades, assim como de 3 até 13.

2) O ponto médio de um segmento AB é M(-4). Se a abscissa de A é igual a 10, calcule a abscissa do ponto B.

Solução: $-4 = \frac{10 + x_B}{2} \quad \Rightarrow \quad x_B = -18$

11. DIVISÃO DE UM SEGMENTO AB EM n PARTES IGUAIS:

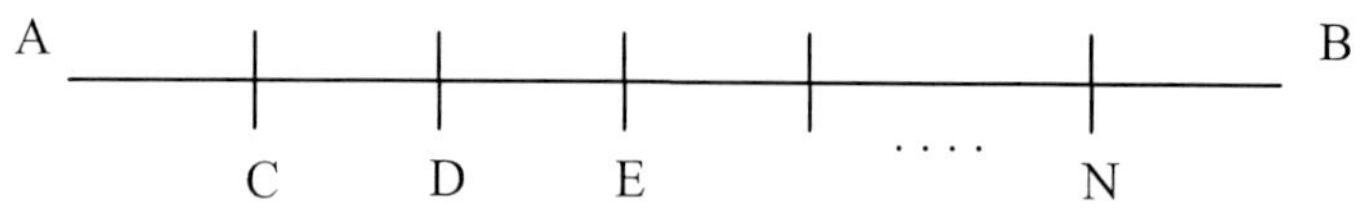

Sejam C, D, E, ... , N pontos pertencentes ao segmento AB, que o dividem em n partes iguais.
Assim, temos que:

AC = CD = DE = ... = NB
Considerando então:
$x_C - x_A = x_D - x_C = x_E - x_D = \ldots = x_B - x_N = k$
e
AC + CD + DE + ... + NB = AB, teremos:

$n \cdot k = x_B - x_A \Rightarrow k = \frac{x_B - x_A}{n}$ e daí, podem-se obter as abscissas de C, D, E, ... e N, fazendo:
$x_C = k + x_A$

$x_D = k + x_C$, e assim sucessivamente.

EXERCÍCIO RESOLVIDO

Determine as abscissas dos pontos que dividem o segmento AB em 6 partes iguais, sabendo que A(-4) e B(8).

Solução: Devemos determinar 5 pontos, C, D, E, F e G, tais que AC = CD = DE = EF = FG = GB.

Primeiramente, vamos determinar o valor de k: $k = \dfrac{x_B - x_A}{n} = \dfrac{8-(-4)}{6} = 2$. *Agora esse valor de k deverá ser adicionado à abscissa de A, para obter C; em seguida, adicionar o valor de k à abscissa de C, para obter D e assim sucessivamente.*

Logo, os pontos procurados são: C(-2), D(0), E(2), F(4) e G(6)

12. DIVISÃO DE UM SEGMENTO **AB** EM UMA RAZÃO **k**

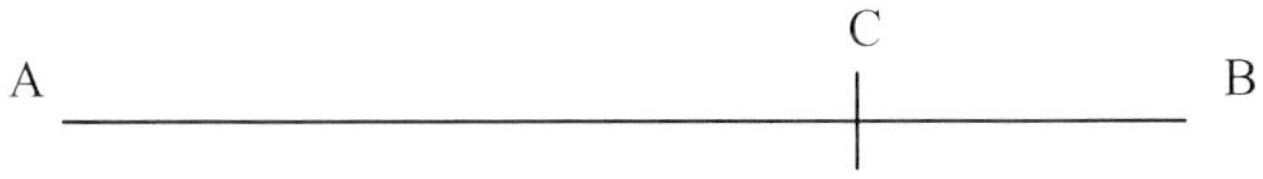

Pode-se usar o mesmo raciocínio anterior, lembrando que, obter um ponto C que divide um segmento AB numa razão k qualquer, consiste em obter C, tal que $\dfrac{AC}{CB} = k$

Isto é:

$$\frac{x_C - x_A}{x_B - x_C} = k \quad \Rightarrow \quad k\,(x_B - x_C) = x_C - x_A \quad \Rightarrow x_C = \frac{x_A + kx_B}{1+k}$$

EXERCÍCIO RESOLVIDO

Utilizando o exemplo dado anteriormente, se considerarmos o ponto F, podemos dizer que ele divide o segmento AB na razão 4 : 2 , isto é, na razão 2, pois a medida de AF (4 unidades) é o dobro da medida de FB (2 unidades)

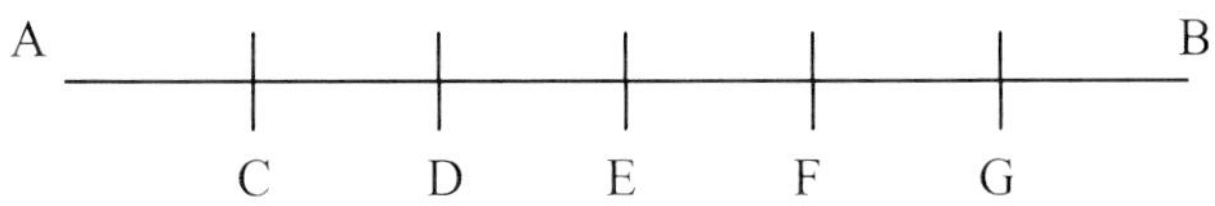

Assim, como k = 2, teremos $x_F = \dfrac{-4+2.8}{1+2} = \dfrac{-4+16}{3} = \dfrac{12}{3} = 4$

Observemos que o mesmo ponto F divide o segmento BA na razão 2 : 4 , isto é, $\dfrac{1}{2}$. *Repare que o sentido agora é de B para A (a medida de BF é a metade da medida de FA)*

EXERCÍCIOS:

1) O ponto M(-2) é o ponto médio do segmento PQ. Determine extremo P, sabendo que Q(+2).

2) Dados A(-4), B(+4) e C(+18), determine a medida algébrica do segmento orientado BD, sendo D o ponto médio de AC.

3) A medida algébrica de um segmento orientado PQ é igual a – 13 unidades. Determine a abscissa do ponto P, sendo $x_Q = 4$.

4) Dados os pontos A(5a - 1) e B(2a + 3), determine a para que a medida algébrica do segmento orientado AB seja – 2.

5) Determine o ponto médio do segmento cujas abscissas dos extremos satisfaçam a equação $|2 + x| = 3$.

6) As raízes da equação $x^2 - 3x - 10 = 0$ são as extremidades do segmento orientado AB, sendo $x_A > x_B$. Determine a abscissa do ponto C que divide o segmento dado na razão $r = 3/4$

7) Determine as coordenadas dos extremos M e N do segmento MN, dividido em três partes iguais pelos pontos P(- 7) e Q(+4).

8) Dados, por suas abscissas, os pontos A, B, C, D e E sobre um eixo (e), em qualquer ordem, verifique que AB + BC + CD + DE + EA = 0.

9) As raízes da equação $x^3 - 4x^2 - x + 4 = 0$ são as abscissas dos pontos A, B e C do eixo (e) e são de modo que $x_A > x_B > x_C$. Determine a razão em que o ponto B divide o segmento orientado AC.

10) Dados os pontos A(6) e B(-2), determine os pontos A', simétrico de A em relação a B e B', simétrico de B em relação a A.

1.3. VETORES NO PLANO

Para chegarmos a uma definição do que é um vetor no plano, precisamos compreender alguns conceitos preliminares, tais como equipolência de segmentos e classe de equivalência. Em seguida conceituaremos vetor no plano e estudaremos algumas operações básicas.

1. EQUIPOLÊNCIA DE SEGMENTOS ORIENTADOS

Dois segmentos orientados são equipolentes quando têm a mesma medida (módulo), a mesma direção e o mesmo sentido.

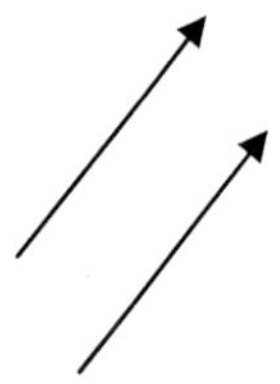

Observações:
a) Todos os segmentos nulos são equipolentes entre si;
b) Dois segmentos coincidentes são equipolentes entre si;
c) Todos os segmentos equipolentes de mesma origem são coincidentes

2. PROPRIEDADES:

A equipolência de segmentos orientados é uma relação de equivalência entre os segmentos orientados do espaço, isto é, goza das seguintes propriedades:
P1. Reflexiva: todo segmento orientado AB é equipolente a si mesmo: AB ~ AB;
P2. Simétrica: Se AB ~ CD então CD ~ AB;
P3. Transitiva: Se AB ~ CD e CD ~ EF então AB ~ EF

Observação: Dado um segmento orientado AB e um ponto P, existe um, e somente um, segmento orientado PQ equipolente ao segmento AB com origem no ponto P.

3. CLASSE DE EQUIVALÊNCIA

De acordo com a observação anterior, vemos que, dado um segmento orientado AB, é possível construir infinitos segmentos equipolentes a AB, tendo para origem de cada um deles cada ponto do espaço. Todos esses infinitos segmentos orientados equipolentes ao segmento orientado AB e o próprio segmento AB constituem um conjunto de segmentos equipolentes entre si. A este conjunto damos o nome de classe de equivalência do segmento orientado AB.

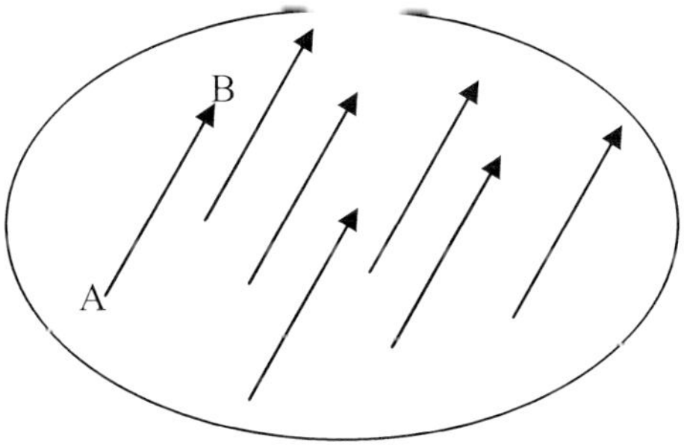

> Observação: Todos os segmentos orientados que formam uma classe de equivalência têm o mesmo módulo, a mesma direção e o mesmo sentido, qualquer que seja a sua origem.

4. CONCEITO DE VETOR

Representamos uma classe de equivalência formada por segmentos orientados equipolentes entre si por um ente geométrico chamado VETOR. Assim, quando nos referimos ao vetor AB, estamos nos referindo a todos os segmentos orientados que constituem a classe de equivalência da qual o vetor é representante. Qualquer elemento do conjunto de segmentos orientados equipolentes entre si pode ser usado para indicar o vetor. Em outras palavras, o que se quer dizer é que o conjunto acima, embora seja constituído de vários segmentos equipolentes, representa um único vetor.

Observações:
4.1. Vetor nulo: é o vetor de módulo zero: $| AB | = | v | = 0$;
4.2. Vetor unitário: é o vetor de módulo igual a uma unidade: $| v | = 1$;
4.3. Versor de um vetor v: é um vetor unitário com a mesma direção e sentido do vetor v. Indica-se o versor por v';

5. OPERAÇÕES - DEFINIÇÕES GEOMÉTRICAS

5.1 – Adição

5.1.1 - Regra do triângulo

Dados os vetores AB e CD, vamos determinar o vetor soma AB + CD.

Primeiramente, desenham-se os vetores AB e CD de modo que a extremidade de AB (ponto B) coincida com a origem de CD (ponto C). O vetor soma será obtido unindo-se a origem de AB à extremidade de CD, obtendo-se o vetor AD, ou seja, AB + CD = AD

Veja a figura abaixo:

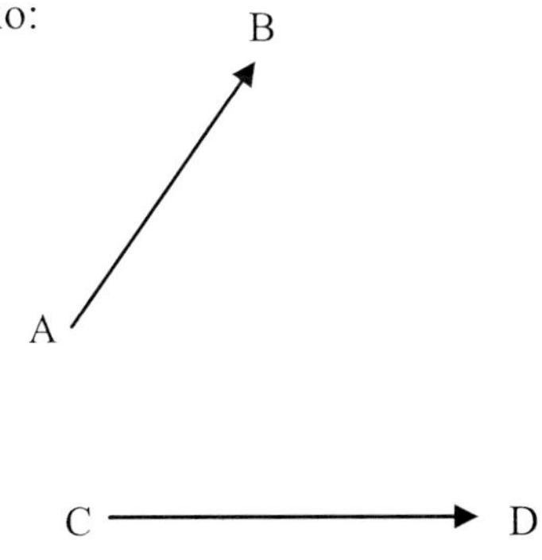

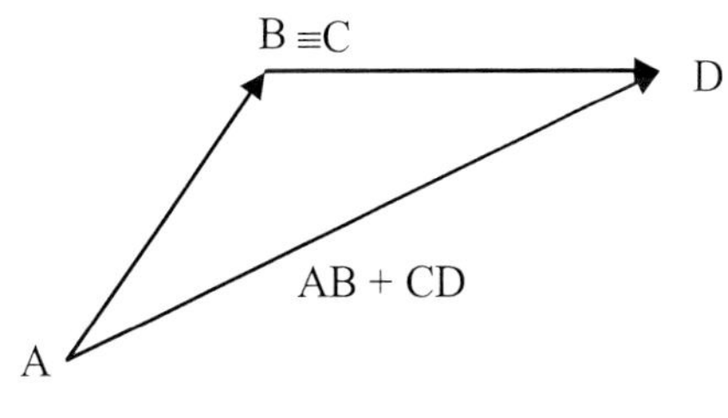

5.1.2 – Regra do paralelogramo

Nesse caso, os vetores AB e CD são desenhados de modo que suas origens coincidam em um mesmo ponto, isto é, A coincide com C. Em seguida, traçam-se os vetores DE = AB e BE = CD, formando o paralelogramo ABED. O vetor AE (diagonal do paralelogramo) é o vetor soma AB + CD.

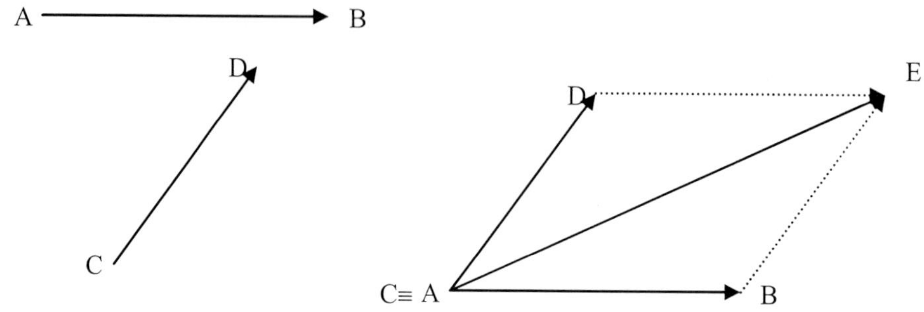

5.2 – Vetor simétrico ou oposto

Dado o vetor u, o vetor simétrico ou oposto a u é o vetor - u , que possui a mesma direção e o mesmo módulo de u, porém tem sentido oposto ao de u. Observe a figura:

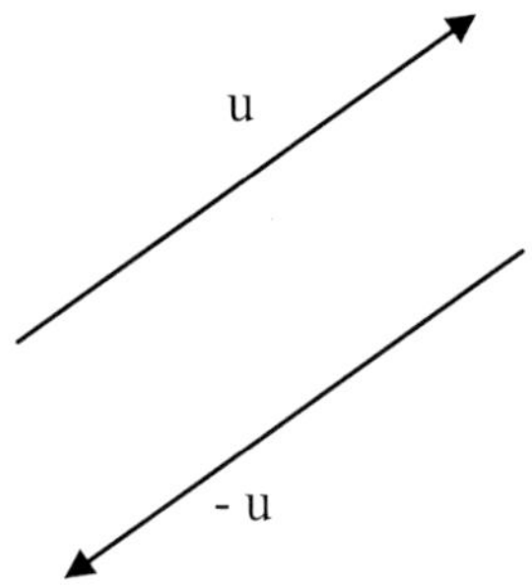

5.3 – Subtração:
Lembrando que a diferença u – v é igual à soma do vetor u com o vetor oposto de v, isto é, u – v = u + (- v), basta construir os vetores u e – v , e aplicar uma das regras apresentadas para a adição de dois vetores, vistas anteriormente. Abaixo representamos o vetor u – v , utilizando a regra do paralelogramo.

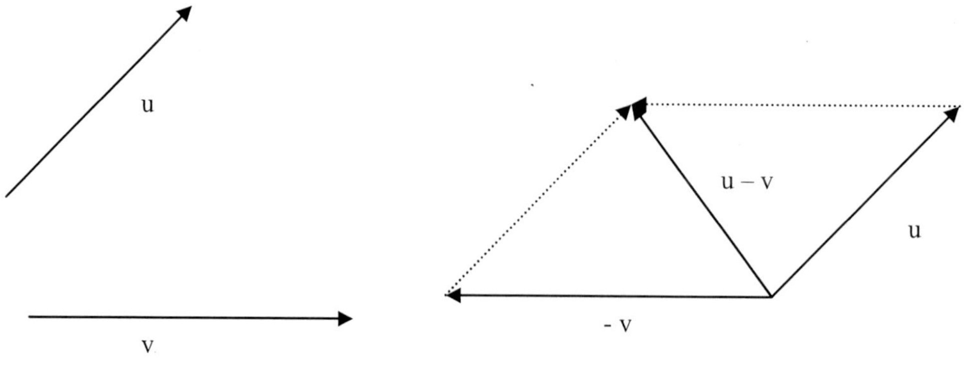

5.4 – Adição de vários vetores

Dados os vetores u, v, w e t abaixo, para calcular a soma u + v + w + t, vamos utilizar a regra do polígono. Nesse caso, os quatro vetores são desenhados de modo que a extremidade de u coincida com a origem de v; a extremidade de v coincida com a origem de w e, assim sucessivamente, até o último vetor a ser somado (no nosso exemplo, o vetor t). O vetor soma é obtido unindo-se a origem de u (primeiro vetor) à extremidade de t (último vetor). Veja a figura.

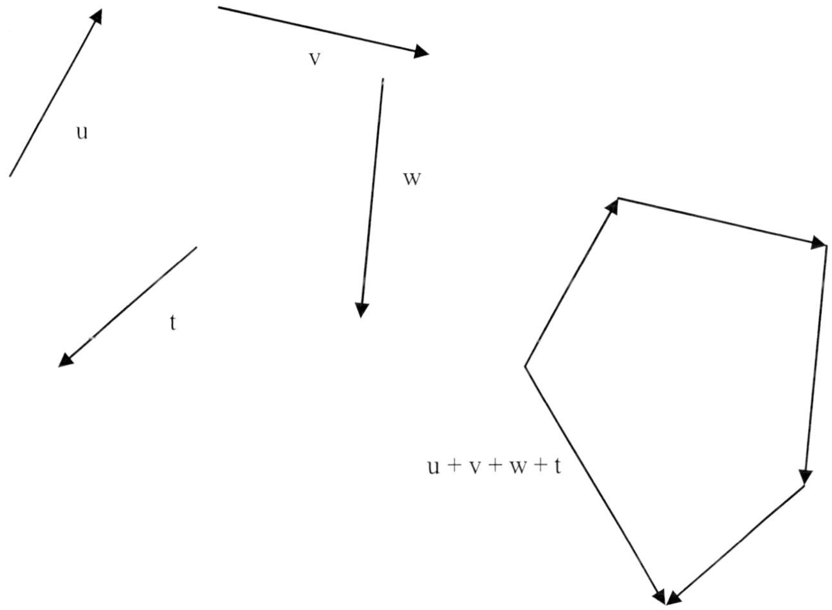

Observação: O exemplo acima considerou a adição de quatro vetores, mas a regra é válida para mais vetores.

5.5 – Multiplicação de um vetor por um número real

Quando multiplicamos um vetor v por um número real k tal que $k \neq 0$, obtém-se um novo vetor com a mesma direção, isto é, **paralelo** ao vetor v. Obviamente, se k = 1 o vetor k . v é igual ao próprio vetor e se k = - 1, obtém-se o vetor oposto de v.
Observemos que, se k for positivo, além da direção ficar mantida, também o sentido do vetor ficará mantido; caso contrário, obtém-se um vetor de sentido oposto.
Se $k \neq 1$, obtém-se um vetor com módulo diferente do vetor original. As figuras abaixo ilustram todas as possibilidades.

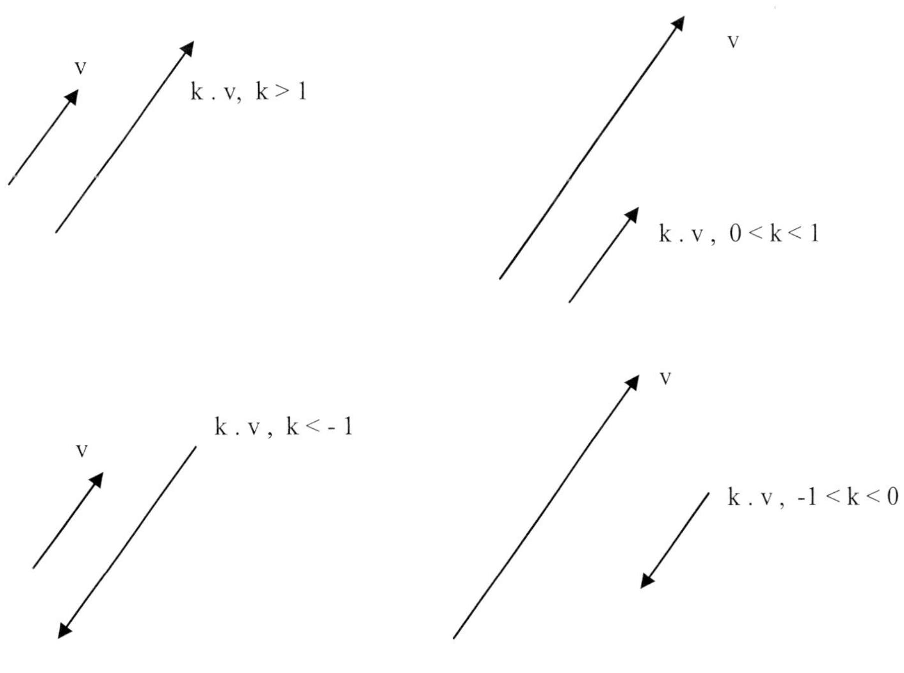

EXERCÍCIO:

Dados os vetores u, v e w abaixo, represente:

a) u + v
b) u – v
c) 2u
d) - 3v
e) u + v + w
f) 2u + v – w

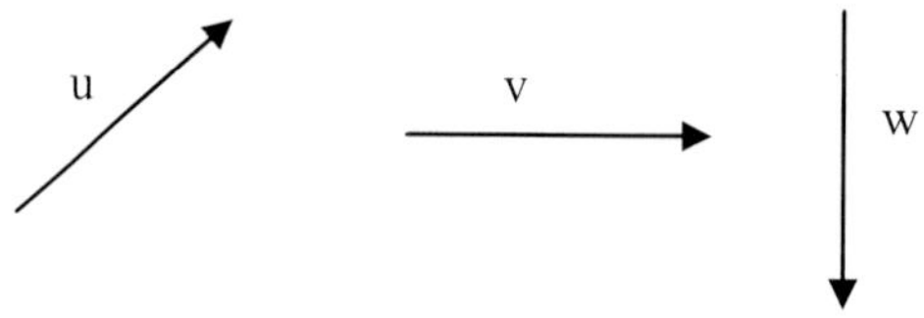

6. COORDENADA OU COMPONENTE DE UM VETOR $\overrightarrow{AB}$ NA RETA $\Re$:

Chamaremos de coordenada ou componente de um vetor $\overrightarrow{AB}$ a medida algébrica do segmento orientado que representa esse vetor.

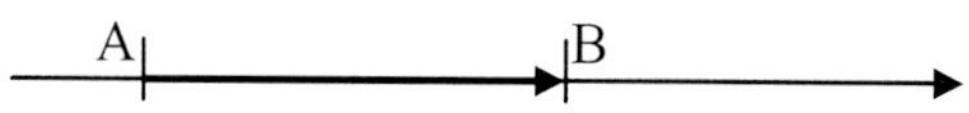

Logo, como já foi visto anteriormente, poderemos escrever que a coordenada ou componente do vetor $\overrightarrow{AB}$ será igual a x_B - x_A.

EXERCÍCIO RESOLVIDO:

1) Em uma reta $\Re$ são dados os pontos A(-1) e B(4). Determine as componentes dos vetores $\overrightarrow{AB}$ e $\overrightarrow{BA}$.

Solução: $\overrightarrow{AB} = x_B - x_A = 5$ e $\overrightarrow{BA} = x_A - x_B = -5$

Observação: Os vetores $\overrightarrow{AB}$ e $\overrightarrow{BA}$ têm a mesma direção, porém seus sentidos são opostos; suas componentes são dadas por números simétricos.

1.4. O CONJUNTO R^2

Conjunto R^2 é o conjunto formado por todos os pares ordenados (x, y), onde x e y são números reais.

$$\mathbf{R^2 = \{ (x, y) \mid x \in R \ \ e \ \ y \in R \}}$$

1) Plano Cartesiano - Representação gráfica dos elementos do conjunto R^2

Os elementos do conjunto R^2 podem ser representados num sistema de coordenadas ortogonais formado por dois eixos perpendiculares, conforme a figura abaixo. Sendo $P(x_0, y_0)$ um ponto qualquer do R^2, o número x_0, marcado sobre o eixo x, é chamado de abscissa do ponto P e o número y_0, marcado sobre o eixo y, é denominado ordenada do ponto P. Dizemos que o ponto P tem coordenadas x_0 e y_0.

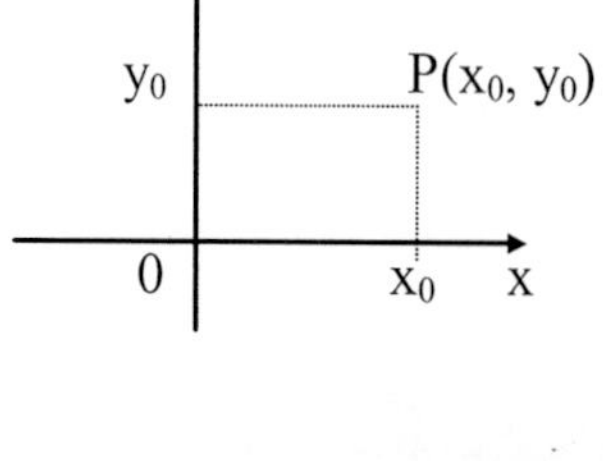

Observações:

1) Os eixos coordenados dividem o plano em quatro regiões, denominadas de quadrantes. Dado um ponto P(x, y) qualquer, convenciona-se que:
P $\in$ ao 1º quadrante se $x > 0$ e $y > 0$;
P $\in$ ao 2º quadrante se $x < 0$ e $y > 0$;
P $\in$ ao 3º quadrante se $x < 0$ e $y < 0$ e
P $\in$ ao 4º quadrante se $x > 0$ e $y < 0$.

2) Quando $x = 0$, os pontos da forma P(0, y) pertencem ao eixo das ordenadas – Oy

3) Quando $y = 0$, os pontos da forma P(x, 0) pertencem ao eixo das abscissas – Ox

4) Quando $x = 0$ e $y = 0$, o ponto O(0, 0) está localizado na intersecção dos eixos coordenados, e é denominado **origem** do sistema de coordenadas.

---

2) Igualdade entre pares ordenados:

Dois pares ordenados (a, b) e (c, d) são iguais se, e somente se, $a = c$ e $b = d$, ou seja

$$(a, b) = (c, d) \Leftrightarrow a = c \text{ e } b = d$$

3) Operações com pares ordenados:

3.1) Adição: $(a, b) + (c, d) = (a + c, b + d)$

3.2) Multiplicação de um número real k por um par ordenado (a, b): $k.(a, b) = (ka, kb)$

EXERCÍCIOS RESOLVIDOS

1) O ponto P(2m – 4, 3) pertence ao eixo das ordenadas. Determine o valor de m.

Solução:
Conforme sabemos, para que um ponto pertença ao eixo das ordenadas, ele deve ter abscissa nula, neste caso, $2m - 4 = 0$.
Resolvendo a equação acima teremos $m = 2$.

2) Para que valores inteiros de k o ponto Q(2k – 3, k + 4) pertence ao 2º quadrante ?

Solução:
Um ponto P(x, y) pertence ao 2º quadrante quando $x < 0$ *e* $y > 0$. *Assim devem ser atendidas simultaneamente duas condições no ponto Q do exercício:*
$2k - 3 < 0 \Rightarrow k < 3/2$ *e* $k + 4 > 0 \Rightarrow k > -4$. *Como foram pedidos apenas os valores inteiros de k, a resposta é o conjunto* $\{-3, -2, -1, 0, 1\}$.

3) Determine x e y, sabendo que $(x, 3 - y) = (4, 7)$.

Solução:
Se os pares ordenados são iguais, temos que $x = 4$ *e* $3 - y = 7 \Rightarrow y = -4$.

4) Dados os pares ordenados A(4, 7) e B(-3, 5), calcule:

a) A + B b) 3.B c) 3.B - A

Solução:

a) $A + B = (4 + (-3), 7 + 5) = (1, 12)$.

b) $3.B = 3.(-3, 5) = (-9, 15)$

c) $3B - A = (-9, 15) - (4, 7) = (-9 - 4, 15 - 7) = (-13, 8)$.

5) Represente no plano cartesiano todos os pontos (x, y) que satisfazem às condições abaixo:

a) $x < 1$ e $y > -2$ b) $x \geq -2$ e $-1 < y \leq 2$

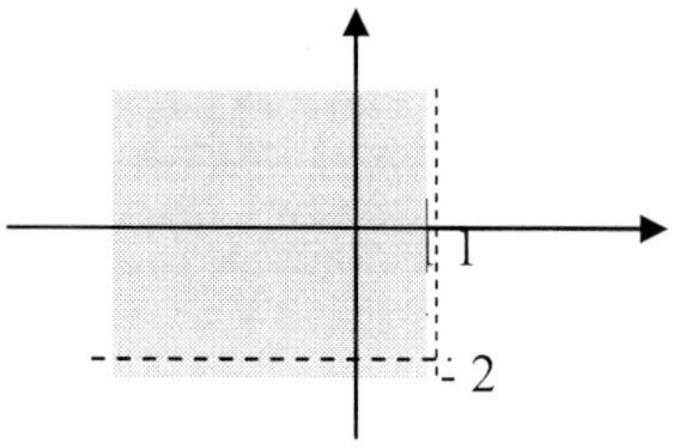

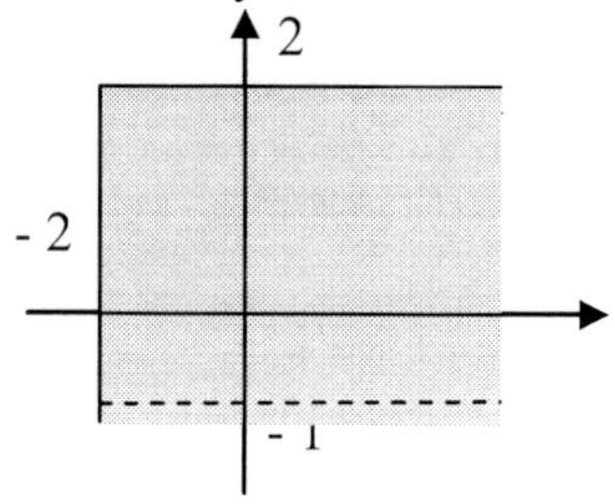

EXERCÍCIOS PROPOSTOS:

1) Determine o valor de x e y para que os pares ordenados sejam iguais:

a) $(2 + x, y - 3) = (-4, 7)$

b) $(2x + y, 3x - y) = (2, 8)$

2) Dados os pares ordenados A(3, -1), B(7, 2) e C(1, -4), calcular:
a) 2.A - B + 3.C
b) x e y reais, tais que x.A + y.C = B

3) Mostre que o par ordenado (4, - 7) pode ser escrito como uma combinação linear dos pares (- 1, 2) e (2, 3), isto é, determine os números reais a e b, tais que (4, - 7) = a. (- 1, 2) + b. (2, 3). Em seguida, mostre que qualquer elemento (x, y) do conjunto R^2 pode ser escrito como uma combinação linear dos pares (- 1, 2) e (2, 3).

4) Represente no plano cartesiano todos os pontos (x, y) que satisfazem às condições abaixo:

a) $x \geq 1$ e $y < 2$

b) $|x| \leq 2$ e $-1 < y \leq 3$

c) $x \in]-3, 2]$ e $y \in [-1, 3]$

d) $x \in]-3, 2]$ e $y = 4$

e) $x = -2$ e $y \in [-1, 3]$

f) $x < -2$ e $y \in [-1, 3]$

1.5. – COMPONENTES OU COORDENADAS DE UM VETOR NO R^2

1.5.1 PROJEÇÃO ORTOGONAL DE UM PONTO SOBRE UM EIXO

Dado um ponto A, a projeção ortogonal de A sobre o eixo x é o ponto de interseção A' , da reta perpendicular que passa por A, com o eixo.

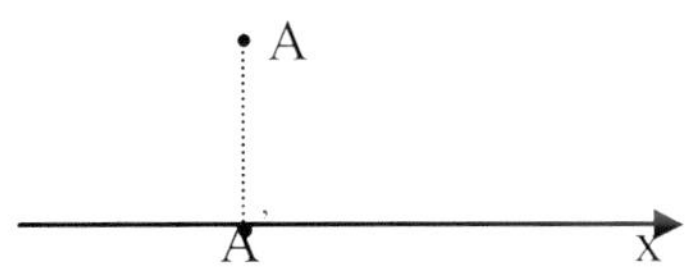

Observação: O ponto A' é chamado de pé da perpendicular ao eixo x, que passa por A.

1.5.2 PROJEÇÃO ORTOGONAL DE UM SEGMENTO ORIENTADO SOBRE UM EIXO

Para obtermos a projeção ortogonal de uma linha sobre um eixo, devemos fazer a projeção ortogonal de todos os pontos da linha sobre o eixo. No caso de segmentos de reta, basta fazer a projeção ortogonal das extremidades do segmento sobre o eixo. Veja as figuras:

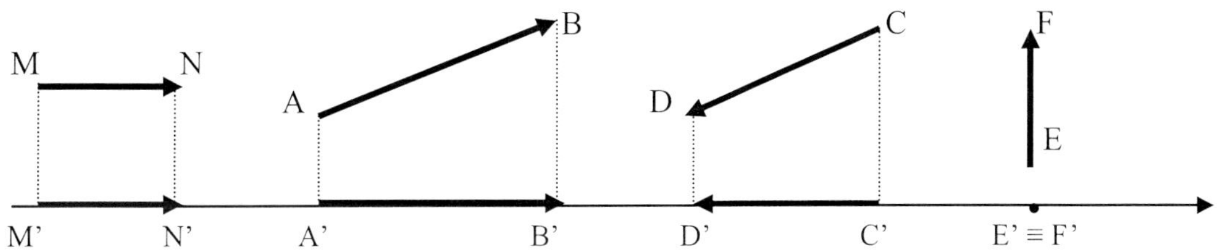

Observações:

1) Pode-se calcular a medida algébrica da projeção ortogonal de um segmento AB sobre um eixo da mesma forma que calculamos a medida de um segmento orientado de um eixo, isto é, sendo x_B e x_A, respectivamente as projeções ortogonais de B e A sobre um eixo, a medida algébrica da projeção do segmento AB será dada por $\mathbf{x_B - x_A}$

2) A medida da projeção ortogonal de um segmento sobre um eixo será sempre menor ou igual ao segmento dado;

3) Nas figuras acima, a projeção do segmento AB tem o mesmo sentido do eixo; nesse caso a sua medida algébrica é **positiva**. Já a projeção do segmento CD tem sentido oposto ao sentido do eixo; nesse caso sua medida algébrica é **negativa**.

4) A medida da projeção ortogonal de um segmento AB sobre um eixo x pode ser calculada, em função do ângulo θ que o segmento forma com o eixo, através da relação

$$M_{proj} = |AB|.\cos\theta$$

Observe que a medida dessa projeção poderá ser expressa por um número negativo; quando isto acontecer, concluiremos que a projeção tem sentido contrário ao do eixo.

5) Nas figuras acima, temos, no primeiro caso, $\theta = 0^0$ e $M_{proj} = |AB|.\cos 0 = |AB|$ e no último caso, $\theta = 90^0$ e então $M_{proj} = |AB|.\cos 90 = 0$.

1.5.3 COORDENADAS OU COMPONENTES DE UM VETOR $\overrightarrow{AB}$ NO PLANO

Dados dois pontos A(a, b) e B(c, d) , as coordenadas ou componentes do vetor $\overrightarrow{AB}$ são as medidas algébricas das projeções ortogonais do segmento orientado AB, respectivamente, sobre os eixos coordenados x e y. Como sabemos, o sinal da componente será positivo quando o sentido da projeção concordar com o sentido positivo do eixo; e negativo quando o sentido da projeção for oposto ao sentido positivo do eixo

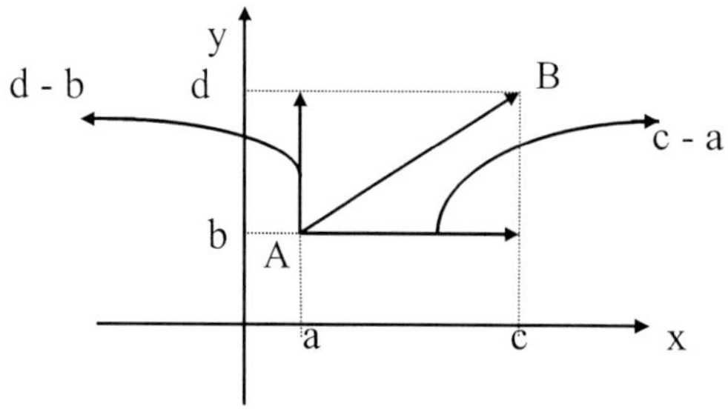

Genericamente, as coordenadas do vetor AB são dadas por $\overrightarrow{AB}$ = (c - a , d - b) = B - A , ou seja

$$\overrightarrow{AB} = (c - a , d - b) = B - A$$

Observações:

1) Qualquer conjunto de segmentos orientados do plano, que tenham suas projeções ortogonais sobre os eixos coordenados representadas pelos mesmos valores numéricos, representa um mesmo vetor.

Por exemplo, os segmentos AB e CD, sendo A(-2, 3), B(1, 1), C(4, -1) e D(7, - 3), têm as mesmas projeções ortogonais sobre os eixos x e y, isto é, AB = CD = (3, - 2). Assim, AB e CD representam um mesmo vetor, embora suas representações no plano sejam dadas por dois segmentos distintos. Vale lembrar, mais uma vez, que um vetor é caracterizado por sua direção, sentido e módulo, que neste caso são os mesmos para AB e CD. Veja a figura:

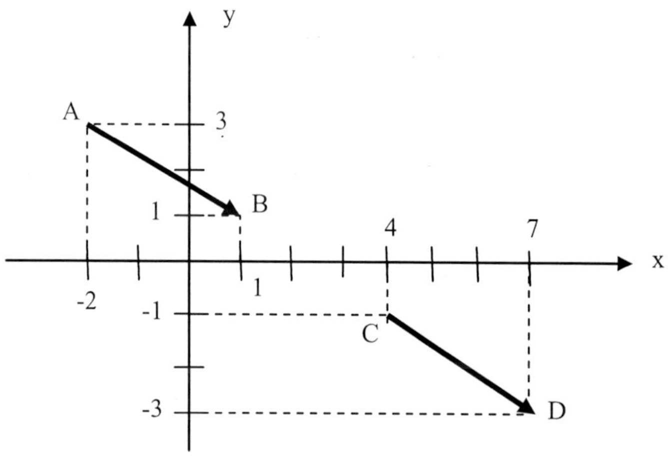

2) Quando um vetor **v** for dado por suas componentes ou coordenadas cartesianas (a, b), poderemos representá-lo por um segmento orientado como origem no ponto O(0, 0) e extremidade no ponto P(a, b), tendo em vista que as componentes do vetor OP serão dadas por P – O = (a, b) – (0, 0) = (a, b) , que coincidem com as componentes de v.

Utilizando o exemplo dado na observação anterior, podemos representar o vetor AB = CD por:

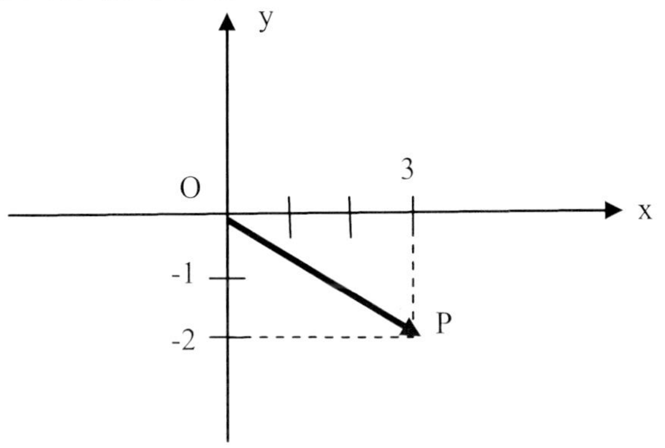

EXERCÍCIOS RESOLVIDOS:

1) Dados os pares ordenados A(3, -1) , B(- 7, 2) e C(1, -4), calcular:

a) as coordenadas do vetor $\overrightarrow{AB}$
b) as coordenadas do vetor $\overrightarrow{BA}$

c) 2. $\overrightarrow{AC}$ - 3. $\overrightarrow{BC}$ + $\overrightarrow{BA}$

Solução:

a) $\overrightarrow{AB} = B - A = (-7, 2) - (3, -1) = (-10, 3)$

b) $\overrightarrow{BA} = A - B = (3, -1) - (-7, 2) = (10, -3)$
Observe que os vetores AB e BA são representados por pares ordenados opostos. Se fizermos a representação de $\overrightarrow{AB}$ *e* $\overrightarrow{BA}$ *no plano cartesiano, utilizando suas coordenadas, vamos observar que esses vetores serão representados por segmentos orientados simétricos em relação à origem (0, 0). Verifique!*

c) $2(C - A) - 3(C - B) + (A - B) = -A + 2B - C = (-5, 9)$

2) Dados A(2, 7), B(-1, 4) e C(1, -3), determine os números reais x e y, tais que $x.\ \overrightarrow{AB} + y.\ \overrightarrow{AC} = \overrightarrow{BC}$

Solução:

Vamos escrever a equação dada assim: $x\ .\ (B - A) + y\ .\ (C - A) = C - B$

$x\ .\ (-3, -3) + y\ .\ (-1, -10) = (2, -7)$

$(-3x - y\ ,\ -3x - 10y) = (2, -7) \Rightarrow \begin{cases} -3x - y = 2 \\ -3x - 10y = -7 \end{cases} \Rightarrow y = 1 \text{ e } x = -1$

3) Sendo B(8, 3), determine as coordenadas do ponto A, sabendo que o vetor $\overrightarrow{AB}$ é igual a $\vec{v} = (-5, 4)$

Solução: Como $\overrightarrow{AB} = B - A = v$, *temos:*
$(8, 3) - A = (-5, 4)$
Operando normalmente com os pares ordenados obtidos, temos:

(8, 3) – (- 5, 4) = A $\Rightarrow$ *A(13, - 1)*

4) Escreva o vetor $\vec{v}$ = (11, 7) como combinação linear dos vetores u = (1, 3) e w = (4, - 1), isto é, determine os números reais x e y para os quais tem-se: v = x . u + y . w

Solução:
Semelhantemente ao que foi feito no exercício 2, escrevemos:

$$(11, 7) = x\,.\,(1, 3) + y\,.\,(4, -1) \Rightarrow \begin{cases} x + 4y = 11 \\ 3x - y = 7 \end{cases} \Rightarrow x = 3 \text{ e } y = 2$$

Assim, podemos escrever:

$$v = 3\,u + 2\,w$$

OBSERVAÇÕES:
1) Generalizando esse exercício, é possível mostrar que qualquer vetor v = (a, b) pode ser escrito como uma combinação linear de u e w. Basta escrever:

$$(a, b) = x\,.\,(1, 3) + y\,.\,(4, -1) \Rightarrow \begin{cases} x + 4y = a \\ 3x - y = b \end{cases}$$ ***e daí, tirar x e y em função de a e b, ou seja,***

$x = \dfrac{a + 4b}{13}$ ***e*** $y = \dfrac{3a - b}{13}$ ***. Assim, qualquer vetor do plano poderá ser escrito, em função dos vetores u e w que foram dados, através da equação: (a, b) =*** $\dfrac{a + 4b}{13}$ ***(1, 3) +*** $\dfrac{3a - b}{13}$ ***(4, -1)***
Verificando para o vetor v = (11, 7) dado, vamos substituir a por 11 e b por 7 na equação acima e obter a relação

$$v = 3\,u + 2\,w$$

Experimente calcular para outros vetores!

2) Há casos em que não é possível escrever qualquer vetor v em função de dois vetores u e w dados. Verifique, por exemplo, que quando os vetores dados são u = (2, - 1) e w = (- 4, 2) , o sistema obtido a partir da equação v = x . u + y . w é indeterminado, e só terá solução se a = - 2b. Isto quer dizer que somente os vetores da forma (- 2b , b) poderão ser escritos como combinação linear desses vetores u e w.

1.5.3.1 – MÓDULO DE UM VETOR $\overrightarrow{AB}$

Dados os pontos $A(x_1, y_1)$ e $B(x_2, y_2)$, o módulo do vetor $\overrightarrow{AB}$ representado por $|\overrightarrow{AB}|$ é igual a distância entre os pontos A e B.

Cálculo do módulo de um vetor $\overrightarrow{AB}$, ou da distância entre os pontos A e B:

Na figura a seguir estão representados os pontos A e B, e d é a distância entre esses pontos.

No triângulo retângulo ARB abaixo temos AB = d (hipotenusa), AR e BR (catetos).

Daí podemos escrever:

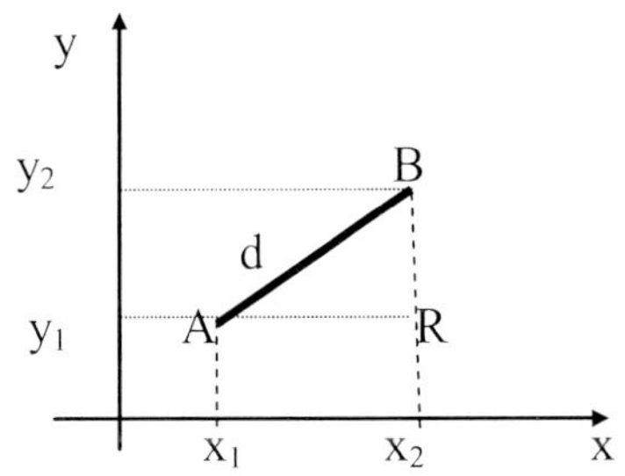

$$d^2 = AR^2 + BR^2 \Rightarrow d^2 = (x_2 - x_1)^2 + (y_2 - y_1)^2$$

Logo: $d_{AB} = \sqrt{(x_2 - x_1)^2 + (y_2 - y_1)^2}$

Assim, temos: $\left|\overrightarrow{AB}\right| = d_{\overrightarrow{AB}} = \sqrt{(x_2 - x_1)^2 + (y_2 - y_1)^2}$

Observações:

1) Fazendo o vetor $\overrightarrow{AB} = (x_2 - x_1\ ,\ y_2 - y_1) = (a, b)$, concluímos que o módulo do vetor AB é dado por $|AB| = \sqrt{a^2 + b^2}$

2) Vetor unitário: Quando um vetor tem módulo igual a 1, isto é, se $|\ u\ | = 1$, u é denominado vetor unitário.

3) O vetor nulo $\vec{O} = (0, 0)$ tem módulo igual a zero.

1.5.3.2 PROPRIEDADES MÓDULO DE UM VETOR

Considerando o vetor $u = (x, y)$, temos que $\left|\ u\ \right| = \sqrt{x^2 + y^2}$

1) $\left|\ u\ \right| \geq 0$

2) $\left|\ k.u\ \right| = \left|\ k\ \right| . \left|\ u\ \right|$, onde k é um número real.

EXERCÍCIOS RESOLVIDOS

1) Dados os pontos A(4, -2) e B(7, 2), calcule a distância entre A e B.

Solução: Pela fórmula vista anteriormente, temos que $d_{AB} = \sqrt{(7-4)^2 + (2-(-2))^2} = \sqrt{3^2 + 4^2} = 5$.

2) Considere o vetor $\vec{u} = (2, -1)$. Calcule:

a) $|\ \vec{u}\ |$

b) as coordenadas do vetor $3.\vec{u}$ e $-3.\vec{u}$

c) Calcule os módulos dos vetores $3.\vec{u}$ e $-3.\vec{u}$

d) Determine um vetor de módulo igual a 15 e que tenha sentido oposto ao do vetor AB.

Solução:

a) $|\ \vec{u}\ | = \sqrt{2^2 + (-1)^2} = \sqrt{5}$

b) $3.\vec{u} = (6, -3)$; $-3.\vec{u} = (-6, 3)$

c) $|3.\vec{u}\ | = |-3.\vec{u}\ | = \sqrt{45} = 3.\sqrt{5}$.

Conclusão: quando multiplicamos um vetor $\vec{u}$ por um número real k, o módulo desse vetor fica multiplicado pelo módulo de k. Se k > 0, o sentido do vetor permanece o mesmo. Se k < 0, o sentido do vetor k. $\vec{u}$ é oposto ao do vetor $\vec{u}$.

d) A partir da observação acima, teremos que determinar um número k < 0, de modo que |k . AB| = 15. Ora, se o módulo de AB é $\sqrt{5}$, então basta multiplicar o vetor AB por - 3$\sqrt{5}$ e obter:

- 3$\sqrt{5}$. (2, -1) = (-6$\sqrt{5}$, 3$\sqrt{5}$). Verifique que o módulo desse vetor é igual a 15!

3) Determine o valor de m, sabendo que o vetor $u = (\frac{3}{5}, m)$ é unitário.

Solução: Se u é um vetor unitário, | u | = 1. Assim, $\sqrt{(\frac{3}{5})^2 + m^2} = 1 \Rightarrow m^2 = \frac{16}{25} \Rightarrow$

$m = \pm\frac{4}{5}$.

1.5.3.3 VERSOR DE UM VETOR $\vec{v}$

Dado um vetor $\vec{v}$, quando obtemos um vetor $\overrightarrow{v'}$ que é unitário e tem a mesma direção e o mesmo sentido do vetor $\vec{v}$, então $\overrightarrow{v'}$ é chamado de **versor** do vetor $\vec{v}$.

Já vimos anteriormente que, ao multiplicarmos um vetor $\vec{v}$ por um número real k, sempre obtemos vetores com a mesma direção de $\vec{v}$, podendo ter o mesmo sentido quando k > 0 ou sentido oposto, quando k < 0.

Assim, dado um vetor $\vec{v} = (x, y)$, o versor de $\vec{v}$ é um vetor $\overrightarrow{v'} = k . \overrightarrow{v'}$, em que k > 0 , tal que $|\overrightarrow{v'}| = |k. \vec{v}| = 1$.

Assim, teremos:

$$\sqrt{(k.x)^2 + (k.y)^2} = \sqrt{k^2(x^2 + y)^2} = |k|.\sqrt{x^2 + y^2} = |k|.|\vec{v}| = 1$$

Logo: $|k| = \frac{1}{|\vec{v}|}$. Podemos então concluir que o versor do vetor $\vec{v}$ será dado por:

$$v' = \frac{1}{|\vec{v}|}.\vec{v}$$

EXERCÍCIO RESOLVIDO:

Obtenha o versor do vetor $\overrightarrow{v'} = (-8, 6)$.

Solução: Como $|\vec{v}| = \sqrt{(-8)^2 + (6)^2} = 10$, teremos $\overrightarrow{v'} = \frac{1}{10}(-8, 6) = \left(\frac{-4}{5}, \frac{3}{5}\right)$

1.5.3.4 VETORES UNITÁRIOS SOBRE OS EIXOS COORDENADOS

Vamos chamar de $\vec{i} = (1, 0)$ e $\vec{j} = (0, 1)$ os vetores unitários sobre os eixos 0x e 0y respectivamente, conforme mostra a figura abaixo:

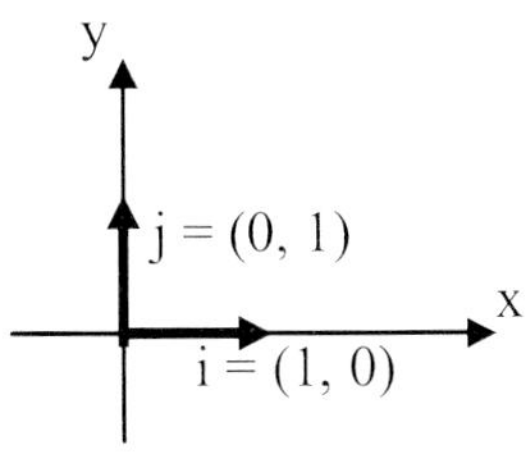

Observemos que qualquer vetor $\vec{u}$ = (x, y) pode ser escrito em função dos vetores i e j (combinação linear dos vetores i e j), isto é:

$$\vec{u} = (x, y) = (x, 0) + (0, y) = x.(1, 0) + y.(0, 1) = x \,.\, \vec{i} + y \,.\, \vec{j}$$

Exemplo 1): Sendo $\vec{u} = (2, -5)$, podemos escrever que $\vec{u} = 2.\vec{i} - 5.\vec{j}$

Exemplo 2): Sendo $\vec{u} = -4\vec{i} + 3\vec{j}$, podemos escrever que $\vec{u} = (-4, 3)$.

EXERCÍCIOS PROPOSTOS

1) Dados os pares ordenados A(1, 5) e B(4, 9), determine:

a) as coordenadas do vetor $\overrightarrow{AB}$

b) o módulo do vetor $\overrightarrow{AB}$

c) determine o valor real de k para que o módulo do vetor k. $\overrightarrow{AB}$ seja igual a 20.

d) determine o versor do vetor $\overrightarrow{AB}$

2) Obtenha um vetor unitário que tenha sentido oposto ao do vetor $u = -3\vec{i} + 4\vec{j}$.

3) Dois vértices consecutivos de um quadrado são dados pelos pontos A(3, 1) e B(-2, 4). Calcule a área e a medida da diagonal desse quadrado.

4) Determine os pontos do eixo das abscissas que distam 6 unidades do ponto (4, 3).

5) Determine uma relação entre a e b para que o ponto (a, b) pertença à mediatriz do segmento cujas extremidades são A(-7, 3) e B(3, 5).
Observação: Se um ponto P pertence à mediatriz de um segmento AB, então ele é equidistante dos extremos desse segmento, isto é, PA = PB)

6) Calcule o perímetro do triângulo cujos vértices são A(-2, 1), B(2, 4) e C(8, -4).

7) Determine o ponto da bissetriz do 2º quadrante que dista 5 unidades do ponto A(3, 1)
Observação: Os pontos da bissetriz dos quadrantes pares são da forma P (x, - x). Nesse caso, devemos ter $x < 0$, pois o ponto pertence ao 2º quadrante.

1.6 PONTO MÉDIO M DE UM SEGMENTO DE EXTREMIDADES A(a, b) E B(c, d)

O ponto médio de um segmento AB é um ponto $M(x_m, y_m)$ que o divide em dois segmentos de mesma medida. As projeções ortogonais do ponto M sobre os eixos coordenados coincidem com os pontos médios de cada projeção ortogonal do segmento AB, respectivamente, sobre os eixos coordenados. Dessa forma, as coordenadas x_m e y_m do ponto médio M de um segmento AB são dadas pelos pontos médios das projeções de AB, respectivamente, sobre os eixos das abscissas e das ordenadas.
Assim, dados os pontos A(a, b) e B(c, d), o ponto médio do segmento AB terá coordenadas:

$$x_m = \frac{a+c}{2} \text{ e } y_m = \frac{b+d}{2}. \text{ Assim teremos: } M\left(\frac{a+c}{2}, \frac{b+d}{2}\right)$$

Vamos fazer a demonstração da fórmula acima utilizando as coordenadas cartesianas de um vetor $\overrightarrow{AB}$, em que A(a, b) e B(c, d).

Demonstração: Consideremos o segmento de extremidades A(a, b) e B(c, d) desenhado abaixo, e M o seu ponto médio.

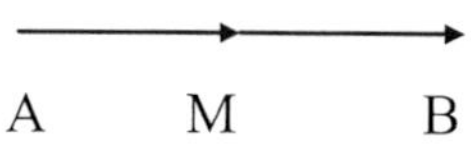

Se M é o ponto médio de AB, podemos afirmar que os vetores $\overrightarrow{AM}$ e $\overrightarrow{MB}$ são iguais, ou seja,

$\overrightarrow{AM} = \overrightarrow{MB}$ (mesma direção, mesmo sentido e mesmo módulo). Assim, podemos escrever:

$$M - A = B - M \Rightarrow M + M = A + B \Rightarrow 2M = A + B \Rightarrow M = \frac{A+B}{2}$$

Assim,

$$M = \frac{A+B}{2} \text{ ou ainda } \frac{(a+c, b+d)}{2} = \left(\frac{a+c}{2}, \frac{b+d}{2}\right)$$

EXERCÍCIOS RESOLVIDOS

1) Determine o ponto médio do segmento AB, dados A(4, -6) e B(2, 10).

Solução: $M = \frac{(4,-6)+(2,10)}{2} = (3, 2)$

2) Calcule a medida da mediana traçada do vértice A do triângulo ABC, dados A(-1, 3), B(0, - 2) e C(4, 0).

Solução:
A mediana traçada do vértice A é o segmento AM, onde M é o ponto médio do lado BC. Assim, a medida da mediana AM é igual a distância entre os pontos A e M, ou, simplesmente, o módulo do vetor AM.

Primeiramente calcula-se o ponto M: $M = \frac{B+C}{2} = (2, -1)$
Em seguida, as coordenadas do vetor AM: $AM = M - A = (3, -4)$
E finalmente, o módulo do vetor AM: $|AM| = \sqrt{3^2 + (-4)^2} = 5$

EXERCÍCIOS PROPOSTOS

1) Calcule o perímetro do triângulo cujos vértices são os pontos médios dos lados do triângulo ABC, dados A(1, - 1), B(0, 3) e C(4, 2).

2) Determine as medidas das diagonais de um paralelogramo ABCD, dados os vértices A(3, 1) e B(5, - 3) , sabendo que M(- 1, 2) é o ponto de encontro de suas diagonais.

1.7 DIVISÃO DE UM SEGMENTO NUMA RAZÃO DADA

Dado um segmento AB e um ponto C deste segmento, dizemos que C divide AB numa razão k quando $\frac{AC}{CB} = k$ ou ainda que $|AC| = k \cdot |CB|$. As coordenadas do ponto C podem ser obtidas através da fórmula: $C = \frac{A + kB}{1 + k}$.

Demonstração:

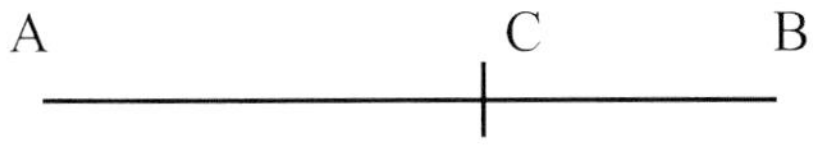

$$\frac{AC}{CB} = k \rightarrow \vec{AC} = k.\vec{CB} \Rightarrow C - A = k.(B - C) \Rightarrow C - A = k \cdot B - k \cdot C \Rightarrow$$

$$C + k \cdot C = A + k \cdot B \Rightarrow C(1 + k) = A + k \cdot B \Rightarrow C = \frac{A + k \cdot B}{1 + k}$$

EXERCÍCIOS RESOLVIDOS

1) Determine os pontos que dividem o segmento de extremidades A(-1, 6) e B(4, - 4) em 5 partes iguais.

Solução:

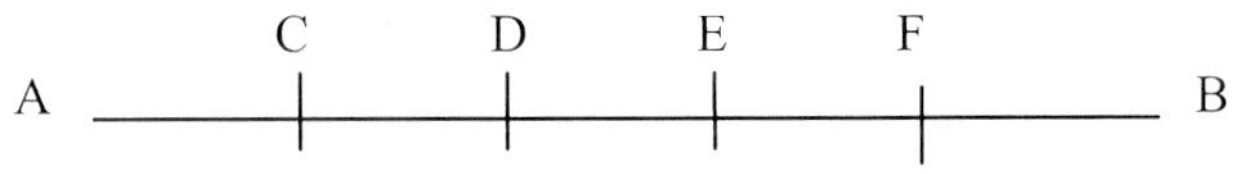

Vamos apresentar três soluções distintas para esse problema.

1ª) Podemos considerar o ponto C, de modo que $AC = \frac{1}{5} AB \Rightarrow 5 \cdot AC = AB \Rightarrow 5(C - A) = B - A \Rightarrow 5C - 5A = B - A \Rightarrow C = \frac{B + 4A}{5} \Rightarrow \frac{(4,-4) + (-4,24)}{5} = (0,4)$. *Daí, observa-se que a abscissa do ponto A aumentou uma unidade* ($r_x = 1$) *e sua ordenada diminuiu duas unidades* ($r_y = -2$). *Assim, como os pontos estão dividindo o segmento em partes iguais, as diferenças entre as abscissas e as ordenadas dos pontos C, D, E e F serão constantes e respectivamente iguais a* r_x *e* r_y.

Logo, teremos: D(1, 2), E(2, 0) e F(3, - 2).

2ª) As razões r_x *e* r_y *poderiam ser calculadas logo de início, lembrando o que foi estudado no item 12 da unidade 1, agora para as duas coordenadas de cada extremidade do segmento. Assim, teremos:*

$r_x = \dfrac{x_B - x_a}{5} = \dfrac{4-(-1)}{5} = 1$ *e* $r_y = \dfrac{y_B - y_A}{5} = \dfrac{-4-6}{5} = -2$. *A partir daí, é só adicionar as razões encontradas às coordenadas de A para obter o ponto C e, assim sucessivamente, para encontrar os demais pontos.*

3ª) Qualquer um dos quatro pontos pode ser determinado independentemente dos demais, utilizando a razão de divisão. Por exemplo, o ponto E divide AB na razão 3 : 2 (3 unidades de A até E e 2 unidades de E até B). Assim, utilizando a fórmula dada acima, no item 5, podemos escrever:

$$E = \frac{A + \frac{3}{2}B}{1 + \frac{3}{2}} = \frac{2A + 3B}{5} = [\,(-2, 12) + (12, -12)\,] \cdot \frac{1}{5} = (2, 0)$$

2) Determine as coordenadas do ponto C que divide o segmento AB na razão 2/3, dados A(-1, 6) e B(4, - 4).

Solução:

Vamos sugerir duas formas de resolver o problema:

1ª) O ponto C do segmento AB é tal que $\dfrac{AC}{CB} = \dfrac{2}{3} \Rightarrow 3 \,.\, AC = 2 \,.\, CB \Rightarrow 3\,(C - A) = 2\,(B - C) \Rightarrow$

$3C - 3A = 2B - 2C \Rightarrow 5C = 2B + 3A = (8, -8) + (-3, 18) = (5, 10) \Rightarrow C(1, 2)$

2ª) Utilizando a fórmula para divisão de segmento numa razão dada, substituindo k por 2/3. Comprove o resultado!

1.8 COORDENADAS DO BARICENTRO DE UM TRIÂNGULO ABC

Da Geometria Plana sabemos que mediana é o segmento de reta que tem para extremidades um vértice do triângulo e o ponto médio do lado oposto a esse vértice. Sabemos também que todo triângulo possui três medianas, que se intersectam num ponto no interior do triângulo, denominado Baricentro ou Centro de Gravidade.

No plano cartesiano, se os pontos $A(x_0, y_0)$, $B(x_1, y_1)$ e $C(x_2, y_2)$ são vértices de um triângulo ABC, as coordenadas do baricentro desse triângulo são calculadas através da fórmula

$$G = \frac{A + B + C}{3} \quad \text{ou} \quad G = \frac{(x_0 + x_1 + x_2\,,\; y_0 + y_1 + y_2)}{3}$$

DEMONSTRAÇÃO:

Consideremos o triângulo ABC abaixo, onde M, N e P são os pontos médios, respectivamente, dos lados AC, BC e AB. O ponto G, baricentro do triângulo, é o ponto de interseção das medianas NA, BM e CP.

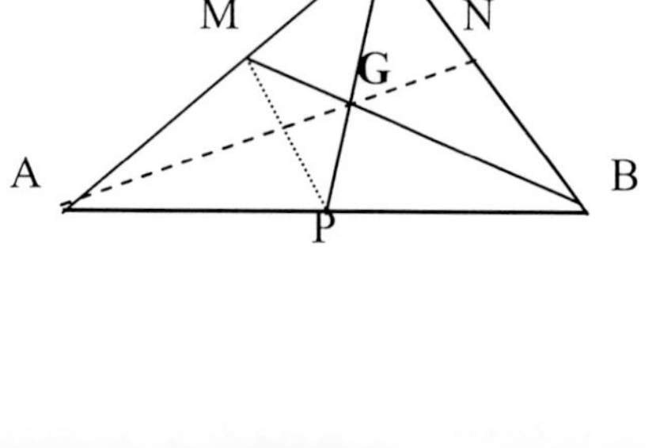

Δ GMP $\cong$ Δ GCB e a razão de semelhança é 1/2

Justificativas:
1) Como M e P são pontos médios de AC e AB, respectivamente, sabemos da geometria elementar que o segmento MP é paralelo ao lado BC e sua medida é a metade de BC.
2) MP é paralelo a BC e BM é uma transversal, o que acarreta que o ângulo PMG é igual ao ângulo CBM
3) Os ângulos MGP e CGB são congruentes (opostos pelo vértice)
Assim a razão de semelhança entre os lados dos triângulos GMP e GCB é igual a 1/ 2, o que nos leva a concluir que CG = 2. GP.

Considerando agora os vetores definidos pelos pontos C, G e P, podemos escrever:

$$\overrightarrow{CG} = 2 \cdot \overrightarrow{GP} \Rightarrow G - C = 2 \cdot (P - G) \Rightarrow 3 \cdot G = 2P + C \Rightarrow 3G = 2\,\frac{A+B}{2} + C \Rightarrow 3 \cdot G = (A+B) + C \Rightarrow G = \frac{1}{3}(A+B+C).$$

EXERCÍCIOS RESOLVIDOS

1) Determine as coordenadas do baricentro do triângulo cujos vértices são A(-1, 3), B(0, 4) e C(7, 8).

Solução:
Utilizando a fórmula demonstrada anteriormente, tiramos que $G = \dfrac{(-1,\,3) + (0,\,4) + (7,\,8)}{3} = (2\,,\ 5)$

2) Calcule as coordenadas do baricentro do triângulo cujos vértices são os pontos médios dos lados do triângulo ABC dado no exercício anterior.

Solução:
Calculando os pontos médios dos lados do triângulo ABC e aplicando a fórmula anterior, vamos encontrar o mesmo ponto G. Comprove esse resultado!

3) Os pontos M(2, 1), N(4, 2) e P(3, -2) são pontos médios dos lados de um triângulo ABC. Determine os vértices desse triângulo.

Solução:
Vamos sugerir duas soluções:

1ª) Sejam A, B e C os vértices do triângulo e M, N e P os pontos médios de AB, AC e BC. Assim podemos escrever o sistema:

$$\begin{array}{lcl} A + B = 2M & & A + B = (4, 2) \\ A + C = 2N & \Rightarrow & A + C = (8, 4) \\ B + C = 2P & & B + C = (6, -4) \end{array}$$

Somando-se as duas primeiras equações, teremos: $2A + B + C = (12, 6)$.
Como $B + C = (6, -4)$, *temos:* $2A + (6, -4) = (12, 6) \Rightarrow 2A = (12, 6) - (6, -4) = (6, 10) \Rightarrow A(3, 5)$.
Agora é fácil determinar os vértices B e C, utilizando as duas primeiras equações do sistema.

2ª) Como M, N e P são os pontos médios dos lados do triângulo, sabe-se que $G = \frac{M+N+P}{3} = (3, \frac{1}{3})$ *.*

Agora, lembrando que, se P é o ponto médio de BC, podemos escrever que AG = 2 . GP , o que nos conduz a:

G – A = 2 (P – G) ⇒ G – A = 2 P – 2 G ⇒ A = 3 G – 2 P = (9, 1) – (6, - 4) = (3, 5). Agora, é fácil determinar os outros vértices do triângulo.

1.9 VETORES PARALELOS

Quando estudamos a interpretação geométrica da multiplicação de um número real k por um vetor v, vimos que, em todos os casos, os vetores mantinham sempre a mesma direção, isto é, obtínhamos sempre vetores paralelos àqueles dados inicialmente. O que poderia mudar era o módulo e / ou o sentido do vetor, dependendo do valor e do sinal do número k.

Assim, podemos utilizar essa observação para definir a condição de paralelismo entre dois vetores u e v da seguinte forma:

$$\vec{u} \; // \; \vec{v} \Leftrightarrow \exists \; k \in R / \; \vec{u} = k.\vec{v}$$

Isto é, u e v são vetores paralelos quando existe um número real k, tal que u = k . v.

Quando k = 0, k . v será igual ao vetor nulo que, por definição, é paralelo a qualquer vetor.

Exemplos:

1) O vetor u = (4, 6) é paralelo ao vetor v = (2, 3) , pois existe um número real k = 2 , tal que u = 2 . v

2) Se v = (-2, 5) , então o vetor 4v = (-8, 20) é paralelo ao vetor v. Nesse caso, como k é um número positivo, o vetor 4v é paralelo a v e tem o mesmo sentido de v. O módulo do vetor 4v, como já foi visto anteriormente, é o quádruplo do módulo de v. Verifique!

3) Se v = (7, -4) , então o vetor -3v = (-21, 12) é paralelo a v e tem sentido oposto ao de v, e seu módulo é o triplo do módulo de v.

4) Considerando v = (6, -10) o vetor u = (-3, 5) é paralelo ao vetor v e seu módulo é a metade do módulo de v, pois u = $\frac{1}{2}$.v

Generalizando,

Se u = (a, b) e v = (c, d) são vetores (a. b. c. d $\neq$ 0), e u // v então existe um número real k, tal que u = k . v. Assim teremos:

(a, b) = k . (c, d) ⇒ (a, b) = (kc, kd) ⇒ a = kc e b = kd ⇒ $k = \frac{a}{c}$ e $k = \frac{b}{d}$, o que nos leva a concluir que $\frac{a}{c} = \frac{b}{d}$.

Agora, desenvolvendo a igualdade anterior, teremos a.d - b.c = 0,

o que equivale ao determinante $\begin{vmatrix} a & b \\ c & d \end{vmatrix} = 0$.

Além disso, o módulo de u será igual a | k | . | v |.

Logo, se u = (a, b) e v = (c, d) , u e v serão paralelos se $\frac{a}{c} = \frac{b}{d}$ ou ainda $\begin{vmatrix} a & b \\ c & d \end{vmatrix} = 0$

EXERCÍCIOS RESOLVIDOS

1) Verifique se os vetores u = (4, - 3) e v = (- 8, 6) são paralelos.

Solução:

$\begin{vmatrix} 4 & -3 \\ -8 & 6 \end{vmatrix} = 24 - 24 = 0$. *Logo os vetores são paralelos.*

2) Calcule o valor de x para que os vetores u = (4, x + 3) e v = (-5, 2) sejam paralelos.

Solução:

Basta fazer $\begin{vmatrix} 4 & x+3 \\ -5 & 2 \end{vmatrix} = 0 \Rightarrow 8 - (-5x - 15) = 0 \Rightarrow x = -23/5$

3) Determine um vetor paralelo ao vetor u = (3, - 1), que tenha módulo 5

Solução:

Seja v = (a, b) o vetor procurado. Assim, (a, b) = k . (3, -1) e $|v| = \sqrt{a^2 + b^2} = 5$
Então, podemos escrever:

$(a, b) = (3k, -k) \Rightarrow a = 3k$ *e* $b = -k \Rightarrow \sqrt{10k^2} = 5 \Rightarrow |k| = \frac{\sqrt{10}}{2}$. *Vemos nesse caso que há duas soluções possíveis, pois o problema pede que se determine um vetor paralelo ao vetor u, mas não impõe que ele tenha o mesmo sentido de u. Assim se utilizarmos* $k = \frac{\sqrt{10}}{2}$ *encontraremos o vetor de módulo 5, paralelo a u, com o mesmo sentido de u. Entretanto, utilizando* $k = \frac{-\sqrt{10}}{2}$ *teremos também um vetor de módulo 5, paralelo a u, mas de sentido oposto ao de u.*

EXERCÍCIOS PROPOSTOS

1) Verifique se os vetores u = (2, 4) e v = (3, 6) são paralelos.

2) Determine o valor de x para que os vetores u = (x, 3) e v = (2, -7) sejam paralelos.

3) Determine um vetor unitário que seja paralelo ao vetor u = (- 6, 8)

4) Dados os pontos A(x, 2), B(- 3, 4) e C(1, - 2), determine o valor de x para que os vetores u = AB e v = BC sejam paralelos

1.10 CONDIÇÃO DE ALINHAMENTO DE TRÊS PONTOS

Dados três pontos A, B e C do plano cartesiano, sabemos que nem sempre esses pontos estão sobre uma mesma linha reta. Em algumas situações precisaremos verificar se três pontos dados são colineares ou não. Para que possamos realizar essa verificação, será estabelecida a condição que deve ser atendida pelas coordenadas desses pontos a fim de que eles estejam alinhados.

Utilizaremos aqui a condição de paralelismo entre 2 vetores, vista anteriormente, para estabelecermos a condição mencionada.

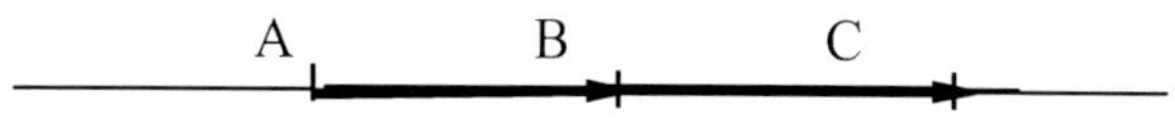

Considere três pontos A, B e C alinhados (pertencentes a uma mesma reta). Nesse caso, podemos afirmar que os pontos definem dois vetores, por exemplo, AB e AC, que são paralelos (têm uma mesma direção).

Assim, dados três pontos A, B e C, a condição para que eles sejam colineares (estejam alinhados) é que eles definam dois vetores paralelos.

Observe que se os pontos não estiverem numa mesma linha reta, jamais poderemos construir dois vetores que sejam paralelos. Nesse caso, os pontos A, B e C serão vértices de um triângulo.

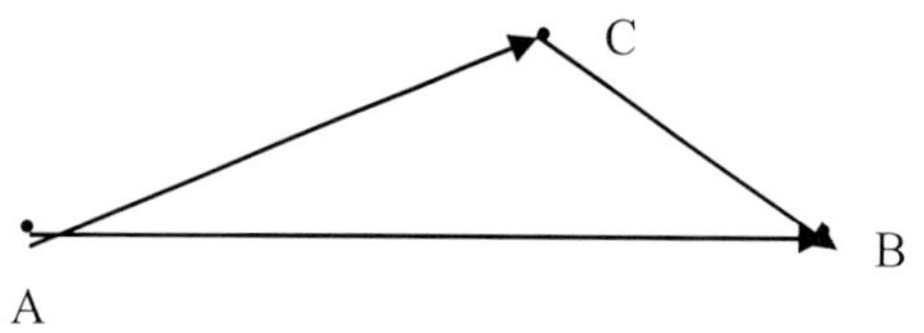

EXERCÍCIOS RESOLVIDOS

1) Verifique se os pontos A(-1,-1), B(3, 7) e C(0, 1) estão alinhados.

Solução:
Vamos determinar as coordenadas dos vetores AB e BC: $AB = (4, 8)$ e $BC = (-3, -6)$

Agora, basta verificar se AB e BC são paralelos: $\begin{vmatrix} 4 & 8 \\ -3 & -6 \end{vmatrix} = -24 - (-24) = 0$

Os vetores são paralelos; logo os pontos estão alinhados.

Observação: Existe uma forma prática de verificar se 3 pontos estão alinhados. Veja:

$$\begin{vmatrix} -1 & -1 \\ 3 & 7 \\ 0 & 1 \\ -1 & -1 \end{vmatrix} = [\,-1 \,.\, 7 + 3 \,.\, 1 + 0.(-1)\,] - [\,3.(-1) + 0.\,7 + (-1)\,.\,1\,] = -4 - (-4) = 0$$

2) Verifique se os pontos A(2, 3), B(1, 7) e C(0, -5) estão alinhados.

Solução:

Utilizando a forma prática, temos: $\begin{vmatrix} 2 & 3 \\ 1 & 7 \\ 0 & -5 \\ 2 & 3 \end{vmatrix} = [\,14 - 5 + 0\,] - [\,3 + 0 + (-10)\,] = 9 - (-7) = 16 \neq 0$

Logo, os pontos A, B e C não estão alinhados, isto é, são vértices de um triângulo.
Mais adiante, mostraremos que o número 16, encontrado neste algoritmo, está relacionado com a área do triângulo ABC.

3) Determine o valor de k para que os pontos A(k, 1) , B(2, -1) e C(4, 2) estejam alinhados.

Solução:
Podemos resolver o problema de duas maneiras:
1ª) Montamos dois vetores: AB = (2 – k, - 2) e BC = (2, 3) e impomos a condição de paralelismo, que vai garantir que os pontos estejam alinhados.

$$\begin{vmatrix} 2-k & -2 \\ 2 & 3 \end{vmatrix} = 0 \Rightarrow 6 - 3k - (-4) = 0 \Rightarrow k = 10/3$$

2ª) Utilizando o método prático, teremos: $\begin{vmatrix} k & 1 \\ 2 & -1 \\ 4 & 2 \\ k & 1 \end{vmatrix} = 0 \Rightarrow -k + 4 + 4 - 2 + 4 - 2k = 0 \Rightarrow k = 10/3$

4) Qual é a relação que deve existir entre x e y para que o ponto P(x, y) esteja alinhado com os pontos A(4, -2) e B(2, 1) ? Tente generalizar esse problema considerando A(a, b) e B(c, d)

Solução:

Utilizando o método anterior: $\begin{vmatrix} x & y \\ 4 & -2 \\ 2 & 1 \\ x & y \end{vmatrix} = 0 \Rightarrow -2x + 4 + 2y - 4y + 4 - x = 0 \Rightarrow -3x - 2y + 8 = 0$

$y = \dfrac{8-3x}{2}$. *Assim, todos os pontos que forem da forma* $P\left(x, \dfrac{8-3x}{2}\right)$ *estarão alinhados com os pontos A e B dados. Verifique que os pontos A e B satisfazem essa relação, isto é, substitua x por 4 e obtenha y = - 2 ; em seguida, faça x = 2 para obter y = 1.*
Observe que você poderá obter uma infinidade de outros pontos que estão alinhados com A e B. Basta atribuir, livremente, valores para x e substituir na relação encontrada, obtendo o correspondente valor de y. Desta forma, você estará determinando pontos sobre uma mesma reta.

1.11. – PRODUTO INTERNO OU PRODUTO ESCALAR ENTRE DOIS VETORES $\vec{u}$ E $\vec{v}$

1.11.1. DEFINIÇÃO:

Dados os vetores $\vec{u} = (a, b)$ e $\vec{v} = (c, d)$, define-se produto escalar entre $\vec{u}$ e $\vec{v}$ e representa-se por $\vec{u} \cdot \vec{v}$, ao **número real** obtido através da expressão

$$\boxed{\vec{u} \cdot \vec{v} = a \cdot c + b \cdot d}$$

Lembre-se: $\vec{u} \cdot \vec{v}$ **é um número real**

Exemplos:

b) $(2, 3) \cdot (5, -1) = 2.5 + 3.(-1) = 10 - 3 = 7$

c) $(4, -2) \cdot (4, 8) = 4.4 + (-2).8 = 16 - 16 = 0$

d) $(-3, 1) \cdot (5, 4) = (-3).5 + 1.4 = -15 + 4 = -11$

1.11.2. PROPRIEDADES:

Dados os vetores $\vec{u} = (a, b)$, $\vec{v} = (c, d)$ e $\vec{w} = (x, y)$, vamos verificar as seguintes propriedades:

1) Comutativa: $\vec{u} \cdot \vec{v} = \vec{v} \cdot \vec{u}$

$\vec{u} \cdot \vec{v} = a \cdot c + b \cdot d = c \cdot a + d \cdot b = (c, d) \cdot (a, b) = \vec{v} \cdot \vec{u}$

2) Distributiva: $\vec{u} \cdot (\vec{v} + \vec{w}) = \vec{u} \cdot \vec{v} + \vec{u} \cdot \vec{w}$

$\vec{u} \cdot (\vec{v} + \vec{w}) = (a, b) \cdot (c + x, d + y) = a \cdot (c + x) + b \cdot (d + y) = a \cdot c + a \cdot x + b \cdot d + b \cdot y =$

$a \cdot c + b \cdot d + a \cdot x + b \cdot y = (a, b) \cdot (c, d) + (a, b) \cdot (x, y) = \vec{u} \cdot \vec{v} + \vec{u} \cdot \vec{w}$

3) $\vec{u} \cdot \vec{u} = |\vec{u}|^2$

$\vec{u} \cdot \vec{u} = a \cdot a + b \cdot b = a^2 + b^2 = \left(\sqrt{a^2 + b^2}\right)^2 = |\vec{u}|^2$

EXERCÍCIO RESOLVIDO

1) Dados os vetores $u = (2, -7)$, $v = (4, 1)$ e $w = (-1, 5)$, determine:

a) $u \cdot v$ b) $v \cdot u$ c) $u \cdot (v + w)$ d) $u \cdot v + u \cdot w$

e) $u \cdot u$ f) $|u + v|$ g) $(u + v) \cdot (u + v)$

Solução:

a) $u \cdot v = 2 \cdot 4 + (-7) \cdot 1 = 8 - 7 = 1$

b) $v \,.\, u = 1$

c) $u \,.\, (v + w) = (2, -7) \,.\, (3, 6) = 6 + (-42) = -36$

d) $u \,.\, v + u \,.\, w = (2, -7) \,.\, (4, 1) + (2, -7) \,.\, (-1, 5) = 1 + (-37) = -36$

e) $u \,.\, u = (2, -7) \,.\, (2, -7) = 4 + 49 = 53.$

Observe que $|\,u\,| = \sqrt{2^2 + (-7)^2} = \sqrt{53}$ *e que* $u \,.\, u = |\,u\,|^2$ *ou ainda, que* $|\,u\,| = \sqrt{u \,.\, u}$

f) $u + v = (6, -6) \Rightarrow |\,u + v\,| = \sqrt{36 + 36} = 6\sqrt{2}$.
Observe que esse item também poderia ser resolvido utilizando-se a propriedade verificada no item anterior, ou seja, escrevendo que $|\,u + v\,| = \sqrt{(u + v) \,.\, (u + v)}$ *. Assim, teríamos:*
$(u + v)\,(u + v) = (6, -6) \,.\, (6, -6) = 36 + 36 = 72 \Rightarrow |\,u + v\,| = \sqrt{72} = 6\sqrt{2}$

g) Pela propriedade vista anteriormente, podemos escrever: $(u + v)\,(u + v) = |\,u + v\,|^2 = 72$

EXERCÍCIO PROPOSTO:
Mostre que :

a) $|u + v|^2 = |u|^2 + 2u.v + |v|^2$

b) $|u - v|^2 = |u|^2 - 2u.v + |v|^2$

c) $(u + v).(u - v) = |u|^2 - |v|^2$

1.12 VETORES PERPENDICULARES

Dois vetores u e v são perpendiculares se, e somente se, o produto escalar entre eles é igual a zero.

$$u \perp v \Leftrightarrow u \,.\, v = 0$$

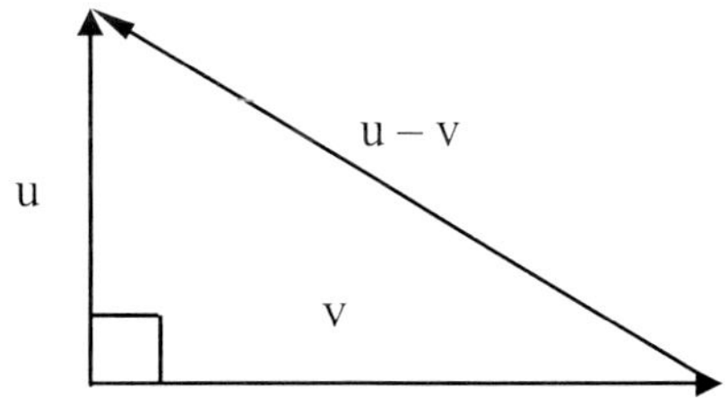

DEMONSTRAÇÃO:
Consideremos dois vetores u e v perpendiculares, conforme mostra a figura acima. Como o triângulo é retângulo, podemos escrever que

$$|\,u - v\,|^2 = |\,u\,|^2 + |\,v\,|^2$$

Sabemos que $|\,u - v\,|^2 = (u - v) \,.\, (u - v) = |\,u\,|^2 - 2 \,.\, u \,.\, v + |\,v\,|^2$. Assim,

$$|u - v|^2 = |u|^2 - 2.u.v + |v|^2 = |u|^2 + |v|^2 \Rightarrow -2u.v = 0 \Rightarrow u.v = 0$$

OBSERVAÇÃO:
Consideramos o vetor nulo perpendicular a qualquer vetor.

EXERCÍCIOS RESOLVIDOS

1) Dados os vetores $u = (2x - 1, 3)$ e $v = (3, -4)$, determine o valor de x para que u e v sejam perpendiculares.

Solução:

$u . v = (2x - 1) . 3 + 3 . (-4) = 6x - 3 - 12 = 0 \Rightarrow x = 5/2$

2) Determine k para que os pontos A(k, 2), B(1, -3) e C(0, 5) sejam vértices de um triângulo retângulo em B.

Solução:

Se o triângulo é retângulo em B, os vetores BA e BC devem ser perpendiculares. Logo, o produto escalar entre eles tem que ser igual a zero.
$BA = (k - 1, 5)$
$BC = (-1, 8)$
$BA . BC = -k + 1 + 40 = 0 \Rightarrow k = 41$

EXERCÍCIOS PROPOSTOS

1) Mostre que dois vetores da forma $u = (a, b)$ e $v = k . (-b, a)$ serão sempre perpendiculares, qualquer que seja o valor do número real k.

2) Determine um vetor de módulo 4, que seja perpendicular ao vetor (- 6, 8).

3) Determine o valor de m para que os pontos A(1, -2), B(5, 3) e C(m, 6) sejam vértices de um triângulo retângulo em C.

1.13 ÂNGULO ENTRE DOIS VETORES

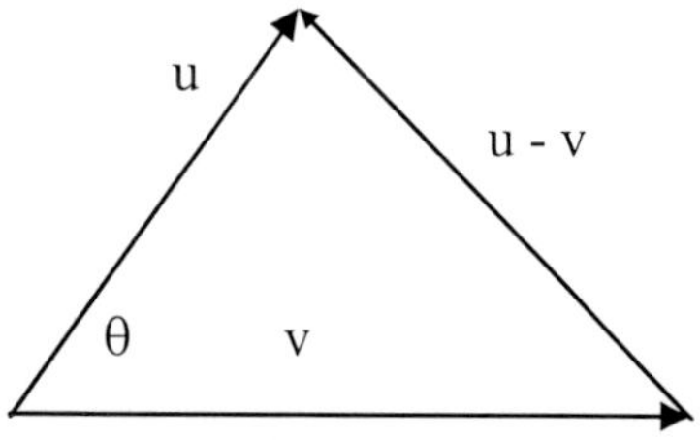

Consideremos dois vetores u e v, que formam entre si um ângulo igual a θ, conforme mostra a figura acima.
Primeiramente vamos demonstrar que o produto escalar entre u e v também pode ser calculado utilizando-se a seguinte expressão:

$$u \cdot v = |u| \cdot |v| \cdot \cos\theta$$

Vale observar aqui, que a expressão acima será útil quando não conhecermos as componentes dos vetores u e v, mas apenas os seus módulos e o ângulo formado por eles.

Para essa demonstração vamos utilizar o Teorema dos Cossenos, cuja demonstração será apresentada a seguir.

Da Geometria Plana, sabemos que, num triângulo cujos lados medem a, b e c e θ é um ângulo agudo, oposto ao lado a, vale a relação:

$$a^2 = b^2 + c^2 - 2 \cdot b \cdot c \cdot \cos\theta$$

No caso de θ ser obtuso, a expressão será:

$$a^2 = b^2 + c^2 + 2 \cdot b \cdot c \cdot \cos(180^\circ - \theta)$$

Demonstração para o caso do ângulo ser agudo:

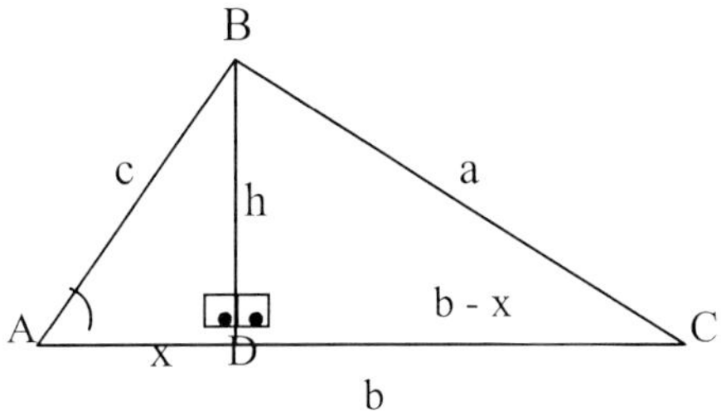

$\Delta BAD \rightarrow x^2 + h^2 = c^2 \Rightarrow h^2 = c^2 - x^2$

$\Delta BDC \rightarrow a^2 = h^2 + (b - x)^2 \Rightarrow$

$\Rightarrow a^2 = c^2 - x^2 + b^2 - 2bx + x^2 \Rightarrow$

$\Rightarrow a^2 = b^2 + c^2 - 2bx \qquad (*)$

No ΔBAD temos: $\dfrac{x}{c} = \cos\hat{A} \Rightarrow$

$\Rightarrow x = c \cdot \cos\hat{A}$.

Substituindo x na relação (*), vem:

$$a^2 = b^2 + c^2 - 2 \cdot b \cdot c \cdot \cos\hat{A}$$

Observação

Se o triângulo for obtusângulo, pode-se utilizar a relação

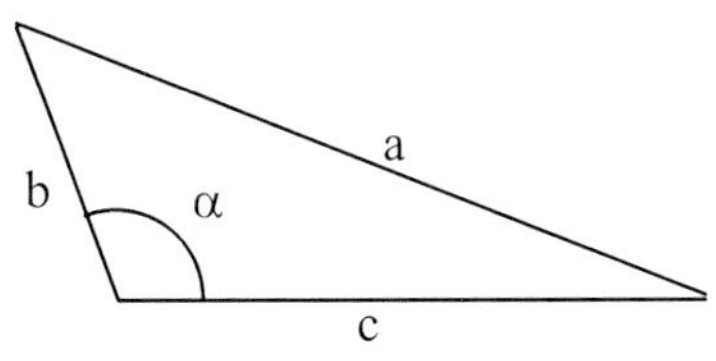

$$a^2 = b^2 + c^2 + 2bc\cos(180^\circ - \alpha)$$

Demonstração:

Usando o Teorema dos Cosenos, no triângulo acima, temos:

$|u - v|^2 = |u|^2 + |v|^2 - 2 \cdot |u| \cdot |v| \cos\theta$. Desenvolvendo o 1º membro teremos:

$|u|^2 - 2\,u\,.\,v + |v|^2 = |u|^2 + |v|^2 - 2.\,|u|\,.\,|v|\cos\theta.$

Simplificando a expressão obtida temos que:

$-2.\,u\,.\,v = -2\,|u|\,.\,|v|\,.\,\cos\theta \quad \Rightarrow \quad u\,.\,v = |u|\,.\,|v|\,.\,\cos\theta.$

Consequentemente, dados dois vetores u e v, por suas componentes, podemos determinar o ângulo formado por eles utilizando a expressão acima. Assim, poderemos escrever:

$$\cos\theta = \frac{\vec{u}\,.\,\vec{v}}{|\vec{u}|\,.\,|\vec{v}|}$$

> Observações:
>
> 1) $u\,.\,v = 0 \Rightarrow$ u e v formam um ângulo reto
>
> 2) $u\,.\,v > 0 \Rightarrow$ u e v formam um ângulo agudo
>
> 3) $u\,.\,v < 0 \Rightarrow$ u e v formam um ângulo obtuso

EXERCÍCIOS RESOLVIDOS

1) Dois vetores u e v têm módulos respectivamente iguais a 5 e 2 e formam entre si um ângulo de 60º. Calcule u . v

Solução:
$u\,.\,v = |u|\,.\,|v|\,.\,\cos\theta = 5\,.\,2\,.\,\cos 60^o = 5$

2) Determine o ângulo formado pelos vetores $u = (\sqrt{3}, 1)$ e $v = (3, 0)$.

Solução:
$$\cos\theta = \frac{(\sqrt{3},1)\,.\,(3,0)}{\sqrt{3+1}\,.\,\sqrt{9+0}} = \frac{3\sqrt{3}+0}{2\,.\,3} = \frac{\sqrt{3}}{2} \Rightarrow \textit{logo } \theta = 30^o, \textit{ pois } \cos 30^o = \frac{\sqrt{3}}{2}$$

3) Dois vetores u e v têm módulos respectivamente iguais a 5 e $\sqrt{3}$ e formam entre si um ângulo de 30º. Calcule:

a) o módulo de u - v

b) (u + 2v) . (3u - v)

Solução:
a) Sabemos que $|u-v|^2 = (u-v)\,.\,(u-v) = |u|^2 - 2\,.\,u\,.\,v + |v|^2$

Calculando $u\,.\,v = 5\,.\,\sqrt{3}\,.\,\dfrac{\sqrt{3}}{2} = 15/2$

Logo,
$|u-v|^2 = 25 - 2\,.\,(15/2) + 3 = 25 - 15 + 3 = 13 \quad \Rightarrow |u-v| = \sqrt{13}$

b) Utilizando a propriedade distributiva do produto escalar, temos:

$(u + 2v) . (3u - v) = 3. u.u - u. v + 6.v.u - 2.v. v = 3 |u|^2 - 5 . u . v - 2 |v|^2 = 3 . 25 - 5 .(15/2) - 2 . 3 = 75 - 75/2 - 6 = 63/2$

EXERCÍCIOS PROPOSTOS:

1) Determine o ângulo interno B do triângulo cujos vértices são A(- 3, 1), B(0, -2) e C(1,4).

2) Determine o valor de k para que o ângulo entre os vetores u = (- 1, 0) e v = (k, 1) seja igual a 60º.

3) Calcule o valor de x para que o ângulo entre os vetores u = (2 - x, 5) e v = (4, - 2) seja obtuso.

1.14. ÁREA DE UM TRIÂNGULO DE VÉRTICES A, B e C

Sabemos da Geometria Plana que a área de um triângulo cujos lados medem x e y, e formam entre si um ângulo θ pode ser calculada através da fórmula $S = \frac{1}{2} x . y . \text{sen}\theta$.

Assim, dado o triângulo abaixo, sua área é igual a : $\frac{1}{2} | u | . | v | . \text{sen}\theta$

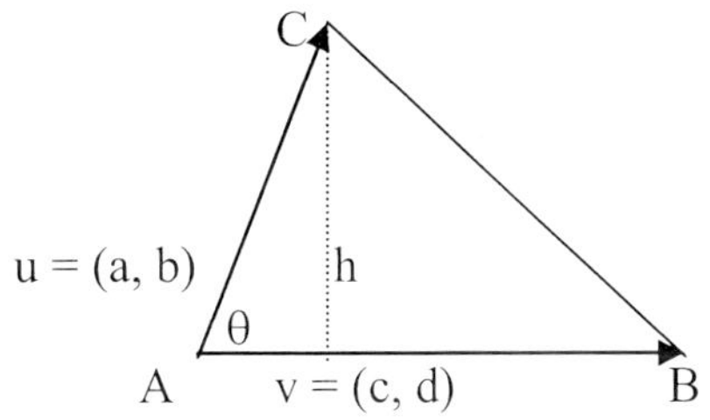

Suponhamos agora, que o triângulo ABC tenha sido dado apenas pelas coordenadas dos seus vértices. Para determinarmos sua área, teremos que determinar as medidas de dois de seus lados e também o seno do ângulo formado por eles. Entretanto, esse procedimento é muito trabalhoso.

Vamos provar a seguir que a área do triângulo, dados os seus vértices A, B e C, pode ser calculada utilizando-se apenas as coordenadas dos vetores u = AC e v = AB, conforme indicado na figura acima.

Demonstraremos que a área do triângulo ABC é igual a

$$S = \frac{1}{2}| \Delta | \text{ , onde } \Delta = \begin{vmatrix} a & b \\ c & d \end{vmatrix}$$

Se o ângulo formado pelos lados AC e AB é θ, podemos escrever que a área do triângulo ABC é igual a $\frac{1}{2}$. AC. AB. senθ.

Utilizando vetores, teremos:

Área do Triângulo = S = $\frac{1}{2} . |\overrightarrow{AC}| . |\overrightarrow{AB}| . \text{sen}\theta$. Sabemos que

$\overrightarrow{AC} . \overrightarrow{AB} = |\overrightarrow{AC}||\overrightarrow{AB}|\cos\theta \Rightarrow \cos\theta = (\overrightarrow{AC} . \overrightarrow{AB}) / |\overrightarrow{AC}||\overrightarrow{AB}|$

Da Trigonometria sabemos que $\text{sen}\theta = \pm\sqrt{1-\cos^2\theta}$. Como $\overrightarrow{AC} . \overrightarrow{AB} = a . c + b . d$ e

$|\overrightarrow{AC}| = \sqrt{a^2+b^2}$ e $|\overrightarrow{AB}| = \sqrt{c^2+d^2}$, podemos tirar que

$$\cos\theta = \frac{a.c+b.d}{\sqrt{a^2+b^2}.\sqrt{c^2+d^2}} \Rightarrow \text{sen}\,\theta = \sqrt{1-\left(\frac{a.c+b.d}{\sqrt{a^2+b^2}.\sqrt{c^2+d^2}}\right)^2} = \sqrt{1-\frac{a^2c^2+2abcd+b^2d^2}{(a^2+b^2).(c^2+d^2)}}$$

$$= \sqrt{\frac{a^2d^2+b^2c^2-2abcd}{(a^2+b^2).(c^2+d^2)}} = \sqrt{\frac{(ad-bc)^2}{(a^2+b^2)(c^2+d^2)}} = = \frac{|ad-bc|}{\sqrt{a^2+b^2}.\sqrt{c^2+d^2}}.$$

Como determinamos que $\text{sen}\theta = \frac{|ad-bc|}{\sqrt{a^2+b^2}.\sqrt{c^2+d^2}}$, a área do triângulo será ABC será igual a:

$$S = \frac{1}{2}|\vec{u}|.|\vec{v}|.\text{sen}\,\theta = \frac{1}{2}.\sqrt{a^2+b^2}.\sqrt{c^2+d^2}.\frac{|ad-bc|}{\sqrt{a^2+b^2}.\sqrt{c^2+d^2}} = \frac{1}{2}.\left\|\begin{matrix} a & b \\ c & d \end{matrix}\right\|$$

Chamando $\Delta = \begin{vmatrix} a & b \\ c & d \end{vmatrix}$, podemos escrever que a área do triângulo é igual a $S = \frac{1}{2}|\Delta|$.

EXERCÍCIOS RESOLVIDOS

1) Determine a área do triângulo cujos vértices são A(0, 3), B(-1, 5) e C(-5, 0).

Solução:

Determinando os vetores AB = (- 1, 2) e AC = (- 5, - 3) e calculando o determinante $\Delta = \begin{vmatrix} -1 & 2 \\ -5 & -3 \end{vmatrix} = 13.$

Logo, a área do triângulo será igual a 13/2 = 6,5 u.a. (unidades de área).
Observe que, se Δ = 0, teríamos área igual a zero, que significa, como já foi estudado anteriormente, que os pontos estão alinhados (não formam um triângulo!). Assim, podemos utilizar aqui aquela regra prática que foi apresentada para verificar se os pontos estão alinhados ou não.

Portanto, teremos: $\begin{vmatrix} 0 & 3 \\ -1 & 5 \\ -5 & 0 \\ 0 & 3 \end{vmatrix} = 0 . 5 + (-1) . 0 + (-5) . 3 - (-1) . 3 - (-5) . 5 - 0 . 0 = -15 + 3 + 25 = 13$

Assim, concluímos que os pontos são vértices de um triângulo. Observe ainda que o resultado que encontramos é exatamente o valor de Δ. Daí, pode-se calcular a área de um triângulo utilizando-se também o método prático apresentado anteriormente.

2) Determine os valores de k para que os pontos A(1, -3), B(4, k) e C(2, 3) sejam vértices de um triângulo de área 4.

Solução:
Se a área do triângulo é 4, temos que | Δ | = 8. Daí, calcula-se o valor de Δ por qualquer um dos métodos já apresentados.

$$\Delta = \begin{vmatrix} 1 & -3 \\ 4 & k \\ 2 & 3 \\ 1 & -3 \end{vmatrix} = k + 12 - 6 + 12 - 2k - 3 = -k + 15.$$

Atenção, pois devemos ter |Δ| = 8. Assim, teremos: $|-k + 15| = 8 \Rightarrow -k + 15 = 8$ *ou* $k - 15 = 8 \Rightarrow k = -7$ *ou* $k = 23$

3) Calcule a altura relativa ao lado AB do triângulo do exercício (1).

Solução:

Lembrando que a área de um triângulo é dada por $\dfrac{b\,.\,h}{2}$ e que no exercício 1 calculamos a área do triângulo igual a 13/2, podemos escrever: 13 = b . h.
Sendo a altura procurada, aquela relativa ao lado AB, vamos considerar b = | AB | e, assim, determinar a altura do triângulo.

Como AB = B – A = (- 1, 2) , | AB | = $\sqrt{5}$. Daí, tiramos h = $\dfrac{13\sqrt{5}}{5}$

4) Calcule a área do quadrilátero ABCD, dados A(-1, 1), B(0, 3), C(4, 2) e D(1, - 4).

Solução:
Vamos sugerir duas soluções para o exercício:
1ª) Nesse caso, pode-se dividir o quadrilátero em dois triângulos, ABC e ADC, por exemplo, calcular a área de cada um deles e somar os resultados obtidos.

Área do triângulo ABC : $\begin{vmatrix} -1 & 1 \\ 0 & 3 \\ 4 & 2 \\ -1 & 1 \end{vmatrix} = -3 + 0 + 4 - 0 - 12 + 2 = -9 \Rightarrow S = 9/2$

Área do triângulo ADC: $\begin{vmatrix} -1 & 1 \\ 1 & -4 \\ 4 & 2 \\ -1 & 1 \end{vmatrix} = 4 + 2 + 4 - 1 + 16 + 2 = 27 \Rightarrow S = 27/2$

Logo, a área do triângulo será S = 18 u. a.

2º) Vamos calcular pelo método prático apresentado anteriormente, utilizando todos os vértices do quadrilátero, lembrando sempre de escolher um sentido de percurso para esses vértices, tendo o cuidado de repetir, na última linha, o primeiro vértice que for escolhido.
Por exemplo, vamos partir do vértice B e percorrer o quadrilátero no sentido anti-horário, isto é, BADC. Assim, teremos:

$$\begin{vmatrix} 0 & 3 \\ -1 & 1 \\ 1 & -4 \\ 4 & 2 \\ 0 & 3 \end{vmatrix} = 0 + 4 + 2 + 12 - (-3) - 1 - (-16) - 0 = 36 \Rightarrow S = 18 \text{ u. a.}$$

1.15. PROJEÇÃO DE UM VETOR SOBRE OUTRO VETOR

Dados os vetores u e v, vamos determinar o vetor projeção de v na direção do vetor u. Chamaremos esse vetor de p. O sentido de p poderá ser o mesmo que o de u, caso o ângulo entre u e v seja agudo; se o ângulo for obtuso, o sentido do vetor projeção será oposto ao de u. Em ambos os casos, é válido ressaltar que a direção do vetor p é a mesma do vetor u, isto é, o vetor p é paralelo ao vetor u ou a qualquer outro vetor que seja paralelo a u. Assim, podemos escrever que p = k. u , onde k é um número real.

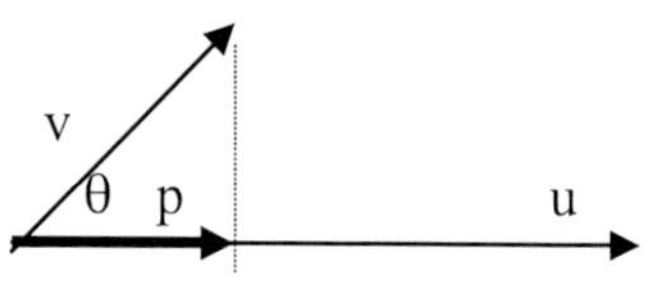

p é o vetor projeção de v sobre u

Sendo u' o versor de u (lembre-se que o módulo de u' é igual a 1), podemos afirmar que o vetor p = m . u' , sendo m a medida da projeção de v sobre u

Na figura acima podemos tirar que a medida da projeção do vetor v sobre o vetor u é igual a

$$m = |v| \cos\theta$$

Aqui vamos chamar a atenção para um detalhe importante. Na expressão obtida anteriormente, estamos chamando de m a medida da projeção de v sobre u, e não o módulo dessa projeção. Como θ é o ângulo entre u e v, se ele for obtuso, teremos $\cos\theta < 0$, que nos fornecerá $m < 0$. Este fato nos permitirá concluir que o vetor projeção p tem sentido oposto ao de u.

Voltando à expressão, podemos escrever:

$$m = |v| \,.\, 1 \,.\, \cos\theta = |v| \,.\, |u'| \,.\, \cos\theta = v \,.\, u'$$

Como já temos a medida do vetor projeção p e sabemos que ele é paralelo ao vetor u, basta multiplicarmos essa medida pelo versor de u, o qual é paralelo a u tem módulo igual a 1. Assim obteremos as coordenadas do vetor projeção.

Logo, podemos escrever que

p = m . u' = (v . u') . u'

onde : v . u' é a medida da projeção
e u' é o versor de u

EXERCÍCIOS RESOLVIDOS

1) Determine a medida da projeção do vetor v = (2,- 5) sobre o vetor u = (3, 4)

Solução:
Calculando o versor de u, temos: $|u| = 5 \Rightarrow u' = (3/5\ ,\ 4/5)$

Como $m = v\ .\ u'$, *temos:* $m = (2, -5)\ .\ (3/5, 4/5) = 6/5 + (-20/5) = -14/5$

2) Determine o vetor projeção de v = (2, - 1) sobre u = (- 4, 3)

Solução:
$m = v\ .\ u' \Rightarrow (2, -1)\ .\ (-4/5\ ,\ 3/5) = -8/5 + (-3/5) = -11/5$

$$p = m\ .\ u' = \frac{-11}{5}\left(\frac{-4}{5}, \frac{3}{5}\right) = \left(\frac{44}{25}, \frac{-33}{25}\right)$$

3) Calcule a altura relativa ao lado AB do triângulo cujos vértices são A(2, -5), B(6, -2) e C(5, -1).

Solução:
Já vimos no exercício 3 do item anterior uma forma de calcular a altura do triângulo.
Agora, vamos calcular a altura do triângulo utilizando o conceito de projeção de um vetor sobre outro:

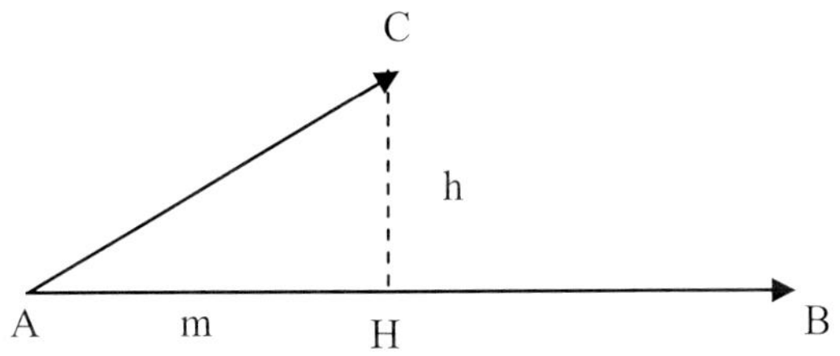

Considerando os vetores AC e AB, temos:

m é a medida da projeção do vetor $AC = (3, 4)$ *sobre o vetor* $AB = (4, 3)$, *isto é,* $m = AC\ .\ (AB)'$ *ou seja,*
$m = (3, 4)\ .\ (4/5\ ,\ 3/5) = 12/5 + 12/5 = 24/5$

Como $|AC| = 5$, *e sendo ACH um triângulo retângulo, escrevemos:* $|AC|^2 = m^2 + h^2 \Rightarrow$

$$25 = (24/5)^2 + h^2 \Rightarrow h = \sqrt{25 - \frac{576}{25}} = \frac{7}{5}$$

4) Usando os dados do exercício anterior, calcule a área do triângulo ABC.

Solução:
Como temos a altura h = 7/5, consideramos a base como b = |AB| = 5 e calculamos a área S = (b x h)/2 = 7/2.

Podemos verificar esse resultado calculando, como já vimos anteriormente, $\Delta = \begin{vmatrix} 2 & -5 \\ 6 & -2 \\ 5 & -1 \\ 2 & -5 \end{vmatrix} =$

$-4 - 6 - 25 + 30 + 10 + 2 = 7$. Assim, $S = 7/2$

EXERCÍCIOS DE APROFUNDAMENTO

1) Os extremos de um diâmetro AB de um círculo são os pontos A(-3, 2) e B(5,-4). Tomando-se o metro por unidade de comprimento, calcule a área desse círculo. Resp. $25\pi\ m^2$

2) No plano cartesiano, os pontos (1, 0) e (-1, 0) são vértices de um quadrado cujo centro é a origem. Calcule a área do quadrado. Resp. 2

3) O ponto M(-7, 2) é médio do segmento AB em que A(p - 1, 6) e B(-6, q + 2). Calcule p e q e as coordenadas do ponto C que divide o segmento AB na razão 3. Resp. p = -7; q = - 4; C(-13/2, 0)

4) Verifique se o triângulo de vértices A(1, 1), B(2, 3) e C(5, -1) é retângulo. Em caso afirmativo, calcule o seu perímetro. Resp. É retângulo; $2p = 5 + 3\sqrt{5}$

5) Calcule as coordenadas do baricentro do triângulo cujos vértices são A(5, 6), B(3, -2) e C(-2, 8). Resp. (2,4)

6) Sendo P um ponto do eixo das abscissas, quais são as coordenadas do ponto P, sabendo que sua distância ao ponto Q(9, 8) é igual a 10 unidades? Resp. (3, 0) ou (15, 0)

7) Determine a relação que devem satisfazer os números x e y para que o ponto P(x, y) seja equidistante dos pontos (1, 1) e (3, 4). Resp. $4x + 6y - 23 = 0$

8) Que relação devem satisfazer as coordenadas do ponto P(x, y) para que sua distância à origem seja igual a 2 unidades? Resp. $x^2 + y^2 = 4$

9) Considere P(x, y) de modo que $\overrightarrow{PQ} = \sqrt{2}\,.\,\overrightarrow{PR}$, onde Q(1, 3) e R(3, 1). Determine a relação que x e y devem satisfazer. Resp. $x^2 + y^2 - 10x + 2y + 10 = 0$

10) Determine os pontos que dividem o segmento de extremidades A(-1, 3) e B(5, 0) em três partes iguais. Resp. (1, 2) e (3, 1)

11) Determine o ponto C que divide o segmento AB na razão 2/5, dados A(-1, 3) e B(6, 17). Resp. (1,7)

12) Para que valores de k os pontos A(k, 3), B(8, 6) e C(-1, -3) estarão alinhados? Resp. k = 5

13) Determinar x para que os pontos A(x, -3), B(2, 4) e C(5, 1) sejam colineares. Resp. x = 9

14) Determine a área do triângulo cujos vértices são os pontos A(-2, 3), B(0, 5) e C(1, 2). Resp. A = 4

15) Determine os valores de x para que o triângulo de vértices A(x, 2), B(1, 4) e C(0, 3) tenha área igual a 6 unidades. Resp. 11 ou - 13

16) Num sistema cartesiano ortogonal no plano, as coordenadas dos vértices de um triângulo isósceles ABC são A(0, 8), B(0, 18) e C(x, 0), sendo x diferente de zero. Calcule a área do triângulo. Resp. A = 30

17) Calcule a área do polígono ABCDE, dados: A(-1, 2), B(2, 5), C(5, 4), D(6, 1) e E(3, -1). Resp. 49/2

18) Calcule os valores de a para que o vetor u = (a, -2) tenha módulo igual a 3. Resp. $a = \pm\sqrt{5}$

19) No sistema abaixo, x e y são vetores. Calcule o vetor x.

$$\begin{cases} 3\vec{x} + 2\vec{y} = (1, 7) \\ 2\vec{x} + 3\vec{y} = (-1, 8) \end{cases}$$ Resp. x = (1, 1)

20) Determine a altura relativa ao lado AB do triângulo de vértices A(4, -1), B(2, 3) e C(-2, 1). Resp. Observar que o triângulo é retângulo. $H = \sqrt{20}$

21) Dados A(2, 2), B(-1, 4) e C(5, -6) e sendo M o ponto médio de BC, determine:
a) o versor do vetor AM
b) o baricentro do triângulo AMC
c) a área do triângulo ABC
Resp. a) (0, -1); b) (3, -5/3) ; c) 9

22) O triângulo cujos vértices são A(3, 1), B(5, -2) e C(0, y) é retângulo em A . Calcule o valor de y. Resp. -1

23) Determine o valor de x para que os vetores u = (x, 3 - x) e v = (5, 4) sejam paralelos. Resp.5/3

24) Determine k para que os vetores u = (1, k - 3) e v = (2, 6) sejam ortogonais. Resp. 8/3

25) Calcule os valores de x para os quais o vetor $u = (2, x^2 - 1)$ é perpendicular ao vetor v = (-6, 4). Resp. 2 e -2.

26) Calcule os valores de x para que os vetores u = (x, 1) e v = (x, -4) formem um ângulo obtuso. Resp. $-2 < x < 2$.

27) Na figura, a medida do segmento OP é 18. Calcule as coordenadas cartesianas do ponto P indicado.

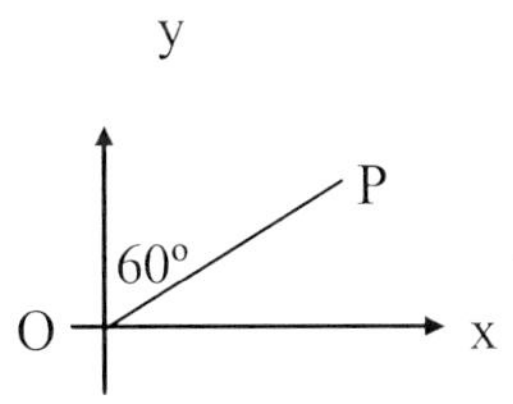

Resp. $(9\sqrt{3}, 9)$

28) Os vetores u e v têm módulos iguais a 3 e 4 respectivamente, e formam um ângulo de 60º. Calcule o módulo de u + v . Resp. $\sqrt{37}$

29) Calcule o cosseno do ângulo formado pelos vetores u = (3, 4) e v = (8, 0). Resp. 3/5

30) ABC é um triângulo equilátero de lado L. Calcule o produto escalar entre os vetores AB e BC. Resp. $-\dfrac{L^2}{2}$

31) Determinar o ângulo entre os vetores $u = (1, \sqrt{3})$ e $v = (-2, -2\sqrt{3})$. Resp. 180º

32) Dado o triângulo de vértices A(0, 2), B($\sqrt{3}$, 5) e C(0, 6), calcular a medida do ângulo interno A e a área do triângulo. Resp. $\hat{A} = 30^\circ$ e área = $2\sqrt{3}$

33) Calcule a medida da projeção ortogonal do vetor u = (- 2, 5) sobre o vetor v = (- 3, 4). O que se pode concluir a respeito do ângulo entre u e v ? Resp. m = - 26/5 ; O ângulo é obtuso

34) Determine o vetor projeção de u = (1, -2) sobre v = (8, -6). Resp. p = (8/5, - 6/5)

35) Os vetores a e b são unitários e formam entre si um ângulo de 60º. Calcule o ângulo entre os vetores v e w, sendo v = a - 2b e w = a + b. Resp. 120º

36) Determine um vetor unitário na direção da bissetriz do ângulo formado pelos vetores (3, 4) e (1, 0). Resp. $\left(\dfrac{2}{\sqrt{5}}, \dfrac{1}{\sqrt{5}}\right)$

37) Dois vetores u e v têm módulos respectivamente iguais a 3 e 5. Determine os valores de $k \in \Re$, para que os vetores u + k.v e u - k.v formem um ângulo reto. Resp. 3/5 e - 3/5

38) Os vetores u e v são unitários tais que $|u + 2.v| = |u - v|$. Calcule o ângulo entre u e v. Resp. 120º

39) Dados $|a| = 13, |b| = 19$ e $|a + b| = 24$, calcular $|a - b|$. Resp. 22

40) Os vetores a e b são perpendiculares, e seus módulos são, respectivamente iguais a 2 e 5. Calcule o valor da expressão (a - 3.b) . (2.a + b). Resp. - 67

QUESTÕES DE CONCURSOS

1) (ASSOCIADO-RJ) Os vetores $\vec{u}$ e $\vec{v}$ têm módulos iguais a 3 e 4, respectivamente, e formam um ângulo de 60º . O módulo de $\vec{u} + \vec{v}$ vale

A) 1 B) $\sqrt{13}$ C) 5 D) $\sqrt{37}$ E) 7

2) (UERJ) Dois vetores { $\vec{u}$, $\vec{v}$ } do $\Re^2$ tais que $|\vec{u}| = 1$ e $|\vec{v}| = 2$ são ortogonais. Para que os vetores $\vec{u} + \vec{v}$ e $t.\vec{u} + 2\vec{v}$ ($t \in \Re$) sejam também ortogonais, o valor de t é :

A) -8 B) -6 C) -4 D) 0 E) 4

3) (UFRuRJ) Dados três pontos A(0, 0) , B(1, 0) e C(0, 1) do plano cartesiano xy, obtenha a equação do lugar geométrico dos pontos (x, y), tais que a área do triângulo de vértices P,A e B seja 3 vezes a área do triângulo de vértices P,A e C.

4) (EN) Se $|\vec{u}| = 3$ e $|\vec{v}| = 4$, o valor máximo de $|\vec{u} + \vec{v}|$ é:

(A) 1
(B) 3
(C) 4
(D) 5
(E) 7

5) (EN) O Cosseno do ângulo P do triângulo dos vértices P (1,2), Q(4,6), R (4,-2) vale:

(A) - 7/25
(B) - 3/25
(C) 1/4
(D) 3/25
(E) 7/25

6) (VEST-RIO) ABC é um triângulo equilátero de lado 1, cuja altura relativa ao lado BC é AH. Pode-se afirmar que

(A) $\vec{AB} = \vec{AC}$
(B) ang($\vec{AB}, \vec{BC}$)= 60°
(C) $\vec{AB}+\vec{AC}=2\vec{AH}$
(D) $\vec{AB}+\vec{AC}=\vec{BC}$
(E) $\left|\vec{AB}+\vec{AC}\right| = 2$

7) (UNIFICADO) ABCD é um quadrado. O vetor $\overrightarrow{AB} - \overrightarrow{BC}$ é igual a :

A) $\overrightarrow{DB}$ B) $\overrightarrow{CA}$ C) $\overrightarrow{CB}$ D) $\overrightarrow{BD}$ E) $\overrightarrow{AC}$

8) (UNIFICADO) A área do triângulo cujos vértices são os pontos (1, 2), (3, 5) e (4, -1) vale:

A) 4,5 B) 6 C) 7,5 D) 9 E) 15

9) (PUC) Os pontos A(3, 1), B(4,-2) e C(x, 7) são colineares. O valor de x é igual a:

A) 1 B) 2 C) 5 D) 6 E) 7

10) (ESTÁCIO) O ponto da reta y = x equidistante dos pontos (-1, 2) e (2, 3) tem abscissa igual a:

A) 2/3 B) 3/5 C) 1 D) 1/2 E) 2

11) (UNESP) Dado um sistema de coordenadas cartesianas no plano, considere os pontos A(2, 2), B(4, -1) e C(m, 0). Para que AC + BC seja mínimo, o valor de m deve ser:

A) 7/3 B) 8/3 C) 10/3 D) 3,5 D) 11/3

12) (FUVEST) Sejam A(1, 2) e B(3, 2) dois pontos do plano cartesiano. Nesse plano, o segmento AC é obtido do segmento AB por uma rotação de 60°, no sentido anti-horário, em torno do ponto A. As coordenadas do ponto C são:

A) $(2, 2 + \sqrt{3})$ B) $(1 + \sqrt{3}, 5/2)$ C) $(2, 1 + \sqrt{3})$

D) $(2, 2 - \sqrt{3})$ E) $(1 + \sqrt{3}, 2 + \sqrt{3})$

13) (PUC-RJ) **ABCD** é um paralelogramo. M é o ponto médio do lado CD e P é tal que $\overrightarrow{AP} = \frac{3}{4}\overrightarrow{AB}$. Se T é o ponto de interseção de AM com DP, o valor da razão $\frac{\overline{DT}}{\overline{DP}}$ é de:

A) 1/2 B) 2/5 C) 3/4 D) 3/7 E) 4/7

14) (UNIFICADO) Se $|\vec{u}+\vec{v}| = 7$ e $|\vec{u}-\vec{v}| = 5,$ o valor do produto escalar $\vec{u} \cdot \vec{v}$ é:

A) 8 B) 7 C) 6 D) 5 E) 4

15) (UFRJ) V_1, V_2, V_3 e V_4 são vetores não nulos. Cada elemento a_{ij} da matriz A, apresentada a seguir, é o produto escalar de V_i por V_j.

$$A = \begin{bmatrix} 3 & 0 & -2 & 3 \\ 0 & 1/2 & 1 & 1/2 \\ -2 & 1 & 4 & 0 \\ 3 & 1/2 & 0 & 5 \end{bmatrix}$$

Determine o ângulo entre os vetores V_2 e V_3 .

RESPOSTAS DAS QUESTÕES DE CONCURSOS

1) D	9) C
2) A	10) A
3) y = 3x	11) C
4) E	12) A
5) A	13) B
6) C	14) C
7) A	15) 45º
8) C	

EXERCÍCIOS DE REVISÃO
CONJUNTO R^2 E VETORES NO PLANO

01) (EsFAO) - O vetor $\vec{v} = (-1/2, a)$ é unitário, então:

a) $a = \pm\sqrt{3}/2$
b) $a = \pm 1/2$
c) $a = \pm 1/4$
d) $a = \pm 1$
e) $a = \pm 3/2$

02) (EsFAO) - Sendo $\vec{u} = 2\vec{i} - 3\vec{j}$ e $\vec{v} = 4\vec{i} + \vec{j}$, o vetor $\vec{w} = 2\vec{u} - 3\vec{v}$ pode ser representado pelo par ordenado:

a) (–8, –9)
b) (8, 9)
c) (–9, –8)
d) (9, 8)
e) (0, 0)

03) (UFF) Considere os vetores $\vec{u} = (0, -2)$ e $\vec{v} = (-1, 0)$. Determine um vetor unitário $\vec{w}$ tal que os vetores $(\vec{u} + \vec{w})$ e $(\vec{v} + \vec{w})$ sejam perpendiculares. **Resp. (3/5, 4/5)**

04) (UFS.CAR) Dados os pontos A(2, 0), B(2, 3) e C(1, 3), vértices de um triângulo, o raio da circunferência circunscrita a esse triângulo é.

a) $\frac{\sqrt{10}}{3}$.

b) $\frac{10}{3}$.

c) $\frac{\sqrt{2}}{2}$.

d) $\frac{\sqrt{10}}{2}$.

e) $\sqrt{10}$.

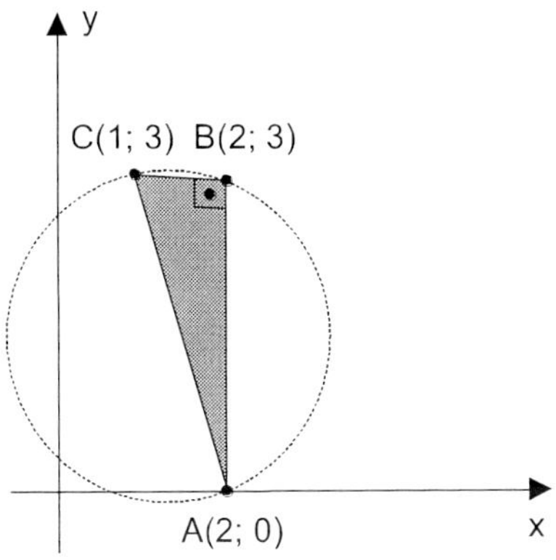

05) (CONC. PROF-SP) O conjunto das soluções (r, θ) do sistema de equações $\begin{cases} r\,\text{sen}\theta = 3 \\ r = r(1+\cos\theta) \end{cases}$ com as condições $r > 0$ e $0 \le \theta \le 2\pi$ é:

a) $\left\{\left(3, \frac{3\pi}{2}\right)\right\}$.

b) $\left\{\left(3, \frac{\pi}{2}\right)\right\}$.

c) $\{(6, \pi)\}$.

d) $\{(3, 0)\}$.

e) $\left\{\left(6, \frac{\pi}{3}\right)\right\}$

06) (UNESA) Se o vetor soma de dois vetores unitários $\vec{\mathbf{x}}$ e $\vec{\mathbf{y}}$ é unitário, então o produto escalar $\vec{\mathbf{x}} \cdot \vec{\mathbf{y}}$ é igual a:

A) 1

B) –1

C) $\frac{1}{2}$

D) $-\frac{1}{2}$

E) 0

07) (EsFAO) Os pontos P = (4, –2), Q = (–1, 3) e R = (1, 4), são vértices de um triângulo retângulo. A área deste triângulo é:

a) 3/5

b) 18/20

c) 13/3

d) 15/2

e) 7/8

08) (ITA) A área de um triângulo é de 4 unidades de superfície, sendo dois de seus vértices os pontos A: (2, 1) e B: (3, – 2). Sabendo que o terceiro vértice encontra-se sobre o eixo das abscissas, pode-se afirmar que suas coordenadas são:

a) $\left(-\frac{1}{2}, 0\right)$ ou (5, 0)

b) $\left(-\frac{1}{2}, 0\right)$ ou (4, 0)

c) $\left(-\frac{1}{3}, 0\right)$ ou (5, 0)

d) $\left(-\frac{1}{3}, 0\right)$ ou (4, 0)

e) $\left(-\frac{1}{5}, 0\right)$ ou (3, 0)

09) (ITA) Em relação a um sistema de eixos cartesiano ortogonal no plano, três vértices de um tetraedro regular são dados por A = (0, 0), B = (2, 2) e C = $(1-\sqrt{3}, 1+\sqrt{3})$. O volume do tetraedro é

a) $\frac{8}{3}$

b) 3

c) $\frac{3\sqrt{3}}{2}$

d) $\frac{5\sqrt{3}}{2}$

e) 8

10) (PUC) Calcule a área do triângulo de vértices A = (1,2), B = (2,4) e C = (4,1).

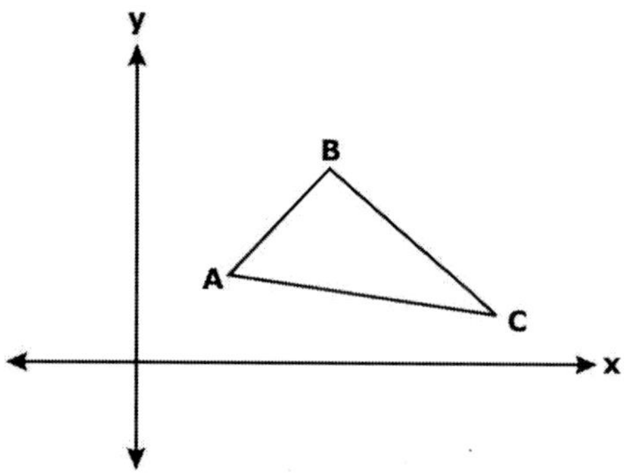

A) $\frac{5}{2}$
B) 3
C) $\frac{7}{2}$
D) 4
E) $\frac{9}{2}$

11) (PUC-RIO) Seja d(P, Q) a distância entre os pontos P e Q.
Considere A = (–1, 0) e B = (1, 0) pontos do plano. O número de pontos X = (x, y) tais que d(X, B) = $\frac{1}{2}$ d (X, A) = $\frac{1}{2}$ d(A, B) é igual a:

A) 0
B) 1
C) 2
D) 3
E) 4

12) (UFG) Em um sistema de coordenadas cartesianas são dados os pontos A(0, 0), B(0, 2), C(4, 2), D(4, 0) e E(x, 0), onde $0 < x < 4$. Considerando os segmentos BD e CE obtêm-se os triângulos T_1 e T_2, destacados na figura.

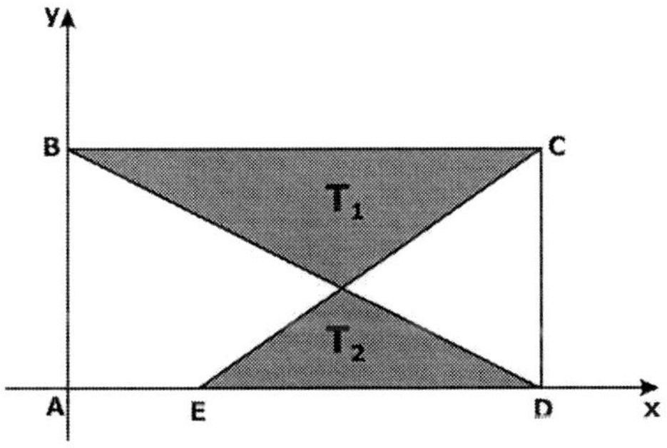

Para que a área do triângulo T_1 seja o dobro da área de T_2, o valor de x é:

A) $2 - \sqrt{2}$
B) $4 - 2\sqrt{2}$
C) $4 - \sqrt{2}$
D) $8 - 2\sqrt{2}$
E) $8 - 4\sqrt{2}$

13) (UFG) Um terreno tem a planta representada num plano cartesiano, como mostra o gráfico abaixo.

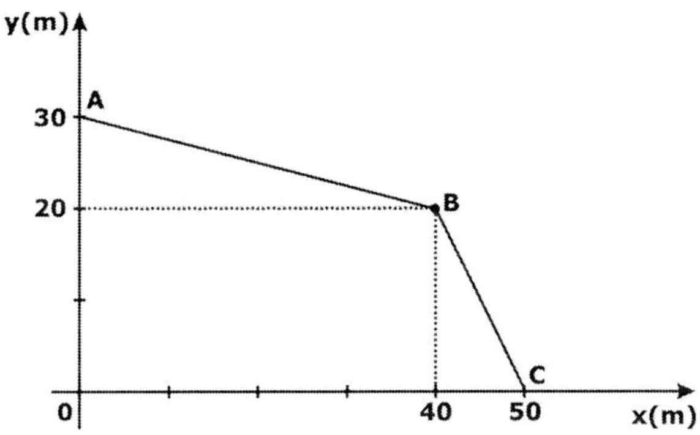

A área do terreno, em metros quadrados, será

A) 1400
B) 1100
C) 1000
D) 900
E) 800

14) (UFF) A palavra "perímetro" vem da combinação de dois elementos gregos: o primeiro, *perí,* significa "em torno de", e o segundo, *metron*, significa "medida".
O perímetro do trapézio cujos vértices têm coordenadas (-1, 0), (9, 0), (8, 5) e (1, 5) é:

(A) $10+\sqrt{29}+\sqrt{26}$
(B) $16+\sqrt{29}+\sqrt{26}$
(C) $22+\sqrt{26}$
(D) $17+2\sqrt{26}$
(E) $17+\sqrt{29}+\sqrt{26}$

(E)

15 (UFMG) Os pontos $A = (0, 3)$, $B = (4, 0)$ e $C = (a, b)$ são vértices de um triângulo equilátero no plano cartesiano. Considerando-se essa situação, é CORRETO afirmar que

A) $b = \frac{4}{3}a$.

B) $b = \frac{4}{3}a - \frac{7}{6}$.

C) $b = \frac{4}{3}a + 3$.

D) $b = \frac{4}{3}a - \frac{3}{2}$.

16) (UFF) Os valores $\vec{u_1} = \vec{i} + 2\vec{j}$ e $\vec{v_1} = 2\vec{i} + \vec{j}$ são girados de 90º, no sentido anti-horário, obtendo-se, respectivamente, os vetores $\vec{u_2}$ e $\vec{v_2}$. Determine o vetor $\vec{S} = \vec{u_2} + \vec{v_2}$. RESP. -3i + 3j

17) (SEIC) Se A (0, 0), B (2, y), C (–4, 2y) são os vértices de um triângulo ABC de área igual a 12, então o valor de y é:

(A) ± 2
(B) ± 5
(C) ± 4
(D) ±1
(E) ± 3

18) (PUC-RJ) Sejam A e B os pontos (1, 1) e (5, 7). O ponto médio do segmento AB é:

a) (3, 4)
b) (4, 6)
c) (– 4, – 6)
d) (1, 7)
e) e) (2, 3)

19) (MACK) O segmento AO descreve um ângulo de 30º em torno da origem, como indica a figura. Adotando $\pi = 3$, a distância percorrida pelo ponto A é:

a) 2,5
b) 5,5
c) 1,7
d) 3,4
e) 4,5

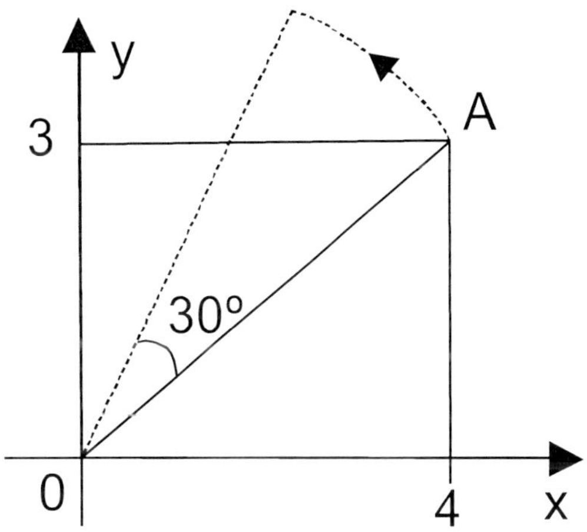

20) (UFSC) Dados os pontos A(1, – 1), B(– 1, 3) e C(2, 7), determine a medida da altura do triângulo ABC relativa ao lado BC. **RESPOSTA h = 4**

21) (UFSC) A matriz $M = \begin{bmatrix} 0 & 2 & 4 \\ 0 & 0 & 3 \end{bmatrix}$ está sendo usada para representar as coordenadas dos vértices A (0, 0), B(2, 0) e C(4, 3) de um triângulo ABC. Multiplicando-se M por uma constante k > 0, a matriz resultante da operação indicará os vértices do triângulo A'B'C', de acordo com o mesmo padrão anterior de representação. Em tais condições, a área do triângulo A'B'C' será igual a:

a) 3k.
b) 6k.
c) k^2.
d) $3k^2$.
e) $6k^2$.

22) (CEFET-PR) Um engenheiro cartográfico fez o levantamento topográfico de um terreno com contorno poligonal, conforme a figura, e obteve as seguintes coordenadas, em metros, para seus vértices: A(0, 0), B(10, 0), C(12, 4), D(6, 10) e E(– 4, 8).

A área do terreno, em metros quadrados, é de:

a) 112
b) 122
c) 132
d) 144
e) 154

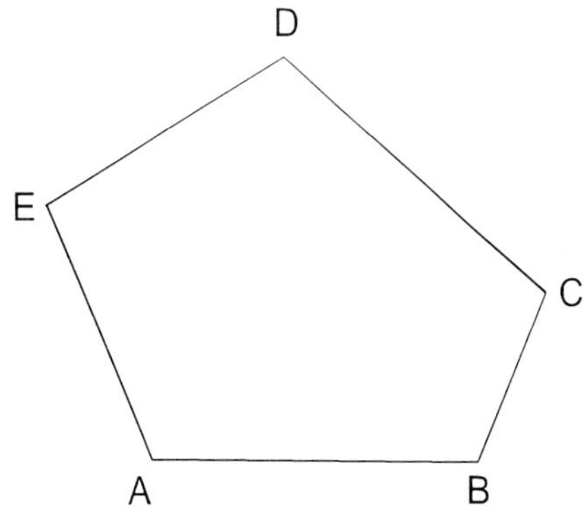

23) (CONC.PROF-SP) Os vértices do triângulo ABC são, respectivamente, (1,4), (3,5) e (4,1). Fazendo a reflexão desse triângulo sobre o eixo y, obtém-se o triângulo $A_1B_1C_1$, e refletindo este sobre o eixo x, obtém-se o triângulo $A_2B_2C_2$. Assim, os pontos A_2, B_2 e C_2 são respectivamente,

a) (– 4, – 1); (– 5, – 3); (– 1, – 4)

b) (1, 4); (3, 5); (4, 1)

c) (– 1, – 4); (– 3, – 5); (– 4, – 1)

d) (– 1, 4); (– 3, 5); (– 4, 1)

e) (1, – 4); (3, – 5); (4, – 1)

24) (UFES) Os pontos P = (a, b), Q = (a, – b) e R = (b, a) são vértices de um dodecágono regular (polígono regular de 12 lados); P e Q são vértices consecutivos. A soma das coordenadas de um vértice qualquer desse polígono poderá tomar quantos valores distintos?

a) 6

b) 7

c) 8

d) 9

e) 10

25) (UENF) No sistema de coordenadas cartesianas abaixo, está representado o triângulo ABC.

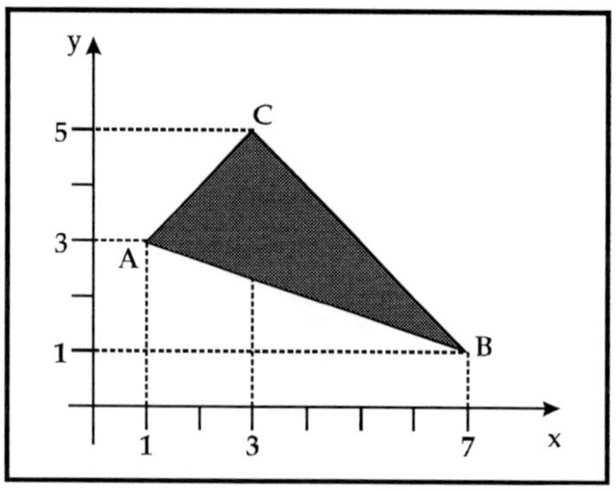

Em relação a esse triângulo.

A) demonstre que ele é retângulo;

B) calcule a sua área.

A) Resp. Vetores CA = (-2, -2) E CB = (4, -4) são perpendiculares, logo C é reto

B) Resp. 8 u.a.

26) Determine k de modo que os vetores $\vec{a} = (1, 2k-1)$ e $\vec{b} = (3k - 2, 4)$ sejam ortogonais.

a) 1

b) –1

c) $\frac{6}{11}$

d) $\frac{11}{6}$

e) $-\frac{5}{12}$

27) O ângulo entre os vetores $\vec{u}$ =(3, 1) e $\vec{v}$ = (1, 2) é igual a:

a) 15°
b) 25°
c) 30°
d) 45°
e) 60°

28) Os pontos A(−1, 4), B(5, −4) e C(3, 3) são vértices de um triângulo ABC. A medida da altura relativa ao lado AB mede:

a) 2,5
b) 2,6
c) 2,7
d) 2,8
e) 2,9

29) (FUVEST) Sejam A = (1, 2) e B = (3, 2) dois pontos do plano cartesiano. Nesse plano, o segmento AC é obtido do segmento AB por uma rotação de 60º, no sentido anti-horário, em torno do ponto A. As coordenadas do ponto C são:

A) $\left(2,2+\sqrt{3}\right)$
(B) $\left(1+\sqrt{3},\frac{5}{2}\right)$
(C) $\left(2,1+\sqrt{3}\right)$
(D) $\left(2,2-\sqrt{3}\right)$
(E) $\left(1+\sqrt{3},2+\sqrt{3}\right)$

30) (UNIFICADO) Os vetores $\vec{U}$ (x, 2x −1) e $\vec{V}$ (−2, 4) são ortogonais. Então o valor de x é igual a:
(A) −3/2
(B) −2/3
(C) 2/5
(D) 2/3
(E) 3/2

GABARITO

1	A	7	D	13	B	19	A	25	R
2	A	8	C	14	E	20	h=4	26	C
3	R	9	A	15	B	21	C	27	D
4	D	10	C	16	R	22		28	B
5	B	11	D	17	E	23		29	A
6	D	12	B	18	A	24		30	D

CAPÍTULO II - ESTUDO DA RETA NO R^2

2.1. EQUAÇÃO GERAL DA RETA QUE PASSA POR DOIS PONTOS DADOS

Como já dissemos anteriormente, através da Geometria Analítica podemos relacionar elementos da Álgebra com elementos da Geometria. No capítulo anterior estudamos o Ponto e várias propriedades relacionadas a ele.

Consideremos agora a situação em termos um quadrado cujo lado mede x unidades; é possível expressarmos o perímetro (soma das medidas dos lados) y desse quadrado através da equação $y = 4x$. Quando queremos expressar a área desse mesmo quadrado, e também representamos por y essa área, escrevemos $y = x^2$.

As equações anteriores apresentam duas variáveis interdependentes, isto é, se o valor de uma delas mudar, o valor da outra também se altera. As soluções dessas equações são dadas através de pares ordenados (x, y) que, como sabemos, podem ser associados a pontos do plano cartesiano.

Por exemplo, os pares (1, 4), (2, 8), (3, 12) são algumas soluções para a equação $y = 4x$, assim como (4, 16), (5, 25) atendem a relação $y = x^2$; sabemos que há infinitas soluções!

Se representarmos algumas dessas soluções (pares ordenados) associadas à equação $y = 4x$, no plano cartesiano, elas formarão uma figura geométrica, que nos dará uma ideia, uma "tradução" do que representa geometricamente aquela equação. Por outro lado, dada uma figura no plano cartesiano, tentaremos estabelecer relações entre x e y que descrevam algebricamente essa figura. Eis aqui os dois grandes objetos de estudo da Geometria Analítica.

Então o que pretendemos quando queremos escrever a equação de uma reta? Sabemos dos nossos estudos de Geometria Euclidiana que uma reta fica determinada quando são conhecidos dois de seus pontos. Ora, quando desenhamos uma reta qualquer no plano cartesiano, sabemos que não é possível escrever todos os pares ordenados associados aos seus pontos. São infinitos! Assim, escrever a equação de uma reta consiste em estabelecer uma relação entre as coordenadas de um ponto qualquer (x, y) desse plano cartesiano, de modo que todos os pontos que atenderem essa relação serão ditos pontos da referida reta.

Vejamos a seguinte situação, em que consideramos os pontos A(-3, 2) e B(4, -7), e traçamos a reta que passa por eles. Essa reta é única e, portanto, deverá existir uma única relação entre x e y que representará a equação desta reta. Vamos determinar a equação da reta que passa por A e B.

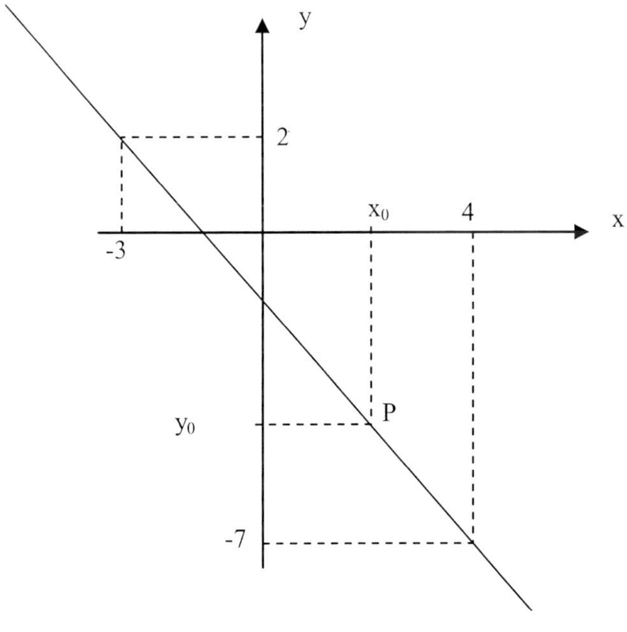

Ora, já sabemos que não é possível escrever todos os pontos dessa reta. Sendo assim, vamos considerar um ponto genérico $P(x_0, y_0)$ do plano cartesiano e, utilizando os conhecimentos já adquiridos até aqui, encontraremos uma relação entre x_0 e y_0 que nos garanta que esse ponto pertence à reta AB, isto é, que nos permita concluir que os pontos A, B e P são colineares.

Assim, qualquer par ordenado que satisfaça essa relação será um ponto pertencente à reta AB.
No capítulo anterior estudamos a condição de alinhamento de 3 pontos, a qual será utilizada aqui.

A(- 3, 2) P(x_0, y_0) B(4, - 7)

Se A, B e P são colineares, então $\overrightarrow{AP} \,//\, \overrightarrow{AB} \Rightarrow (x_0 + 3 , y_0 - 2) \,//\, (7, - 9) \Rightarrow \dfrac{x_0 + 3}{7} = \dfrac{y_0 - 2}{-9} \Rightarrow 9x_0 +$ $7y_0 + 13 = 0 \Rightarrow 9x + 7y + 13 = 0$

Observe que os pontos A e B dados satisfazem essa equação:
A(- 3, 2) : 9 . (- 3) + 7 . 2 + 13 = - 27 + 14 + 13 = 0
B(4, - 7) : 9 . 4 + 7 . (- 7) + 13 = 36 – 49 + 13 = 0.

É possível determinar outros pontos dessa reta. Por exemplo, você pode determinar o ponto em que a reta intersecta o eixo das ordenadas. Lembre-se de que esse ponto deve ter abscissa nula. Portanto é um ponto da forma R(0, b).
Substituindo esse ponto na equação da reta, teremos:
R(0, b) : 9 . 0 + 7 . b + 13 = 0 $\Rightarrow$ b = - 13 / 7.

Para determinar o ponto em que a reta passa pelo eixo das abscissas, basta substituir, na equação encontrada, y por zero, obtendo x = - 13/9. Assim o ponto procurado será S(-13/9, 0)

Agora, qual seria o ponto dessa reta que possui a abscissa igual à ordenada?
Basta considerar um ponto genérico T(a, a) e substituir na equação encontrada. Assim, obteremos:
T(a, a) : 9.a + 7.a + 13 = 0 $\Rightarrow$ a = - 13 / 16 $\Rightarrow$ T(-13/16 , -13/16).

Generalizando, dados os pontos A(x_1, y_1) e B(x_2, y_2) , a equação da reta que passa por esses pontos será obtida utilizando-se a condição de alinhamento de 3 pontos, considerando o ponto genérico P(x, y). Assim, se P pertence à reta que passa por A e B, temos:

$$\overrightarrow{AB} \,//\, \overrightarrow{AP} \Rightarrow \overrightarrow{AP} = k \,.\, \overrightarrow{AB}$$

Logo,

$$(x - x_1, y - y_1) = k \,.\, (x_2 - x_1, y_2 - y_1) \Rightarrow \frac{x - x_1}{x_2 - x_1} = \frac{y - y_1}{y_2 - y_1} = k$$

Desenvolvendo a expressão acima, teremos:

$(x - x_1).(y_2 - y_1) = (y - y_1).(x_2 - x_1) \Rightarrow xy_2 - xy_1 - x_1y_2 + x_1y_1 = yx_2 - yx_1 - y_1x_2 + y_1x_1 \Rightarrow x\,(y_2 - y_1) + y\,(x_1 - x_2) - x_1y_2 + x_1y_1 + y_1x_2 - y_1x_1 = 0.$

Fazendo : $y_2 - y_1 = a$
$x_1 - x_2 = b$
e $-x_1y_2 + x_1y_1 + y_1x_2 - y_1x_1 = c$, concluímos que a equação de uma reta pode ser escrita na forma

$$a\,x + b\,y + c = 0$$

OBSERVAÇÃO:
A equação geral de uma reta também pode ser obtida utilizando o método prático aprendido no capítulo anterior, quando queríamos verificar se três pontos eram colineares ou não.

Assim, considerando um ponto qualquer P(x, y), se ele pertence à reta que passa por A e B então ele está alinhado com A e B. Logo,

$$\begin{vmatrix} x & y \\ -3 & 2 \\ 4 & -7 \\ x & y \end{vmatrix} = 0 \Rightarrow 2x + 21 + 4y + 3y - 8 + 7x = 0 \Rightarrow 9x + 7y + 13 = 0$$

EXERCÍCIOS RESOLVIDOS

1) Determine a equação da reta que passa pelos pontos:

a) (2,-7) e (-1, 3)

b) (4, 2) e (-3, 2)

c) (3,- 2) e (3, 4)

d) (0, 0) e (4,-3)

Solução:

a) $\dfrac{x-2}{-1-2} = \dfrac{y+7}{3+7} \Rightarrow 10x - 20 = -3y - 21 \Rightarrow 10x + 3y + 1 = 0$

b) $\begin{vmatrix} x & y \\ 4 & 2 \\ -3 & 2 \\ x & y \end{vmatrix} = 0 \Rightarrow 2x + 8 - 3y - 4y + 6 - 2x = 0 \Rightarrow y - 2 = 0$

c) $\begin{vmatrix} x & y \\ 3 & -2 \\ 3 & 4 \\ x & y \end{vmatrix} = 0 \Rightarrow -2x + 12 + 3y - 3y + 6 - 4x = 0 \Rightarrow x - 3 = 0$

d) $\dfrac{x-0}{4-0} = \dfrac{y-0}{-3-0} \Rightarrow -3x = 4y \Rightarrow 3x + 4y = 0$

OBSERVAÇÃO:

A equação de uma reta nem sempre apresenta os 3 coeficientes (a, b e c). No segundo exemplo, os pontos dados têm a mesma ordenada (y = 2); nesse caso, o coeficiente de x é igual a zero, e a reta é paralela ao eixo x. No terceiro exemplo, os pontos dados têm a mesma abscissa (x = 3), o que torna o coeficiente de y igual a zero, e a reta será paralela ao eixo y. Já no último caso, o termo independente da equação é igual a zero (c = 0); isto ocorre sempre que um dos pontos dados for a origem do sistema de coordenadas cartesianas (0, 0).

Assim, podemos tirar algumas conclusões quando os coeficientes da equação geral de uma reta se anularem:

$a = 0$ e $b \neq 0$ $\Rightarrow$ a equação será da forma: $by + c = 0$ – essa reta é paralela ao eixo x, isto é, não intercepta o eixo x. Se $c = 0$, a equação $by = 0$ é equivalente a $y = 0$, que representa o eixo das abscissas, ou todos os pontos pertencentes ao eixo das abscissas;

$b = 0$ e $a \neq 0$ $\Rightarrow$ a equação será da forma: $ax + c = 0$ – essa reta é paralela ao eixo y, isto é, não intercepta o eixo y. Se $c = 0$, a equação $ax = 0$ é equivalente a $x = 0$, que representa o eixo das ordenadas, ou todos os pontos pertencentes ao eixo das ordenadas;

$c = 0$ e $a \cdot b \neq 0$ $\Rightarrow$ a equação será da forma $ax + by = 0$ – essa reta passa pela origem do sistema de coordenadas cartesianas. Verifique que o ponto (0, 0) satisfaz essa equação!

---

2) Uma reta é dada pela equação $x + 2y - 4 = 0$. Determine:
a) o valor de m para que o ponto $P(m - 3, 4)$ pertença a essa reta;
b) um ponto dessa reta que diste $\sqrt{10}$ unidades do ponto $Q(1, -2)$

Solução:
a) Substituindo o ponto dado na equação da reta, teremos:
$(m - 3) + 2 \cdot 4 - 4 = 0 \Rightarrow m - 3 + 8 - 4 = 0 \Rightarrow m = -1$

b) Escrevendo a equação dada na forma: $x = 4 - 2y$, podemos dizer que um ponto genérico $P(x, y)$ dessa reta deve ser do tipo $P(4 - 2y, y)$. Assim, o ponto procurado deve satisfazer a relação $|PQ| = \sqrt{10}$
Desenvolvendo essa equação, temos:
$PQ = Q - P = (2y - 3, -2 - y) \Rightarrow \sqrt{(2y-3)^2 + (-2-y)^2} = \sqrt{10} \Rightarrow y = 1$ ou $y = 3/5$
Logo, existem dois pontos que satisfazem a condição pedida: $P(2, 1)$ ou $P(14/5, 3/5)$

3) Dada a reta de equação $2x - 3y + 12 = 0$, pede-se:

a) determinar os pontos de interseção da reta com os eixos coordenados;
b) a área do triângulo limitado pela reta e pelos eixos coordenados;
c) verifique graficamente que a reta dada intercepta a reta de equação $2x - y = 0$. É possível determinar esse ponto de interseção? Determine-o.

Solução:

a) Interseção com o eixo x : $y = 0 \Rightarrow 2x - 3 \cdot 0 + 12 = 0 \Rightarrow x = -6 \Rightarrow P(-6, 0)$
Interseção com o eixo y: $x = 0 \Rightarrow 2 \cdot 0 - 3y + 12 = 0 \Rightarrow y = 4 \Rightarrow Q(0, 4)$

b) Fazendo uma representação gráfica, observamos que fica determinado um triângulo retângulo, cujos catetos medem 6 e 4 unidades.

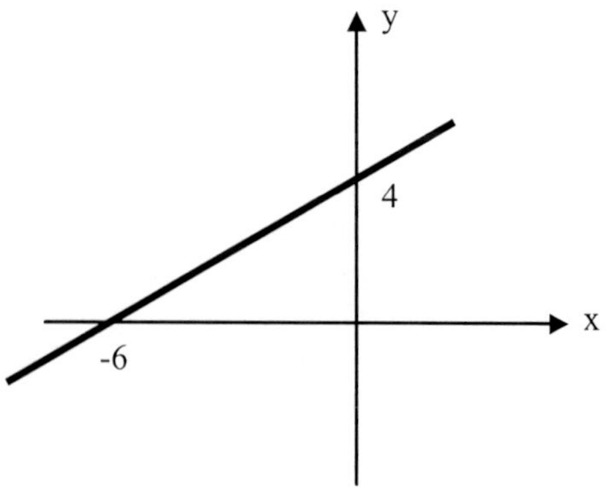

Logo, a área do triângulo será igual a:

$$S = \frac{b \cdot c}{2} = \frac{6 \cdot 4}{2} = 12 \text{ unidades de área}$$

c)

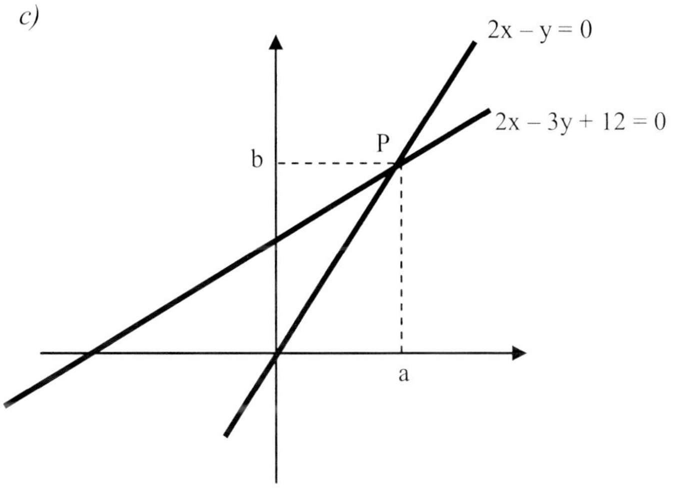

É possível determinar o ponto de interseção P(a, b), lembrando que esse ponto satisfaz as duas equações simultaneamente, ou seja, é a solução do sistema linear formado pelas equações das retas dadas.

$$\begin{cases} 2x - y = 0 \\ 2x - 3y + 12 = 0 \end{cases} \Rightarrow x = 3 \ e \ y = 6 \Rightarrow P(3, 6)$$

2.2. VETOR NORMAL OU PERPENDICULAR A UMA RETA

Chamamos de vetor normal de uma reta r a qualquer vetor que seja perpendicular a essa reta.
Considere o exemplo a seguir:
Dada a reta r: $4x - 5y + 20 = 0$, vamos determinar dois pontos dessa reta.
Para $x = 0$, temos $y = 4 \Rightarrow A(0, 4)$
Para $y = 0$, temos $x = -5 \Rightarrow B(-5, 0)$.

Podemos escrever o vetor $\overrightarrow{AB} = (-5, -4)$. Como os pontos A e B pertencem à reta r, é evidente que o vetor $\overrightarrow{AB}$ é paralelo à reta AB. Observe agora que, se considerarmos o vetor formado pelos coeficientes de x e y na equação da reta dada inicialmente, teremos $\vec{v} = (4, -5)$.

Fazendo o produto escalar $\overrightarrow{AB} . \vec{v} = (-5, -4) . (4, -5) = -20 + 20 = 0$.

Concluímos, portanto, que esses vetores são perpendiculares, isto é, que o vetor $\vec{v} = (4, -5)$ é perpendicular à reta AB. Logicamente qualquer vetor paralelo ao vetor $\vec{v}$ também será perpendicular à reta AB.

Genericamente, dada uma reta $r : ax + by + c = 0$, podemos afirmar que o vetor $\vec{n} = (a, b)$ é perpendicular à reta r.

De fato, consideremos dois pontos $A(x_0, y_0)$ e $B(x_1, y_1)$, que pertençam à reta r. Obviamente

o vetor $\overrightarrow{AB}$ é paralelo à reta r. Assim, $(x_1 - x_0, y_1 - y_0) \, // \, (r)$.

Como A e B pertencem a r, suas coordenadas satisfazem a equação de r, e podemos escrever:

$ax_0 + by_0 + c = 0$ (1)
$ax_1 + by_1 + c = 0$ (2)

(2) - (1) $\Rightarrow$ $a(x_1 - x_0) + b(y_1 - y_0) = 0 \Rightarrow$ (a, b) . $(x_1 - x_0 , y_1 - y_0) = 0 \Rightarrow \vec{n} . \overrightarrow{AB} = 0$. Ou seja, o vetor $\vec{n}$ = (a, b) é perpendicular a um vetor paralelo à reta r. Logo, o vetor $\vec{n}$ é perpendicular à reta r.

O vetor $\vec{n}$ = (a, b) é chamado de **vetor normal** à reta r.

EXERCÍCIOS RESOLVIDOS:

1) Determine um vetor normal à reta x + 3y – 1 = 0 , que tenha módulo igual a 20.

Solução: O vetor normal a essa reta é $\vec{n}$ = *(1, 3) ou qualquer vetor paralelo a ele. Sabemos que* $|\vec{n}| = \sqrt{10}$. *O vetor procurado é um vetor v tal que* $v = k . \vec{n}$ *e* $|v| = |k . \vec{n}| = |k| . |\vec{n}| = 20$. *Assim,* $|k| = 2\sqrt{10}$.

Logo $v = (2\sqrt{10} , 6\sqrt{10})$ *ou* $v = (-2\sqrt{10} , -6\sqrt{10})$

2) Determine o valor de m sabendo que o vetor v = (2, - 7) é perpendicular à reta de equação m x + 3y - 2 = 0.

Solução: Se v = (2, - 7) é perpendicular à reta dada, então esse vetor é paralelo ao vetor normal da reta. Logo, podemos escrever que (2, - 7) // (m, 3). Assim,

$$\frac{2}{m} = \frac{-7}{3} \Rightarrow m = -6/7.$$

2.3 RETAS PARALELAS

Baseando-se no que foi visto anteriormente, é fácil concluir que duas retas são paralelas se, e somente se, seus vetores normais são paralelos.

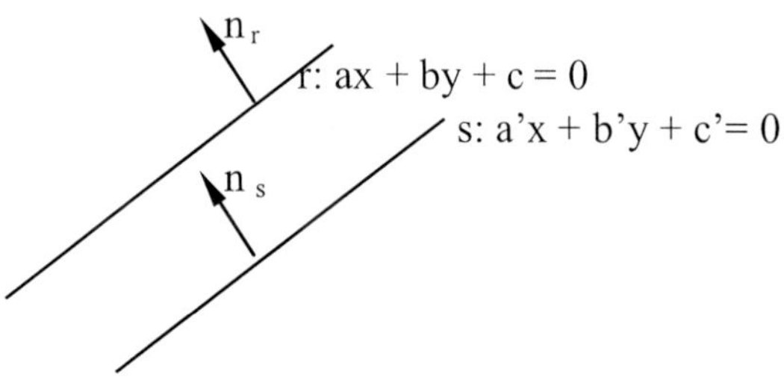

$r \,//\, s \Rightarrow n_r \,//\, n_s$

Observações:

1) $\frac{a}{a'} = \frac{b}{b'} = \frac{c}{c'} \Rightarrow$ r e s são paralelas coincidentes

2) $\frac{a}{a'} = \frac{b}{b'} \neq \frac{c}{c'} \Rightarrow$ r e s são paralelas distintas

EXERCÍCIOS RESOLVIDOS

1)Verifique se as retas r: 2x - 3y + 1 = 0 e s: 6x - 9y + 4 = 0 são paralelas.

Solução:

$n_r = (2, -3)$ e $n_s = (6, -9) \Rightarrow \frac{2}{6} = \frac{-3}{-9}$ *(V). Logo as retas são paralelas*

2) Obtenha a equação da reta que passa pelo ponto (- 1, 5) e é paralela à reta de equação r : x - 2y + 5 = 0

Solução:
Seja s a reta procurada, que é paralela à reta r : $x - 2y + 5 = 0$. Como o vetor normal de r é $n = (1, -2)$, sabemos que o vetor normal de s, que chamaremos de n' deve ser paralelo a n. Assim, $n' = k \cdot (1, -2)$, onde k é um número real não nulo. Podemos considerar k = 1, e utilizar $n' = (1, -2)$. Portanto a equação procurada será do tipo: $x - 2y + c = 0$.
Essa equação representa um conjunto - "família"- de retas paralelas entre si, pois para cada valor de c obtém-se uma reta paralela à reta r.
Assim, para determinarmos a reta que passa pelo ponto (- 1, 5), basta substituir esse ponto na equação da "família", obtendo o valor de c , que irá determinar a reta s pedida:

$x - 2y + c = 0 \Rightarrow -1 - 2 \cdot 5 + c = 0 \Rightarrow c = 11 \Rightarrow s: x - 2y + 11 = 0$

3) Determine o ponto de interseção da reta r com o eixo das ordenadas, sabendo que r passa pelo ponto (2, 3) e é paralela à reta - 5x +y - 4 = 0.

Solução:

Vetor normal de s: $n = (-5, 1)$
Vetor normal de r : qualquer vetor paralelo a n, isto é, $n' = k. (-5, 1)$. Fazendo k = 1, temos $n' = (-5, 1)$.

Equação da família de r : $-5x + y + c = 0$.

Como r passa pelo ponto (2, 3), esse ponto satisfaz a equação de r. Logo, $-5 \cdot 2 + 3 + c = 0 \Rightarrow c = 7$.
Daí, teremos que r é dada por: $-5x + y + 7 = 0$.

O problema pede para determinar o ponto de interseção de r com o eixo das ordenadas; basta fazer x = 0 na equação obtida, para determinar o valor de y: $-5 \cdot 0 + y + 7 = 0 \Rightarrow y = -7$. Logo, o ponto procurado é Q(0, - 7).

3) Resolva graficamente o sistema de equações $\begin{cases} 2x + y = 3 \\ 4x + 2y = 4 \end{cases}$

Solução:
As equações do sistema podem ser vistas como duas retas, cujos vetores normais são n = (2, 1) e n' = (4, 2).
É fácil perceber que essas retas são paralelas distintas, pois temos: $\frac{2}{4} = \frac{1}{2} \neq \frac{3}{4}$.
Fazendo a representação gráfica, teremos:

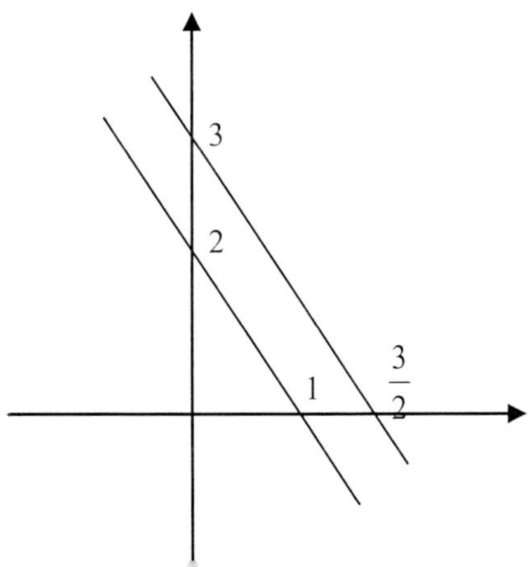

*Assim, podemos concluir que o sistema dado é **impossível**, pois as retas não apresentam ponto de interseção.*
Vale observar ainda que se as retas fossem coincidentes, o sistema seria indeterminado.

2.4 RETAS PERPENDICULARES

Da mesma forma que concluímos anteriormente, é fácil observar que duas retas r e s são perpendiculares se, e somente se, seus vetores normais são perpendiculares. Assim, dadas as equações de duas retas, basta verificar se o produto escalar entre seus vetores normais é nulo, para concluir que elas são perpendiculares.

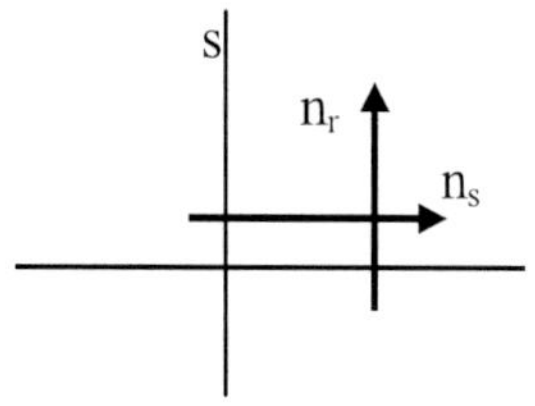

$r \perp s \Leftrightarrow n_r \perp n_s$
ou seja,

$n_r \cdot n_s = 0$

EXERCÍCIOS RESOLVIDOS

1) Verifique se as retas r: $2x + 5y - 3 = 0$ e s: $10x - 4y - 1 = 0$ são perpendiculares.

Solução:
$n_r = (2, 5)$ *e* $n_s = (10, -4) \Rightarrow n_r \cdot n_s = (2, 5) \cdot (10, -4) = 2 \cdot 10 + 5 \cdot (-4) = 20 - 20 = 0$. *Logo, se os vetores normais são perpendiculares, as retas r e s são perpendiculares entre si.*

2) Obtenha a equação da reta s que passa pelo ponto P(1, 7), sabendo que ela é perpendicular à reta r : $2x + 5y - 1 = 0$.

Solução:
O vetor normal da reta r é $n = (2, 5)$. *Se s é perpendicular a r, então seu vetor normal pode ser* $n' = (5, -2)$ *- veja no capítulo I, quando estudamos perpendicularidade entre vetores – ou qualquer vetor que seja paralelo a n'.*
Assim, a família de retas perpendiculares à reta r será dada por: $5x - 2y + c = 0$. *Para determinar c, basta substituir o ponto P(1, 7) nesta equação:* $5 \cdot 1 - 2 \cdot 7 + c = 0 \Rightarrow c = 9$
Logo, a equação procurada é s : $5x - 2y + 9 = 0$

3) Calcule a distância do ponto P(3, -1) à reta de equação r: $3x - 4y + 7 = 0$.

Solução:
Vamos sugerir três soluções para esse problema:
1ª) Observe a figura a seguir:

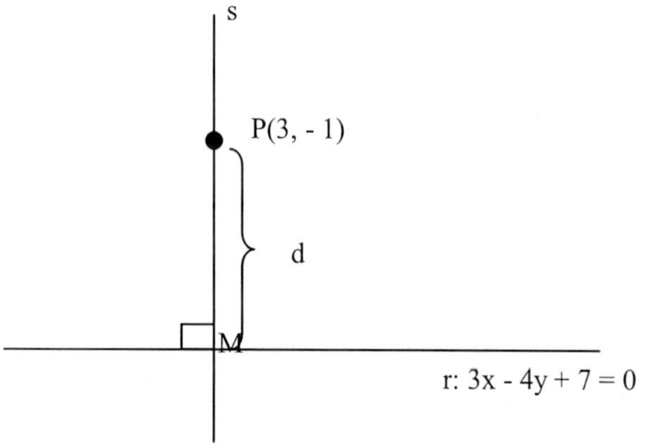

A distância d do ponto P à reta r é igual à distância do ponto P ao ponto M, que é a interseção da reta s com a reta r, sendo s perpendicular a r. Assim, o problema pode ser resolvido seguindo os seguintes passos:
i) determinar a equação de s;

ii) determinar o ponto M, interseção entre r e s;
iii) determinar a distância de P a M
Assim, teremos:
i) vetor normal de r: n = (3, - 4) $\Rightarrow$ vetor normal de s: n' = (4, 3). Equação de s: 4x + 3y + c = 0. Como P(3, -1) pertence a s, temos: 4. 3 + 3.(- 1) + c = 0 $\Rightarrow$ c = - 9 $\Rightarrow$ s: 4x + 3y – 9 = 0;

ii) Resolvendo o sistema $\begin{cases} 3x - 4y + 7 = 0 \\ 4x + 3y - 9 = 0 \end{cases}$ *. obtemos M(3/5 , 11/5)*

iii) A distância de P a M é o módulo do vetor PM: PM = M – P = (- 12/5 , 16/5) $\Rightarrow$ |PM| = 4
Logo, d = 4

2ª) Podemos fazer o problema recair numa situação já vista no capítulo anterior, isto é, utilizando dois pontos A e B da reta r, e calculando a altura do triângulo APB assim obtido.
Sejam, por exemplo, A(3, 4) e B(- 1, 1) dois pontos pertencentes à reta r.

A área do triângulo APB é dada por: $\Delta = \begin{vmatrix} 3 & 4 \\ 3 & -1 \\ -1 & 1 \\ 3 & 4 \end{vmatrix}$ *= - 3 + 3 – 4 – 12 – 1 – 3 = - 20 $\Rightarrow$ S = 10*

A medida da base AB do triângulo é igual ao módulo do vetor AB : AB = B – A = (- 4, - 3) $\Rightarrow$ |AB| = 5.
Como a área de um triângulo é $S = \dfrac{b\,.\,h}{2}$*, temos que* $10 = \dfrac{5\,.\,h}{2}$ *$\Rightarrow$ h = 4 $\Rightarrow$ d = 4*

3ª) Lembrando o conceito de projeção de um vetor sobre outro vetor, estudado no capítulo anterior, podemos construir a seguinte figura:

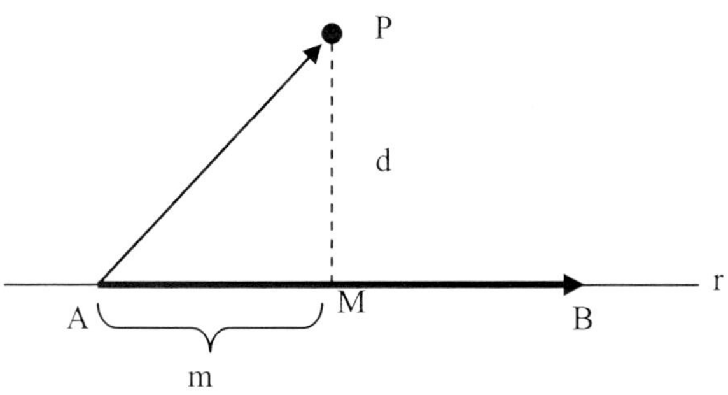

Na figura temos que m é a medida da projeção do vetor AP sobre o vetor AB, isto é, o produto escalar AP . (AB)' , onde (AB)' é o versor de AB. Daí, calcula-se o módulo do vetor AP e em seguida, utilizando o triângulo retângulo AMP, calcula-se a distância d.

4) Calcule a altura relativa ao lado AB do triângulo cujos vértices são A(-1,2), B(1, 4) e C(0, -3).

Solução:
Calcular a altura relativa ao lado AB é equivalente a calcular a distância do vértice C à reta que passa por A e B. Assim, reduz-se esse problema à situação anterior. Faça os cálculos e conclua que $h = 3\sqrt{2}$ *!*

2.5 DISTÂNCIA DE UM PONTO A UMA RETA

Nos exercícios anteriores, calculamos a distância de um ponto P a uma reta r, e verificamos 3 formas diferentes de resolver o problema. No entanto, é possível calcular essa distância através de uma fórmula, o que facilita muito os cálculos. A seguir, vamos demonstrar essa fórmula.

Se um ponto $P(x_0 , y_0)$ não pertence a uma reta $r : ax + by + c = 0$, é possível calcular a distância de P à reta r através da fórmula abaixo

$$d = \left| \frac{ax_0 + by_0 + c}{\sqrt{a^2 + b^2}} \right|$$

É óbvio que se o ponto P pertencer à reta r, teremos $d = 0$.

Demonstração: Considere a figura abaixo:

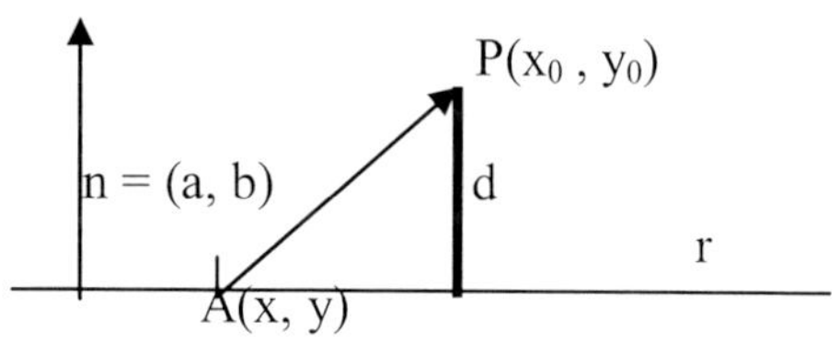

Seja $A(x, y)$ um ponto qualquer da reta r. A distância (d) do ponto P à reta r é igual ao módulo do vetor projeção de AP sobre n. Como já foi estudado anteriormente, podemos escrever:

$$d = | AP \, . \, n' | = \left| (x_0 - x , y_0 - y) \, . \, \frac{\vec{n}}{|\vec{n}|} \right| = \left| \frac{a(x_0 - x) + b(y_0 - y)}{|\vec{n}|} \right| =$$

$$= \left| \frac{ax_0 + by_0 - ax - by}{|\vec{n}|} \right| =$$

> Se $ax + by + c = 0$,
> então $c = - ax - by$

Logo,

$$\boxed{d = \left| \frac{ax_0 + by_0 + c}{\sqrt{a^2 + b^2}} \right|}$$

EXERCÍCIO PROPOSTO:

Resolva novamente os problemas resolvidos no item anterior, agora usando a fórmula acima demonstrada e confirme os resultados obtidos.

2.6 INEQUAÇÕES DA FORMA $ax + by + c < 0$ E $ax + by + c > 0$.

Inequações desse tipo referem-se evidentemente aos pontos que não pertencem à reta de equação $ax + by + c = 0$, pois são pontos que não satisfazem a igualdade anterior. Assim, podemos considerar que a reta de equação $ax + by + c = 0$ divide o plano em duas regiões (vamos chamar de semiplanos) cujos pontos satisfarão às inequações $ax + by + c < 0$ ou $ax + by + c > 0$.

A representação cartesiana dessas inequações pode ser feita conforme exemplificaremos a seguir:

Considere, por exemplo a inequação $2x - y + 4 < 0$.
Vamos inicialmente representar a equação $2x - y + 4 = 0$, para determinarmos a "origem" do semiplano determinado pela inequação dada. Essa reta ficará tracejada, pois seus pontos não pertencem ao gráfico pedido. Assim teremos num primeiro momento a seguinte representação:

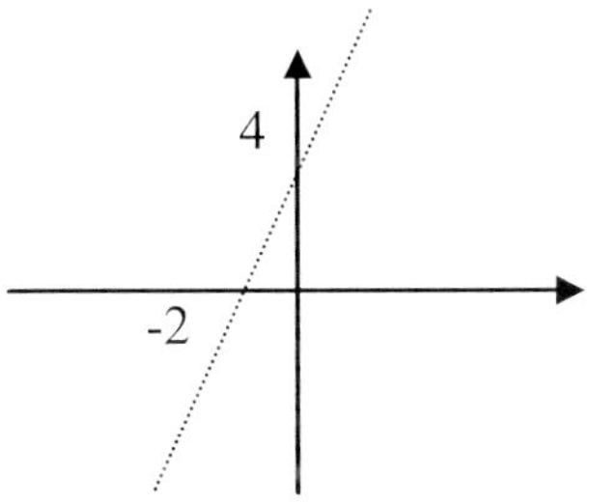

Precisamos agora determinar em que região estão os pontos que satisfazem a inequação apresentada. É comum tomarmos um ponto qualquer do plano, e verificar se ele atende a inequação. Em caso afirmativo, consideraremos toda a região que contém esse ponto. No caso do ponto considerado não satisfazer a inequação, consideraremos a região oposta.
Nesse caso vamos considerar o ponto (0, 0) como referência.
Substituindo na inequação teremos:

$2x - y + 4 < 0 \Rightarrow 2 . 0 - 0 + 4 < 0 \Rightarrow 4 < 0$ (falso!!!) , que não satisfaz a desigualdade inicial.

Logo, podemos concluir que os pontos que satisfazem a inequação dada pertencem à região que não contém o ponto (0, 0) considerado. Desta forma o gráfico ficará assim:

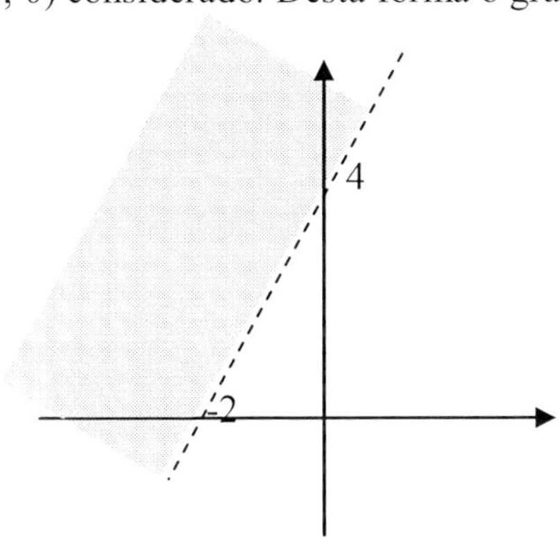

EXERCÍCIOS PROPOSTOS

1) Represente graficamente as inequações:

a) $2x - y - 2 > 0$
b) $3x + y + 6 \leq 0$
c) $-x + y - 4 \geq 0$

2) Resolva graficamente os sistemas de inequações:

a) $\begin{cases} x + 2y > 1 \\ x + 2y < 3 \end{cases}$ b) $\begin{cases} x - 2y \leq 4 \\ 2x + y > 1 \end{cases}$

2.7 OUTRAS FORMAS DE ESCREVER A EQUAÇÃO DE UMA RETA

2.7.1. EQUAÇÃO SEGMENTÁRIA DE UMA RETA r

Se uma reta r intercepta os eixos coordenados nos pontos P(p, 0) e Q(0, q), podemos escrever sua equação na forma abaixo, que é chamada de equação segmentária da reta:

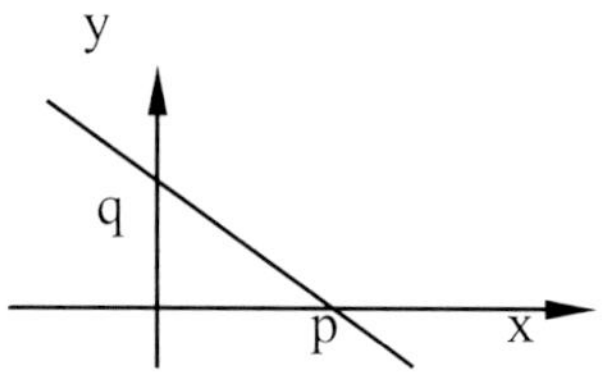

$$\frac{x}{p} + \frac{y}{q} = 1$$

Vamos mostrar como se obtém essa equação:

Se a reta passa pelos pontos P(p, 0) e Q(0, q), vamos considerar um ponto genérico R(x, y), que deverá estar alinhado com P e Q. Assim, teremos:

$$\overrightarrow{PR} \parallel \overrightarrow{PQ} \Rightarrow (x-p, y) \parallel (-p, q) \Rightarrow \frac{x-p}{-p} = \frac{y}{q} \Rightarrow xq - pq = -py \Rightarrow xq + py = pq$$

Dividindo a equação por **pq** teremos: $\frac{x}{p} + \frac{y}{q} = 1$

Observe que os denominadores p e q correspondem, respectivamente, à abscissa e à ordenada em que a reta intercepta os eixos coordenados.

EXERCÍCIOS RESOLVIDOS

1) Passe para a forma segmentária a equação 2x - 3y - 5 = 0.

Solução:
Escrevendo a equação dada na forma: 2x – 3y = 5 e dividindo a equação por 5, teremos:
$\frac{2x}{5} - \frac{3y}{5} = 1 \Rightarrow \frac{x}{5/2} + \frac{y}{-5/3} = 1$. *Assim, sabemos que a reta vai cortar os eixos coordenados nos pontos (5/2, 0) e (0, -5/3).*

2) Determine a equação geral da reta que passa pelos pontos (0, 3) e (2, 0).

Solução:

A equação segmentária será: $\frac{x}{2} + \frac{y}{3} = 1 \Rightarrow 3x + 2y - 6 = 0$

3) Determine a área do triângulo limitado pelos eixos coordenados e pela reta de equação 2x – 3y + 6 = 0.

Solução:

Escrevendo a equação na forma segmentária, teremos: $2x - 3y = -6 \;:\; (-6) \Rightarrow \frac{x}{-3} + \frac{y}{2} = 1$
Se representarmos essa reta graficamente, vamos verificar que ela determina com os eixos coordenados, um triângulo retângulo de catetos 3 e 2. Assim, a área desse triângulo é igual a 3.

2.7.2. EQUAÇÕES PARAMÉTRICAS E EQUAÇÕES SIMÉTRICAS

Uma reta r fica determinada, não apenas quando são dados dois de seus pontos, como foi visto até aqui, mas também quando se conhece apenas um de seus pontos e a sua direção.
Assim, dados um ponto $A(x_0, y_0)$ e um vetor $\vec{v} = (a, b)$, chamado vetor diretor da reta r, é possível determinar o que chamaremos de equações paramétricas da reta, conforme veremos a seguir:

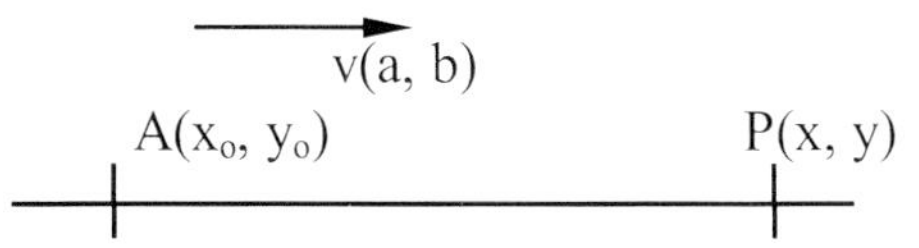

Seja P(x, y) um ponto genérico da reta r.

Podemos afirmar que o vetor $\overrightarrow{AP}$ é paralelo ao vetor diretor v, ou seja, $\overrightarrow{AP} = t \cdot \vec{v}$, onde t é um número real.

Assim, $(x - x_0 , y - y_0) = t \cdot (a, b) \Rightarrow (x - x_o , y - y_o) = (t.a , t.b) \Rightarrow \begin{cases} x = x_o + a.t \\ y = y_o + b.t \ , \ t \in R \end{cases}$

$$\begin{cases} x = x_o + a.t \\ y = y_o + b.t \ , \ t \in R \end{cases}$$

coordenadas do ponto dado ← → coordenadas do vetor diretor

Da equação acima, podemos escrever:

$$\frac{x - x_0}{a} = \frac{y - y_0}{b} = t \text{ (equações simétricas da reta)}$$

Observe aqui que os denominadores das frações são as coordenadas do vetor diretor de r

EXERCÍCIOS RESOLVIDOS

1) Escreva as equações paramétricas da reta que passa pelo ponto P(- 5, 6) e é paralela ao vetor $\vec{v} = (2, - 3)$.

Solução:

Do exposto acima, é imediato escrever: $r : \begin{cases} x = -5 + 2t \\ y = 6 - 3t , \ t \in \Re \end{cases}$

2) Escreva as equações paramétricas da reta que passa pelos pontos A(1, 4) e B(-2, 8).

Solução:
Nesse caso não foi dado o vetor diretor; no entanto é fácil observar que qualquer vetor, determinado por dois pontos da reta tem a direção (é paralelo) a essa reta. Desta forma, podemos considerar o vetor AB ou o vetor BA como diretor da reta que passa por A e B. Assim, teremos v = AB = (- 3, 4). Agora, para escrever as equações paramétricas da reta, é indiferente utilizar o ponto A ou o ponto B.

Logo, podemos ter: r: $\begin{cases} x = 1 - 3t \\ y = 4 + 4t \end{cases}$ *(utilizando aqui o ponto A) ou então, se utilizarmos o ponto B, teremos:*

r: $\begin{cases} x = -2 - 3t \\ y = 8 + 4t \end{cases}$.

3) Escreva as equações paramétricas da reta $2x - 3y + 4 = 0$.

Solução:
O vetor normal dessa reta é n = (2, - 3). Logo, o vetor diretor dessa reta (ou vetor paralelo à reta) será qualquer vetor que seja perpendicular ao vetor normal, isto é, v = k . (3, 2)
Assim, determinando um ponto da reta 2x – 3y + 4 = 0, escrevem-se facilmente suas equações paramétricas.
Fazendo, por exemplo, x = 1, teremos: 2 . 4 – 3y + 4 = 0 $\Rightarrow$ *y = 2* $\Rightarrow$ *P(1, 2) e daí: r :* $\begin{cases} x = 1 + 3t \\ y = 2 + 2t \end{cases}$

4) Escreva a equação geral da reta r: $\begin{cases} x = 2 - 5t \\ y = -1 + 3t \ , \quad t \in R \end{cases}$

Solução:
Para escrevermos a equação geral de uma reta é necessário conhecermos o seu vetor normal, além de um dos seus pontos. Como as equações paramétricas nos fornecem um dos pontos da reta as coordenadas do vetor paralelo a ela, o problema pode ser resolvido facilmente.
Se v = (- 5, 3) $\Rightarrow$ *n = (3, 5)*
Logo, r : 3x + 5y + c = 0. Para determinar c, basta substituir o ponto (2, -1) dado na equação:
Assim, teremos:3. 2 + 5 . (- 1) + c = 0 $\Rightarrow$ *c = - 1* $\Rightarrow$ *r: 3x + 5y – 1 = 0*

5) Dê as equações paramétricas da reta s que passa pelo ponto P(6, 1) e é paralela à reta r de equação $5x - y + 3 = 0$.

Solução:
Os vetores diretores de r e s deverão ser paralelos. Sabe-se que o vetor normal de r é n = (5, -1). Logo, um vetor paralelo à direção de r será v = (1, 5), que é perpendicular a n.
Temos então que s é dada por : $\begin{cases} x = 6 + t \\ y = 1 + 5t \end{cases}$

2.7.3. EQUAÇÃO REDUZIDA DE UMA RETA r:

Dada a equação geral de uma reta r, $ax + by + c = 0$, é possível determinar o valor de y em função de x, da seguinte maneira:

$by = -ax - c \Rightarrow y = -\frac{a}{b}x - \frac{c}{b}$. Chamando $-a/b = m$ e $-c/b = q$ podemos escrever $y = mx + q$, que é denominada equação reduzida da reta r. Nessa equação destacamos:

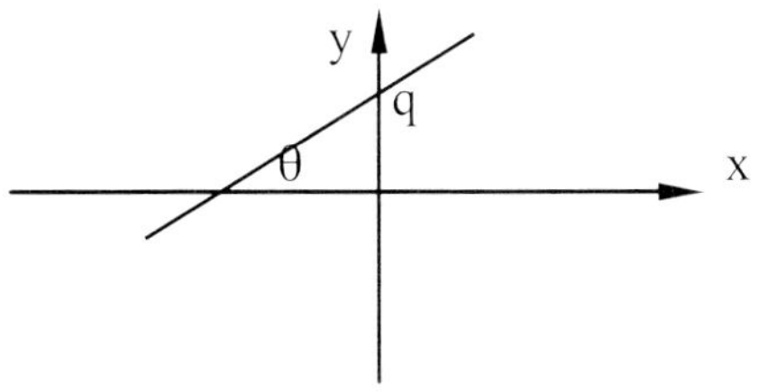

$y = mx + q$
$m = tg\,\theta \rightarrow$ coeficiente angular
$q \rightarrow$ coeficiente linear

É fácil concluir que o coeficiente linear representa a ordenada do ponto em que a reta intercepta o eixo 0y. Basta, na equação $y = m\,x + q$ fazer $x = 0$, para obter $y = q$. Assim, o ponto (0, q) pertence a essa reta, qualquer que seja o valor de q.

O número real m é chamado de coeficiente angular ou declividade da reta r. Esse valor de $m = \frac{-a}{b}$ define a direção da reta r (observe que a e b são as coordenadas do vetor normal da reta). Podemos afirmar então que uma reta fica definida quando conhecemos um de seus pontos e também a sua declividade.

Assim, dados um ponto $A(x_o,y_o)$ e o coeficiente angular m de uma reta r, a equação dessa reta poderá ser determinada através da expressão:

$$y - y_o = m\,(\,x - x_o\,)$$

Observação: O número m também é chamado de taxa de variação.

Na figura abaixo, temos uma reta r que passa pelos pontos $A(x_0\,,\,y_0)$ e $B(x_1\,,\,y_1)$. Vamos mostrar que $tg\,\theta = m = \frac{y_1 - y_0}{x_1 - x_0}$ e que a equação de uma reta pode ser determinada pela expressão $y - y_0 = m(x - x_0)$.

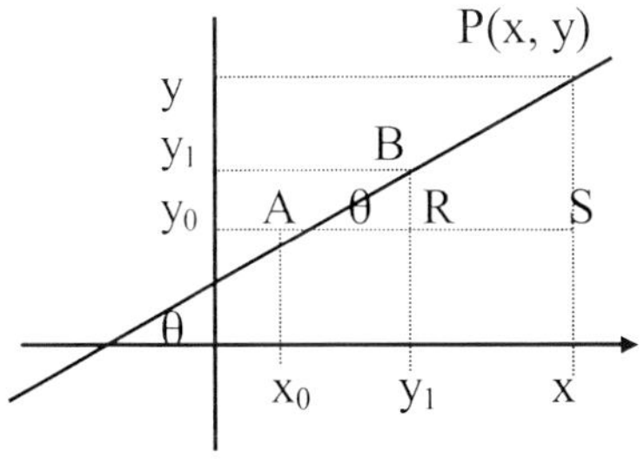

Os triângulos ARB e ASP são semelhantes. Temos que $tg\,\theta = \frac{PS}{AS} = \frac{BR}{AR}$

ou ainda, $tg\theta = \frac{y - y_0}{x - x_0} = \frac{y_1 - y_0}{x_1 - x_0}$.

Observe que a segunda razão escrita, independentemente dos pontos considerados na reta, sempre irá representar um valor numérico constante, visto que sempre obteremos triângulos semelhantes entre si.
Esse valor constante dependerá, obviamente, da inclinação da reta r; desta forma, vamos chamar esse valor constante de coeficiente angular da reta r , e representá-lo pela letra m. Assim, poderemos escrever que:

$$m = \frac{\Delta y}{\Delta x} = \frac{y_1 - y_0}{x_1 - x_0} = tg\,\theta$$

Consequentemente, a expressão $tg\theta = \frac{y - y_0}{x - x_0} = \frac{y_1 - y_0}{x_1 - x_0}$ poderá ser simplificada e escrita da seguinte maneira:

$$\frac{y - y_0}{x - x_0} = m \Rightarrow y - y_0 = m\,(x - x_0)$$

EXERCÍCIOS RESOLVIDOS

1) Escreva a equação reduzida da reta $3x - 2y + 4 = 0$.

Solução:

Escrevendo y em função de x, temos: $3x + 4 = 2y \Rightarrow y = \frac{3x}{2} + 2$

2) Uma reta tem coeficiente angular igual a 5 e passa pelo ponto A(3,-5). Escreva a equação reduzida dessa reta.

Solução:
A equação reduzida é dada por: $y - y_0 = m\,(x - x_0) \Rightarrow y - (-5) = 5\,(x - 3) \Rightarrow y + 5 = 5x - 15 \Rightarrow y = 5x - 20$

3) Determine o coeficiente angular da reta que passa pelos pontos A(7, -5) e B(4, 2).

Solução:

O coeficiente angular é dado por : $m = \frac{\Delta_y}{\Delta_x} = \frac{y_1 - y_0}{x_1 - x_0} = \frac{-5 - 2}{7 - 4} = -\frac{7}{3}$

4) Determine o valor de k para que as retas $k\,x + 2y - 3 = 0$ e $2x - 5y + 1 = 0$ tenham o mesmo coeficiente angular.

Solução:
Vamos sugerir duas soluções:

1ª) Escrevendo ambas as equações na forma reduzida, temos:

$$y = \frac{-k}{2}x + \frac{3}{2} \quad e \quad y = \frac{2}{5}x + \frac{1}{5} \Rightarrow \frac{-k}{2} = \frac{2}{5} \Rightarrow k = -4/5$$

2ª) Quando escrevemos a equação geral $ax + by + c = 0$ *na forma reduzida* $y = mx + q$, *o coeficiente m está substituindo a razão* $\frac{-a}{b}$; *assim, podemos tirar o coeficiente angular de uma reta, a partir de sua equação geral, sem precisar escrevê-la na forma reduzida. Logo, podemos resolver o problema da seguinte forma:*
$kx + 2y - 3 = 0 \Rightarrow m = -k/2$
$2x - 5y + 1 = 0 \Rightarrow m' = -2/-5 = 2/5$
Daí, é só igualar esses coeficientes, como foi feito anteriormente.

5) Represente graficamente as retas cujas equações são: r: $y = 2x$; s: $y = 2x - 3$; t: $y = 2x + 4$. O que você observou?

Solução:

Fazendo a representação gráfica das equações teremos:

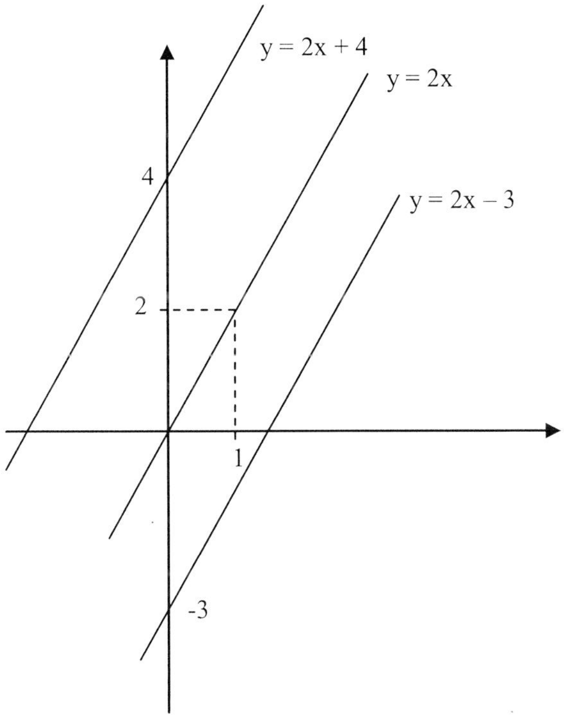

Pode-se observar que as retas são paralelas, pois têm o mesmo coeficiente angular, isto é, a mesma declividade; além disso, cada reta intercepta o eixo y no ponto cuja ordenada é igual ao seu coeficiente linear (valor de q, na equação $y = mx + q$)

2.7.3.1. PARALELISMO

A partir do exercício resolvido anteriormente, dadas duas retas, r: $y = mx + q$ e s: $y = nx + q'$, é fácil concluir que r e s serão paralelas se, e somente se, seus coeficientes angulares forem iguais.

Assim, $r \,//\, s \Leftrightarrow m = n$

EXERCÍCIOS RESOLVIDOS

1) Obtenha a equação da reta que passa pelo ponto A(1,-5) e é paralela à reta r: $y = 4x - 3$.

Solução:
O coeficiente angular da reta procurada deve ser igual ao da reta que foi dada, isto é, $m = 4$. Como a reta deve passar pelo ponto A, podemos resolver o problema de duas maneiras:
1ª) $y - (-5) = 4(x - 1) \Rightarrow y + 5 = 4x - 4 \Rightarrow y = 4x - 9$ *ou ainda* $4x - y - 9 = 0$.

2ª) Se $y = mx + q$ *e* $m = 4$, *podemos escrever:* $y = 4x + q$. *Para determinar o valor de q basta substituir o ponto A nesta equação:* $-5 = 4 \cdot 1 + q \Rightarrow q = -9$.

2) Determine o valor de m para que as retas $y = mx + 3$ e $3x + 2y - 4 = 0$ sejam paralelas.

Solução:

Determinando o coeficiente angular da segunda reta temos: m' = - a/b ⇒ m' = - 3/2. Como as retas devem ser paralelas, basta igualar os coeficientes angulares; então, m = -3/2

2.7.3.2. ÂNGULO ENTRE DUAS RETAS

O ângulo entre duas retas pode ser determinado de, pelo menos, três maneiras. Primeiro utilizando-se os vetores normais das retas, e calculando o cosseno do ângulo formado por eles, conforme já estudamos anteriormente. A segunda maneira é utilizar os vetores diretores das retas, escrevendo-as na forma paramétrica, como também já foi estudado, calculando o ângulo formado por eles. Veja as figuras:

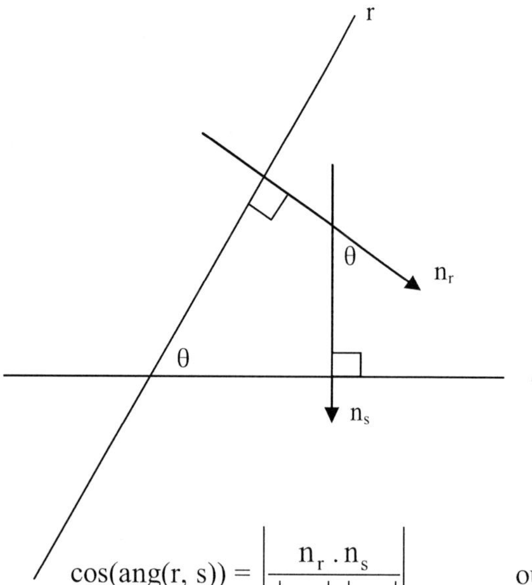

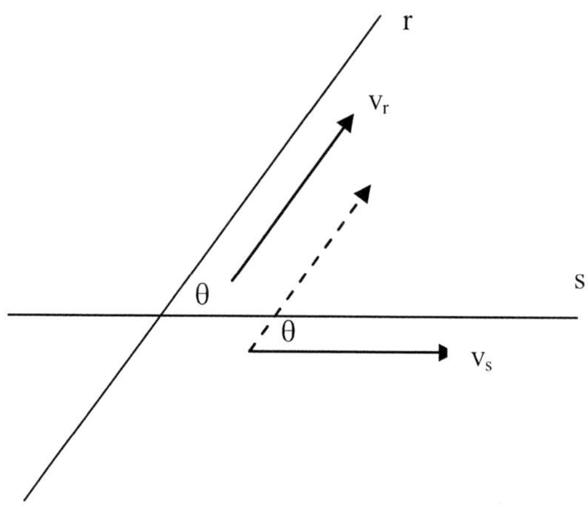

$$\cos(\text{ang}(r, s)) = \left|\frac{n_r \cdot n_s}{|n_r| \cdot |n_s|}\right| \quad \text{ou} \quad \cos\theta = \left|\frac{\overrightarrow{v_r} \cdot \overrightarrow{v_s}}{|\overrightarrow{v_r}| \cdot |\overrightarrow{v_s}|}\right|$$

Agora, utilizando os coeficientes angulares, vamos determinar a tangente do ângulo θ formado pelas retas r e s, conforme representamos na figura abaixo:

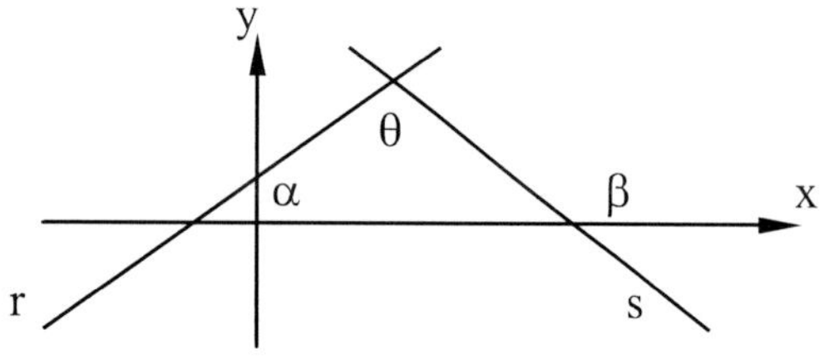

$m_r = tg\alpha$
$m_s = tg\beta$

Sabemos da Geometria Plana que: $\beta = \alpha + \theta$
Logo, podemos escrever que $\theta = \beta - \alpha$ e que $tg\theta = tg(\beta - \alpha)$.

Da Trigonometria, sabemos que:

$$tg(\beta - \alpha) = tg\,\theta = \left|\frac{tg\,\beta - tg\,\alpha}{1 + tg\,\beta \,.\, tg\,\alpha}\right|$$

. Logo, o ângulo entre as retas r e s, poderá ser calculado através da fórmula:

$$\text{tg}\,\theta = \left| \frac{m_s - m_r}{1 + m_s \cdot m_r} \right| .$$

A expressão foi colocada em módulo para podermos garantir que estamos determinando o menor ângulo formado pelas retas r e s.

EXERCÍCIOS RESOLVIDOS

1) Determine o ângulo formado pelas retas $y = 2x - 3$ e $y = -3x + 1$.

Solução:

Utilizando a fórmula, podemos escrever: $tg\theta = \left|\dfrac{2-(-3)}{1+2.(-3)}\right| = 1 \Rightarrow \theta = 45^o$

2) Determine o valor de m para que o ângulo entre as retas $y = mx + 1$ e $y = 4x - 2$ seja igual a 45º.

Solução: Se o ângulo é igual a 45º, devemos ter $tg\theta = 1$. *Assim, escreveremos:* $\left|\dfrac{m-4}{1+4m}\right| = 1 \Rightarrow |m - 4| = |4m + 1| \Rightarrow m - 4 = 4m + 1$ *ou* $-m + 4 = 4m + 1 \Rightarrow m = -5/3$ *ou* $m = 3/5$

3) Calcule o valor de m para que os ângulos formados pela reta $r : y = mx + 2$ com as retas $s : y = x + 1$ e $t : y = -2x + 5$ sejam iguais.

Solução:
Se os ângulos entre as retas forem iguais, as tangentes desses ângulos também serão iguais

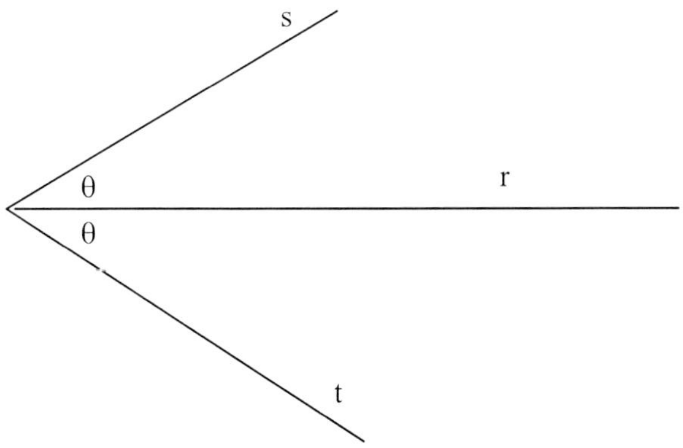

Assim, podemos escrever: $\left|\dfrac{m-1}{1+m}\right| = \left|\dfrac{m+2}{1+2m}\right|$. *Resolvendo essa equação, teremos:*

$$\frac{m-1}{m+1} = \pm\frac{m+2}{2m+1} \Rightarrow m = 2 + \sqrt{7} \quad ou \quad m = 2 - \sqrt{7}$$

2.7.3.3. RETAS PERPENDICULARES

Da fórmula demonstrada no item anterior, $\text{tg}\,\theta = \left| \dfrac{m_s - m_r}{1 + m_s \cdot m_r} \right|$, pode-se concluir facilmente a relação que deve existir entre os coeficientes angulares de duas retas (r): y = mx + q e (s): y = nx + q' para que elas sejam perpendiculares.
Sabemos que não existe tangente de 90º. Assim, se duas retas são perpendiculares, a fórmula encontrada acima deverá expressar uma impossibilidade. Isso ocorrerá quando o denominador da fração for igual a zero.

Assim, basta que a expressão $1 + m_s \cdot m_r$ seja igual a zero, o que nos levará a $m_r = -\dfrac{1}{m_s}$.

Utilizando as equações das retas dadas acima, podemos escrever que:

$$r \perp s \Leftrightarrow \quad m \cdot n = -1 \quad \text{ou} \quad m = -\frac{1}{n}$$

EXERCÍCIOS RESOLVIDOS

1) Determine a equação geral da reta que passa pelo ponto (- 5, 3) e é perpendicular à reta de equação y = 2x - 1.

Solução:
O coeficiente angular da reta procurada é tal que: $2 \cdot m = -1 \Rightarrow m = -1/2$. *Assim teremos:* $y - 3 = \frac{-1}{2}(x + 5) \Rightarrow 2(y - 3) = -(x + 5) \Rightarrow 2y - 6 = -x - 5 \Rightarrow x + 2y - 1 = 0$

2) Determine a equação da reta perpendicular à reta y = - 3x + 1, sabendo que ela passa pelo ponto de interseção das retas y = 2x - 1 e y = x + 7.
Solução:

O ponto P de interseção entre as retas é obtido resolvendo-se o sistema: $\begin{cases} y = 2x - 1 \\ y = x + 7 \end{cases} \Rightarrow x = 8 \text{ e } \quad y = 15$

$\Rightarrow P(8, 15)$. *O coeficiente angular da reta procurada é dado por:* $-3 \cdot m = -1 \Rightarrow m = 1/3$

Logo, a reta procurada tem equação: $y - 15 = \frac{1}{3}(x - 8)$ *ou ainda,* $x - 3y + 37 = 0$

3) Determine as equações paramétricas da reta r que passa pelo ponto (1, - 4) e tem a direção do vetor v = (4, -2). Qual é o ângulo que essa reta faz com a reta s: 2x - y + 1 = 0 ?

Solução:

Como já foi estudado anteriormente, a equação da reta r é: $\begin{cases} x = 1 + 4t \\ y = -4 - 2t, \ t \in \Re \end{cases}$

Para determinar o ângulo entre essas retas, podemos utilizar vários caminhos, dentre os que já foram estudados até aqui.
1º) Da equação de s, podemos tirar o seu vetor normal, que será n = (2 , - 1). Observe que esse vetor é paralelo ao vetor diretor de r. Logo, r e s são perpendiculares;

2º) Da equação de r, podemos concluir que o seu vetor normal será n' = (2, 4) [Lembre-se de que o vetor normal de uma reta é perpendicular ao seu vetor diretor!]
Agora, calculando o produto escalar entre n e n', temos: (2, - 1) . (2, 4) = 2 . 2 + (- 1) . 4 = 0. Daí, se os vetores normais são perpendiculares, as retas são perpendiculares entre si;

3º) Um terceiro caminho, seria utilizando os coeficientes angulares das retas.
O coeficiente angular da reta s é imediato: $m = -a/b = -2/-1 = 2$;
Para determinar o coeficiente angular da reta r, podemos utilizar dois de seus pontos e depois calcular $m = \frac{\Delta_y}{\Delta_x}$. *Um dos pontos é conhecido, (1, - 4). Para determinarmos um outro ponto, basta atribuir a t um valor qualquer, diferente de zero. Por exemplo, t = 1, e obter B(5, - 6). Agora, temos* $m' = -1/2$. *Observe que* $m \cdot m' = -1$, *o que nos permite concluir que r e s são perpendiculares.*

2.7.3.4. EQUAÇÕES DAS RETAS BISSETRIZES DE UM ÂNGULO

Dado um ângulo AOB, bissetriz desse ângulo é a semi-reta de origem no vértice O, que divide o ângulo em dois ângulos adjacentes congruentes.
Da Geometria Elementar, sabemos que se um ponto pertence à bissetriz de um ângulo, então esse ponto é equidistante dos lados desse ângulo.

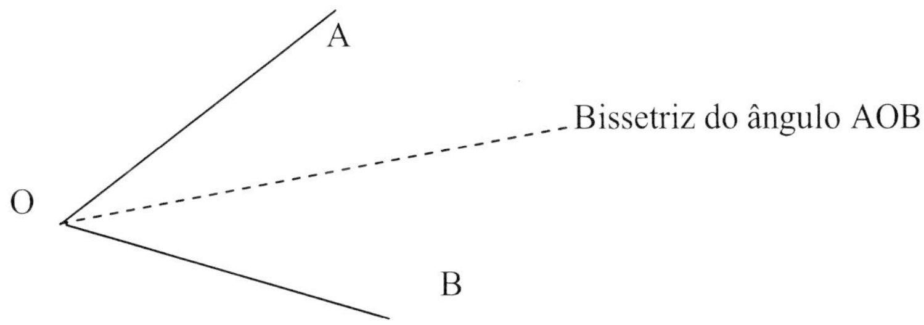

Baseado nesses fatos, vamos determinar as equações das bissetrizes dos ângulos formados por duas retas r e s concorrentes em um ponto P.

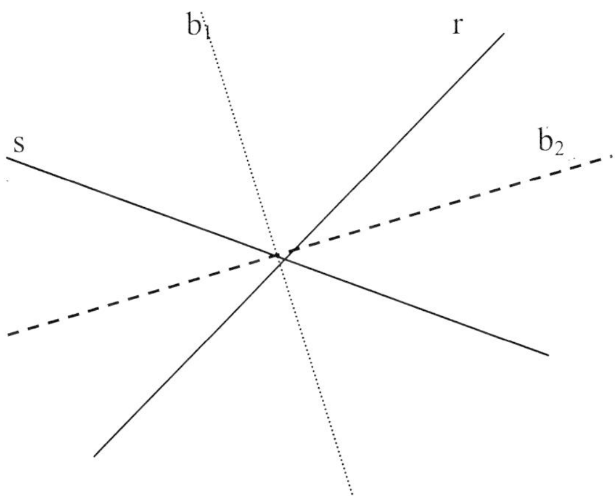

Na figura acima temos as retas r e s e as bissetrizes b_1 e b_2.
Optamos por apresentar esse assunto agora, porque iremos sugerir três formas distintas de determinar as equações das bissetrizes.

Consideremos as retas r: $4x + 3y + 2 = 0$ e s: $3x + 4y + 5 = 0$. Determinaremos as equações das bissetrizes dos ângulos formados por elas.

1ª solução) Pela definição de bissetriz, podemos utilizar a fórmula de distância de ponto a reta, já estudada anteriormente.

Assim, se $P(x_0, y_0)$ pertence à reta bissetriz, sua distância à reta r é igual à distância à reta s. Logo:

$$\left|\frac{4x_0+3y_0+2}{\sqrt{4^2+3^2}}\right| = \left|\frac{3x_0+4y_0+5}{\sqrt{3^2+4^2}}\right| \Rightarrow |\,4x_0+3y_0+2\,| = |\,3x_0+4y_0+5\,| \Rightarrow$$

$4x_0 + 3y_0 + 2 = \pm\ (\ 3x_0 + 4y_0 + 5\ ) \Rightarrow 4x_0 + 3y_0 + 2 = 3x_0 + 4y_0 + 5$ ou

$4x_0 + 3y_0 + 2 = -\ (\ 3x_0 + 4y_0 + 5\ )$.

Daí tiramos as duas equações:

b_1: $x_0 - y_0 - 3 = 0$ e b_2 : $x_0 + y_0 + 1 = 0$.

Observe que essas retas são perpendiculares (os vetores normais são perpendiculares).

Obviamente, se as retas r e s não são perpendiculares, elas formam um ângulo agudo e outro obtuso. Assim, as duas equações encontradas para as bissetrizes, estão relacionadas ao ângulo agudo e ao ângulo obtuso formado por r e s.

Como determinar qual das bissetrizes encontradas é a bissetriz do ângulo agudo, por exemplo?
Nesse caso, basta procedermos do seguinte modo:
Considere um ponto qualquer sobre r ou s (cuidado para que não seja o ponto de interseção !). Calcule a distância desse ponto às duas bissetrizes encontradas. A menor distância indicará a bissetriz do ângulo agudo.

Por exemplo, seja o ponto R(4, - 6) pertencente à reta r.

Distância de R a b_1 : $\left|\dfrac{4-(-6)-3}{\sqrt{2}}\right| = \dfrac{7}{\sqrt{2}}$

Distância de R a b_2 : $\left|\dfrac{4+(-6)+1}{\sqrt{2}}\right| = \dfrac{1}{\sqrt{2}}$

Daí, é fácil concluir que b_2 é a bissetriz do ângulo agudo formado por r e s.

2ª solução) Vamos resolver o mesmo problema, utilizando a fórmula que nos dá a tangente do ângulo formado por duas retas, a partir dos seus coeficientes angulares. Nesse caso vamos determinar os coeficientes angulares das retas bissetrizes.
Seja m o coeficiente angular da reta bissetriz. Os coeficientes angulares das retas r e s dadas são, respectivamente, - 4/3 e - 3/4. A bissetriz forma com cada uma dessas retas ângulos de mesma medida. Logo, podemos escrever:

$$\left|\frac{m-(-4/3)}{1+m.(-4/3)}\right| = \left|\frac{m-(-3/4)}{1+m.(-3/4)}\right| \Rightarrow \frac{3m+4}{3-4m} = \pm\frac{4m+3}{4-3m} \Rightarrow$$

$\Rightarrow (3m + 4)(4 - 3m) = \pm\ (3 - 4m)(4m + 3)$
1º caso) $16 - 9m^2 = 9 - 16m^2 \Rightarrow m^2 = -1$ (não existe valor real para m)
2º caso) $16 - 9m^2 = -9 + 16m^2 \Rightarrow m = \pm\ 1$. Logo os coeficientes angulares das retas bissetrizes são 1 ou – 1 .

Para determinar as equações das retas, precisamos de um ponto de cada uma. Evidentemente, utilizaremos o ponto de interseção entre elas.

Resolvendo o sistema $\begin{cases} 4x + 3y + 2 = 0 \\ 3x + 4y + 5 = 0 \end{cases} \Rightarrow x = 1 \text{ e } y = -2$.

Daí as equações das bissetrizes são: $y - (-2) = 1.(x - 1) \Rightarrow x - y - 3 = 0$ e
$y - (-2) = -1.(x - 1) \Rightarrow x + y + 1 = 0$

3ª solução) Nesse caso vamos resolver o problema utilizando os vetores diretores das retas r e s. Determinaremos então os vetores diretores das retas bissetrizes, e posteriormente escreveremos as suas equações.

Os vetores diretores de r e s são, respectivamente, (3, - 4) e (4, - 3), e ambos têm módulo igual a 5.
Como os vetores têm o mesmo módulo, podemos afirmar que o vetor soma (diagonal do paralelogramo) tem a mesma direção da bissetriz do ângulo formado por eles.
Caso os vetores não tivessem o mesmo módulo, você poderia trabalhar com vetores paralelos, que tivessem o mesmo módulo. Isto você já sabe fazer!

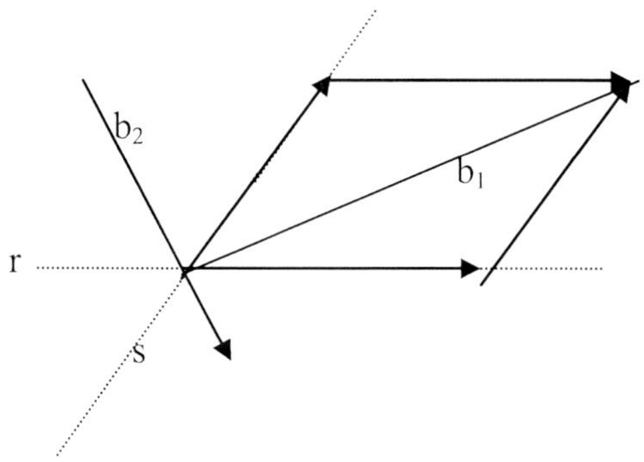

Chamemos de b_1 e b_2 os vetores diretores das retas bissetrizes. Assim, podemos afirmar que:
$b_1 = (3, -4) + (4, -3) = (7, -7)$. Como b_2 é perpendicular a b_1, temos que $b_2 = (7, 7)$.

No item anterior já determinamos o ponto de interseção entre as retas r e s. Logo, as equações das bissetrizes na forma paramétrica serão:

$$b_1 : \begin{cases} x = 1 + 7t \\ y = -2 - 7t \end{cases} \quad \text{e} \quad b_2 : \begin{cases} x = 1 + 7t \\ y = -2 + 7t \end{cases}.$$

Você pode conferir, passando para a forma geral, que o resultado será o mesmo encontrado nos itens 1 e 2.

EXERCÍCIOS DE APROFUNDAMENTO

1) Dar a equação geral da reta que passa pelos pontos (3, 7) e (5, -1). Resp. $4x + y - 19 = 0$

2) Determine o valor de k, de tal modo que o ponto P(2, 1) pertença à reta de equação $x + y + k = 0$. Resp. $k = -3$

3) Determine as equações das retas suportes dos lados do triângulo de vértices A(0, 0), B(1, 3) e C(4, 0). Resp. $3x - y = 0$; $x + y - 4 = 0$; $y = 0$

4) Os pontos M(1, -1), N(2, 3) e Q(-4, -3) são vértices de um triângulo. Determine a equação da reta que contém a mediana traçada do vértice M. Resp. $x + 2y + 1 = 0$

5) Determine as coordenadas do ponto P, pertencente à reta de equação $3x - y - 17 = 0$, cuja distância ao ponto Q(2, 3) é mínima. Resp. (31/5 , 8/5)

6) Se as retas $\frac{x}{m} + y = 1$, $x + \frac{y}{p} = 1$ e $\frac{x}{m+1} + \frac{y}{p+1} = 1$ são concorrentes num único ponto, calcule o valor de $m^2 . p^2$. Resp. 1

7) Dadas as retas r: $x - y + 1 = 0$ e s: $2x + y - 2 = 0$, calcule a distância do ponto P, interseção de r e s, à origem do sistema cartesiano. Resp. $\frac{\sqrt{17}}{3}$

8) As retas do R^2 de equações $x = 2$, $y = x$ e $x + 2y = 12$, determinam um triângulo T. Determine o ponto de coordenadas inteiras que está no interior de T. Resp. (3, 4)

9) Determine a equação da reta suporte de um segmento que tem seu centro no ponto (5, 0) e extremidades em cada uma das retas $x - 2y - 3 = 0$ e $x + y + 1 = 0$. Resp. $4x - 5y - 20 = 0$

10) Obter o ponto de interseção das retas r e s, sabendo que r passa pelos pontos (0, -2) e (1, 0) e que s passa pelos pontos (1, 2) e (0, 3). Resp. (5/3 , 4/3)

11) Seja x = a e y = b a solução real de $(2x - 3y - 13)^2 + (3x + y - 3)^2 = 0$. Calcule o valor de **a - b**. Resp. 5

12) Se A e B são os " feixes" de retas de equações $y = a\,(x - 1)$ e $y = b\,(x + 2) - 1$, respectivamente, determine a equação da reta $A \cap B$. Resp. $y = \frac{x}{3} - \frac{1}{3}$

13) Um triângulo ABC tem área igual a 30. Se A(0, 0), B(3, 0) e C está na reta $4x + y = 0$, calcule a abscissa de C. Resp. + 5 ou - 5

14) As retas $5x - 2y - 1 = 0$ e $3x - y - 3 = 0$ interceptam-se no ponto M; M'é o simétrico de M em relação à origem. Determine a ordenada do ponto de abscissa 6, que está à mesma distância de M e de M'. Resp -5/2

15) O ponto A de interseção das retas $x - y - 4 = 0$ e $x + y + 2 = 0$ e os ponto B e C de interseção das mesmas retas com o eixo dos x, são vértices de um triângulo ABC. Calcule a área desse triângulo. Resp. 9

16) Determine a equação geral da reta de equações paramétricas $x = 2 + 3t$ e $y = 4 + 5t$, t real. Resp. $5x - 3y + 2 = 0$

17) Determine a equação da reta que passa pela interseção das retas $3x - 4y = 0$ e $2x - 5y + 7 = 0$ e que forma com os eixos coordenados um triângulo de área 25. Resp. $x + 2y - 10 = 0$ ou $9x + 8y - 60 = 0$

18) Os ponto A(-3, 7) e B(5, a) pertencem a uma reta cujo coeficiente angular é igual a 3. Calcule o valor de a . Resp. 31

19) Obtenha a equação geral da reta que passa pelo ponto (-3, 4) e é paralela à reta $2x - 3y + 6 = 0$. Resp. $2x - 3y + 18 = 0$

20) Determine a equação da reta paralela à reta $2x - 3y + 5 = 0$, que passa pelo ponto de interseção das retas $2x - y - 7 = 0$ e $x + 2y - 1 = 0$. Resp. $2x - 3y - 9 = 0$

21) Determinar m para que as retas r: $(1 - m)x - 10y + 3 = 0$ e s: $\begin{cases} x = 11 - 4t \\ y = -1 + (m + 2)t \ , \ t \in \Re \end{cases}$ sejam paralelas. Resp. $m = -4$

22) Num triângulo ABC, retângulo em A, de vértices B(1, 1) e C(3, -2), o cateto que contém o ponto B é paralelo à reta de equação $3x - 4y + 2 = 0$. Determine a reta que contém o cateto AC. Resp. $4x + 3y - 6 = 0$

23) As equações de dois lados de um losango são dadas por $2x - y + 5 = 0$ e $x + 3y - 1 = 0$; se os outros dois lados têm como vértice comum o ponto (-1, -2), determine as equações desses lados. Resp. $2x - y = 0$ e $x + 3y + 7 = 0$

24) Determine k para que as retas $2y - x - 3 = 0$ e $3y + kx - 2 = 0$ sejam perpendiculares. Resp. 6

25) Determine a equação da reta que passa pelo ponto (1, 9/4) e é perpendicular à reta $3x + 4y - 12 = 0$. Resp. $16x - 12y + 11 = 0$

26) Sendo P(1, 2) e Q(-3, 4), determine a equação da mediatriz do segmento PQ. Resp. $2x - y + 5 = 0$

27) Determine o circuncentro do triângulo de vértices A(2, 6), B(4, 8) e C(8, 14). Resp. (-15, 25)

28) Determine as coordenadas do ponto simétrico do ponto (1, 2) em relação à reta $4x + 3y - 5 = 0$. Resp.(-3/5 , 4/5)

29) Determine a equação da reta que contém a altura relativa ao lado BC do triângulo cujos vértices são A(1, 3), B(4, 5) e C(7, 6). Resp. $x - 3y + 8 = 0$

30) Em um triângulo ABC, A tem coordenadas (6, 8), B tem coordenadas (2, 4) e o ortocentro do triângulo tem coordenadas (-8, 2). Determine as coordenadas do vértice C. Resp. (11, -17)

31) Na figura abaixo, os segmentos AO e OB são perpendiculares e de mesmo comprimento. Se as coordenadas de A são (6, 3), determine as coordenadas do ponto B. Resp. (3, 9)

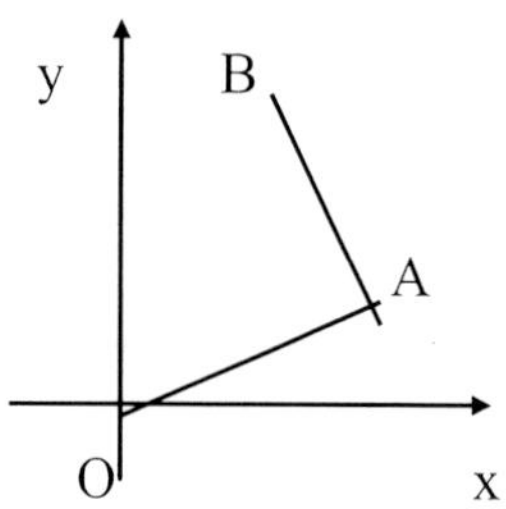

32) Determine o ponto de interseção das diagonais de um retângulo de altura 3, e cuja base é o segmento de extremidades P(3, 2) e Q(7, 5). Resp. (41/10 , 47/10)

33) Dados os vértices A(-1, 4), B(2, 3) e C(5, 7) de um triângulo ABC, determine:

a) as coordenadas do baricentro do triângulo;
b) a equação da reta que contém a mediana relativa ao lado BC;
c) a medida da projeção do lado AB sobre o lado BC;
d) as coordenadas do vetor AH, sendo AH a altura relativa ao lado BC;
e) a área do triângulo;
f) a medida do ângulo B.

Resp. a) (2, 14/3) ; b) 2x - 9y + 38 = 0 ; c) -1 ; d) (12/5, -9/5) ; e) 15/2 ;f) arc cos $-\dfrac{\sqrt{10}}{10}$

34) Determine o ângulo formado pelas retas 3x - 6y + 2 = 0 e x + 3y - 15 = 0. Resp. 45º

35) Determine a equação da bissetriz do ângulo agudo formado pelas retas 3x + 4y + 1 = 0 e 5x - 12y + 3 = 0. Resp. 7x + 56y - 1 = 0

36) Um ângulo tem vértice na origem do sistema de coordenadas cartesianas, um de seus lados está sobre o eixo das abscissas e sua bissetriz está sobre a reta x - 2y = 0. Determine a reta suporte do seu segundo lado. Resp. 4x - 3y = 0

37) A distância entre as retas x - 2y + 3 = 0 e 2x - 4y + k = 0 é $\dfrac{\sqrt{5}}{5}$ unidades. Determine o produto dos possíveis valores de k. Resp. 32

38) Represente graficamente o conjunto $S = \{ (x, y) \in \Re^2 \,/\, 2x - y \geq 0 \ \text{ e } \ |x| < 1 \}$.

39) Na figura abaixo, a reta L é perpendicular ao segmento AC no ponto B. Sabendo que A(1, 1), C(3, 2) e 2AB = BC, calcule a inclinação de L, as coordenadas de B e a equação de L. Resp. m = - 2 ; B(5/3 , 4/3) e y - 4/3 = - 2(x - 5/3).

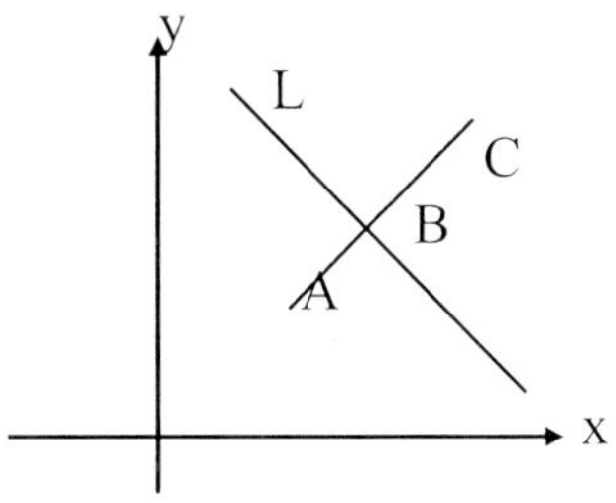

40) Num sistema de coordenadas cartesianas ortogonais sejam A(0, a), B(a/2 , 0) e C(0, 2 a) pontos dados, onde a é um número real, $a < 0$. Sejam as retas: (r) passando por A e B e (s) passando por C e paralela a (r). Calcule a área do trapézio T delimitado pelos eixos cartesianos e pelas retas r e s. Resp. $3 a^2 / 4$

QUESTÕES DE CONCURSOS

1) (UFF) Duas retas perpendiculares interceptam-se no ponto (2, 3). Se o triângulo formado por essas retas e o eixo x é isósceles, quais são as equações das retas?

2) (ESTÁCIO) Para que valores de **a** as retas $ax - 5y + 2 = 0$ e $5x - ay + 3 = 0$ são paralelas?

A) -6 B) +5 ou -5 C) +2 ou -2 D) 3 E) 4

3) (UFRuRJ) As regiões do plano $y > 1 - x$, $y < x + 1$ e $y > 3x - 3$ definem um triângulo. A área desse triângulo é:

A) 2 *B)* $2\sqrt{2}$ *C) 1* *D)* $\sqrt{2}$ *E)* $3\sqrt{2}$

4) (UFRJ) Considere uma peça metálica cuja forma é representada pela figura a seguir, com vértices nos pontos A(0, 0), B(0, 3), C(3, 3), D(3, 1), E(5, 1) e F(5, 0).

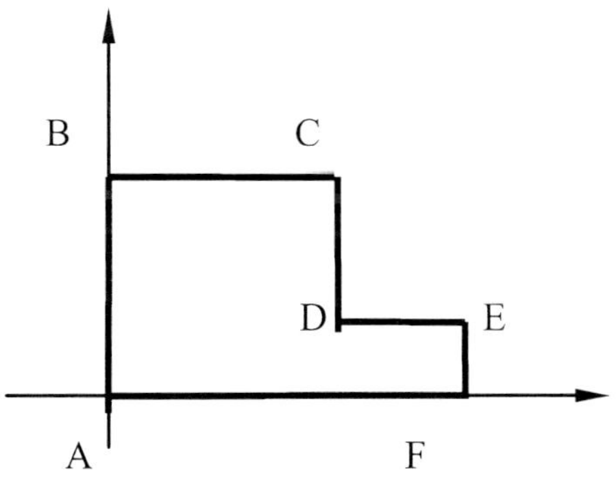

a) A reta AD divide a peça numa razão k = Área(ADEF) / Área(ABCD)

Determine o valor de k

b) Uma reta r, passando pelo ponto A, divide a peça metálica em duas partes de mesma área.

Determine a equação da reta r.

5) (EN) A área da região formada pelos pontos P(x,y) tais que $x \geq y \geq 0$ e $2x + 3y \leq 6$ vale

(A) 1,5
(B) 1,8
(C) 2
(D) 2,5
(E) 3

6) (UFRJ) As retas de equações $x + y = 4$, $x - y = 2$ e $2x + y = k$ são concorrentes duas a duas em 3 pontos distintos, como ilustra a figura

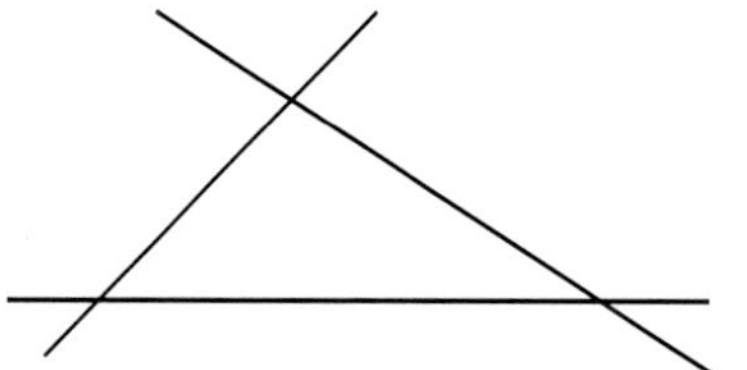

Determine o parâmetro K.

7) (UFF) A figura abaixo representa o gráfico cartesiano das retas r_1, r_2 e r_3, cujos coeficientes angulares são respectivamente m_1, m_2 e m_3.

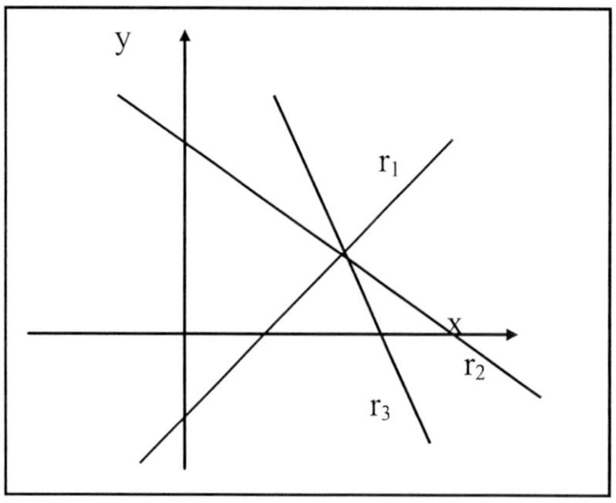

A alternativa em que m_1 , m_2 e m_3 estão corretamente ordenados é:

(A) $m_2 > m_1 > m_3$
(B) $m_3 > m_2 > m_1$
(C) $m_1 > m_2 > m_3$
(D) $m_1 > m_3 > m_2$
(E) $m_2 > m_3 > m_1$

8) (PUC) O ponto de coordenadas (5 , a) está sobre a reta que passa pelos pontos (0 , 3) e (1 , 2). O valor de a é:

(A) 2
(B) 1
(C) 0
(D) - 1
(E) - 2

9) (UFF) Duas retas têm equações $2x + \alpha y = 1$ e $\alpha x + 2y = 2$, onde α é real.
Podemos afirmar então que:

(A) Existe um único valor de α para o qual as retas coincidem.

(B) Não existe valor de α para o qual as retas sejam paralelas.

(C) Existe um único valor de α para o qual as retas são paralelas .

(D) Existem exatamente dois valores de α para os quais as retas são paralelas

(E) Existem uma infinidade de valores de α para os quais as retas são paralelas.

10) (UFF) Considere o gráfico

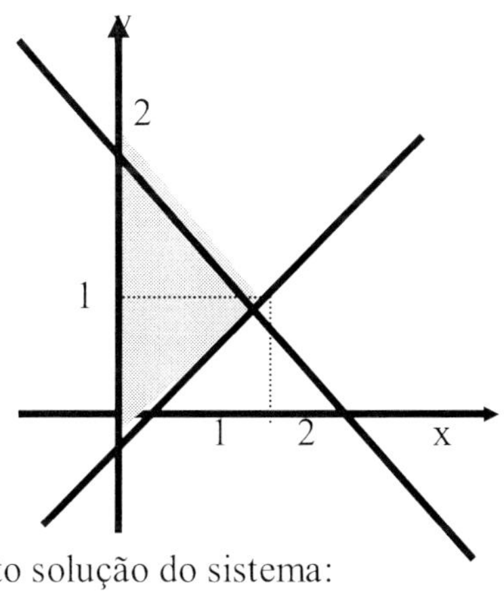

S representa o conjunto solução do sistema:

A) $\begin{cases} x \geq 0 \\ x \geq y \\ x \leq 2-y \end{cases}$ B) $\begin{cases} y \geq 1 \\ x \leq y \\ x \leq 2-y \end{cases}$ C) $\begin{cases} x \geq 1 \\ x \leq y \\ x \geq 2-y \end{cases}$ D) $\begin{cases} x \geq 0 \\ x \leq y \\ x \leq 2-y \end{cases}$ E) $\begin{cases} y \geq 0 \\ x \leq y \\ x \geq 2-y \end{cases}$

11) (UFF) A figura abaixo representa um retângulo PQRS

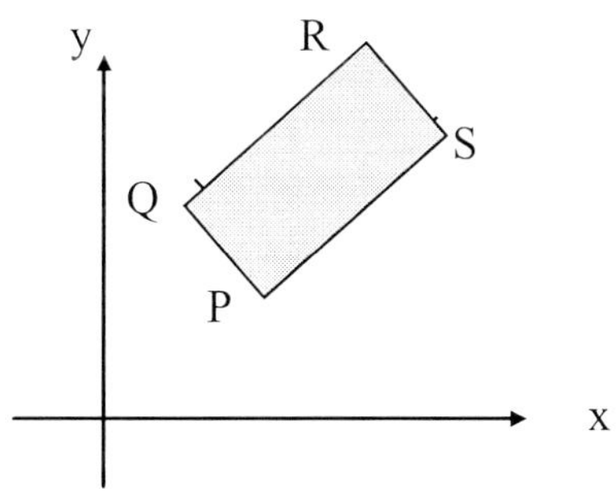

O produto dos coeficientes angulares das retas suportes de todos os seus lados é:

A) 1 B) 1/2 C) 0 D) - 1/2 E) - 1

12) (VUNESP) Os pontos O, A e B, do plano cartesiano da figura, são vértices de um triângulo equilátero cuja medida dos lados é dada por $\sqrt{3}$. As equações das retas **AB** e **OB** são respectivamente,

A) $y = \sqrt{2}.x - 3$ e $y = -\sqrt{2}.x$

B) $y = \sqrt{3}.x - 2$ e $y = -\sqrt{3}.x$

C) $y = \sqrt{3}.x - 3$ e $y = -\sqrt{3}.x$

D) $y = x + \sqrt{3}$ e $y = -x$

E) $y = 3x + \sqrt{3}$ e $y = -3x$

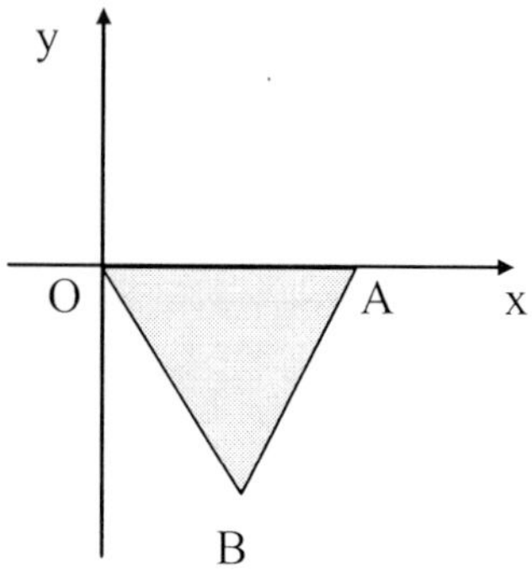

13) (GAMA FILHO) A reta que contém o ponto A(1, 2) e é perpendicular à reta r, cuja equação é $x + y - 7 = 0$, intercepta r no ponto cujas coordenadas são:

A) (1, 6) B) (2, 5) C) (3, 4) D) (4, 3) E) (5, 2)

14) (PUC) As retas r_1 e r_2 têm coeficientes angulares respectivamente iguais a 2 e 3. Uma das bissetrizes de r_1 e r_2 tem coeficiente angular igual a:

A) $\sqrt{6}$ B) $\sqrt{2}+1$ C) 2,5 D) $\sqrt{3}+1$ E) $\sqrt{10}$ - 1

15) (FUVEST) Sejam A(0, 0), B(0, 5) e C(4, 3) pontos do plano cartesiano.

a) Determine o coeficiente angular da reta BC;

b) Determine a equação da mediatriz do segmento BC. O ponto A pertence a essa mediatriz?

c) Considere a circunferência que passa por A, B e C. Determine a equação da reta tangente a esta circunferência no ponto A.

16) (FUVEST) Considere, no plano cartesiano, os pontos P(0, -5) e Q(0, 5). Seja X(x, y) um ponto qualquer com $x > 0$.

a) Quais são os coeficientes angulares das retas PX e QX?

b) Calcule, em função de x e y, a tangente do ângulo $P\hat{X}Q$;

c) Descreva o lugar geométrico dos pontos X(x, y) tais que $x > 0$ e $PXQ = \frac{\pi}{4}$ radianos.

17) (ESTÁCIO) O ponto da reta $y = x$ equidistante dos pontos (-1, 2) e (2, 3) tem abscissa igual a:

A) 2/3 B) 3/5 C) 1 D) 1/2 E) 2

18) (ESTÁCIO) As retas $x + ay - 9 = 0$ e $-5x - 2y + 12 = 0$ são perpendiculares, se a vale:

A) - 5/2 B) - 2/5 C) 3/5 D) - 3/5 E) - 5/3

19) (ESTÁCIO) A área do triângulo OAB na figura abaixo mede, em cm^2 :

A) 4
B) 6
C) 8
D) 10
E) 12

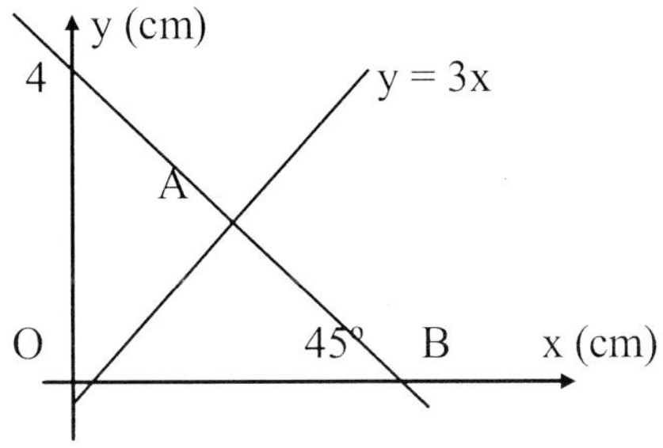

20) (UFRJ) Considere um ponto P pertencente ao quadrado OABC, de lado 24, conforme a figura abaixo:

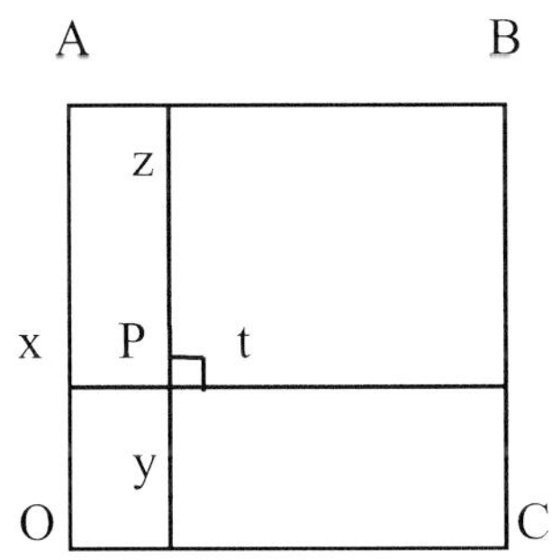

As distâncias x, y, z e t de P aos lados OA, OC, AB e BC, respectivamente, formam, nesta ordem, uma progressão aritmética.

Encontre a equação da figura (lugar geométrico) determinada pelos pontos P(x, y) que possuem essa propriedade.

21) (Sta.ÚRSULA) Se as retas $\frac{x}{a} + \frac{y}{b} = 1$ e $Ax + By + C = 0$ são perpendiculares, então:

A) $Aa + Bb = 0$ B) $Aa - Bb = 0$ C) $Ab - Ba = 0$ D) $Ab + Ba = 0$ E) $AB + ab = 0$

22) (ESTÁCIO) A reta que passa pelo ponto (-1, 2) e é perpendicular à reta $x + y - 1 = 0$ tem equação:

A) $x - 2y + 1 = 0$ B) $x + y - 2 = 0$ C) $x - y + 3 = 0$
D) $x + y + 4 = 0$ E) $x + 3y - 1 = 0$

23) (PUC-RJ) Seja r_1 a reta que passa pelos pontos cujas coordenadas são (1, 3/2) e (0, 1) e seja r_2 a reta que passa pelos pontos (1, 5/2) e (0, 1/2). As coordenadas do ponto de interseção de r_1 e r_2 são:

A) (- 1/5, 11/10) B) (1/5, 9/10) C) (1/3, 7/6) D) (- 1/3, 7/6)

E) nenhuma das respostas acima.

24) (UFF) Considere o triângulo equilátero MPQ, de lado L, inscrito na circunferência centrada na origem do sistema de eixos coordenados, conforme a figura abaixo:

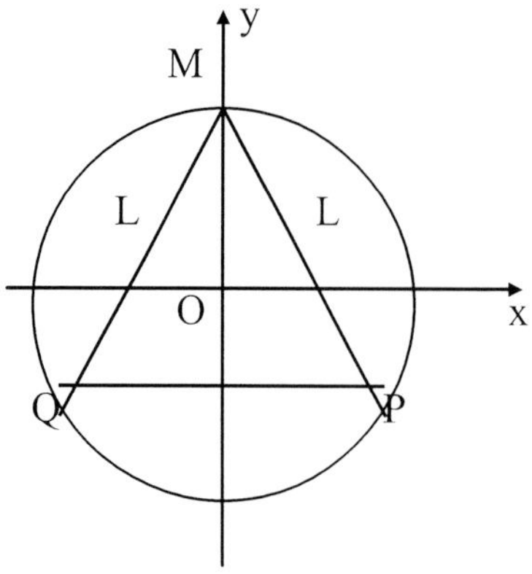

A equação da reta que contém o lado MP é :

A) $y + x = L\sqrt{3}$ B) $y - \sqrt{3}\,x = L$ C) $\sqrt{3}\,y + 3x = L$

D) $\sqrt{3}\,y - 3x = L$ E) $2\sqrt{3}\,y + 6x = L$

25) (UNIFICADO) A equação da reta mostrada na figura abaixo é:

A) $3x + 4y - 12 = 0$
B) $3x - 4y + 12 = 0$
C) $4x + 3y + 12 = 0$
D) $4x - 3y - 12 = 0$
E) $4x - 3y + 12 = 0$

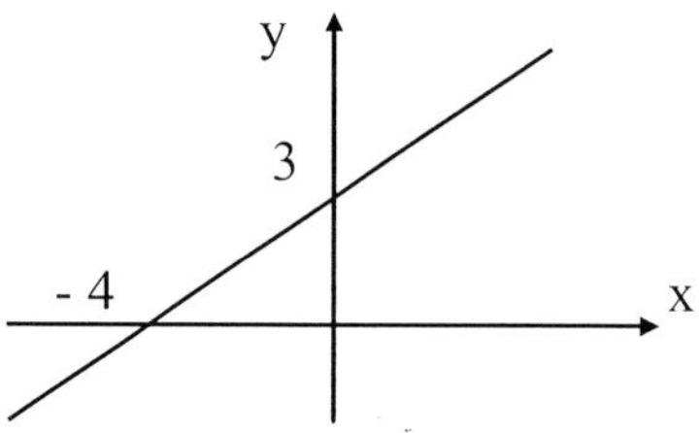

GABARITO DAS QUESTÕES DE CONCURSOS

1) $x - y + 1 = 0$	8) C	15) B	22) D
2) A	9) D	16) a) $\frac{y+5}{x}$ b) $\frac{10x}{x^2+y-25}$	23) C
3) B	10) C	17) C	24) B
4) a) 7/15 ; b) $y = 2x/3$	11) D	18) $y = x / x + 3$	25) C
5) B	12) A	19) B	
6) $k \neq 7$	13) a) – ½ ; b) $y = 2x$ e $y = -2$	20) A	
7) E	14) C	21) C	

EXERCÍCIOS COMPLEMENTARES

Questão 01 - PUC

Num sistema de eixos perpendiculares, seja D a região limitada pelas retas $y = x\sqrt{a}$, $y = x\sqrt{a} + a$, $x = 0$ e $x = \sqrt{a}$, sendo **a** positivo.

Calcule a área de **D**.

Questão 02 - FUVEST

As retas **r** e **s** são perpendiculares e interceptam-se no ponto (2, 4). A reta **s** passa pelo ponto (0, 5). Uma equação da reta **r** é:

(A) $2y + x = 10$ (B) $y = x + 2$ (C) $2y - x = 6$ (D) $2x + y = 8$ (E) $y = 2x$

Questão 03 - FUVEST

Na figura abaixo, A é um ponto do plano cartesiano, com coordenadas (x, y). Sabendo que A está localizada abaixo da reta **r** e acima da reta **s**, tem-se:

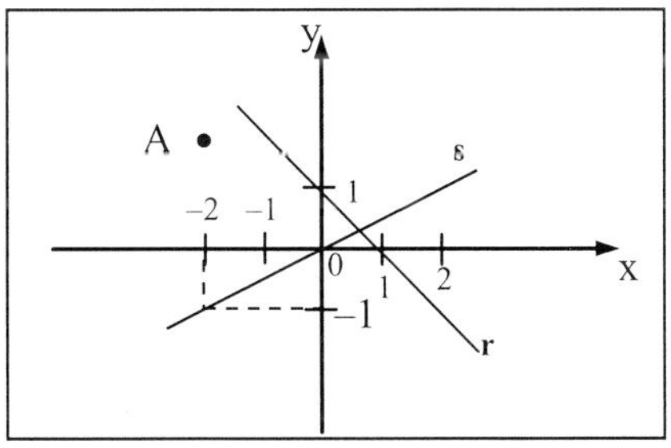

(A) $y < \frac{x}{2}$ e $y < -x + 1$

(B) $y < \frac{x}{2}$ ou $y > -x + 1$

(C) $\frac{x}{2} < y$ e $y > -x + 1$

(D) $-x + 1 < y < \frac{x}{2}$

(E) $\frac{x}{2} < y < -x + 1$

Questão 04 - UFF

A figura representa a reta **r** que intercepta o eixo **y** no ponto **P**(0, m), formando com esse eixo o ângulo α.

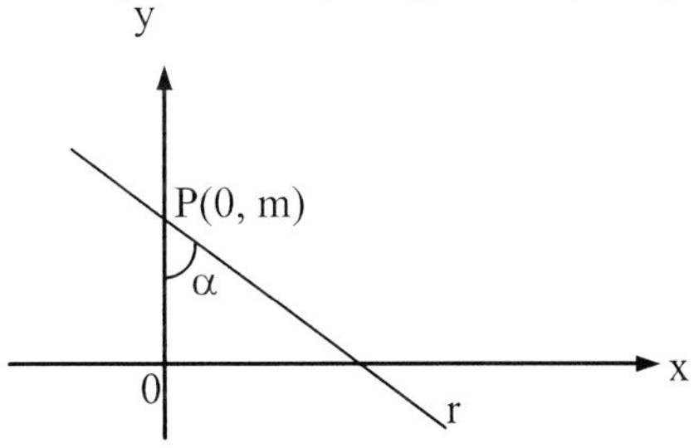

A equação de r é dada por:

(A) $y - (\text{cotg } \alpha)\, x + \frac{1}{m}$

(B) $y = -(\text{cotg } \alpha)\, x + m$

(C) $y = (\text{tg } \alpha)\, x + m$

(D) $y = (\text{cotg } \alpha)\, x + m$

(E) $y = (\text{tg } \alpha)\, x + \frac{1}{m}$

Questão 05 - UNESP

Num sistema de coordenadas cartesianas retangulares de origem 0, considere os pontos A = (3, 0), B = (3, 5) e C = (0, 5). Seja r̲ a reta pelo ponto M = (1, 2) e que corta OC e AB em Q e P, respectivamente, de modo que a área do trapézio OQPA seja metade da do retângulo OCBA. Determine a equação de r̲.

Questão 06 - UNESP

Seja <u>A</u> a interseção das retas <u>r</u>, de equação y = 2x e <u>s</u>, de equação y = 4x – 2. Se <u>B</u> e <u>C</u> são as interseções respectivas dessas retas com o eixo das abscissas, a área do triângulo ABC é:

(A) $\frac{1}{2}$ (B) 1 (C) 2 (D) 3 (E) 4

Questão 07 - U.F.Juiz de Fora

Dada a equação da reta r: y = x – 2, a área da região limitada pela reta (r), pelo eixo das ordenadas e pela reta (s) que é perpendicular à reta (r) no ponto (3, 1), é:
(A) 10 u.a; (B) 9 u.a; (C) 18 u.a; (D) 12 u.a; (E) 16 u.a

Questão 08 -

Se A(2, 0) e B(0, 4) são vértices de um triângulo equilátero, então a equação da reta que contém a altura relativa ao lado AB é:
(A) x –2y + 3 = 0 (B) 2x + y –4 = 0 (C) x + y + 4 = 0
(D)2x – y + 3 = 0 (E) x – y – 4 = 0

Questão 09 - UFF

Determine a área da região do plano limitada pelas retas y = 3x, x + y = 4 e y = 0.

Questão 10 - ESTÁCIO

A relação entre <u>m</u> e <u>n</u>, para que as retas das equações 3x + my –2 = 0 e 2nx – y + 3 = 0 sejam paralelas, é:

(A) $\frac{m}{n} = 1$ (B) $\frac{m}{n} = -1$ (C) $\frac{m}{n} = 2$ (D) $mn = \frac{1}{3}$ (E) $mn = -\frac{3}{2}$

Questão 11 - ESTÁCIO

Qual a equação da reta que é perpendicular à reta y = 3x – 1 e passa pelo ponto A(1, 1)?
(A) x + 2y – 1 = 0 (B) x + 3y – 4 = 0 (C) x + y – 2 = 0
(D) 2x – 2y + 1 = 0 (E) x – y = 0

Questão 12 - ESTÁCIO

Se (x, y) = (α, β) é a interseção das retas 3x – y = 8 e x + 2y = 5, então α – β vale:
(A) 1 (B) 2 (C) 3 (D) –1 (E) –2

Questão 13 - ESTÁCIO

Qual a distância da reta y = 2 – x à origem?
(A) 1 (B) 2 (C) $\sqrt{2}$ (D) $\sqrt{3}$ (E) 5

GABARITO DOS EXERCÍCIOS COMPLEMENTARES:

1) $a\sqrt{a}$	8) A
2) E	9) 6 u. a.
3) E	10) E
4) B	11) B
5) $x - y + 1 = 0$	12) B
6) A	13) C
7) B	

EXERCÍCIOS DE REVISÃO

EQUAÇÃO DA RETA

01) (AFA) Dados, num sistema de coordenadas cartesianas, os pontos A = (1, 2), B(2, –2) e C(4, 3), então, a equação da reta, que passa por A e pelo ponto médio do segmento $\overline{BC}$, é dada por:

a) $3x + 2y - 7 = 0$
b) $x + 3y - 7 = 0$
c) $4x + \frac{7}{2}y - 11 = 0$
d) $3x + 4y - 11 = 0$

02) (AFA) As equações das retas suportes dos lados do triângulo, de vértices A = (0, 0), B = (1, 3) e C = (4, 0), são:

a) $3x - y = 0$, $x + y - 4 = 0$ e $y = 0$
b) $3x + y = 0$, $x + y - 4 = 0$ e $y = 0$
c) $3x + y = 0$, $x - y + 4 = 0$ e $y = 1$
d) $3x - y = 0$, $x - y + 4 = 0$ e $y = 1$

03) (AFA) - Qual é a ÁREA do triângulo da figura abaixo?

a) 4
b) 5
c) 6
d) 7

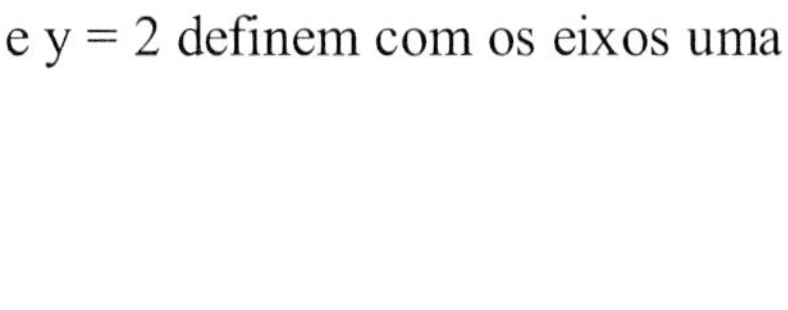

04) (MACK) Os gráficos de $y = x - 1$ e $y = 2$ definem com os eixos uma região de área:

a) 6
b) $\frac{5}{2}$
c) 4
d) 3
e) $\frac{7}{2}$

5) (UFMG) Sejam A e B dois pontos da reta de equação y = 2x + 2, que distam duas unidades da origem. Nesse caso, a soma das abscissas de A e B é:

a) $\frac{5}{8}$

b) $-\frac{8}{5}$

c) $-\frac{5}{8}$

d) $\frac{8}{5}$

06) (MACK) A reta $\frac{x}{k} + \frac{y}{k+1} = 1$, k > 0, forma, no primeiro quadrante, um triângulo de área 6 com os eixos coordenados. O perímetro desse triângulo é:

a) 12
b) 18
c) 14
d) $10\sqrt{2}$
e) $12\sqrt{2}$

07) (UNESP) Sejam A = (2, 0) e B = (5, 0) pontos do plano e r a reta de equação $y = \frac{x}{2}$.

a) Represente geometricamente os pontos A e B e esboce o gráfico da reta r.

b) Se $C = \left(x, \frac{x}{2}\right)$, com x > 0, é um ponto da reta r, tal que o triângulo ABC tem área 6, determine o ponto C. **Resp: C(8, 4)**

08) (PUC-RJ) A reta x + y = 1 no plano xy passa pelos pontos

a) (5, – 4) e $\left(\frac{1}{2}, \frac{1}{2}\right)$.

b) (0, 0) e $\left(\frac{1}{2}, \frac{1}{2}\right)$.

c) (0, 0) e (1, 1).

d) (1, 0) e (1, 1).

e) (5, – 4) e (4, – 5).

09) (MACK) Se as soluções do sistema $\begin{cases} x - \frac{y}{2} = 3 \\ mx - y = 6 \end{cases}$ são todos os pontos de uma reta, então

a) m = 2

b) m = – 2

c) m é qualquer número real

d) m = 0

e) $m = \frac{1}{2}$

10) A equação da reta que passa pelos pontos $A(-1, 2)$ e $B(3, -1)$ é:

a) $3x + 4y - 5 = 0$
b) $2x + 5y - 2 = 0$
c) $x - 3y + 9 = 0$
d) $-x - 2y - 1 = 0$
e) $-x - 2y - 1 = 0$

11) Os pontos $A(3, 5)$, $B(1, -1)$ e $C(x, -16)$ pertencem à mesma reta, se x for igual a:
a) -7
b) -2
c) -4
d) -3
e) 5

12) Se $(x, y) = (a, b)$ é a interseção das retas $x + y - 5 = 0$ e $x - 2y = -4$, então $a + b$ vale:
a) -3
b) -1
c) 5
d) 6
e) 7

13) Uma reta cuja inclinação é $-\frac{1}{2}$ passa pelo ponto $A = (2, 0)$. Uma segunda reta cujo coeficiente angular é 1 passa pelo ponto $B = (-2, 0)$. O ponto de interseção das retas é:
a) $\left(-\frac{2}{3}, \frac{4}{3}\right)$
b) $\left(-\frac{1}{3}, 0\right)$
c) $\left(0, -\frac{1}{3}\right)$
d) $\left(-\frac{1}{3}, -\frac{2}{3}\right)$
e) $\left(-\frac{1}{3}, \frac{4}{3}\right)$

14) Seja $x = p$ e $y = q$ solução real de $(3x - 2y + 8)^2 + (2x - y + 6)^2 = 0$. Então $p^q + q^p$ vale:
a) $\frac{1}{8}$
b) $\frac{1}{16}$
c) $\frac{2}{15}$
d) $\frac{3}{13}$
e) 2

15) (UNESP) Seja A a interseção das retas r, de equação y = 2x e s, de equação y = 4x – 2. Se B e C são as interseções respectivas dessas retas com o eixo das abscissas, a área do triângulo ABC é:

(A) $\frac{1}{2}$
(B) 1
(C) 2
(D) 3
(E) 4

16) (UFF) Determine a área da região do plano limitada pelas retas y = 3x, x + y = 4 e y = 0. Resp.: 6 u.a.

17) UENF
Observe o gráfico abaixo, no qual a reta y = kx divide o retângulo ABCD em dois trapézios retângulos T_1 e T_2.

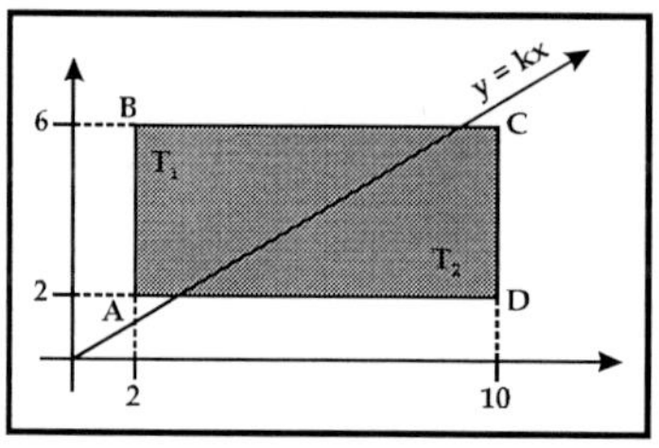

a) Calcule a área do trapézio T_1, considerando $k = \frac{3}{4}$.

b) Determine o valor de k para que T_1 e T_2 tenham a mesma área.
Resp.: a) 40/3 ; b) k = 8/3

18) O coeficiente linear da reta $r \subset IR^2$ que contém o ponto P = (–3, 1) e tem inclinação $\theta = \frac{3\pi}{4}$ é:

a) – 2
) – 1
c) 3
d) 2
e) $\sqrt{3}$

19) A área do triângulo definido pela reta r : 2x + y – 6 = 0, a bissetriz do 1° quadrante e a bissetriz do 2° quadrante é:
a) 10 u. a
b) 12 u. a
c) 14 u. a
d) 20 u. a
e) 18 u. a

RETAS PARALELAS E PERPENDICULARES E BISSETRIZES
20) (EsPCEx) Os gráficos das funções r_1: y = ax + b; r_2: y = cx + d; t_1: y = mx + h e t_2: y = nx + k são tais que: $r_1 // r_2$ e $t_1 \perp t_2$
Nessas condições, pode-se afirmar que:

a) $a = -c$ e $m = -\frac{1}{n}$

b) $a = -\frac{1}{c}$ e $m = -n$

c) $a = c$ e $n = -\frac{1}{m}$

d) $a = c$ e $n = \frac{1}{m}$

21) (AFA) Qual dos pontos abaixo é eqüidistante dos vértices do triângulo A (–1, 1), B (2, 1) e C (3, 2)?

a) $\left(\frac{1}{2}, \frac{3}{2}\right)$

b) $\left(\frac{1}{2}, \frac{5}{2}\right)$

c) $\left(\frac{1}{2}, \frac{7}{2}\right)$

d) $\left(\frac{1}{2}, \frac{-7}{2}\right)$

22) (ITA) A equação da reta bissetriz do ângulo agudo que a reta $y = m x$, $m > 0$ forma com o eixo dos x, é:

a) $y = \frac{1+\sqrt{1+m^2}}{m} x$

b) $y = \frac{1-\sqrt{1+m^2}}{m} x$

c) $y = \frac{-1-\sqrt{1+m^2}}{m} x$

d) $y = \frac{-1+\sqrt{1+m^2}}{m} x$

e) n.d.a.

23) (EN) Considere os conjuntos: $A_k = \{ (x, y) \in R^2 \mid (1 + k) x + 2ky - 3 + k = 0\}$.
Então, $A_1 \cap A_2 \cap A_3 \ldots$ é igual a:

a) ϕ

b) $\{ (x, y) \in R^2 \mid x + y - 3 = 0\}$

c) $\{ (x, y) \in R^2 \mid x = 3\}$

d) $\{(0, 0)\}$

e) $\{(3, -2)\}$

24) (AFA) Dada a sequência de retas $(r_n)_{n \in N^*}$, tal que:
$(r_{10})\colon y = \frac{x}{1024} + \frac{13}{2}$; $(r_{11})\colon y = \frac{x}{2048} + 7$; $(r_{12})\colon y = \frac{x}{4096} + \frac{15}{2}$ é correto afirmar que a reta (r_1) passa pelo ponto:

a) (3, 2)

b) (3, 4)

c) (4, 4)

d) (4, 6)

25) (EN) Considere o quadrilátero cujos vértices são os pontos de interseção das retas $y = 2x + 1$ e $y = 3x + 5$ com os eixos coordenados. A área desse quadrilátero é:

a) 5 unidades de área

b) $\frac{37}{14}$ unidades de área

c) 3 unidades de área

d) $\frac{53}{12}$ unidades de área

e) $\frac{47}{12}$ unidades de área

26) (ITA) Seja r a mediatriz do segmento de reta de extremos M = (–4, –6) e N = (8, –2). Seja R o raio da circunferência com centro na origem e que tangencia a reta r. Então:

a) $R = \frac{\sqrt{7}}{3}$

b) $R = \frac{\sqrt{15}}{3}$

c) $R = \frac{\sqrt{10}}{3}$

d) $R = \frac{\sqrt{10}}{5}$

e) n.d.a.

27) (AFA) Para que a reta de equação x – 5y + 20 = 0, seja paralela à reta determinada pelos pontos M(r, s) e N(2, 1), deve-se ter r igual a:

a) $\frac{5}{2}s - \frac{5}{2}$

b) $-5s + 7$

c) $-5s + 3$

d) $5s - 3$

28) (CFO) No triângulo ABC de vértices A(3, 2), B(−1, 1) e C(2, 1), a altura relativa ao lado AC mede, em unidades de comprimento:

a) $\sqrt{2}/2$

b) 1

c) $\sqrt{2}$

d) $5\sqrt{2}/4$

e) $3\sqrt{2}/2$

(29) (AFA) O ponto do sistema de coordenadas cartesianas que define o baricentro do triângulo hachurado na figura abaixo, é:

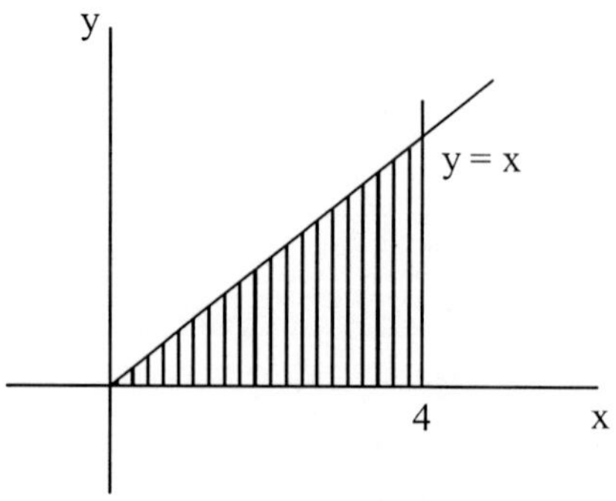

a) $\left(\frac{7}{3}, 1\right)$

b) $\left(\frac{8}{3}, \frac{4}{3}\right)$

c) $\left(3, \frac{5}{3}\right)$

d) $\left(\frac{10}{3}, 2\right)$

30) (AFA) Dois lados de um paralelogramo ABCD estão contidos nas retas (r) y = 2x e (s) x = 2y, respectivamente. Se A = (5, 4), então:

a) $B = (-1, -2)$, $C = (0, 0)$ e $D = (2, 4)$.
b) $B = (-1, 2)$, $C = (0, 0)$ e $D = (2, 4)$
c) $B = (1, -2)$, $C = (0, 0)$ e $D = (4, 2)$
d) $B = (1, 2)$, $C = (0, 0)$ e $D = (4, 2)$
e) n.r.a.

31) (AMAN) A soma dos coeficientes angulares das equações das linhas retas que contêm o ponto A(4, 3), determinando com os eixos coordenados, nos quadrantes em que passam, triângulos de área igual a 3 unidades quadradas é:

a) 1,645
b) 2,625
c) 1,875
d) 2,525
e) 1,015

32) (EsFAO) A equação da reta s perpendicular à reta $2x - 3y + 4 = 0$ e que passa por $(3, -1)$ é:

a) $3x + 2y - 7 = 0$
b) $3x - 2y - 11 = 0$
c) $2x - 3y - 15 = 0$
d) $3x + 2y + 1 = 0$
e) $3x - 2y = 0$

33) (AFA) Para que as retas (r) $2y - x - 3 = 0$ e (s) $3y + kx - 2 = 0$ sejam perpendiculares, o valor de k deve ser:

a) $-\frac{2}{3}$
b) $\frac{3}{2}$
c) 5
d) 6

34) (ITA) Sendo (r) uma reta dada pela equação $x - 2y + 2 = 0$, então a equação da reta (s) simétrica à reta (r) em relação ao eixo das abscissas é descrita por:

a) $x + 2y = 0$
b) $3x - y + 3 = 0$
c) $2x + 3y + 1 = 0$
d) $x + 2y + 2 = 0$
e) $x - 2y - 2 = 0$

35) (ITA) Dadas as retas (r_1): $x + 2y - 5 = 0$, (r_2): $x - y - 2 = 0$ e (r_3): $x - 2y - 1 = 0$, podemos afirmar que:

a) são 2 a 2 paralelas
b) (r_1) e (r_3) são paralelas
c) (r_1) é perpendicular a (r_3)
d) (r_2) é perpendicular a (r_3)
e) as três retas são concorrentes num mesmo ponto

36) (ITA) Dados os pontos A:(0, 8), B:(–4, 0) e C:(4, 0), sejam r e s as retas tais que $A, B \in r$, $B, C \in r$. Considere P_1 e P_2 os pés das retas perpendiculares traçadas de P:(5, 3) às retas r e s, respectivamente. Então a equação da reta que passa por P_1 e P_2 é:

a) y + x = 5
b) y + 2x = 5
c) 3y – x = 15
d) x + y = 2
e) n.d.a.

(37) (ITA) Num sistema de coordenadas cartesianas, duas retas r e s, com coeficientes angulares 2 e $\frac{1}{2}$, respectivamente, se interceptam na origem 0. Se B $\in$ r e C $\in$ s são dois pontos no primeiro quadrante tais que o segmento $\overline{BC}$ é perpendicular à r e a área do triângulo OBC é igual a 12 x 10^{-1}, então a distância de B ao eixo das ordenadas vale.

06) $\frac{8}{5}$.

07) $\frac{4}{5}$.

08) $\frac{2}{5}$.

09) $\frac{1}{5}$.

10) 1.

38) (UFF) Embora não compreendam plenamente as bases físicas da vida, os cientistas são capazes de fazer previsões surpreendentes. Freeman J. Dyson, por exemplo, concluiu que a vida eterna é de fato possível. Afirma que, no entanto, para que tal fato se concretize, o organismo inteligente precisaria reduzir a sua temperatura interna e a sua velocidade de processamento de informações. Considerando-se v a velocidade cognitiva (em pensamentos por segundo) e T a temperatura do organismo (em graus Kelvin), Dyson explicitou a relação entre as variáveis x = $\log_{10}$T e y = $\log_{10}$v por meio do gráfico abaixo:

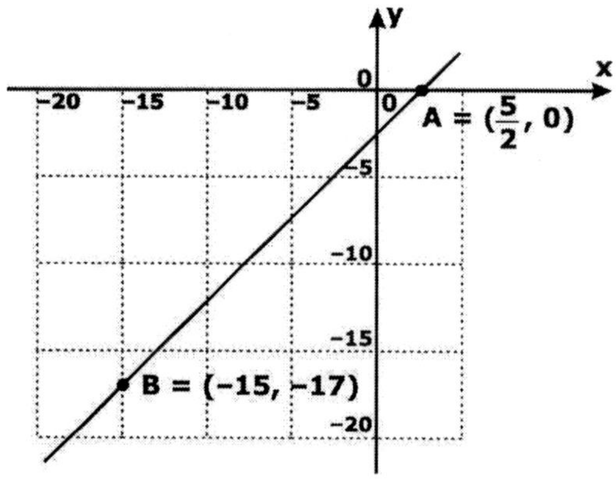

Adaptado de *O Destino da Vida*, Scientific American Brasil, no 19, dez. 2003.

Sabendo-se que o gráfico da figura está contido em uma reta que passa pelos pontos A = $\left(\frac{5}{2}, 0\right)$ e B = (–15, –17), assinale a alternativa que contém a equação que descreve a relação entre x e y.

A) $y = -\frac{34}{35}x - \frac{17}{7}$

B) $y = x - \frac{5}{2}$

C) $y = \frac{34}{30}x - \frac{17}{5}$

D) $y = \frac{5}{2}x - \frac{17}{5}$

E) $y = \frac{34}{35}x + \frac{5}{2}$

39) (IME) Sendo o ponto A (8, -2) um vértice de um losango ABCD e 2x + y+1 = 0 a reta que contém os vértices B e D, assinale a opção correspondente ao vértice C.
A) (–2, –8)
B) (0, –4)
C) (4, 3)
D) (–4, –8)
E) (–1, 7)

40) (UFMG) Neste plano cartesiano, estão representados o retângulo *ABCD* e as retas *r* e *s*:

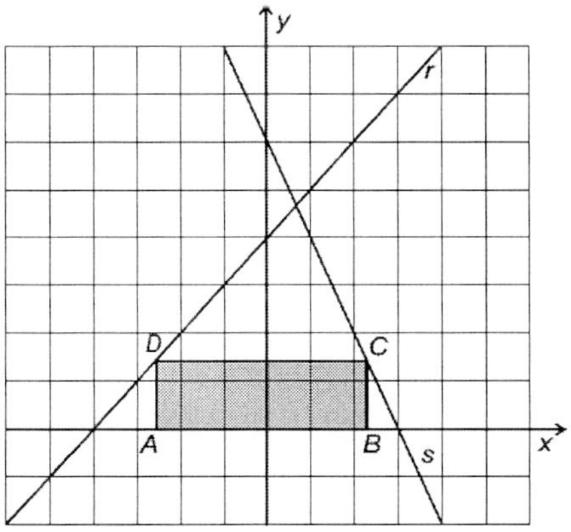

Sabe-se que
. a equação de *r* é $y = x + 4$ e a equação de *s* é $y = -2x + 6$;
. os pontos *D* e *C* pertencem, respectivamente, às retas *r* e *s* e têm ordenadas positivas; e
. $A = (a, 0)$ e $B = (b, 0)$, sendo $a < b$.
1. CALCULE a área do retângulo *ABCD* em função apenas de *b*. **Resp: $-6b^2 + 22b - 12$**

2. DETERMINE o valor de *b* para que a área do retângulo *ABCD* seja máxima e CALCULE essa área. **b = 11/6**

41) (MACK) No triângulo da figura, se AC = BC, a equação da reta suporte da mediana CM é

a) $12x - 25y + 20 = 0$
b) $6x - 10y + 5 = 0$
c) $14x - 25y + 15 = 0$
d) $2x - 4y + 3 = 0$
e) $7x - 9y + 5 = 0$

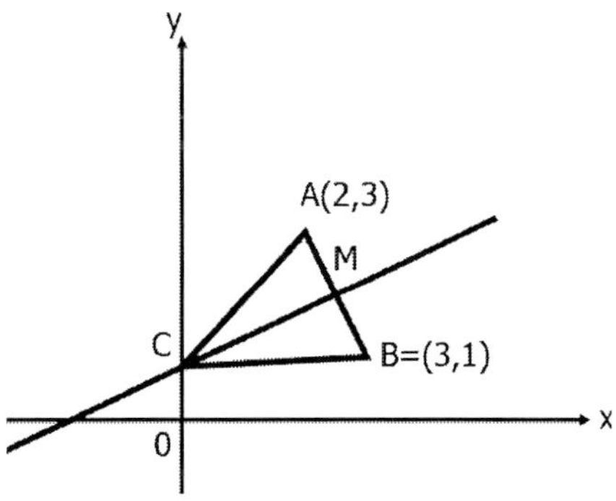

42) (UFMG) No plano cartesiano, o ponto *A* = (1, 11) é vértice do quadrado ABCD, cuja diagonal BD está sobre a reta de equação y = (1/2) x + 3
Considerando essas informações,
1. DETERMINE as coordenadas do centro *M* do quadrado ABCD . **RESP. M(4, 7)**
2. DETERMINE as coordenadas do vértice C .**RESP. C(7, 3)**
3. DETERMINE as coordenadas dos vértices B e D .

43) (CEFET-PR) Um triângulo retângulo apresenta a hipotenusa na reta r: 4x + 3y = 0, um cateto paralelo à reta s: x – y – 1 = 0 e o vértice do ângulo reto tem coordenadas (5, 1). Assim os outros vértices do triângulo devem estar em:

a) $\left(\frac{13}{8}, \frac{-17}{3}\right)$ e $\left(\frac{15}{11}, \frac{29}{11}\right)$

b) $\left(\frac{12}{7}, \frac{-16}{7}\right)$ e (– 18, 24)

c) $\left(\frac{13}{7}, \frac{-15}{7}\right)$ e (– 18, – 12)

d) $\left(\frac{9}{5}, \frac{12}{13}\right)$ e $\left(\frac{17}{8}, \frac{-13}{17}\right)$

e) $\left(\frac{12}{7}, \frac{-16}{7}\right)$ e $\left(\frac{21}{11}, \frac{28}{11}\right)$

44) (CONC.PROF-SP) O valor de k para o qual a reta kx – y – 3 = 0 é perpendicular à reta $\begin{cases} x = 1 + 2t \\ y = 2 + 3t \end{cases}$ é:

a) $\frac{1}{2}$

b) $-\frac{2}{3}$

c) $\frac{3}{4}$

d) $-\frac{4}{3}$

e) $-\frac{3}{2}$

45) (UFSC) Os pontos A(3, 6), B(1, 3) e $C(x_C, y_C)$ são vértices do triângulo ABC, sendo $M(x_M, y_N)$ e N(4, 5) pontos médios dos lados AB e AC, respectivamente.

a) Calcule a distância entre os pontos M e N. **R.** $\frac{\sqrt{41}}{2}$

b) Determine a equação geral da reta suporte do lado BC do triângulo ABC.
R. 5X – 4Y + 7 = 0

46) (FUVEST) Duas retas s e t do plano cartesiano se interceptam no ponto (2, 2). O produto de seus coeficientes angulares é 1 e a reta s intercepta o eixo dos y no ponto (0,3). A área do triângulo delimitado pelo eixo dos x e pelas retas s e t é:

a) 2
b) 3
c) 4
d) 5

e) 6

47) (MACK) As retas $\sqrt{3}\,y = x + 3$, $y = -x + 1$ e o eixo Ox determinam um triângulo cujo maior ângulo interno é:

a) 90º

b) 135º

c) 105º

d) 75º

e) 120º

48) (UFF) Considere a representação abaixo em que a reta r é perpendicular às retas s e t.

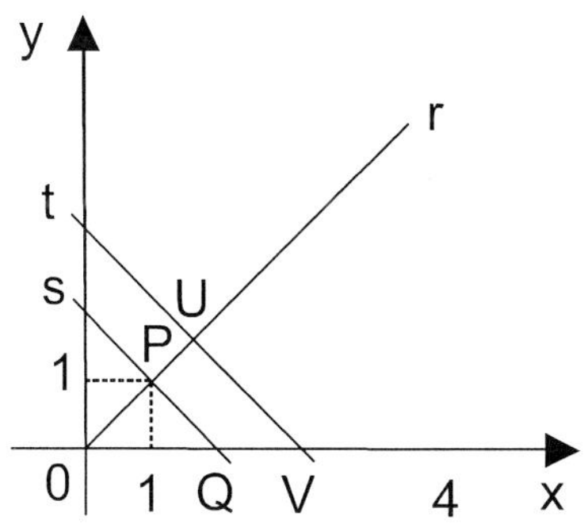

Determine a equação da reta t, sabendo que $\overline{UV} = 2\overline{PQ}$. **R. X + Y – 4 = 0**

49) Se as retas $x + 2y + 3 = 0$ e $ax + 3y + 2 = 0$ são paralelas, então o parâmetro a vale:
a) -3
b) $-\dfrac{2}{3}$
c) $\dfrac{3}{2}$
d) $\dfrac{2}{3}$
e) 3

50) Para que as retas $x + 2y + 5 = 0$ e $y = mx - 3$ sejam paralelas, o valor de m deve ser:
a) $-\dfrac{1}{2}$
b) -2
c) 3
d) $\dfrac{2}{5}$
e) 4

51) As retas $y = mx + 3$ e $y - 3x + 4 = 0$ são paralelas. Então o parâmetro m vale:
a) -3
b) -1
c) 4

d) 3
e) 2

52) (FUVEST) Duas retas s e t do plano cartesiano se interceptam no ponto (2, 2). O produto de seus coeficientes angulares é 1 e a reta s intercepta o eixo dos y no ponto (0,3). A área do triângulo delimitado pelo eixo dos x e pelas retas s e t é:
A) 2
B) 3
C) 4
D) 5
E) 6

53) (MACK) A equação de uma reta, paralela à reta $x + y - 4 = 0$ e distante $3\sqrt{2}$ do ponto P = (2, 1), é:
a) $x + y + 3 = 0$
b) $x + y + 9 = 0$
c) $x + y - 3 = 0$
d) $x - y - 6 = 0$
e) $x + y - 12 = 0$

54) Observe a figura:

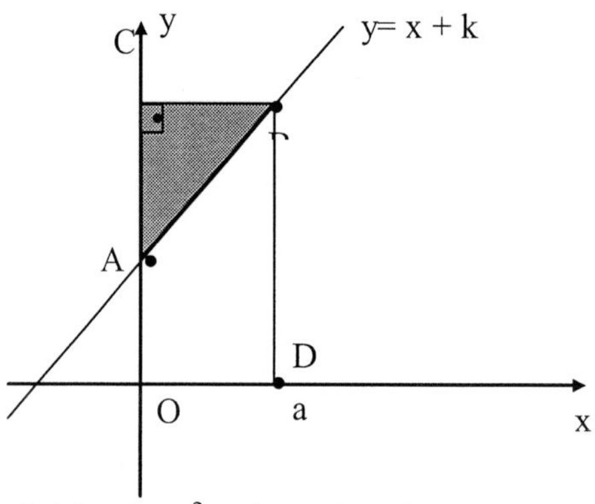

Sabendo que a área do triângulo ABC é $8cm^2$ e do retângulo DBCO é $24cm^2$, podemos afirmar que k vale:
a) 10
b) 8
c) 2
d) 4
e) 6

55) A reta que passa pelo ponto (–1, 2) e é perpendicular à reta $x + y - 1 = 0$ tem equação:
a) $x - 2y + 1 = 0$
b) $x + y - 2 = 0$
c) $x - y + 3 = 0$
d) $x + y + 4 = 0$
e) $x + 3y - 1 = 0$

56) Se as retas $r : 3x + ay + 5 = 0$ e $s : bx - 6y + 2 = 0$ são perpendiculares, então $\frac{a}{b}$ é igual a:

a) 2
b) $\frac{1}{3}$

c) $\frac{1}{2}$
d) -3
e) $\frac{2}{3}$

57) As retas $x + ay - 9 = 0$ e $-5x - 2y + 12 = 0$ são perpendiculares, se a vale:
a) $-\frac{5}{2}$
b) $-\frac{2}{5}$
c) $\frac{3}{5}$
d) $-\frac{3}{5}$
e) $-\frac{5}{3}$

58) Sabe-se que a reta s, de equação $mx + ny = 0$, é perpendicular à reta t, de equação $x - 2y + \frac{4}{3} = 0$. Então $m - 2n$ é igual a:
a) 2
b) 1
c) 0
d) 3
e) 4

59) Qual a equação da reta que é perpendicular à reta $y = 3x - 1$ e passa pelo ponto $A(1, -2)$?
a) $2y + x - 3 = 0$
b) $3y + x + 5 = 0$
c) $y - 2x + 4 = 0$
d) $y + 3x - 1 = 0$
e) $5y + x - 7 = 0$

60) O simétrico do ponto $(-3, 1)$ em relação à reta $x - 2y = 0$ é:
a) $(3, -1)$
b) $(-1, -3)$
c) $(1, 3)$
d) $(-1, -1)$
e) $(3, 3)$

61) As retas L e K são simétricas entre si em relação à reta $y = x$, conforme ilustra a figura. Se a equação da reta L é $y = ax + b$ com $a \neq 0$ e $b \neq 0$, então a equação de K é:
a) $y = \frac{1}{a}x + b$
b) $y = -\frac{1}{a}x + b$
c) $y - \frac{1}{a}x - \frac{b}{a}$
d) $y = \frac{1}{a}x + \frac{b}{a}$

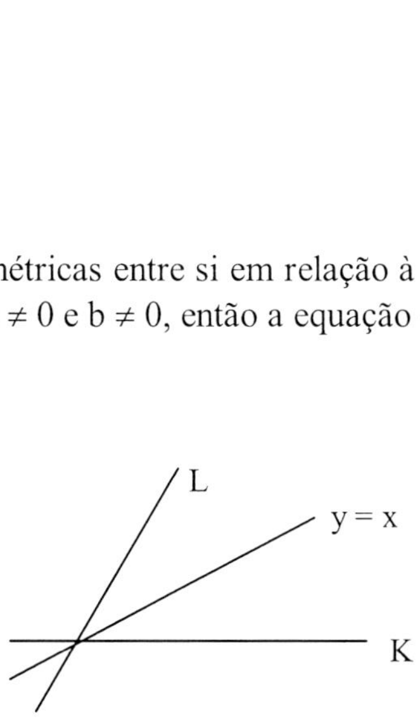

e) $y = \frac{1}{a}x - \frac{b}{a}$

62) A equação da mediatriz do segmento que une os pontos A(0, 0) e B(2, 3) é:
a) 4x + 6y = 13
b) 2x + 3y = 0
c) 2x − 3y = 1
d) 3x + 2y = 6
e) 4x − 6y = −5

63) Dados os pontos A(8, 11), B(−4, −5) e C(−6, 9), obter o circuncentro do triângulo ABC.
a) P(4, 2)
b) P(5, 1)
c) P(1, 3)
d) P(2, 3)
e) P(3, 5)

64) (U.F.Juiz de Fora) Dada a equação da reta r: y = x − 2, a área da região limitada pela reta (r), pelo eixo das ordenadas e pela reta (s) que é perpendicular à reta (r) no ponto (3, 1), é:

(A) 10 u.a;
(B) 9 u.a;
(C) 18 u.a;
(D) 12 u.a;
(E) 16 u.a

65) Se A(2, 0) e B(0, 4) são vértices de um triângulo equilátero, então a equação da reta que contém a altura relativa ao lado AB é:

(A) x −2y + 3 = 0
(B) 2x + y −4 = 0
(C) x + y + 4 = 0
(D)2x − y + 3 = 0
(E) x − y − 4 = 0

DISTÂNCIA DE PONTO A RETA

66) (AFA) Há dois pontos sobre a reta y = 2 que distam 4 unidades da reta 12y = 5x + 2. A soma das abscissas desses pontos é:

a) −2
b) 6
c) $\frac{42}{5}$
d) $\frac{44}{5}$

67) (EsFAO) Seja P um ponto da reta 2x − y = 0 que equidista de A(1, −3) e da reta r: x + 2y − 1 = 0. As coordenadas de P são:

a) (13/20, 13/10)
b) (23/30, 23/15)
c) (−27/40, -27/20)
d) (−49/60, −49/30)

68) (AFA) As retas (r) $3x + 2y - 5 = 0$, (s) $x + 7y - 8 = 0$ e (t) $5x - 4y - 1 = 0$ são concorrentes no mesmo ponto P. A distância do ponto P à reta (u) $3x - 4y + 3 = 0$ é:

a) $\frac{1}{5}$
b) $\frac{2}{5}$
c) $\frac{3}{5}$
d) $\frac{4}{5}$
e) n.r.a.

69) (EsFAO) A distância entre as retas $x - 2y + 3 = 0$ e $2x - 4y + k = 0$ é $\frac{\sqrt{5}}{5}$ unidades de comprimento. O produto dos valores de k é igual a:

a) 35
b) 32
c) 12
d) −32
e) −35

70) (AFA) Dadas as retas (r) $x - y + 1 = 0$ e (s) $2x + y - 2 = 0$, pode-se afirmar que a distância do ponto $P = r \cap s$ à origem é:

a) $\frac{\sqrt{17}}{4}$
b) $\frac{\sqrt{17}}{3}$
c) $\frac{\sqrt{17}}{2}$
d) $\sqrt{17}$

71) (ITA) Duas retas r e s são dadas, respectivamente, pelas equações $3x - 4y = 3$ e $2x + y = 2$.Um ponto P pertencente à reta s tem abscissa positiva e dista 22 unidades de medida da reta r. Se $ax + by + c = 0$ é a equação da reta que contém P e é paralela a r, então $a + b + c$ é igual a:
a) −132
b) −126
c) −118
d) −114
e) −112

72) (CONCURSO – PROFESSOR RN) O ponto P da reta $x + y = 15$ que equidista dos pontos $A = (1, 4)$ e $B = (3, 0)$ é:
A) (2, 2)
B) $\left(\frac{28}{3}, \frac{17}{3}\right)$.
C) $\left(\frac{73}{36}, \frac{15}{36}\right)$
D) (4, 4)

73) O ponto P pertence à reta de equação $x - y + 1 = 0$ e dista 5 unidades do ponto Q (1, 3). Pode-se afirmar que P é um ponto:

a) do eixo das ordenadas
b) do eixo das abscissas
c) do 1° ou do 2° quadrante
d) do 2° quadrante
e) do 1° ou 3° quadrante

GABARITO

1	D	11	A	21	C	31	C	41	D	51	B	61	A	71	D
2	A	12	C	22	D	32	A	42	R	52	D	62	A	72	B
3	C	13	A	23	E	33	B	43	B	53	A	63	D	73	E
4	C	14	A	24	C	34	D	44	B	54	C	64	B		
5	B	15	A	25	C	35	E	45	R	55	C	65	A		
6	A	16	6 u	26	E	36	A	46	B	56	C	66	D		
7	R	17	R	27	D	37	B	47	C	57	A	67	D		
8	A	18	B	28	A	38	A	48	R	58	C	68	B		
9	A	19	B	29	B	39	D	49	C	59	B	69	B		
10	A	20	C	30	D	40	R	50	A	60	A	70	B		

CAPÍTULO III - CIRCUNFERÊNCIA NO R^2

O estudo da circunferência possui alguma aplicações interessantes, e neste capítulo serão tratados vários problemas da Geometria Plana, tais como, posições entre retas e circunferências, entre circunferências e figuras inscritas e circunscritas.

Antes de definir circunferência, vamos analisar uma situação prática. Imaginemos que o Prefeito de uma cidade pretende construir um posto de saúde para atender à população de três bairros vizinhos, e por uma questão de justiça quer que o posto fique a uma mesma distância desses bairros. Ora, para atender a proposta do Prefeito, é necessário determinar um ponto que seja equidistante dos três pontos dados, isto é, como já conhecemos um pouco de geometria plana, esse ponto trata-se do centro de uma circunferência que passa pelos três bairros considerados.

Para nossa análise, vamos imaginar que esses bairros foram localizados num sistema de coordenadas cartesianas, pelos pontos A(0, 5), B(5, 0) e (-1, 0). Então, se o centro da circunferência é o ponto O(a, b), vamos tentar determiná-lo a partir dos conhecimentos que já adquirimos até aqui.

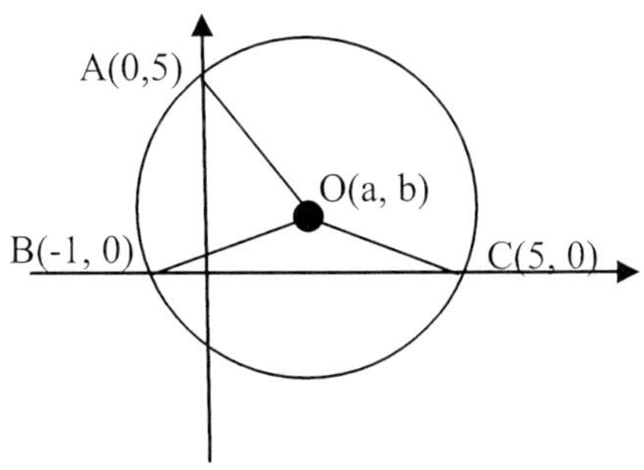

Sabemos então que as distâncias entre O e A, O e B e O e C devem ser iguais, ou seja, os módulos dos vetores AO, BO e CO são iguais. Então escrevemos:

AO = (a, b – 5), BO = (a + 1, b) e CO = (a – 5, b) e daí:

$$\sqrt{a^2+b^2-10b+25}=\sqrt{a^2+2a+1+b^2}=\sqrt{a^2-10a+25+b^2} \Longrightarrow a=2 \text{ e } b=2$$

Assim, conclui-se que o posto de saúde deverá ser colocado no ponto O(2, 2)

Agora, uma outra questão que colocaremos é a seguinte: qual é a equação dessa circunferência, isto é, qual é a relação que pode ser estabelecida entre as coordenadas de um ponto qualquer P(x, y) para que ele esteja situado sobre a linha que representa essa circunferência? Responderemos essa pergunta mais adiante.

3.1. DEFINIÇÃO:

Circunferência é o conjunto dos pontos do plano que são equidistantes de um ponto fixo do mesmo plano. Esse ponto fixo é denominado centro da circunferência e a distância constante é chamada de raio.
Há várias maneiras de determinar a equação de uma circunferência. Uma delas é quando são apresentados o centro e o raio. Uma outra maneira é, como visto no exemplo introdutório, são dados três dos seus pontos. A partir de agora vamos considerar essas diferentes possibilidades.

Na figura abaixo, O(a, b) é o centro, P(x, y) é um ponto genérico da circunferência e r é o raio.

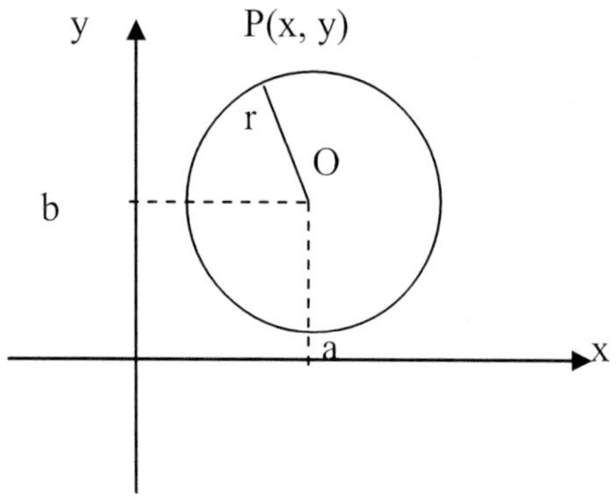

3.2 EQUAÇÃO DA CIRCUNFERÊNCIA DADOS O CENTRO E O RAIO

Sendo O(a, b) o centro de uma circunferência de raio r e P(x, y) um ponto qualquer dessa circunferência, podemos escrever que

$$d_{O,P} = r \quad \Leftrightarrow \quad |\overrightarrow{OP}| = r$$

Como $\overrightarrow{OP} = P - O = (x - a, y - b)$, temos:

$$\sqrt{(x-a)^2 + (x-b)^2} = r \quad \Rightarrow \quad (x-a)^2 + (y-b)^2 = r^2$$

A expressão obtida é chamada de equação reduzida da circunferência. Observe que nela estão explícitas as coordenadas do centro (a, b), assim como a medida do raio r.

EXERCÍCIOS RESOLVIDOS

1) Determine a equação da circunferência de centro no ponto O(4, -3) e raio r = 5.

Solução: De acordo com a expressão acima, a equação será: $(x - 4)^2 + (y + 3)^2 = 25$

2) Determine o centro e o raio da circunferência cuja equação é $(x + 3)^2 + y^2 = 16$.

3) *Solução: Da equação dada podemos escrever:* $(x - (-3))^2 + (y - 0)^2 = 4^2$. Logo, teremos: *Centro O(- 3, 0) e raio = 4*

3.3 EQUAÇÃO GERAL DA CIRCUNFERÊNCIA DE CENTRO O(a, b) E RAIO r

Desenvolvendo a equação reduzida $(x-a)^2 + (y-b)^2 = r^2$ encontrada anteriormente, obteremos:

$x^2 - 2ax + a^2 + y^2 - 2by + b^2 = r^2 \Rightarrow x^2 + y^2 - 2ax - 2by + a^2 + b^2 - r^2 = 0$.
Fazendo: $-2a = D$, $-2b = E$ e $a^2 + b^2 - r^2 = F$, podemos escrever a equação geral de uma circunferência da seguinte forma:

$$x^2 + y^2 + Dx + Ey + F = 0$$

que é chamada de equação geral de uma circunferência. Observe que, neste caso, não estão explícitos nem o centro, nem a medida do raio. Contudo, a partir dos coeficientes D, E e F é possível voltar para a forma reduzida e assim determinar o centro e o raio da circunferência.

OBSERVAÇÕES:

1) Dada uma circunferência através de sua equação geral, podemos determinar o centro e o raio de lembrando que, na equação

$x^2 + y^2 + Dx + Ey + F = 0$, os coeficientes D, E e F equivalem a:

$D = -2a$, $E = -2b$ e $F = a^2 + b^2 - r^2$

As igualdades acima nos levam a:

Centro: $O(a, b) = \left(\frac{-D}{2}, \frac{-E}{2}\right)$

Raio: $r = \sqrt{a^2 + b^2 - F}$

ATENÇÃO: Para que uma equação do tipo $x^2 + y^2 + Dx + Ey + F = 0$ represente uma circunferência, devemos ter

$$a^2 + b^2 - F > 0 \qquad \text{ou ainda:} \qquad \frac{D^2 + E^2 - 4F}{4} > 0$$

2) As inequações do tipo $x^2 + y^2 + Dx + Ey + F < 0$ ou $x^2 + y^2 + Dx + Ey + F > 0$ representam os pontos que não pertencem à circunferência de equação $x^2 + y^2 + Dx + Ey + F = 0$. No primeiro caso, serão considerados os pontos interiores à circunferência ($d_{PO} < r$); no segundo caso, consideram-se os pontos exteriores ($d_{PO} > r$). Veja as figuras:

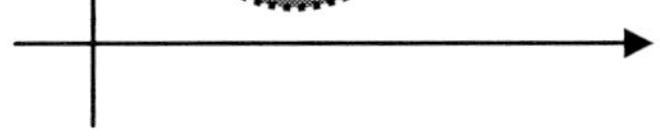

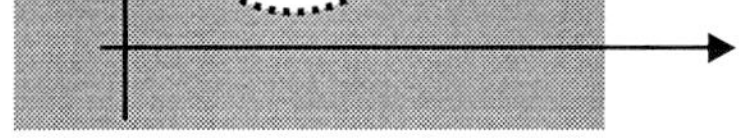

EXERCÍCIOS RESOLVIDOS:

1) Escreva a equação geral da circunferência de centro O(2, - 3) e raio 5.

Solução:
A equação reduzida é $(x-2)^2 + (y+3)^2 = 25$. *Desenvolvendo essa equação temos:*
$x^2 - 4x + 4 + y^2 + 6y + 9 = 25 \Rightarrow x^2 + y^2 - 4x + 6y - 12 = 0$

2) Determine o centro e o raio da circunferência cuja equação é $x^2 + y^2 + 6x - 8y - 11 = 0$.

Solução:
Vamos resolver essa questão utilizando o método de completar quadrados. Observe a solução:
$x^2 + 6x + y^2 - 8y = 11 \Rightarrow x^2 + 6x + ... + y^2 - 8y + ... = 11 + ... + ...$

$x^2 + 6x + \underline{9} + y^2 - 8y + \underline{16} = 11 + \underline{9} + \underline{16} \Rightarrow (x + 3)^2 + (y - 4)^2 = 36 \Rightarrow$ *centro* $(-3, 4)$ *; raio* $= 6$

Esse exercício poderia ser resolvido lembrando que:
Se $D = 6 \Rightarrow a = -6/2 = -3$*; se* $E = -8 \Rightarrow b = -(-8)/2 = 4$ *e que* $r = \sqrt{(-3)^2 + 4^2 - (-11)} = 6$*. Assim, temos : centro:*$(-3, 4)$ *e raio: 6*

EXERCÍCIOS PROPOSTOS:

1) Determine o centro e o raio da circunferência de equação:

a) $(x + 3)^2 + (y - 1)^2 = 25$

b) $(x - 5)^2 + y^2 = 16$

c) $x^2 + y^2 = 2$
Resp.: a) $O(-3, 1)$; $r = 5$; b) $O(5, 0)$; $r = 4$; c) $O(0, 0)$; $r = \sqrt{2}$

2) Escreva a equação reduzida da circunferência de centro $O(0,-3)$ e raio 5.
Resp.: $x^2 + (y + 3)^2 = 25$

3) Determine o centro e o raio da circunferência de equação:

a) $x^2 + y^2 + 6x + 8y - 11 = 0$

b) $x^2 + y^2 + 10x - 3 = 0$
Resp.: a) $O(-3, -4)$; $r = 6$; b) $O(-5, 0)$; $r = 2\sqrt{7}$

4) Represente no plano cartesiano todos os pontos que satisfazem a:

a) $x^2 + y^2 = 9$

b) $x^2 + y^2 - 6x - 4y + 13 = 0$

c) $x^2 + (y + 2)^2 < 4$

d) $(x - 1)^2 + (y - 2)^2 \geq 4$

Respostas:

a) 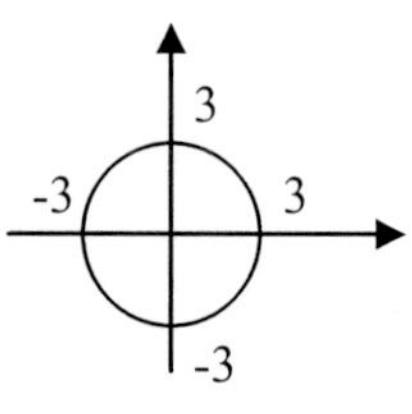

b) 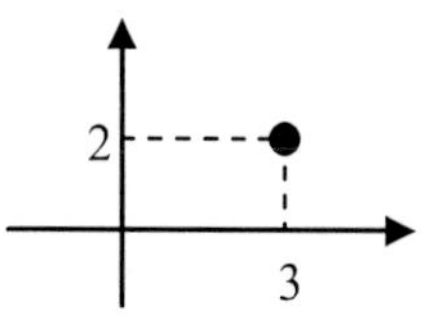

c) 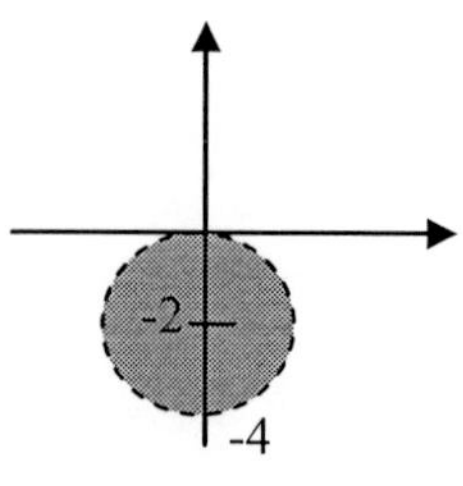

d) 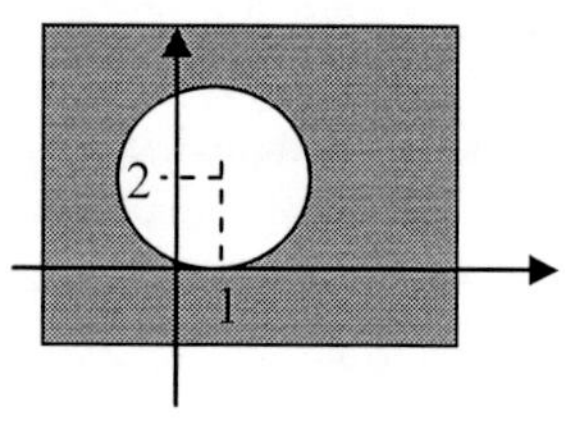

3.4. OBSERVAÇÕES

1) A equação $x^2 + y^2 = r^2$ representa uma circunferência de centro na origem (0, 0)

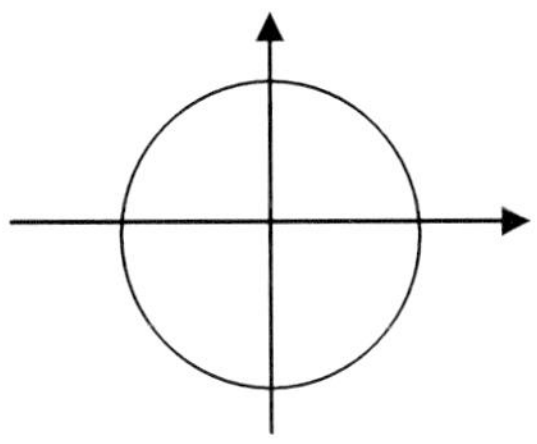

2) Uma equação do tipo $x^2 + y^2 + Dx + Ey = 0$ ($F = 0$) representa uma circunferência que passa pela origem

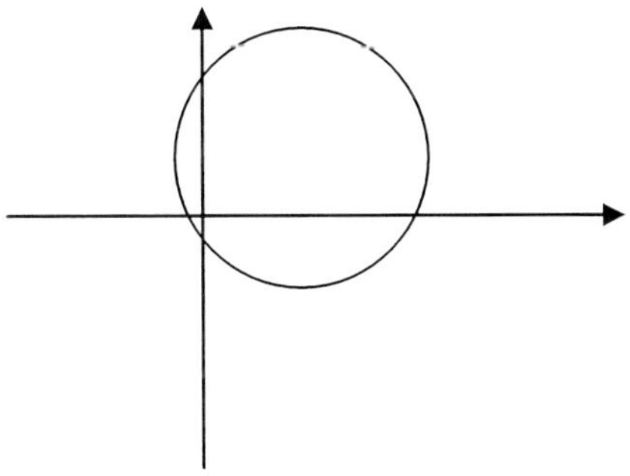

3) Generalizando uma observação dada anteriormente, para que a equação $Ax^2 + By^2 + Dx + Ey + F = 0$ represente uma circunferência devemos ter $A = B$, para escrevermos a equação na forma: $Ax^2 + Ay^2 + Dx + Ey + F = 0$. Além disso, é necessário que

$$D^2 + E^2 - 4AF > 0$$

De fato, partindo da equação $Ax^2 + Ay^2 + Dx + Ey + F = 0$ vamos dividi-la A , obtendo:

$$x^2 + y^2 + \frac{D}{A}x + \frac{E}{A}y + \frac{F}{A} = 0$$

Daí o centro será igual a $O(-D/2A,\ -E/2A)$

e o raio igual a $r = \sqrt{\frac{D^2}{4A^2} + \frac{E^2}{4A^2} - \frac{F}{A}} = \sqrt{\frac{D^2 + E^2 - 4AF}{4A^2}}$.

Logo, para que a equação represente uma circunferência deveremos ter:

$$D^2 + E^2 - 4AF > 0$$

EXERCÍCIOS RESOLVIDOS

1) Verifique se a equação abaixo representa um circunferência:
$x^2 + y^2 + 8x - 2y + 25 = 0$

Solução:
Na equação dada temos: $A = 1$, $D = 8$, $E = -2$ *e* $F = 25 \Rightarrow 8^2 + (-2)^2 - 4 \cdot 1 \cdot 25 = -32 < 0$. *Logo a equação não representa uma circunferência.*

Observe que ao tentar completar os quadrados, obteríamos:

$x^2 + 8x + \ldots\ldots + y^2 - 2y + \ldots\ldots = -25 + \ldots\ldots + \ldots\ldots$

$x^2 + 8x + 16 + y^2 - 2y + 1 = -25 + 16 + 1$

$(x + 4)^2 + (y - 1)^2 = -8$, *que é uma equação impossível*

2) Determine os valores de m para os quais a equação $x^2 + y^2 + 4x - 6y + m = 0$ representa uma circunferência:

Solução:

$D^2 + E^2 - 4AF > 0 \Rightarrow 16 + 36 - 4m > 0 \Rightarrow -4m > -52 \Rightarrow m < 13$

3) Determine os pontos em que a circunferência $x^2 + y^2 - 2x + 2y - 3 = 0$ intercepta os eixos coordenados.

Solução:

Interseção com o eixo x : $y = 0 \Rightarrow x^2 - 2x - 3 = 0 \Rightarrow x = -1$ *ou* $x = 3$;

Interseção com o eixo y : $x = 0 \Rightarrow y^2 + 2y - 3 = 0 \Rightarrow y = -3$ *ou* $y = 1$.

EXERCÍCIOS PROPOSTOS:

1) Represente graficamente o conjunto de pontos que satisfazem os sistemas abaixo:

a) $\begin{cases} x^2 + y^2 \le 4 \\ x.y < 0 \end{cases}$ b) $\begin{cases} x^2 + y^2 - 6x + 2y - 6 = 0 \\ x + y - 1 = 0 \end{cases}$ c) $\begin{cases} x^2 + y^2 \le 4 \\ x + y - 2 \ge 0 \end{cases}$

Respostas:

a)

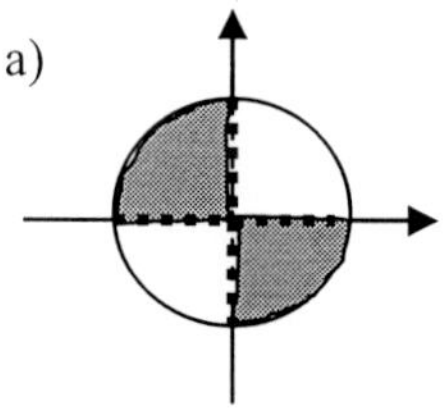

b)

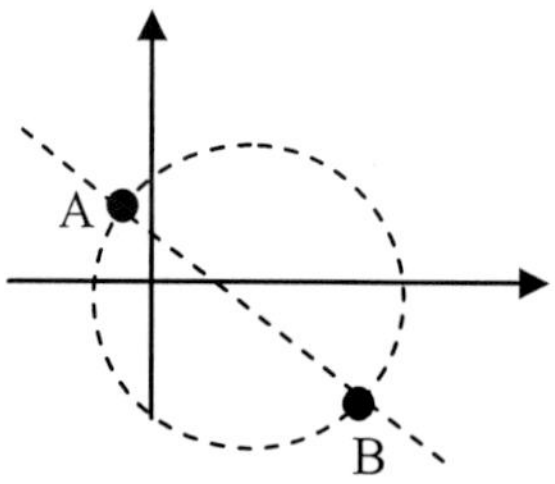

c)

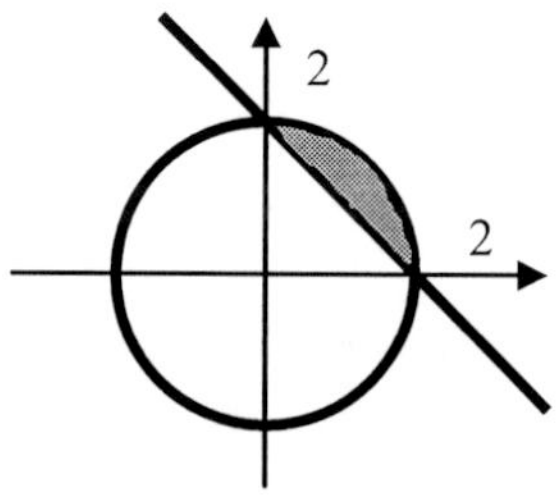

2) Calcule a área da região determinada no item c do exercício anterior. Resposta: $A = \pi - 2$

3) Determine a posição do ponto P(1, - 3) em relação à circunferência de equação $x^2 + y^2 - 2x + 6y - 4 = 0$. Resposta: P é interior

4) Determine o comprimento da corda que a circunferência de equação $(x - 1)^2 + (y + 3)^2 = 16$ determina sobre o eixo das abscissas. Resposta: $2\sqrt{7}$

3.5. EQUAÇÃO DA CIRCUNFERÊNCIA DADOS TRÊS DE SEUS PONTOS

Já vimos que uma circunferência fica definida quando são conhecidos o seu centro e o seu raio. Sabemos também que uma circunferência também fica definida quando se conhecem 3 de seus pontos.
Consideremos três pontos A(2, 0), B(0, 4) e C(-2, 2) para determinar a equação da circunferência que passa por eles.
Vamos sugerir três soluções para o problema:

1ª solução:
Partindo da equação geral, $x^2 + y^2 + Dx + Ey + F = 0$, podemos substituir os pontos dados nessa equação, e posteriormente resolver o sistema obtido. Assim teremos:

$A(2, 0) \Rightarrow 4 + 0 + 2D + 0E + F = 0$
$B(0,4) \Rightarrow 0 + 16 + 0D + 4E + F = 0$
$C(-2, 2) \Rightarrow 4 + 4 - 2D + 2E + F = 0$

$\begin{cases} 2D + F = -4 \\ 4E + F = -16 \\ -2D + 2E + F = -8 \end{cases}$ $\Rightarrow$ D = - 2/3 , E = - 10/3 e F = - 8/3 . Logo a equação da circunferência será: $3x^2 + 3y^2 - 2x - 10y - 8 = 0$.

2ª solução: Da geometria, sabemos que por três pontos não colineares é sempre possível passar uma circunferência. Se considerarmos A, B e C vértices de um triângulo, o centro da circunferência circunscrita a esse triângulo é o ponto de encontro das mediatrizes dos lados do triângulo. Esse ponto é chamado de circuncentro.

Mediatriz de um segmento AB é a reta perpendicular ao segmento, que passa pelo seu ponto médio. Para determinar o circuncentro, basta calcular o ponto de interseção entre duas das três mediatrizes.

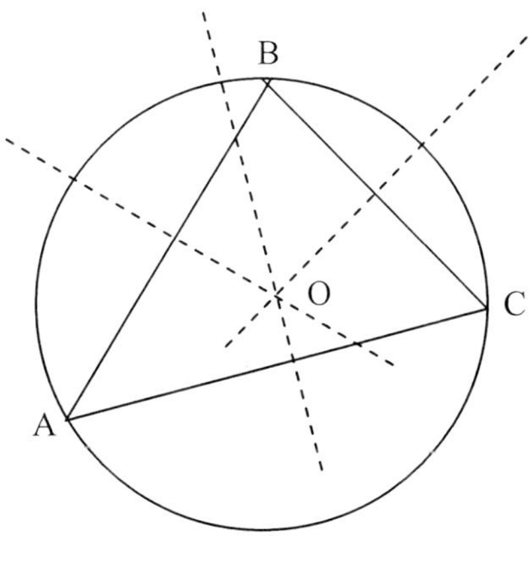

Vamos determinar as mediatrizes dos lados AB e AC.

Coeficiente angular da reta que contém o lado AB : $\dfrac{\Delta_y}{\Delta_x} = \dfrac{4-0}{0-2} = -2 \Rightarrow$ coeficiente angular da mediatriz de AB: 1/2

Coeficiente angular da reta que contém o lado AC : $\dfrac{\Delta_y}{\Delta_x} = \dfrac{2-0}{-2-2} = -\dfrac{1}{2} \Rightarrow$ coeficiente angular da mediatriz de AC: 2

Equação da mediatriz de AB: Ponto médio de AB: (1, 2)

$y - 2 = \frac{1}{2}(x - 1) \Rightarrow 2y - 4 = x - 1 \Rightarrow x - 2y + 3 = 0$

Equação da mediatriz de AC: Ponto médio de AC: (0, 1)

$y - 1 = 2(x - 0) \Rightarrow 2x - y + 1 = 0$

O centro da circunferência é o ponto de interseção dessas retas. Logo:

$$\begin{cases} x - 2y + 3 = 0 \\ 2x - y + 1 = 0 \end{cases} \Rightarrow x = 1/3 \text{ e } y = 5/3.$$

O raio é igual à distância do centro a qualquer dos três vértices. Assim,

$r = d_{AO} = \sqrt{(2 - \frac{1}{3})^2 + (0 - \frac{5}{3})^2} = \frac{5\sqrt{2}}{3}$. A equação da circunferência será, então:

$$(x - 1/3)^2 + (y - 5/3)^2 = (\frac{5\sqrt{2}}{3})^2 \Rightarrow x^2 - 2x/3 + 1/9 + y^2 - 10y/3 + 25/9 = 50/9 \Rightarrow$$

$$3x^2 + 3y^2 - 2x - 10y - 8 = 0.$$

3ª solução:

Chamando o centro de O(a, b), pode-se usar a fórmula de distância entre dois pontos para determinar a e b, isto é:

$$d_{OA} = d_{OB} = d_{OC}$$

Após determinar o centro, procede-se da mesma forma anterior, ou seja, calcula-se o raio e escreve-se a equação reduzida da circunferência. Desenvolva essa solução!

3.6. POSIÇÃO DE UMA RETA EM RELAÇÃO A UMA CIRCUNFERÊNCIA

Uma reta r: $ax + by + c = 0$ e uma circunferência C: $x^2 + y^2 + Dx + Ey + F = 0$ podem apresentar três posições no plano:

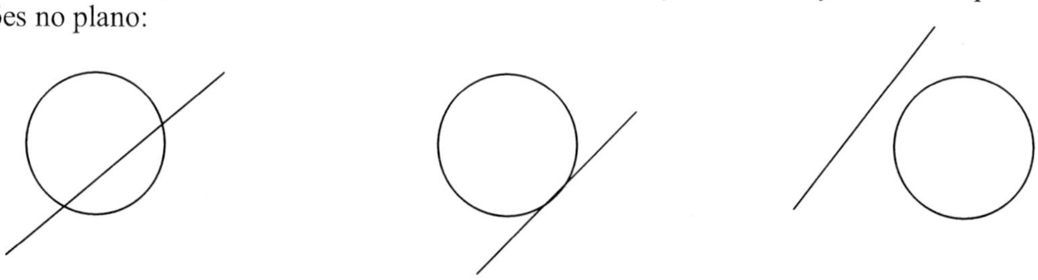

r secante a C   r tangente a C   r exterior a C

É possível determinar a posição entre uma reta e uma circunferência de duas formas diferentes:

1ª) Calcula-se a distância do centro O da circunferência à reta e compara-se o valor encontrado com o raio r da circunferência.

Se $d < r$, a reta é secante;
Se $d = r$, a reta é tangente;
Se $d > r$, a reta é exterior à circunferência.

2ª) Resolve-se o sistema do 2º grau : $\begin{cases} ax + by + c = 0 \\ x^2 + y^2 + Dx + Ey + F = 0 \end{cases}$, formado pelas equações da reta e da circunferência.

Este sistema poderá apresentar duas soluções distintas (reta secante), apenas uma solução (reta tangente) ou então ser impossível (não há ponto de interseção).

Então, de acordo com o número de soluções encontradas, você pode tirar sua conclusão.

EXERCÍCIOS RESOLVIDOS

1) Determine a posição da reta $y = 2x + 1$ em relação à circunferência dada pela equação $x^2 + y^2 - 2x + 4y - 20 = 0$.

Solução: Calculando o centro e o raio da circunferência, teremos: O(1, -2) e r = 5
Vamos calcular a distância do centro à reta $2x - y + 1 = 0$.

$d = \left| \dfrac{2.1 - (-2) + 1}{\sqrt{2^2 + (-1)^2}} \right| = \sqrt{5} < 5$. *Como a distância encontrada é menor que o raio, concluímos que a reta intercepta a circunferência em dois pontos, isto é, a reta é secante à circunferência.*

2) Utilizando os dados do exercício anterior, determine os pontos em que a reta intercepta a circunferência.

Solução: No exercício anterior já verificamos que a reta intercepta a circunferência em dois pontos. Note que o método que utilizamos acima nos permite apenas descobrir a posição entre a reta e a circunferência. No entanto, se desejarmos determinar os pontos de interseção, é necessário resolvermos o sistema a seguir:

$\begin{cases} 2x - y + 1 = 0 \\ x^2 + y^2 - 2x + 4y - 20 = 0 \end{cases} \Rightarrow$ *x = - 3 ou x = 1 . Logo os pontos de interseção são: A(-3, -5) e B(1, 3).*

3) Determine os valores de k para que a reta de equação $y = x + k$ tangencie a circunferência de equação $x^2 + y^2 - 4y - 2 = 0$

Solução:
Vamos sugerir duas formas de resolução para esse problema:

1ª) A distância do centro à reta deve ser igual ao raio.
Centro: O(0, 2) ; raio: $\sqrt{6}$

Distância do centro à reta $x - y + k = 0$: $d = \left| \dfrac{0 - 2 + k}{\sqrt{1^2 + (-1)^2}} \right| = \sqrt{6} \Rightarrow k^2 - 4k + 4 = 12$

$\Rightarrow k^2 - 4k - 8 = 0$. *Resolvendo a equação, determinam-se os valores de k.*

2ª) Resolvendo o sistema $\begin{cases} y = x + k \\ x^2 + y^2 - 4y - 2 = 0 \end{cases}$ *formado pelas equações da circunferência e da reta, temos:*

Na primeira equação temos : y = x + k. Substituindo y na segunda equação temos:

$x^2 + x^2 + 2xk + k^2 - 4x - 4k - 2 = 0 \Rightarrow 2x^2 + (2k - 4)x + k^2 - 4k - 2 = 0$. Para que a equação da reta tangencie a circunferência, devemos determinar k para que a equação do 2º grau obtida anteriormente tenha soluções iguais, isto é, $\Delta = 0$.
Logo, $(2k - 4)^2 - 4 \cdot 2 \cdot (k^2 - 4k - 2) = 0 \Rightarrow 4k^2 - 16k + 16 - 8k^2 + 32k + 16 = 0 \Rightarrow -4k^2 + 16k + 32 = 0$
$\Rightarrow k^2 - 4k - 8 = 0$ (essa equação é a mesma encontrada na solução anterior)

3.7. POSIÇÕES ENTRE DUAS CIRCUNFERÊNCIAS

Dadas duas circunferências de raios R e r, com r < R, e sendo d a distância entre os seus centros O e O' , há seis casos a serem considerados. Dizemos que as circunferências são:

I) exteriores, se **d > R + r.**

II) tangentes exteriormente, se **d = R + r.**

III) secantes, se **R – r < d < R + r.**

IV) tangentes interiormente, se **d = R – r.**

V) interiores, se **d < R – r.**

VI) concêntricas, se **d = 0**.

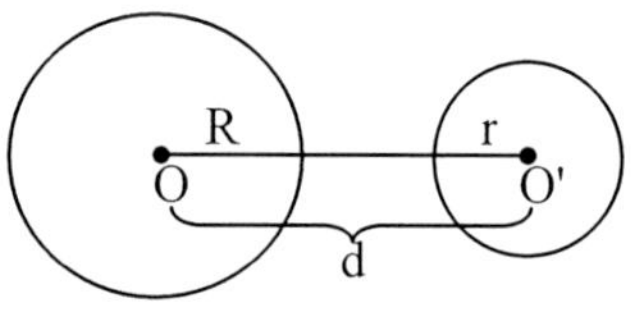

Exteriores

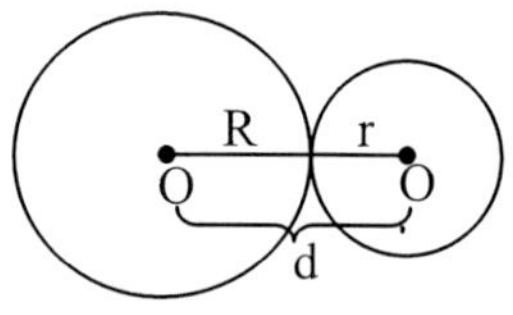

Tangentes exteriormente

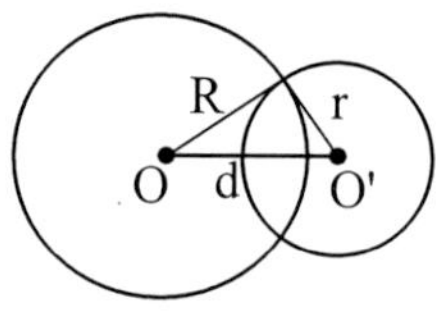

Secantes

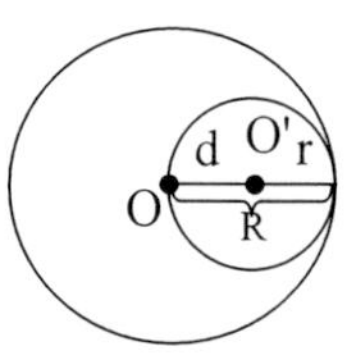

Tangentes interiormente

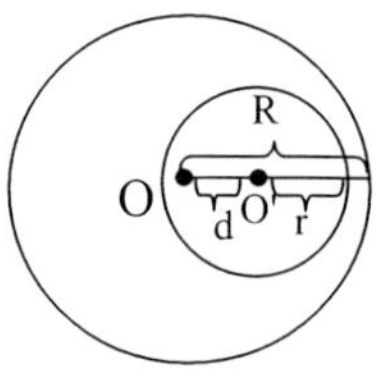

Interiores

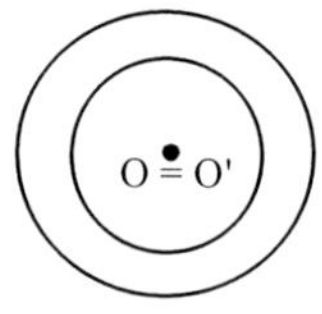

Concêntricas

EXERCÍCIOS PROPOSTOS:

1) Determine a equação da circunferência em que um dos diâmetros tem extremidades P(2, 8) e Q(4, 0). Resp. $(x - 3)^2 + (y - 4)^2 = 17$

2) A circunferência de centro (10, -6), tangente ao eixo dos y, intercepta o eixo dos x em 2 pontos. Determine as abscissas desses pontos. Resp. 2 e 18

3) A circunferência de equação $x^2 + y^2 - 4x - 2y = 0$, tem centro no ponto P. Seu gráfico corta o eixo dos x nos pontos M e N. Determine:

a) a área do triângulo PMN;
b) a equação da reta que passa pelo ponto M e é paralela à reta que passa por P e N.
Resp. a) 2 ; b) y = - x / 2

4) São dadas as circunferências $x^2 + y^2 - 6x - 8y + k = 0$ e $x^2 + y^2 - 4x - 6y + m = 0$. Sabendo que cada uma dessas circunferências passa pelo centro da outra, calcule os valores de k e m. Resp. 23 e 11

5) Determine a equação da circunferência que passa pelos pontos (0, -3) e (4, 0), sabendo que seu centro está sobre a reta $x + 2y = 0$. Resp. $5(x^2 + y^2) - 14x + 7y - 24 = 0$

6) Calcule a área do disco $x^2 + y^2 - 4x + 6y + 8 \leq 0$. Resp. 5π

7) Determine o maior valor inteiro de k para que a equação $x^2 + y^2 + 4x - 6y + k = 0$ represente uma circunferência. Resp. 12

8) O eixo Oy determina na circunferência $x^2 + y^2 - 6x - 8 = m$ uma corda de comprimento 4. Calcule o valor de m. Resp. -4

9) Determine a equação da circunferência de centro C(2, 1) e tangente à reta $y = 0$. Resp. $x^2 + y^2 - 4x - 2y + 4 = 0$

10) Determine os pontos em que a circunferência de centro C(3, 5) e tangente ao eixo dos x, intercepta o eixo dos y. Resp. (0, 1) e (0, 9)

11) São dadas a circunferência $x^2 + y^2 - 14x + 10y + 65 = 0$ e a família de retas $x + y + k = 0$, onde k é um parâmetro. Se duas retas da família tangenciam a circunferência, respectivamente em M e N, calcule a distância MN. Resp. 6

12) Dada a circunferência $x^2 + y^2 - 8x + 2y - 12 = 0$ e a reta de equação $5x - 2y + k = 0$, determine os valores de k para que a reta e a circunferência sejam:

a) tangentes
b) secantes Resp. a) 7 ou -51 ; b) $-51 < k < 7$

13) Determine a posição da reta $\mathbf{y = 2x - 1}$ em relação à circunferência $x^2 + y^2 + 5x - 7y - 1 = 0$. Resp. secante

14) Consideremos a circunferência de equação $2x^2 + 2y^2 - 8x + 6y + 12 = 0$ e o ponto A(1, -3). Pelo ponto A passa uma reta que é tangente à circunferência no ponto B. Calcule o comprimento do segmento AB. Resp. $\sqrt{3}$

15) Duas retas r e s, concorrentes no ponto P(1/2, -1/2) determinam na circunferência $x^2 + y^2 = 1$ cordas AB e CD, respectivamente. Sabendo que r é dada pela equação $x - y - 1 = 0$, calcule o valor de PC . PD . Resp. 1 / 2 .

16) Calcule o ponto da circunferência $x^2 + y^2 + 4x + 10y + 28 = 0$ que tem ordenada máxima. Resp. (-2, -4)

17) Considere a circunferência e a reta definidas, respectivamente, por $x^2 + y^2 - 6y + 5 = 0$ e $y = x + 5$. Se C é o centro da circunferência e esta intercepta a reta nos pontos A e B, calcule a área do triângulo ABC. Resp. 2

18) Determine a equação da circunferência que passa pela origem dos eixos coordenados do plano cartesiano e é tangente à reta $3x + 4y - 18 = 0$ no ponto T(6, 0).
Resp. $x^2 + y^2 - 6x + 8y = 0$

19) Determine a equação da circunferência de centro no ponto P1, -1), e tangente á reta $5x - 12y + 9 = 0$.
Resp. $x^2 + y^2 - 2x + 2y - 2 = 0$

20) Determine a equação da reta tangente à circunferência $x^2 + y^2 = 4$, traçada pelo ponto $(1\ ,\ \sqrt{3})$. Resp. $x + \sqrt{3}\,y - 4 = 0$

21) Mostrar que as tangentes de declividade m à circunferência $x^2 + y^2 = r^2$ são $y = mx \pm r\sqrt{1+m^2}$

22) Considerando a figura abaixo, onde:
r: $5x + 2y + 13 = 0$, reta suporte do lado AB;
s: $3x - 2y - 5 = 0$, reta suporte do lado BC;
t: $x + 2y - 7 = 0$, reta suporte do lado AC,

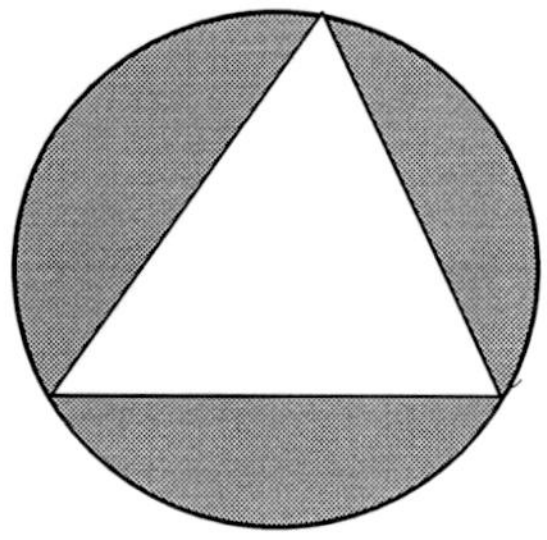

determine:
a) os vértices do triângulo ABC;
b) o baricentro do triângulo ABC;
c) o centro do círculo;
d) a área da região exterior ao triângulo e interior à circunferência.

Resp. a) (-5, 6); (-1, -4); (3, -2) ; b) (-1, 4/3) ; c) (-19/8 , 5/4) ; d) $\left(\dfrac{1885\pi}{64} - 32\right)$

23) Considere as circunferências $x^2 + y^2 - 4x - 6y + 3 = 0$ e $x^2 + y^2 - 14x - 16y + 93 = 0$. Sejam A e B os pontos em que essas circunferências se interceptam. Determine:

a) a equação da reta que passa por A e B;
b) a equação da reta que passa pelos centros das duas circunferências;
c) o ângulo formado pelas retas obtidas nos itens a e b.
Resp. a) $x + y - 9 = 0$; b) $x - y + 1 = 0$; c) 90°

24) Dadas as circunferências C_1 : $x^2 + y^2 + 6x - 1 = 0$ e C_2 : $x^2 + y^2 - 2x - 1 = 0$, seja Q o ponto de interseção dessas circunferências que têm ordenadas positivas. Seja O_2 o centro da circunferência C_2. Determinar as coordenadas do ponto P de interseção da reta QO_2 com a circunferência C_1

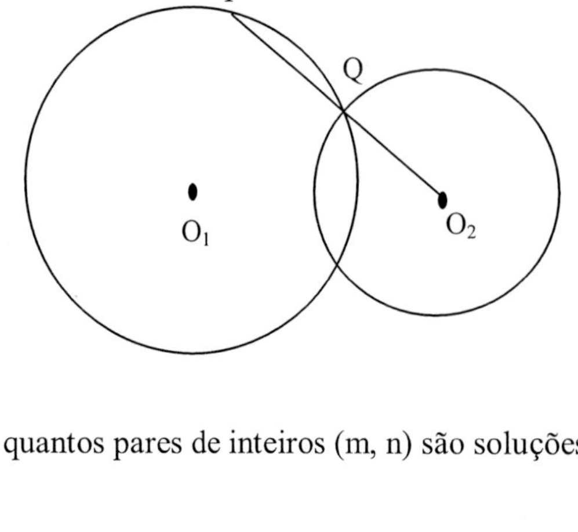

25) Determine quantos pares de inteiros (m, n) são soluções do sistema $\begin{cases} x^2 + y^2 \le 4 \\ y - x \ge -1 \end{cases}$. Resp. 10

26) Determine o lugar geométrico dos pontos do plano tais que: $x^2 + y^2 \leq 1$ e $x + y = 1$. Resp. segmento de reta

27) Represente no plano todos os pontos que satisfazem o sistema de inequações abaixo:

$$\begin{cases} -1 \leq x < 1 \\ y > 1 \\ x^2 + y^2 \leq 4 \end{cases}$$

28) Represente no plano a região definida pelo sistema de inequações abaixo:

$$\begin{cases} (x-1)^2 + (y-1)^2 < 9 \\ x.y \geq 0 \end{cases}$$

29) Represente graficamente a equação $x^2 + y^2 - 2|x| - 2|y| - 2 = 0$

30) Do ponto B(x, 0) traçamos a reta t, tangente à circunferência de equação $x^2 + y^2 = 1$. A medida de AB é 2.

a) determine a distância de B a O;
b) qual o volume do sólido obtido pela rotação completa do triângulo OAB em torno do eixo Ox ?

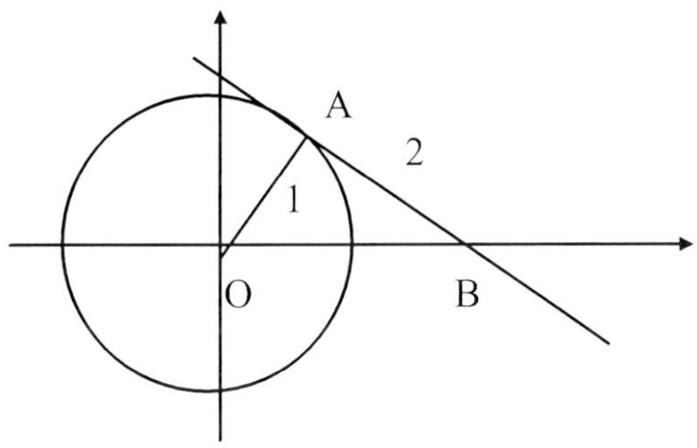

Resp. a) $\sqrt{5} - 1$; b) $\dfrac{4\pi\sqrt{5}}{15}$

QUESTÕES DE CONCURSOS

1) (UERJ) Sejam x e y números naturais $(x \geq 0; y \geq 0)$. A quantidade de pares ordenados (x, y) tais que $0 < x^2 + y^2 < 25$ é igual a:

A) 19 B) 20 C) 21 D) 23 E) 25

3) (UFF) Na figura abaixo, a circunferência de centro $(0, a)$ é tangente às retas r e s e

ao eixo x.

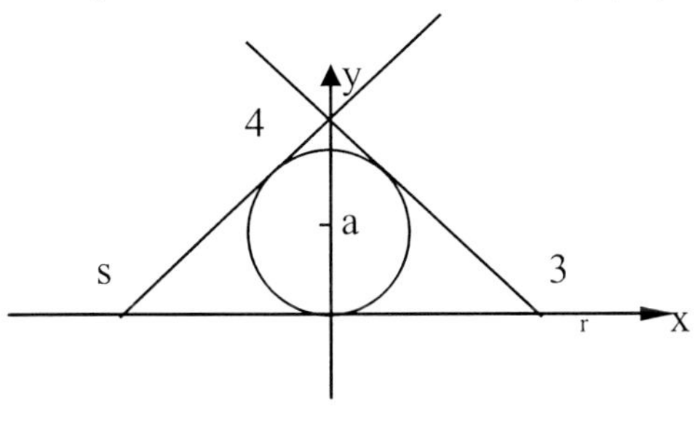

Determine a equação da circunferência.

3) (UFRuRJ) Encontre a área da região do plano cartesiano xy definida por

$$|y| \leq x \ \text{ e } \ x^2 + y^2 \leq 4.$$

4) (UFRJ) A região plana R, representada abaixo no sistema cartesiano, é limitada por:

AB: quadrante da circunferência de equação
$x^2 + y^2 - 2x - 8 = 0$

$\overline{BC}$: segmento da reta de equação
$3x + 5y - 18 = 0$

$\overline{AC}$: segmento do eixo dos x

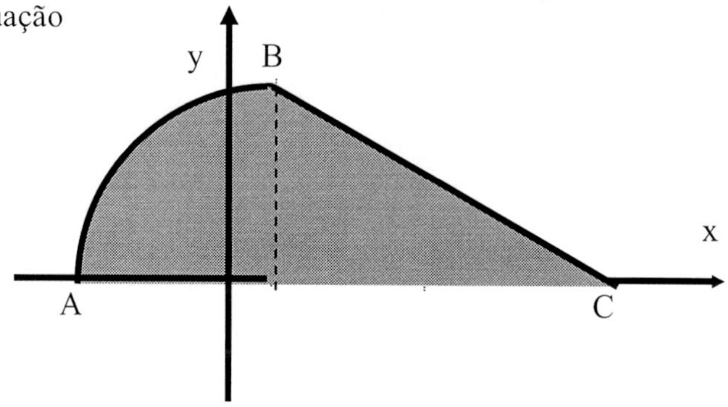

Calcule o volume do sólido gerado pela rotação da região R em torno do eixo dos x.

5) (UFRJ) Represente, no sistema de eixos cartesianos, o conjunto de pontos cujas coordenadas x e y satisfazem:

$$x^2 + y^2 = 4^{\frac{x}{|x|}} \quad , \ x \in \Re^*$$

6) (UFF) Duas circunferências de mesmo raio são secantes. A reta $y = x$ contém os pontos em que elas se cortam. Sabendo-se que uma das circunferências tem por equação $x^2 + y^2 - 6x - 4y + 9 = 0$ determine a equação da outra.

7) (UFF) O comprimento de uma circunferência é 8π cm. Sabe-se que duas retas que passam pelo seu centro têm equações $5x - 2y - 5 = 0$ e $5x + 2y - 25 = 0$. Determine a equação da circunferência.

8) (UFRJ) As retas $y = -x + 2$ e $y = -x + 6$ são tangentes a uma circunferência cujo centro está sobre a reta $y = x$. Determine a equação da circunferência.

9)(PUC) A equação $x^2 + 2x + y^2 - 3y + 10 = 0$ representa no plano x0y :

(A) Um conjunto vazio

(B) Duas retas paralelas

(C) Uma parábola

(D) Uma circunferência

(E) Duas retas concorrentes

10) (PUC) O raio da circunferência $x^2 + 6x + y^2 - 8y = 0$ mede:

(A) 5 (D) 8

(B) 6 (E) 9

(C) 7

11) (UERJ) - O ponto de coordenadas (0, 0) pertence às retas r e s, que são tangentes à circunferência de equação:

$$\mathbf{x^2 + y^2 - 12x - 16y + 75 = 0.}$$

a) determine as coordenadas do centro e a medida do raio da circunferência;

b) calcule a medida do menor ângulo formado entre r e s.

12) (GAMA FILHO) A área da região formada pelos pontos (x, y) tais que $x^2 + y^2 \leq 9$ é igual a:

A) 3 π B) 5 π C) 6 π D) 8 π E) 9 π

13) (UFF) - O conjunto dos pontos P(x, y) que satisfazem à equação $\mathbf{x^2 + 2xy + y^2 = 4}$ representa:

A) uma circunferência B) uma reta e um ponto C) um ponto

D) uma parábola E) um par de retas

14) (UFRuRJ) Encontre a área D do plano, cujas coordenadas (x, y) dos pontos de D satisfazem as relações:

$$\begin{cases} x^2 + y^2 \leq 4 \\ x + y \leq 2 \end{cases}$$

15) (FUVEST) Considere o triângulo ABC, onde A(0, 4), B(2, 3) e C é um ponto qualquer da circunferência $x^2 + y^2 = 5$. A abscissa do ponto C que torna a área do triângulo ABC a menor possível é

A) -1 B) - 3/4 C) 1 D) 3/4 E) 2

16) (FUVEST) Para cada número real m seja $P_m = (x_m , y_m)$ o ponto de interseção das retas $mx + y = 1$ e $x - my = 1$. Sabendo-se que todos os pontos P_m pertencem a uma mesma circunferência, qual é o centro dessa circunferência ?

A) $\left(\frac{1}{2}, \frac{1}{2}\right)$ B) (0, 0) C) $\left(-\frac{1}{2}, \frac{1}{2}\right)$ D) $\left(-\frac{1}{2}, -\frac{1}{2}\right)$ E) (1, 1)

17) (UNI-RIO) A melhor representação de $\mathbf{x^2 + y^2 - 6|x| = 7}$, no plano XOY , é:

A) 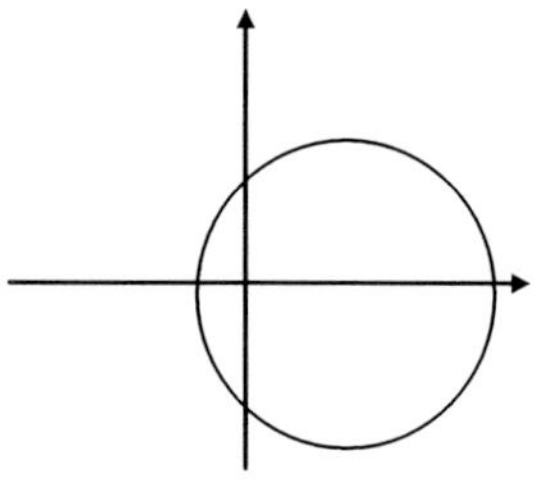

B) 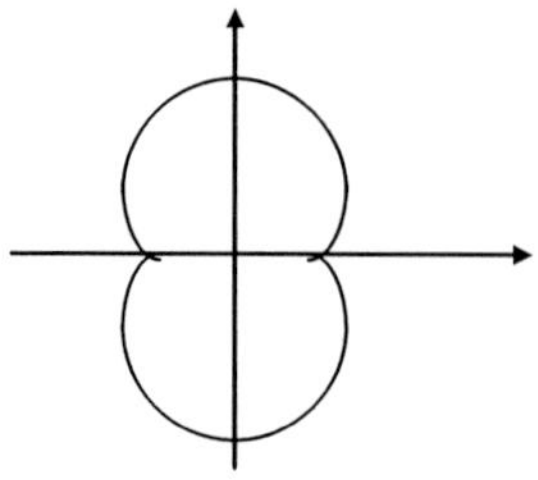

C) 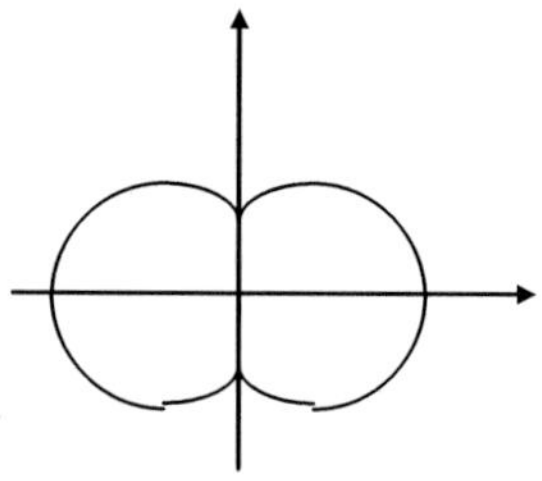

D) 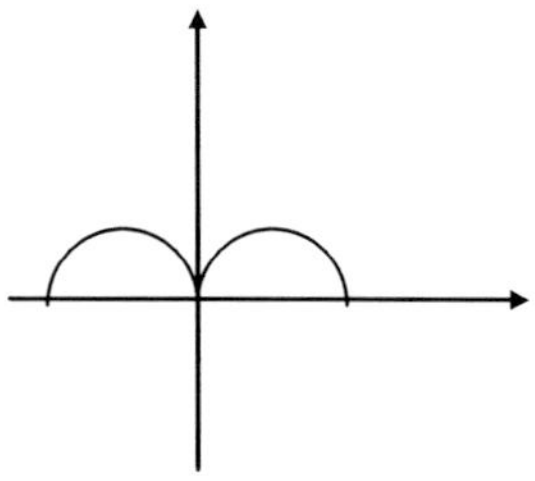

E) 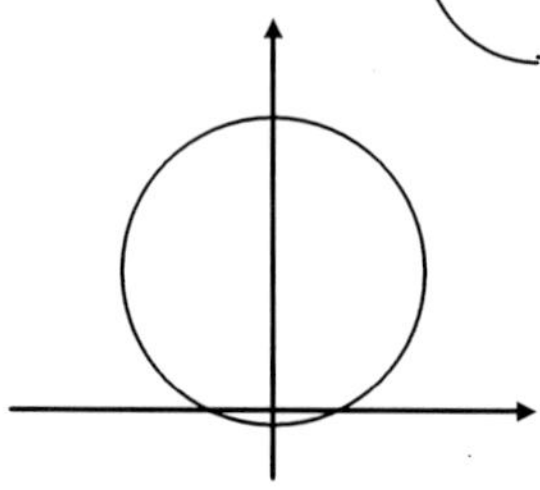

18) (UNESP) Considere o quadrado de lados paralelos aos eixos coordenados e circunscritos à circunferência de equação $x^2 + y^2 - 6x - 4y + 12 = 0$. Determine as equações das retas que contêm as diagonais desse quadrado.

19) (PUC-MG) A circunferência $x^2 + y^2 + 5x + 4y + m = 0$ corta o eixo das abscissas nos pontos P e Q. Se PQ = 3, o valor de m é:

A) 1/4 B) 1/2 C) 2 D) 3 E) 4

20) (UNI-RIO) O menor valor inteiro de m para que a equação $x^2 + y^2 + 8x - 2y - m = 0$ represente uma circunferência é:

A) -17 B) -16 C) 0 D) 16 E) 17

21) (UFRJ) Considere as retas paralelas de equações $\mathbf{y = x + 3}$ e $\mathbf{y = x - 1}$. Determine a equação da circunferência tangente a essas retas e com centro no eixo y.

22) (UNI-RIO) Dentre os gráficos abaixo, o que melhor representa a circunferência de equação $x^2 + y^2 = 4x$ é:

A) 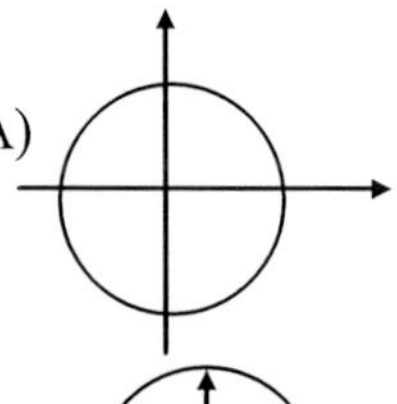

B) 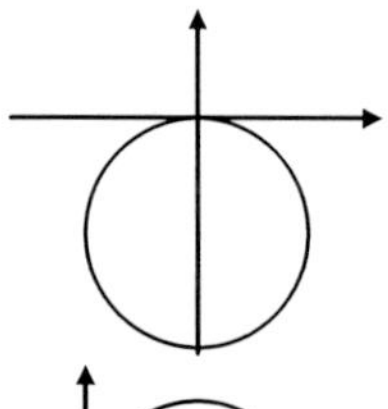

C) 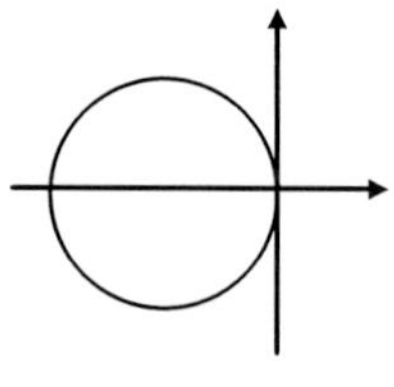

D) 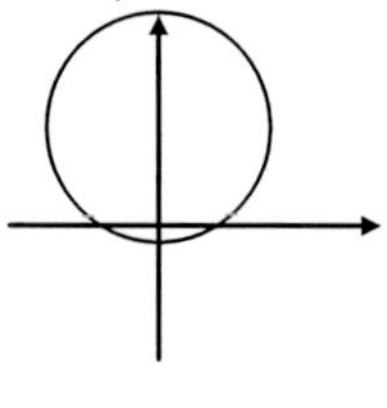

E) 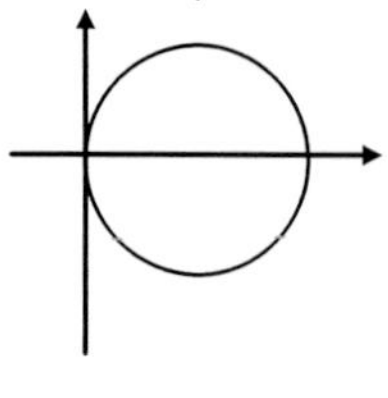

23) (UFMG) Na figura abaixo, as três circunferências são tangentes duas a duas, e o raio da circunferência λ é r = 2. A equação da circunferência λ é:

A) $x^2 + y^2 - \sqrt{2}\,x - 4y + 4 = 0$

B) $x^2 + y^2 - 4x - 2\sqrt{2}\,y + 6 = 0$

C) $x^2 + y^2 - 2x - 6y + 8 = 0$

D) $x^2 + y^2 - 2x - 4\sqrt{2}\,y + 5 = 0$

E) $x^2 + y^2 - 4x - 4\sqrt{2}\,y + 10 = 0$

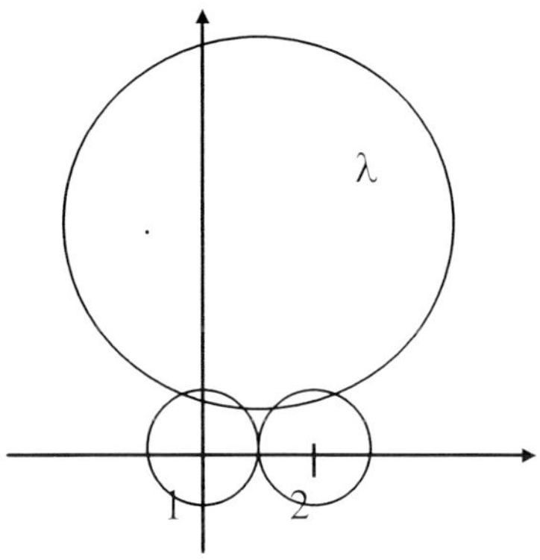

24) (UERJ) Considere a circunferência cuja equação é $x^2 + y^2 - 2x + 4y - 5 = 0$.

a) calcule o raio da circunferência e

c) determine a equação da tangente à circunferência no ponto (2, 1).

25) (FUVEST) Uma circunferência de raio 2, localizada no primeiro quadrante, tangencia o eixo x e a reta de equação $4x - 3y = 0$.

Então a abscissa do centro dessa circunferência é:

A) 1 B) 2 C) 3 D) 4 E) 5

GABARITO DAS QUESTÕES DE CONCURSOS:

1) C	10) A	19) B
2) $x^2 + y^2 - 3y = 0$	11) a) (6, 8); r = 5 ; b) 60º	20) E
3) π u.a.	12) E	21) E
4) $33\,\pi$	13) E	22) $x^2 + (y - 1)^2 = 2$
5) 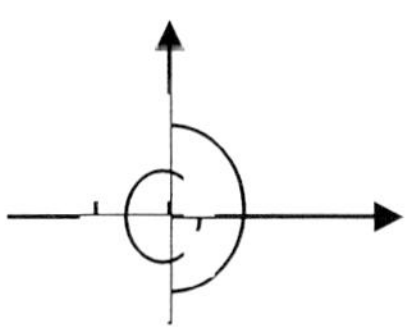	14) $2 + 3\pi$	23) D
6) $x^2 + y^2 - 2x - 8y + 13 = 0$	15) C	24) a) $\sqrt{10}$; b) $x + 3y - 7 = 0$
7) $(x - 3)^2 + (y - 5)^2 = 16$	16) A	25) D
8) $(x - 2)^2 + (y - 2)^2 = 8$	17) $x - y - 1 = 0$	
9) A	18) E	

EXERCÍCIOS COMPLEMENTARES

Questão 01 - ESTÁCIO

A distância dos centros das circunferências dadas pelas equações $x^2 + y^2 - 4 = 0$ e $x^2 + y^2 - 2x - y - 1 = 0$ é:

(A) $\frac{\sqrt{3}}{2}$ (B) 2 (C) $\frac{\sqrt{5}}{2}$ (D) $\frac{1}{2}$ (E) 1

Questão 02 -

Se o ponto de coordenadas (m, m + 1) é interior à circunferência $x^2 + y^2 = 5$, então m pertence ao conjunto:

(A) $]-\infty, 5[$ (B) $]-\infty, -2[\cup]1, +\infty[$ (C) $]-2, 1[$
(D) $]0, +\infty[$ (E) $]-1, 4[\cup]5, +\infty[$

Questão 03 - CESGRANRIO

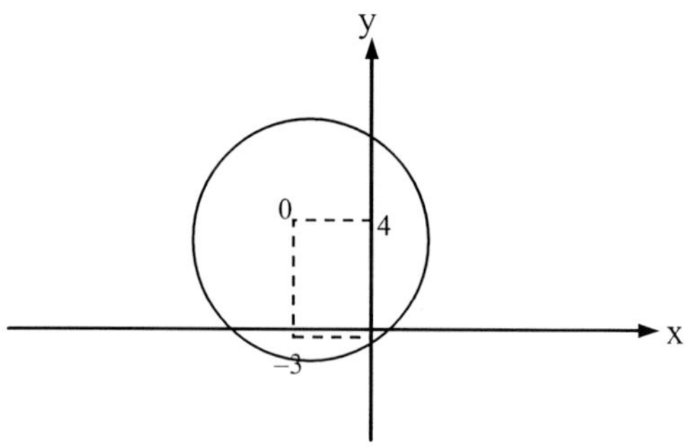

A equação da circunferência de centro O, cuja representação cartesiana está indicada pela figura acima é:

(A) $x^2 + y^2 - 3x - 4y = 0$
(B) $x^2 + y^2 + 6x + 8y = 0$
(C) $x^2 + y^2 + 6x - 8y = 0$
(D) $x^2 + y^2 + 8x - 6y = 0$
(E) $x^2 + y^2 - 8x + 6y = 0$

Questão 04 - FUVEST

Uma circunferência de raio 2, localizada no primeiro quadrante, tangencia o eixo x e a reta de equação $4x - 3y = 0$

Então a abscissa do centro dessa circunferência é:

(A) 1 (B) 2 (C) 3 (D) 4 (E) 5

Questão 05 - RURAL

Determinar a equação da reta **r**, tangente à circunferência de equação $x^2 + y^2 - 10x + 8y + 23 = 0$, no ponto **P**(2, –1).

Questão 06 - PUC-CAMPINAS

Seja uma circunferência λ, cujo centro pertence ao eixo das abscissas e a reta de equação $\sqrt{3}x + y - 4\sqrt{3} = 0$. Se $(2, 2\sqrt{3})$ é um ponto de λ, a sua equação é:

(A) $x^2 + y^2 - 8x + 4y - 12 = 0$
(B) $x^2 + y^2 + 8x - 4y + 12 = 0$
(C) $x^2 + y^2 - 8x + 4y - 16 = 0$
(D) $x^2 + y^2 - 8x = 0$
(E) $x^2 + y^2 - 8y = 0$

Questão 07 - UFF

Determine os valores de **m** e **p** para a equação $\mathbf{2x^2 + my^2 + 4x + 8y + p = 0}$, seja a equação de uma circunferência.

Questão 08 - ESTÁCIO

A circunferência de equação $x^2 + y^2 - 4x + 2y + 1 = 0$, limita um círculo cuja área é:

(A) 4π (B) 5π (C) 6π (D) 3π (E) 2π

Questão 09 - UFF

Na figura abaixo a circunferência **C** tem equação $\mathbf{x^2 + y^2 - 4x - 8y = 0}$

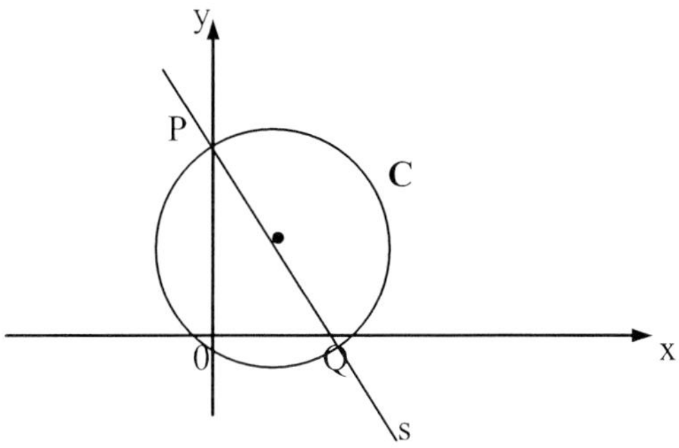

Determine:

a) a equação da reta **s**, que passa pelo centro da circunferência
b) a equação da reta **r** que é perpendicular à reta **s** e passa pelo centro da circunferência.

Questão 10 - UNICAMP

Em um sistema de coordenadas ortogonais no plano são dados o ponto (5, –6) e o círculo $x^2 + y^2 = 25$. A partir do ponto (5, –6), traçam-se duas tangentes ao círculo. Faça uma figura representativa desta situação e calcule o comprimento da corda que une os pontos de tangência.

Questão 11 - UFF

Sobre o ponto **P**(4, 4) e a circunferência ι de equação $\mathbf{(x - 3)^2 + (y - 2)^2 = 4}$**,** pode-se afirmar que:

(A) P é o centro de ι.
(B) P pertence a ι
(C) P é interior a ι mas não é o centro de ι.
(D) P é exterior a ι e não pertence à reta $3y - 2x = 0$.
(E) P é exterior a ι e pertence à reta $3y - 2x = 0$.

Questão 12 - FUVEST

Sejam A = (0, 0), B = (0, 5) e C = (4, 3) pontos do plano cartesiano.
a) Determine o coeficiente angular da reta BC.
b) Determine a equação da mediatriz do segmento BC. O ponto A pertence a esta mediatriz?
c) Considere a circunferência que passa por A, B e C. Determine a equação da reta tangente a esta circunferência no ponto A.

Questão 13 - UERJ (adaptada)

Represente no plano cartesiano, as regiões que correspondem aos pontos que satisfazem o sistema de inequações abaixo:

$$\begin{cases} y \leq x+1 \\ y \geq -x \\ x^2+y^2 \leq 4 \\ x \cdot y \leq 0 \end{cases}$$

Em seguida, calcule
a) o ângulo formado entre as retas **r:** y = x + 1 e **s**: y = - x
b) a área total das regiões hachuradas.

Questão 14 - UFF

Na figura abaixo estão representadas a reta **s** e a circunferência **C** com centro em (0, 0) e raio 3.

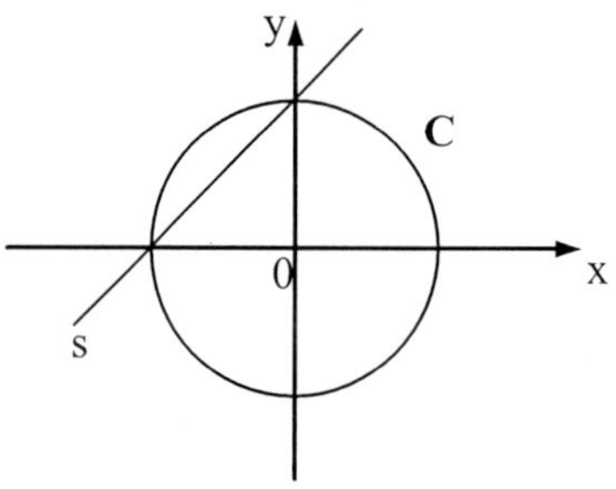

Pelo ponto **P** da reta **s**, traça-se a reta **r**, perpendicular a **s**.

Determine a equação de **r**, sabendo que **P** tem abscissa –1.

Questão 15 - UFF

A circunferência **C** representada na figura abaixo tem centro na reta y = 2x e passa pela origem **O** dos eixos coordenados.

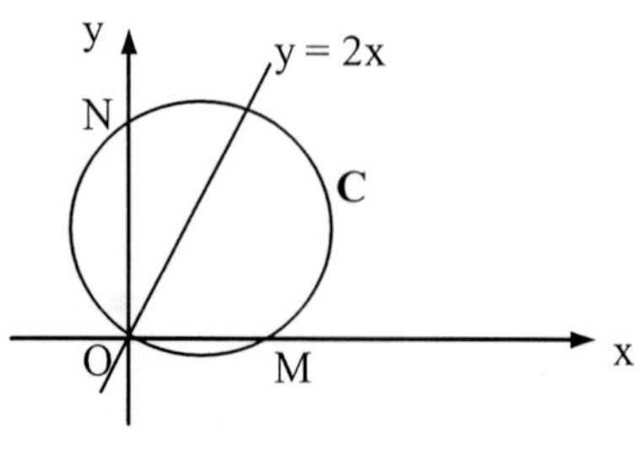

Sabendo que $\overline{ON} = 8$, determine a distância entre os pontos M e N.

Questão 16 - FUVEST

Considere um ângulo reto de vértice V e a bissetriz desse ângulo. Uma circunferência de raio 1 tem o seu centro **C** nessa bissetriz e VC = x.

a) Para que valores de **x** a circunferência intercepta os lados do ângulo em exatamente 4 pontos?
b) Para que valores de **x** a circunferência intercepta os lados do ângulo em exatamente 2 pontos?

Questão 17 - PUC

Sejam **R** e **S** as regiões do plano delimitada pelos círculos de equações $x^2 + y^2 = 1$ e $(x - 1)^2 + y^2 = 1$, respectivamente. A área de $\mathbf{R} \cap \mathbf{S}$ é:

(A) $2\left(\frac{\pi}{3} - \frac{\sqrt{3}}{4}\right)$ (B) $\frac{\pi}{2}$ (C) $\frac{1}{2}\left(\frac{\pi}{4} - \sqrt{3}\right)$ (D) $2\left(\frac{\pi}{4} - \frac{\sqrt{3}}{3}\right)$ (E) $\frac{\pi}{8} - \frac{\sqrt{3}}{3}$

Questão 18 - FUVEST

Um quadrado está inscrito numa circunferência de centro (1, 2). Um dos vértices do quadrado é o ponto (–3, –1). Determine os outros três vértices do quadrado.

GABARITO DAS QUESTÕES COMPLEMENTARES

1) C	8) A	15) $4\sqrt{5}$
2) C	9) a) $2x + y - 8 = 0$; b) $x - 2y + 6 = 0$	16) a) $\frac{\sqrt{2}}{2} < x < \sqrt{2}$; b) $x = \sqrt{2}$
3) C	10) $\frac{60}{\sqrt{61}}$	17) A
4) D	11) D	18) (5, 5); (4, - 2) e (- 2, 6)
5) $x - y - 3 = 0$	12) a) – ½ ; b) y = 2x; sim; c) y = - x/2	
6) D	13) a) 90º ; b) $(1+2\pi)/4$	
7) m = 2 e p < 10	14) y = - x + 1	

EXERCÍCIOS DE REVISÃO

CIRCUNFERÊNCIA

1) (AFA) A área, em unidades de área, da circunferência que circunscreve o triângulo determinado pelas retas (r_1): $y = 2x + 1$, (r_2): $2y + x - 12 = 0$ e (r_3): $y = 1$, é:

a) 9π
b) 16π
c) 25π
d) 36π

2) (EN) Considere o triângulo de vértices A (0, 0), B (4, 0) e C (3, 2). O centro da circunferência que passa pelos pontos médios dos lados $\overline{AB}$ e $\overline{AC}$ e pelo pé da altura traçada do vértice C é o ponto:

a) $\left(\frac{3}{2}, \frac{3}{8}\right)$
b) $\left(\frac{5}{2}, \frac{7}{8}\right)$
c) $\left(\frac{3}{2}, \frac{8}{9}\right)$
d) $\left(\frac{5}{2}, -\frac{8}{7}\right)$
e) $\left(\frac{5}{2}, \frac{8}{7}\right)$

03) (EN) Seja P o ponto da circunferência $x^2 + y^2 - 6x - 8y + 24 = 0$ mais próximo da origem. A soma das coordenadas de P é:

a) $\frac{18}{5}$
b) $\frac{7}{2}$
c) $\frac{9}{2}$
d) $\frac{28}{5}$
e) $\frac{13}{2}$

04) (EsFAO) A equação de uma reta que passa pelo centro da circunferência cuja equação é $x^2 + y^2 - 2x + 4y - 4 = 0$ e é perpendicular à reta $3x - 2y + 7 = 0$ é:

a) $3x + 2y + 7 = 0$
b) $2x + 3y + 4 = 0$
c) $3x - 2y - 4 = 0$
d) $2x + 2y - 7 = 0$
e) $2x - 2y - 4 = 0$

05) (AFA) Qual a menor distância em cm, entre o ponto $P(-4, 3)$ e a circunferência $x^2 + y^2 - 16x - 16y + 24 = 0$?

a) $\sqrt{3}$
b) $\sqrt{5}$
c) 3
d) 5

06) (ITA) Seja C a circunferência $x^2 + y^2 - 2x - 6y + 5 = 0$. Considere em C a corda AB cujo ponto médio é M:(2, 2). O comprimento de AB (em unidade de comprimento) é igual a:

a) $2\sqrt{6}$
b) $\sqrt{3}$
c) 2
d) $2\sqrt{3}$
e) n.d.a.

07) (AFA) Qual o valor numérico da área do polígono que tem como vértices a intersecção da circunferência de centro C(2, 0) e raio 4, com os eixos coordenados?

a) $8\sqrt{2}$
b) $8\sqrt{3}$
c) $16\sqrt{2}$
d) $16\sqrt{3}$

08) (AFA) No primeiro quadrante, seja a região triangular β determinada pelos eixos coordenados e pela reta (r) : $y = -x + a$ e a região circular (α) $2x^2 + 2y^2 < a^2$. O valor numérico da área da região $\beta - \alpha$ é:

a) $\frac{a^2}{16}(4-\pi)$
b) $\frac{a^2}{8}(4-\pi)$
c) $\frac{a^2}{32}(\pi-1)$
d) $\frac{a^2}{4}(\pi-1)$

09) (AFA) Qual da equações abaixo representa a circunferência centrada no eixo das abscissas e tangente, externamente, no ponto da interseção da bissetriz do primeiro quadrante com a circunferência $x^2 + y^2 - 6x - 6y + 17 = 0$?

a) $x^2 + y^2 - 3 + \frac{\sqrt{2}}{2} = 0$
b) $x^2 + y^2 + \left(6-\sqrt{2}\right)x = 0$
c) $x^2 + y^2 - \left(6+\sqrt{2}\right)x = 0$
d) $x^2 + y^2 - 19 + 6\sqrt{2} = 0$

10) (ITA) - Seja C a circunferência dada pela equação $x^2 + y^2 + 2x + 6y + 9 = 0$. $P = (a, b)$ é o ponto em C mais próximo da origem, então:

a) $a = -\frac{3}{2}$ e $4b^2 + 24b + 15 = 0$
b) $a = -\frac{1}{2}$ e $4b^2 + 24b + 33 = 0$
c) $a = \frac{\sqrt{10}}{10} - 1$ e $b = 3a$
d) $a = -1 - \frac{\sqrt{10}}{10}$ e $b = 3a$
e) n.d.a.

11) (ITA) Considere a região ao plano cartesiano xy definida pela desigualdade:

$x^2 + y^2 - 2x + 4y + 4 \leq 0.$

Quando esta região rodar um ângulo de $\frac{\pi}{3}$ radianos em torno da reta y + x + 1 = 0, ela irá gerar um sólido cujo volume é igual a:

a) $\frac{4\pi}{3}$
b) $\frac{2\pi}{3}$
c) $\frac{\pi}{3}$
d) $\frac{4\pi}{9}$
e) n.d.a.

12) (CFO) A equação da circunferência na qual os pontos $A\left(2; -\sqrt{3}\right)$ e $B\left(0; \sqrt{3}\right)$ são diametralmente opostos é:

a) $x^2 + y^2 - 4x + 1 = 0$
b) $x^2 + y^2 + 2x + 3 = 0$
c) $x^2 + y^2 - 2x - 3 = 0$
d) $x^2 + y^2 = 3$
e) $x^2 + y^2 + 4x - 1 = 0$

13) (AFA) Num sistema de coordenadas cartesianas ortogonais, considere P_1 a circunferência de equação $2x^2 + 2y^2 - 11x + 6y - 8 = 0$. Então, a equação da circunferência que é tangente ao eixo das abscissas e com o mesmo centro de P_1, é dada por:

a) $\left(x+\frac{3}{2}\right)^2 + \left(y-\frac{11}{4}\right)^2 = \frac{4}{9}$

b) $\left(x+\frac{4}{11}\right)^2 + (y-2)^2 = \frac{2}{3}$

c) $\left(x-\frac{11}{4}\right)^2 + \left(y+\frac{3}{2}\right)^2 = \frac{9}{4}$

d) $2x^2 + 2y^2 - 11x + 6y - \frac{1}{8} = 0$

14) (AFA) De acordo com a figura abaixo, podemos afirmar que a área do triângulo isósceles ABC, em unidades de área, é:

a) $2\sqrt{3}$
b) $3\sqrt{3}$
c) $4\sqrt{5}$
d) $5\sqrt{5}$

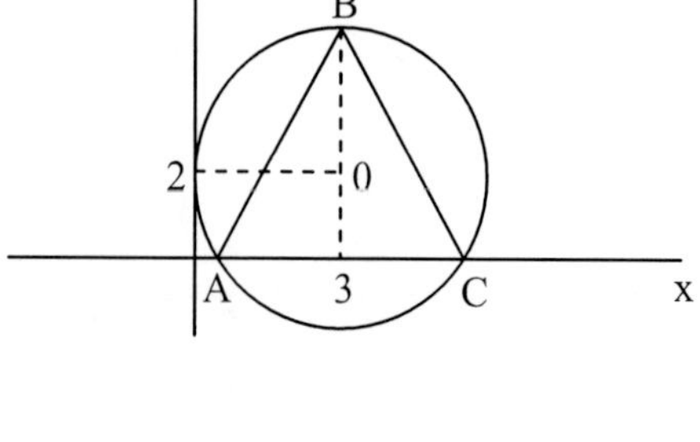

15) (AFA) - A equação da reta que passa pelos pontos de interseção das circunferências:

$x^2 + y^2 - 2x - 2y = 0$ e $x^2 + y^2 - 3x + y - 4 = 0$ é:

a) $x + 3y + 4 = 0$
b) $x + 3y - 4 = 0$
c) $x - 3y - 4 = 0$
d) $x - 3y + 4 = 0$
e) n.r.a.

16) (EsFAO) O centro e o raio da circunferência de equação $x^2 + y^2 + 2x - 6y + 8 = 0$ são:

a) $C(-1, 3)$; $r = \sqrt{2}$
b) $C(1, -3)$; $r = 2$
c) $C(-1, 3)$; $r = 2$
d) $C(1, -3)$; $r = \sqrt{2}$
e) $C(-1, -3)$; $r = 2$

17) (AFA) As equações das retas tangentes à circunferência $(x - 2)^2 + (y - 1)^2 = 4$ e paralelas à reta $x + y - 2 = 0$ são:

a) $x + y - \left(3+2\sqrt{2}\right) = 0$ e $x + y - \left(3-2\sqrt{2}\right) = 0$
b) $x + y + \left(3+2\sqrt{2}\right) = 0$ e $x + y + \left(3-2\sqrt{2}\right) = 0$
c) $x + y + \left(-3+2\sqrt{2}\right) = 0$ e $x + y + \left(-3-2\sqrt{2}\right) = 0$
d) $x + y - \left(-3+2\sqrt{2}\right) = 0$ e $x + y - \left(-3-2\sqrt{2}\right) = 0$
e) n.r.a.

18) (AMAN) As coordenadas do centro do círculo de equação $x^2 + y^2 - 4x + 6y - 3 = 0$ são:

a) $C(-2; 3)$
b) $C(3; -2)$
c) $C(1; 0)$
d) $C(0, 1)$
e) $C(2; -3)$

19) (AMAN) A equação da circunferência de centro C (2; 1) e tangente a reta $y = 0$ é:

a) $x^2 + y^2 - 4x - 4y + 1 = 0$
b) $x^2 + y^2 - 2x - 2y + 2 = 0$
c) $x^2 + y^2 - 4x - 2y + 4 = 0$
d) $x^2 + y^2 - 4x + 1 = 0$
e) $x^2 + y - 4y + 2 = 0$

20) (EsFAO) - A área da região do plano definida por $x^2 + y^2 - 4x \leq 0$ e $x - y - 2 \geq 0$ vale, em unidades de área:

a) $\pi/2$
b) π
c) 2π
d) 4π
e) 8π

21) (AFA) A circunferência, com centro em (1, 2) e tangente à reta $x - y + 3 = 0$, tem equação:

a) $x^2 + y^2 - 4x - 2y + 3 = 0$
b) $x^2 + y^2 - 4y - 2x + 3 = 0$
c) $x^2 + y^2 - 4y - 2x + 7 = 0$
d) $x^2 + y^2 - 4x - 2y + 7 = 0$

22) (ITA) Um triângulo equilátero ABC é tal que A : (0, 3), B : $\left(3\sqrt{3}, 0\right)$ e a abscissa do ponto C é maior que 2. A circunferência circunscrita a este triângulo tem raio r e centro em O(a, b). Então $a^2 + b^2 + r^2$ é igual a:

a) 31
b) 32
c) 33
d) 34
e) 35

23) (ITA) Uma das circunferências que passa pelo ponto P : (0, 0) e tangencia as retas $(r_1) : x - y = 0$ e $(r_2) : x + y - 2 = 0$ tem sua equação dada por:

a) $(x - 1)^2 + (y + 1)^2 = \sqrt{2}$
b) $(x - 1)^2 + (y + 1)^2 = 2$
c) $(x - 1)^2 + (y - 1)^2 = 2$
d) $(x + 1)^2 + (y - 1)^2 = \sqrt{2}$
e) $(x + 1)^2 + (y + 1)^2 = 2$

24) (ITA) Duas retas r_1 e r_2 são paralelas à reta $3x - y = 37$ e tangentes à circunferência $x^2 + y^2 - 2x - y = 0$. Se d_1 é a distância de r_1 até a origem e d_2 é a distância de r_2 até a origem, então $d_1 + d_2$ é igual a:

a) $\sqrt{12}$.
b) $\sqrt{15}$.
c) $\sqrt{7}$.
d) $\sqrt{10}$.
e) $\sqrt{5}$.

25) (ITA) Sejam os pontos A: (2, 0), B: (4, 0) e P: $(3, 5 + 2\sqrt{2})$.

a) Determine a equação da circunferência C, cujo centro está situado no primeiro quadrante, passa pelos pontos A e B e é tangente ao eixo y.

b) Determine as equações das retas tangentes à circunferência C que passam pelo ponto P.

Resp. a) $(x - 3)^2 + (y - 2\sqrt{2})^2 = 9$ b) $4x - 3y + 3 + 6\sqrt{2} = 0$ ou $4x + 3y - 27 - 6\sqrt{2} = 0$

26) (ITA) Seja C a circunferência de centro na origem, passando pelo ponto P = (3, 4). Se t é a reta tangente a C por P, determine a circunferência C' de menor raio, com centro sobre o eixo x e tangente simultaneamente à reta t e à circunferência C. Resp: $r = \dfrac{5}{4}$ $0\left(\dfrac{25}{4}, 0\right)$

27) (ITA) Uma circunferência passa pelos pontos A = (0, 2), B = (0, 8) e C = (8, 8). Então, o centro da circunferência e o valor de seu raio, respectivamente, são

a) (0, 5) e 6.
b) (5, 4) e 5.
c) (4, 8) e 5,5.
d) (4, 5) e 5.
e) (4, 6) e 5.

28) (FUVEST) Considere, no plano cartesiano Oxy, a circunferência C de equação $(x-2)^2 + (y-2)^2 = 4$ e sejam P e Q os pontos nos quais C tangencia os eixos Ox e Oy, respectivamente.
Seja PQR o triângulo isósceles inscrito em C, de base $\overline{PQ}$, e com o maior perímetro possível.
Então, a área de PQR é igual a
A) $2\sqrt{2} - 2$
B) $2\sqrt{2} - 1$
C) $2\sqrt{2}$
D) $2\sqrt{2} + 2$
E) $2\sqrt{2} + 4$

29) (FUVEST) A circunferência dada pela equação $x^2 + y^2 - 4x - 4y + 4 = 0$ é tangente aos eixos coordenados x e y nos pontos A e B, conforme a figura. O segmento $\overline{MN}$ é paralelo ao segmento $\overline{AB}$ e contém o centro C da circunferência. É correto afirmar que a área da região hachurada vale

A) $\pi - 2$
B) $\pi + 2$
C) $\pi + 4$
D) $\pi + 6$
E) $\pi + 8$

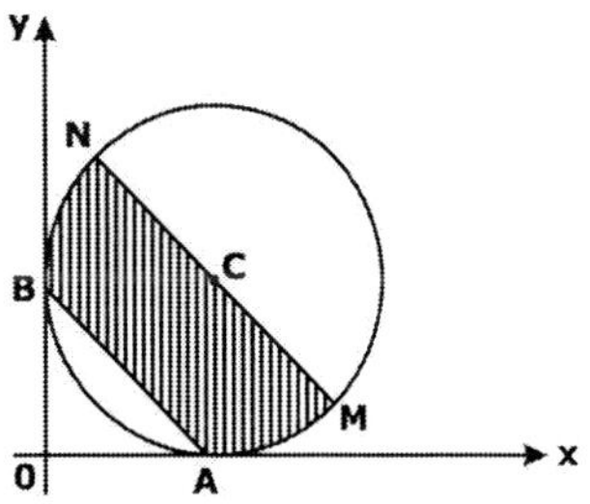

30) (UFRJ) Os pontos (–6, 2), (3, –1), e (–5, –5) pertencem a uma circunferência.
Determine o raio dessa circunferência. RESPOSTA: r = 5.

31) (PUC – PR) Sejam a reta $\frac{x}{10} + \frac{y}{20} = 1$ e a circunferência $x^2 + y^2 = 400$.
Assinale a alternativa correta.
A) O ponto A(0,10) é um ponto de interseção.
B) A distância entre os pontos de interseção da reta com a circunferência é $16\sqrt{5}$.
C) O ponto B(–16,12) é um ponto de interseção.
D) Os dois pontos de interseção estão no mesmo quadrante.
E) A reta que une os dois pontos de interseção passa pela origem.

32) (EPCAR) Considere a semicircunferência C da figura abaixo e a função real f definida em $A =]-a, 0[\cup]0, a[$ que associa a cada $x_0 \in A$ a área da região limitada pelos eixos coordenados, pela semicircunferência C e pela reta $x = x_0$. Baseado nesses dados, pode-se afirmar que a imagem de f é igual a

A) $\left[0, \frac{\pi a^2}{4}\right]$

B) $\left]0, \frac{\pi a^2}{4}\right[$

C) $\left]\frac{-\pi a^2}{4}, \frac{\pi a^2}{4}\right[$

D) $\left]\frac{-\pi a^2}{2}, \frac{\pi a^2}{2}\right[$

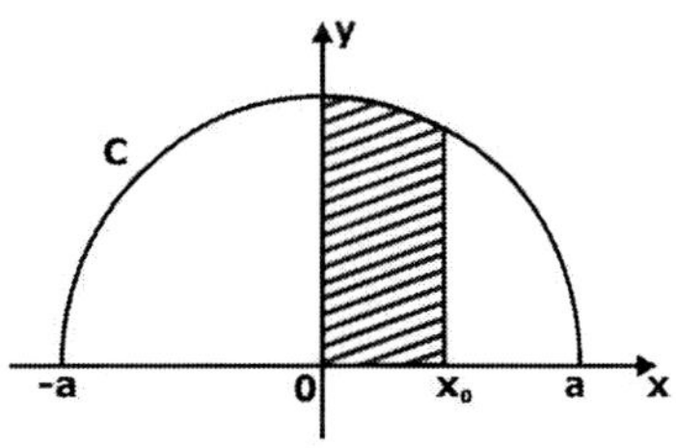

33) (UNIFESP) Em um plano cartesiano, seja T o triângulo que delimita a região definida pelas inequações $y \leq 2$, $x \geq 0$ e $x - y \leq 2$.

A) Obtenha as equações de todas as retas que são equidistantes dos três vértices do triângulo T.
B) Obtenha a equação da circunferência circunscrita ao triângulo T, destacando o centro e o raio.
Resposta: A) as retas são: $x = 2$, $y = 0$ e $y = x$. B) Centro (2,0); Raio $= \mathbf{2\sqrt{2}}$ e equação da circunferência: $(x - 2)^2 + y^2 = 8$.

34) (UNICAMP) No desenho abaixo, a reta $y = ax$ ($a > 0$) e a reta que passa por B e C são perpendiculares, interceptando-se em A. Supondo que B é o ponto (2, 0), resolva as questões abaixo.
a) Determine as coordenadas do ponto C em função de a. **Resp. C(0, 2/a)**
b) Supondo, agora, que a = 3, determine as coordenadas do ponto A e a equação da circunferência com centro em A e tangente ao eixo x.
Resp. $\mathbf{A(1/5, 3/5)\ ;\ (x - 1/5)^2 + (y - 3/5)^2 = 9/25}$

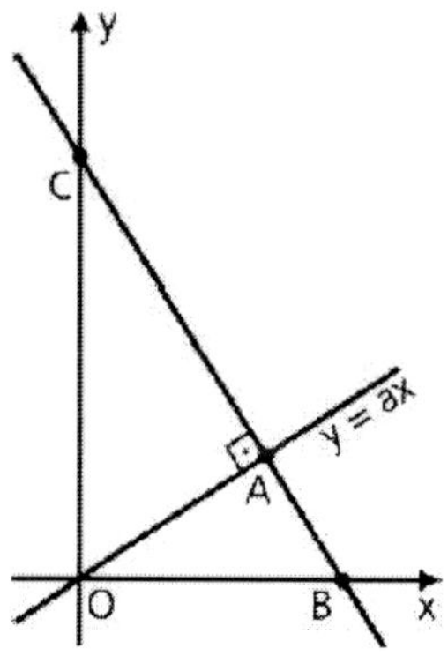

35) (FUVEST) No plano cartesiano 0xy, a reta de equação $x + y = 2$ é tangente à circunferência C no ponto (0, 2). Além disso, o ponto (1, 0) pertence a C. Então, o raio de C é igual a

a) $\dfrac{3\sqrt{2}}{2}$

b) $\dfrac{5\sqrt{2}}{2}$

c) $\dfrac{7\sqrt{2}}{2}$

d) $\dfrac{9\sqrt{2}}{2}$

e) $\dfrac{11\sqrt{2}}{2}$

36) (FUVEST) No sistema ortogonal de coordenadas cartesianas oxy da figura, estão representados a circunferência de centro na origem e raio 3, bem como o gráfico da função $y = \dfrac{\sqrt{8}}{|x|}$

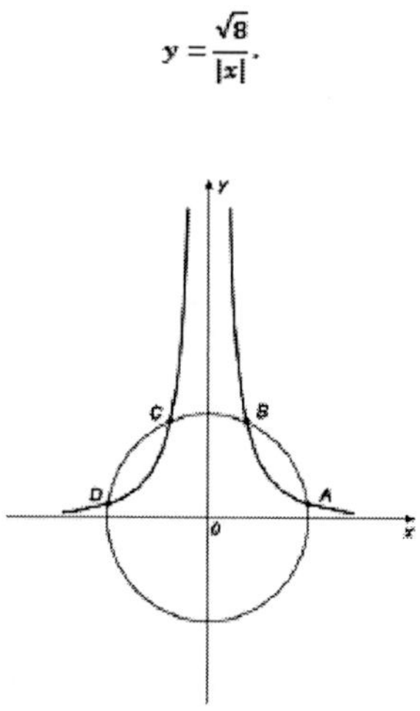

Nessas condições, determine
a) as coordenadas dos pontos A, B, C, D de interseção da circunferência com o gráfico da função.
Interseções: $\left(\pm\sqrt{8},1\right);\left(\pm 1,\sqrt{8}\right)$
b) a área do pentágono OABCD.
Área: $7 + 2\sqrt{2}$

37) (UFF) Cada ponto P(x,y) de uma curva C no plano xy tem suas coordenadas descritas por:

$\begin{cases} x = 1 + \cos t \\ y = 2 + \text{sen}t \end{cases}, \ 0 \le t \le \pi$

a) Escreva uma equação de C relacionando, somente, as variáveis x e y.
Resp: $(x-1)^2+(y-2)^2 = 1$

b) Calcule o comprimento de C.
Resp: comprimento = π

38) (UF STA MARIA) As retas r e s tangenciam a circunferência da equação $x^2 + y^2 - 4x + 3 = 0$, respectivamente, nos pontos P e Q e passam pelo ponto O(0, 0). A medida do ângulo PÔQ vale

a) 15º
b) 30º
c) 45º
d) 60º
e) 90º

39) Considerando uma circunferência de raio 1 e centro na origem de um sistema de coordenadas cartesianas ortogonais, é correto afirmar:

( ) A circunferência intercepta o eixo x no ponto (0, – 1).
( ) Existe valor de α para o qual o ponto (2 cos α, sen α) pertence à circunferência.
( ) Se o ponto (a, a) pertence à circunferência, então a = $\sqrt{2}$.
( ) A circunferência intercepta a reta x – y + 2 = 0 em dois pontos.
( ) A circunferência tem um diâmetro que contém o ponto $\left(-\frac{1}{2}, -\frac{1}{2}\right)$ e é perpendicular à reta x + y + 1 = 0.

Resp. FVFFV

40) (UEM) Considere o paralelogramo MNPQ. Os vértices M e N desse paralelogramo são determinados pelas interseções entre a reta r de equação y = – x – 1 e a circunferência C de equação $(x-1)^2 + (y+1)^2 = 1$, sendo que o ponto M está sobre o eixo das ordenadas e o vértice Q tem coordenadas (2, 1). Nessas condições, é correto afirmar que

01) o outro vértice do paralelogramo está sobre o eixo OX.
02) o paralelogramo é um retângulo.
04) as diagonais do paralelogramo se interceptam no seus pontos médios.
08) a área do paralelogramo é maior que a área do círculo de circunferência C dada.
16) a medida da diagonal desse paralelogramo é maior que 3 unidades de comprimento.
32) o centro da circunferência está no exterior do paralelogramo.

CORRETOS: 1, 2, 4, 8 e 16

41) (UNESP) Considere as circunferências z_1 e z_2 de equações z_1: $(y-2)^2 + (x+1)^2 = 5$ e z_2: $x^2 + y^2 - 2x + 2y = 0$

a) Verifique se o ponto P = (2, 2) pertence ao interior da circunferência z_2. **Resp. NÃO**
b) Determine os pontos de interseção das circunferências z_1 e z_2.

Resp. (0, 0); (6/13,4/13)

42) (FUVEST)

a) A reta r passa pela origem do plano cartesiano e tem coeficiente angular m > 0. A circunferência C passa pelos pontos (1, 0) e (3, 0) e tem centro no eixo x. Para qual valor de m a reta é tangente a C?

Resp. $m = \dfrac{\sqrt{3}}{3}$

b) Suponha agora que o valor de m seja menor que aquele determinado no item anterior. Calcule a área do triângulo determinado pelo centro de C e pelos pontos de interseção de r com C. **Resp.**
$A = \dfrac{2m\sqrt{1-3m^2}}{m^2+1}$

43) (VUNESP) Considere a circunferência $x^2 + (y - 2)^2 = 4$ e o ponto P(0, – 3).

a) Encontre uma equação da reta que passe por P e tangencie a circunferência num ponto Q de abscissa positiva. **Resp.** $y = \dfrac{\sqrt{21}}{2}x - 3$

b) Determine as coordenadas do ponto Q. **Resp. (2 $\sqrt{21}$ /5, 65)**

44) (UEM) Em um sistema de coordenadas cartesianas do plano XY, considere o ponto P(0, – 8) e a circunferência C de raio 2 u e centro O(0, 0), onde u é uma unidade de medida. Se r e s são retas que passam por P e são tangentes à C nos pontos A e B respectivamente, então é correto afirmar que:

01) os pontos A e B têm ordenadas iguais a $-\dfrac{1}{2}$.

02) a área do triângulo ABP é $\dfrac{15\sqrt{15}}{4}u^2$.

04) a distância $\overline{AB}$ entre A e B é $\dfrac{\sqrt{15}}{2}u$.

08) a área do triângulo de vértices P, (– 2, 0) e (2, 0) é menor que a área do círculo de circunferência C.

16) uma equação da circunferência de centro P e raio $\overline{AB}$ é $4x^2 + 4y^2 + 64y + 196 = 0$.

☐

Resp.: Soma 19

45) (UFF) Na figura abaixo a circunferência C tem equação $x^2 + y^2 - 4x - 8y = 0$.

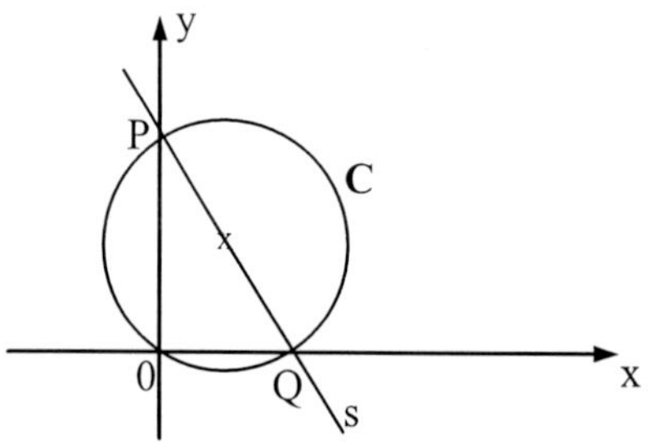

Determine:

a) a equação da reta s.

b) a equação da reta r que é perpendicular à reta s e passa pelo centro da circunferência.

Resp.: a) y = - 2x + 8 ; b) y = (1/2)x + 3

46) (FUVEST) Na figura a seguir, os pontos A, B e C são vértices de um triângulo retângulo, sendo $\hat{B}$ o ângulo reto.
Sabendo-se que A(0, 0), B pertence à reta $x - 2y = 0$ e P = (3, 4) é o centro da circunferência inscrita no triângulo ABC, determinar as coordenadas.

a) do vértice B. **Resp (6, 3)**
b) do vértice C. **Resp. (2,11)**

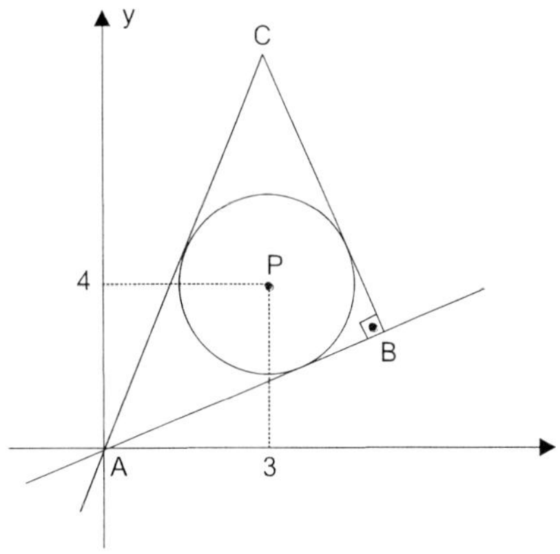

47) (MACK) Uma reta, que passa pela origem e tem coeficiente angular 2, encontra a circunferência de centro (1, 0) e raio 1 em dois pontos A e B. A medida de $\overline{AB}$ é:

a) $\frac{\sqrt{5}}{5}$
b) $\frac{2\sqrt{5}}{5}$
c) $\frac{\sqrt{5}}{4}$
d) $2\sqrt{5}$
e) $\frac{\sqrt{5}}{2}$

48) (IBMEC) A equação $x^2 + y^2 - 10x - 6y + m = 0$ representa uma circunferência tangente ao eixo das abscissas ("eixo x"). Pede-se:
a) o valor de m; **Resp. m = 25**
b) as equações das retas que passam pelo ponto (0, 3) e são tangentes a esta circunferência.

49) (CEFET-PR) A reta s, de equação $x + 2y + k = 0$, é exterior à circunferência de equação $x^2 + y^2 + 8x - 4y + 19 = 0$. Então, o menor inteiro positivo que k assume é:
a) 3
b) 2
c) 4
d) 1
e) 5

50) (EEAR) No plano cartesiano, os pontos A(1, 0) e B(0, 2) são de uma mesma circunferência. Se o centro dessa circunferência é ponto da reta $y = 3 - x$, então suas coordenadas são:

a) $\left(\frac{3}{2}, \frac{1}{2}\right)$
b) (1, 2)
c) $\left(\frac{3}{2}, \frac{3}{2}\right)$
d) (0, 3)

51) (UFES) Calcule a área do triângulo formado pelo eixo y e pelas retas tangentes à circunferência de centro C(5, 3) e raio 5 nos pontos de abscissa $x = 2$. **Resp. 25/3**

52) (UEM) A reta t dada por ax + by = c é paralela à reta s dada por 3x + 4y = 1000 e determina, na circunferência $x^2 + y^2 = 100$, uma corda de comprimento de 12 cm. Calcule o valor de |a|+|b|+|c|. **Resp. 40,28**

53) (EEAR) A distância do centro da circunferência $x^2 + y^2 - 6x - 8y + 21 = 0$ à bissetriz do IIº. e IVº quadrantes, vale:

a) $\frac{\sqrt{2}}{2}$

b) $\frac{\sqrt{3}}{2}$

c) $\frac{\sqrt{7}}{2}$

d) $\frac{7\sqrt{2}}{2}$

54) (CONC. PROF-SP) Uma reta r tangencia a circunferência $x^2 + y^2 - 12x - 16y + 91 = 0$. Sabendo-se que a origem do sistema de eixos cartesianos, o centro da circunferência e o ponto de tangência são colineares, a distância da origem ao ponto de tangência é:

a) 7 ou 13.
b) 9 ou 15.
c) 12 ou 16.
d) 20 ou 26.
e) 27 ou 21.

55) (UFF) Considere as circunferências C e C' cujos raios são, respectivamente, 1,5 m e 3,0 m, ambas tangentes ao eixo y e à reta s, conforme a figura.

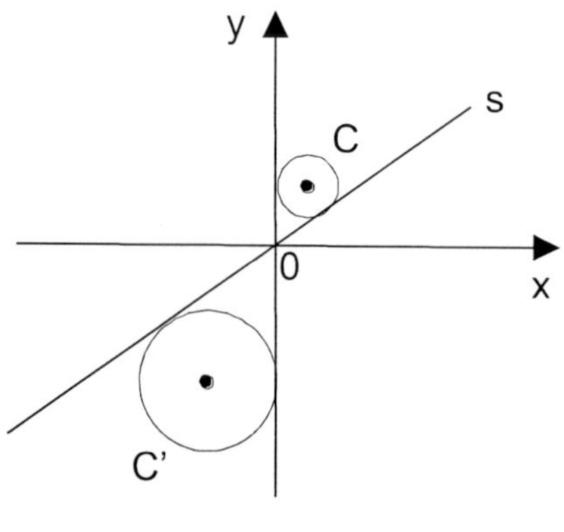

Sabendo que a distância entre os centros de C e C' é 9 m, determine a equação da reta s.

Resp. $y = \frac{\sqrt{3}}{3}x$

56) (ITA) Sejam os pontos A: (2, 0), B: (4, 0) e P: (3, 5 + 2 $\sqrt{2}$).
a) Determine a equação da circunferência C, cujo centro está situado no primeiro quadrante, passa pelos pontos A e B e é tangente ao eixo y.

b) Determine as equações das retas tangentes á circunferência C que passam pelo ponto P.

Resp a)

b)

57) Se C(a, b) é o centro da circunferência de equação $x^2 + y^2 - 6x + 8y - 11 = 0$, então a + b vale:
a) – 5
b) –3
c) –2
d) –1
e) 4

58) O raio da circunferência de equação $x^2 + y^2 - 4x + 10y + 4 = 0$ é igual a:
a) 5
b) 6
c) $\frac{5}{2}$
d) $\frac{3}{5}$
e) 10

59) A circunferência de equação $x^2 + y^2 - 4x + 6y - 12 = 0$ limita um círculo cuja área é:
a) 3π
b) 16π
c) 25π
d) 36π
e) 10π

60) A reta que passa pelo ponto (2, 0) e pelo centro da circunferência $x^2 + y^2 - 4y - 6x = -4$ tem por equação:
a) $y = 2x - 4$
b) $y = \frac{1}{2}x - 3$
c) $y = 2x - 4$
d) $y = x - \frac{1}{3}$
e) $y = 3x - \frac{1}{2}$

61) O maior valor inteiro de k para que a equação $x^2 + y^2 - 6y + k + 4x = 0$ represente uma circunferência é:
a) 10
b) 12
c) 18
d) 15
e) 16

62) Uma circunferência passa pela origem do sistema cartesiano, e tem seu centro no primeiro quadrante, sobre a reta y = 2x. Se a área do círculo limitado pela circunferência é igual a 45π unidades de área, a equação da circunferência é:
a) $(x - 3)^2 + (y - 3)^2 = 45$

b) $(x + 3)^2 + (y + 6)^2 = 45$
c) $(x - 3)^2 + (y - 6)^2 = 45$
d) $(x + 3)^2 + (y + 3)^2 = 45$
e) $(x - 6)^2 + (y - 3)^2 = 45$

63) A circunferência de equação $x^2 + y^2 - 4x - 12y + m = 0$ é tangente interior à circunferência $x^2 + y^2 + 2x - 4y - 31 = 0$. O valor de m é:
a) 39
b) 40
c) 0
d) –40
e) –39

64) Pelo ponto P(–5, 1), exterior à circunferência de equação $(x - 7)^2 + (y + 4)^2 = 25$ traça-se uma reta secante que passa pelo centro da circunferência. O comprimento do segmento da tangente à circunferência, traçada do ponto P é igual a:
a) 12
b) 11
c) 10
d) 9
e) 8

65) A equação geral da circunferência, com centro no ponto C = (1, 2) e que tangencia a reta t: $2x + y + 1 = 0$ é:
a) $x^2 + y^2 - 2x - 4y = 0$
b) $x^2 + y^2 - 4x + 2y + 1 = 0$
c) $x^2 + y^2 - 2x + 4y = 0$
d) $x^2 + y^2 + 2x + 4y = 0$
e) $x^2 + y^2 - 4x + 2y - 1 = 0$

GABARITO

1	C	11	E	21	B	31	B	41	R	51	R	61	B
2	A	12	C	22	C	32	D	42	R	52	R	62	C
3	D	13	C	23	B	33	R	43	R	53	D	63	A
4	B	14	D	24	E	34	R	44	S=19	54	A	64	A
5	D	15	D	25	R	35	B	45	R	55	R	65	A
6	E	16	A	26	R	36	R	46	R	56	R		
7	D	17	A	27	D	37	R	47	B	57	D		
8	B	18	E	28	D	38	D	48	R	58	A		
9	D	19	C	29	B	39	R	49	A	59	C		
10	D	20	C	30	r=5	40	R	50	C	60	A		

CAPÍTULO IV - O CONJUNTO R^3 - VETORES NO R^3

4.1. O CONJUNTO R^3

O conjunto R^3 é o conjunto formado por todos os **ternos ordenados** (x, y, z), de números reais. Representamos por:

$$\mathbf{R^3 = \{ (x, y, z) / x, y, z \in R \}}, \text{ onde:}$$

x é a abscissa , y é a ordenada e z é a cota do ponto P(x, y, z).

4.1.1. REPRESENTAÇÃO CARTESIANA DOS ELEMENTOS DO CONJUNTO R^3:

Vamos utilizar três eixos triortogonais 0x, 0y e 0z, denominados, respectivamente de eixo das abscissas, eixo das ordenadas e eixo das cotas.
A representação de um ponto qualquer P (x_o, y_o, z_o) está mostrada a seguir.

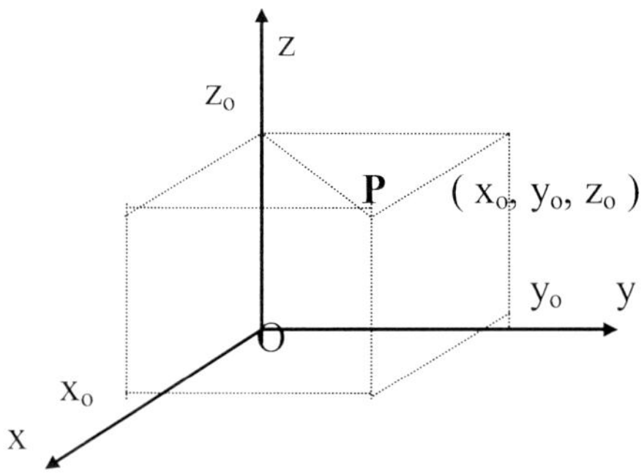

4.1.2. OBSERVAÇÕES

1) Os eixos 0x, 0y e 0z dividem o espaço em 8 regiões, chamadas de octantes. Convenciona-se que o ponto P(x, y, z) pertence ao

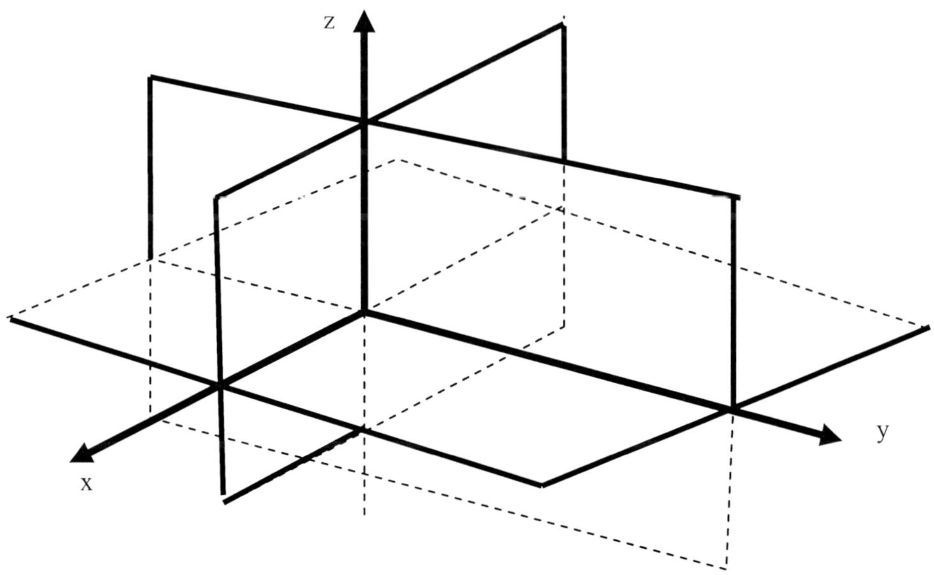

1º octante quando $x > 0$, $y > 0$ e $z > 0$
2º octante quando $x < 0$, $y > 0$ e $z > 0$
3º octante quando $x < 0$, $y < 0$ e $z > 0$

4º octante quando $x > 0$, $y < 0$ e $z > 0$
5º octante quando $x > 0$, $y > 0$ e $z < 0$
6º octante quando $x < 0$, $y > 0$ e $z < 0$

7º octante quando $x < 0$, $y < 0$ e $z < 0$ | 8ºoctante quando $x > 0$, $y < 0$ e $z < 0$

2) Casos particulares: Quando

$x = 0$: P (0, y, z) pertence ao plano yoz

$y = 0$: P (x, 0, z) pertence ao plano xoz

$z = 0$: P (x, y, 0) pertence ao plano xoy

$x = y = 0$: P (0, 0, z) pertence ao eixo oz

$x = z = 0$: P (0, y, 0) pertence ao eixo oy

$y = z = 0$: P (x, 0, 0) pertence ao eixo ox

EXERCÍCIOS RESOLVIDOS

1) Marque no sistema de coordenadas ortogonais os seguintes pontos:
A(3, 4, 2) ; B(0, 0, 2) ; C(0, 4, 0) ; D(3, 0, 0) ; E(3, 0, 2) ; F(0, 4, 2) e G(3, 4, 0)

Solução:

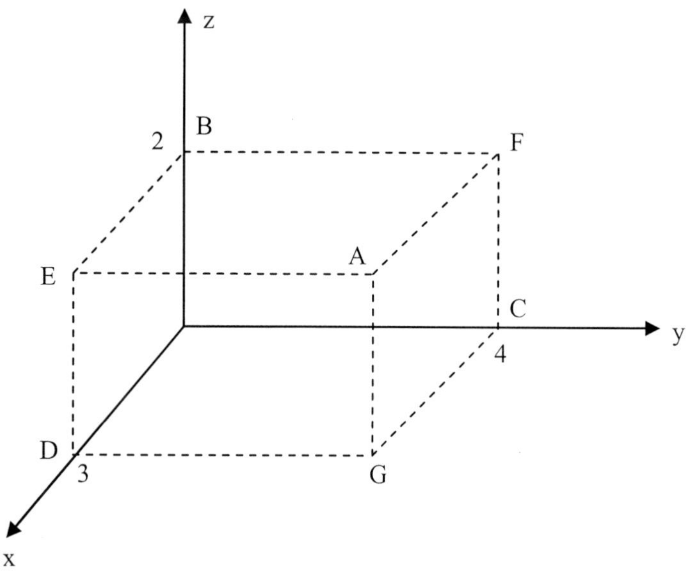

2) O ponto $P(x^2 - 4, x + 2 , 3)$ pertence ao eixo das cotas. Determine o valor de x.

Solução: Se o ponto P(x, y, z) pertence ao eixo das cotas, devemos ter $x = y = 0$ *e* $z \neq 0$
Logo, $x^2 - 4 = 0$ *e* $x + 2 = 0$*, simultaneamente. Assim,* $x = - 2$.

4.2 VETORES NO R^3 :

O conceito de vetor, assim como as operações e propriedades estudadas no R^2 são válidas também para o espaço R^3.
Para não repetirmos as definições e demonstrações já apresentadas no Capítulo I, vamos nos limitar a apresentar as fórmulas e propriedades, sem demonstração, apenas fazendo as adaptações que forem necessárias.

Dados os pontos A(a, b, c) e B(x, y, z) , temos:

4.2.1. COORDENADAS DE UM VETOR : $\overrightarrow{AB} = (x - a, y - b, z - c)$

4.2.2. MÓDULO DE UM VETOR : $|\overrightarrow{AB}| = d_{AB}$ **(distância entre dois pontos A e B)**

$$|\overrightarrow{AB}| = \sqrt{(x-a)^2 + (y-b)^2 + (z-c)^2}$$

4.2.3. VETOR UNITÁRIO : $|v| = 1$

4.2.4. VERSOR DE UM VETOR v : $v' = \dfrac{v}{|v|}$

4.3. PONTO MÉDIO DE UM SEGMENTO AB : $M = \dfrac{A+B}{2}$

4.4. BARICENTRO DE UM TRIÂNGULO CUJOS VÉRTICES SÃO A, B E C:

$$G = \frac{A+B+C}{3}$$

4.5. PRODUTO ESCALAR OU PRODUTO INTERNO:

Sejam os vetores $u = (x_1, y_1, z_1)$ e $v = (x_2, y_2, z_2)$. Então :

$$u \cdot v = x_1 . x_2 + y_1 . y_2 + z_1 . z_2$$

4.6 CONDIÇÃO DE PERPENDICULARIDADE ENTRE DOIS VETORES:

$$u \perp v \iff u \cdot v = 0$$

Obs: se $u \cdot v > 0 \Rightarrow$ ang (u, v) é agudo

se $u \cdot v < 0 \Rightarrow$ ang (u, v) é obtuso

4.7. CONDIÇÃO DE PARALELISMO ENTRE DOIS VETORES E CONDIÇÃO DE ALINHAMENTO DE 3 PONTOS:

$$u \,//\, v \iff \exists\ k \in R \ /\ u = k \cdot v$$

Três pontos $A(x_0, y_0, z_0)$, $B(x_1, y_1, z_1)$ e $C(x_2, y_2, z_2)$ estão alinhados se, e somente se,

os vetores $\overrightarrow{AB}$ e $\overrightarrow{AC}$ são paralelos, ou seja: $\dfrac{x_1 - x_0}{x_2 - x_0} = \dfrac{y_1 - y_0}{y_2 - y_0} = \dfrac{z_1 - z_0}{z_2 - z_0}$

Importante observar que $x_2 - x_0$, $y_2 - y_0$ e $z_2 - z_0$ têm que ser diferentes de zero.

4.8. ÂNGULO ENTRE DOIS VETORES u E v: $\cos\theta = \dfrac{u \cdot v}{|u| . |v|}$

4.9. VETOR PROJEÇÃO DE UM VETOR v SOBRE UM VETOR u: $p = (v \cdot u') \cdot u'$

onde u' é o versor do vetor u e v . u' é o produto escalar entre v e u' e representa a medida algébrica da projeção de v sobre u

4.10. VETORES UNITÁRIOS DOS EIXOS: Sendo $\vec{i} = (1, 0, 0)$, $\vec{j} = (0, 1, 0)$ e $\vec{k} = (0, 0, 1)$ os vetores unitários dos eixos 0x, 0y e 0z, qualquer vetor do R^3 pode ser escrito em função de $\vec{i}$, $\vec{j}$ e $\vec{k}$, isto é,

$$u = (x, y, z) = x\vec{i} + y\vec{j} + z\vec{k}$$

EXERCÍCIOS RESOLVIDOS

1) Dados os pontos A(1,-2, 1) , B(0, 1, 2) e C(-1, 4, 2) , pede-se:

a) o módulo do vetor AB;

b) o produto escalar AC . BA;

c) o ponto médio do segmento AB;

d) o ponto que divide o segmento AB na razão 2/3;

e) o ângulo entre os vetores AC e BA;

f) o vetor projeção de AC sobre BA;

g) verifique se os pontos A, B e C são vértices de um triângulo. Em caso afirmativo, determine as coordenadas do seu baricentro.

Solução:

a) $AB = B - A = (-1, 3, 1) \Rightarrow |AB| = \sqrt{(-1)^2 + 3^2 + 1^2} = \sqrt{11}$;

b) $AC = (-2, 6, 1)$; $BA = (1, -3, -1) \Rightarrow AC \cdot BA = -2 \cdot 1 + 6 \cdot (-3) + 1 \cdot (-1) = -21$;

c) $M = \dfrac{A+B}{2} = \dfrac{(1,-1,3)}{2} = \left(\dfrac{1}{2}, \dfrac{-1}{2}, \dfrac{3}{2}\right)$;

d) Seja M o ponto procurado. Então $AM : MB = 2 : 3 \Rightarrow 3 \cdot AM = 2 \cdot MB \Rightarrow M = \dfrac{3A + 2B}{5} =$ $(3/5 , -4/5 , 7/5)$

e) $\cos\theta = \dfrac{AC.BA}{|AC| . |BA|} = \dfrac{-21}{\sqrt{41}.\sqrt{11}}$

f) A medida da projeção é: $m = AC \cdot (BA)' = (-2, 6, 1) \cdot \left(\dfrac{1}{\sqrt{11}}, \dfrac{-3}{\sqrt{11}}, \dfrac{-1}{\sqrt{11}}\right) = \dfrac{-21}{\sqrt{11}}$

O vetor projeção é $p = m \cdot (BA)' = \left(\dfrac{-21}{11}, \dfrac{63}{11}, \dfrac{21}{11}\right)$

g) Os vetores AB e AC não são paralelos. Logo os pontos não estão alinhados, ou seja, são vértices de um triângulo. O baricentro é $G = \dfrac{A+B+C}{3} = (0,\ 1,\ 5/3)$

2) Determine a e b para que os pontos A(a, b, 3), B(-2, 4, 5) e C(-1, 2, 7) estejam alinhados.

Solução:
Os vetores $AB = (-2 - a,\ 4 - b,\ 5 - 3)$ *e* $BC = (1,\ -2,\ 2)$ *devem ser paralelos, ou seja:*

$$\frac{-2-a}{1} = \frac{4-b}{-2} = \frac{2}{2} = 1 \Rightarrow a = -3 \text{ e } b = 6$$

3) Determine todos os pontos do R^3 que estão alinhados com os pontos B e C do exercício 2.

Solução:
Seja P(a, b, c) um ponto qualquer do R^3*. Assim, BP e BC devem ser paralelos, isto é:*

$$\frac{a+2}{1} = \frac{b-4}{-2} = \frac{c-5}{2} = k \Rightarrow a = k-2\ ;\ b = -2k+4\ ;\ c = 2k+5.$$

Logo, os pontos são da forma: $P(k-2,\ -2k+4,\ 2k+5)$

4) Dados A(-1,3, k) , B(1, 4, 7) e C(-2,-4,1) , determine k para que o ângulo entre os vetores AB e BC seja:
a) reto
b) obtuso

Solução:
a) O produto escalar deve ser igual a zero. $AB \cdot BC = (2,\ 1,\ 7-k) \cdot (-3,\ -8,\ -6) = 0 \Rightarrow$

$-6 - 8 + (7-k) \cdot (-6) = 0 \Rightarrow -14 - 42 + 6k = 0 \Rightarrow k = 28/3$

b) O produto escalar deve ser negativo. $AB \cdot BC < 0 \Rightarrow k < 28/3$

5) Calcule a altura relativa ao lado AB do triângulo ABC, dados: A(1, 0, 3), B(5, 3, 3) e C(2, 1, 1).

Solução:

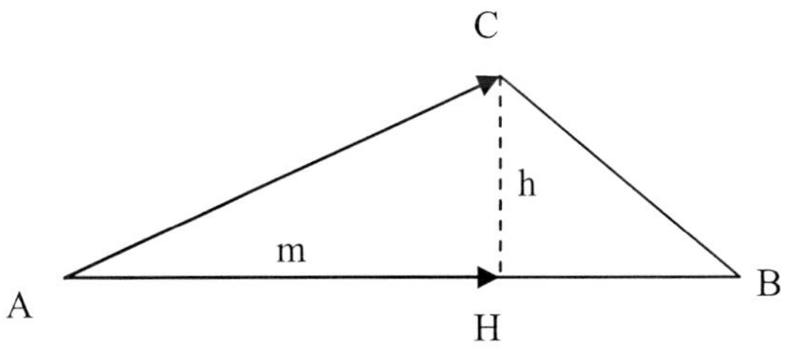

A altura relativa ao lado AB é o cateto CH do triângulo AHC, onde a medida da hipotenusa é o módulo do vetor AC e o cateto AH é a medida da projeção do vetor AC sobre o vetor AB. Desta forma, teremos:
$AC = (1,\ 1,\ -2) \Rightarrow |AC| = \sqrt{6}\ ;\ AB = (4,\ 3,\ 0) \Rightarrow |AB| = 5;\ (AB)' = (4/5,\ 3/5,\ 0) \Rightarrow$
$m = AC \cdot (AB)' = 8/5$
Daí, tiramos: $|AC|^2 = m^2 + h^2 \Rightarrow 6 = 64/25 + h^2 \Rightarrow h = \dfrac{\sqrt{86}}{5}$

4.11. PRODUTO VETORIAL E INTERPRETAÇÃO GEOMÉTRICA

Dados dois vetores $u = (x_1, y_1, z_1)$ e $v = (x_2, y_2, z_2)$, definimos **produto vetorial** entre u e v e representamos por **u x v**, como sendo o <u>vetor</u> obtido através do determinante:

$$u \times v = \begin{vmatrix} \vec{i} & \vec{j} & \vec{k} \\ x_1 & y_1 & z_1 \\ x_2 & y_2 & z_2 \end{vmatrix}, \text{ onde } \vec{i} = (1,0,0),\ \vec{j} = (0,1,0) \text{ e } \vec{k} = (0,0,1)$$

Note que, neste caso, diferentemente do produto escalar em que o resultado da operação nos fornece um número real, agora a operação definida como produto vetorial tem como resultado um vetor. Esse vetor tem algumas características interessantes, como será visto a seguir.

EXERCÍCIOS RESOLVIDOS:

1) Dados os vetores u = (2, 3,-1) e v = (-1, 4, 2), calcule:

a) u x v
b) v x u

Solução:

$$a)\ u \times v = \begin{vmatrix} i & j & k \\ 2 & 3 & -1 \\ -1 & 4 & 2 \end{vmatrix} = 10i - 3j + 11k$$

b) v x u = - (10i – 3j + 11k) = - 10i + 3j - 11k (Observe que o determinante será formado trocando-se a segunda e a terceira linha entre si)

Observação: os vetores u x v e v x u têm o mesmo módulo e sentidos opostos.

2) Utilizando os dados do exercício anterior, mostre que:

a) u é perpendicular a u x v
b) v é perpendicular a u x v

Solução:

a) $u \cdot (u \times v) = (2, 3, -1) \cdot (10, -3, 11) = 20 - 9 - 11 = 0 \Rightarrow u \perp (u \times v)$
b) $v \cdot (u \times v) = (-1, 4, 2) \cdot (10, -3, 11) = -10 - 12 + 22 = 0 \Rightarrow v \perp (u \times v)$

1) Considerando os vetores u e v dados, calcule o seno do ângulo formado por eles, e mostre que $|u \times v| = |u| \cdot |v| \cdot \operatorname{sen}\theta$, sendo θ o ângulo formado por u e v.

Solução:
Sabemos determinar o cosseno do ângulo entre 2 vetores a partir do produto escalar entre eles, assim temos:
$(2, 3, -1) \cdot (-1, 4, 2) = -2 + 12 - 2 = 8$

Logo,

$$8 = \sqrt{14}.\sqrt{21}.\cos\theta \quad => sen\theta = \frac{\sqrt{230}}{7\sqrt{6}}$$

Assim, teremos: $|\, u \times v \,| = \sqrt{230}$

$|\, u \,|.\,|\, v \,| = \sqrt{14}.\sqrt{21}$. *Logo,* $|\, u \,|\,.\,|\, v \,|\,.\, sen\theta = \sqrt{230} = |\, u \times v \,|$

4.11.1. OBSERVAÇÕES:

Sendo u x v um vetor, ele apresenta as seguintes características:

1. direção do vetor u x v: como foi visto no exercício resolvido 2, a direção de u x v é perpendicular ao plano de u e v
2. sentido do vetor u x v: regra da mão esquerda (se o dedo médio da mão esquerda indicar o sentido do vetor u e o dedo indicador, o sentido do vetor v, o dedo polegar estará indicando o sentido do vetor u x v).
3. módulo do vetor u x v : como foi mostrado no exercício resolvido 3, $|u \times v| = |u|.|v|.\, sen\,\theta$, onde θ é o ângulo entre u e v.

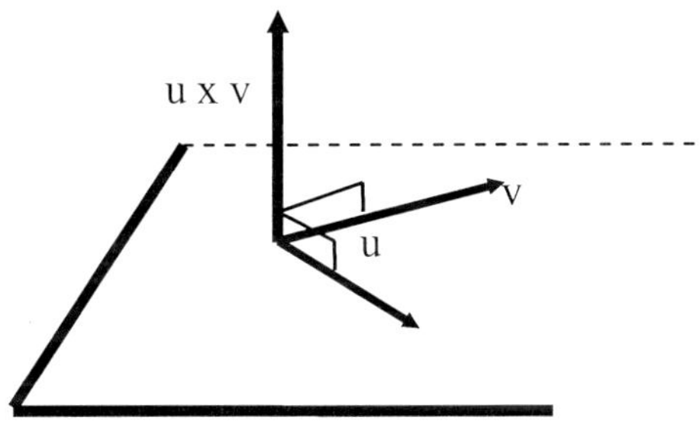

Exercício resolvido:

Dados os vetores u = (2, -1, 3) e v = (1, 0,- 2) , calcule:

a) o módulo do produto u x v
b) o seno do ângulo formado por u e v
c) um vetor unitário que seja perpendicular a u e v.

Solução:

a) $u \times v = \begin{vmatrix} i & j & k \\ 2 & -1 & 3 \\ 1 & 0 & -2 \end{vmatrix} = 2i + 7j + k \Rightarrow |u \times v| = 3\sqrt{6}$

b) $|u \times v| = |\, u \,|\,.\,|\, v \,|\,.\, sen\theta \Rightarrow 3\sqrt{6} = \sqrt{14}.\sqrt{5}\,.\, sen\theta \Rightarrow sen\theta = \dfrac{3\sqrt{105}}{35}$

c) o vetor u x v = (2, 7, 1) é perpendicular a u e v. Logo, um vetor unitário pode ser obtido multiplicando-se u x v pelo inverso do seu módulo; neste caso estaremos calculando o versor de u x v.

4.11.2. INTERPRETAÇÃO GEOMÉTRICA DO MÓDULO DO PRODUTO VETORIAL

4.11.2.1. ÁREA DO PARALELOGRAMO

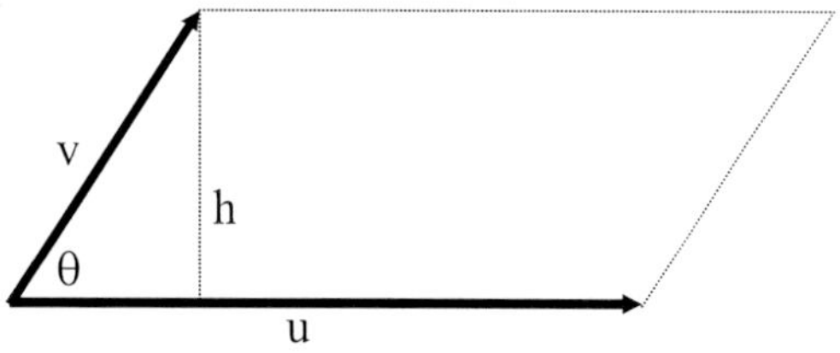

Da geometria plana sabemos que a área de um paralelogramo é igual ao produto da medida da base pela medida da altura.
Seja a medida da base do paralelogramo igual ao módulo do vetor u. A medida da altura h será igual a :

$\text{sen}\,\theta = \dfrac{h}{|v|} \Rightarrow h = |v| . \text{sen}\,\theta$. Logo a área do paralelogramo será:

$\text{Área}_{paralelogramo} = b . h = |u| . h = |u| . |v| \,\text{sen}\theta$, que é a expressão do módulo. do produto vetorial entre u e v, vista anteriormente.

Assim, a área de um paralelogramo definido pelos vetores u e v que formam um ângulo igual a θ é igual a:

$A = |u \times v| = |u| . |v| . \text{sen}\theta$

Observação: se ang(u, v) = 0º ou ang(u, v) = 180º, então u x v = 0

4.11.2.2. ÁREA DE UM TRIÂNGULO:

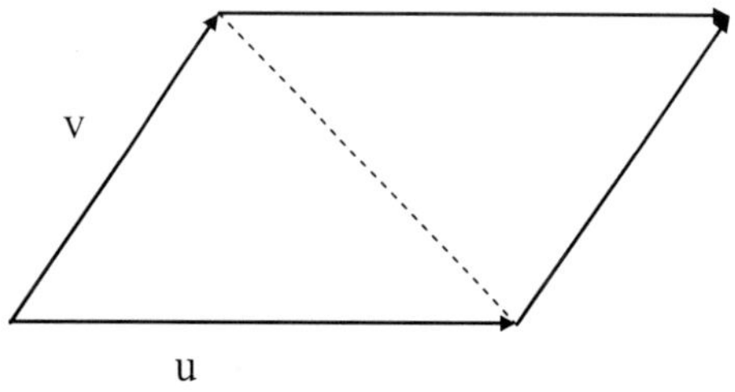

$A = \dfrac{1}{2} . |u \times v|$

A área do triângulo definido pelos vetores u e v será, obviamente, a metade da área do paralelogramo definido pelos mesmos vetores. Logo,

$$\text{Área}_{triângulo} = \frac{1}{2} . |u \times v|$$

EXERCÍCIOS RESOLVIDOS:

1) Determine um vetor de módulo 5, que seja perpendicular ao plano que contém os pontos A(1, 0, 2) , B(-1, 1, 2) e C(1, 1, 3).

Solução:

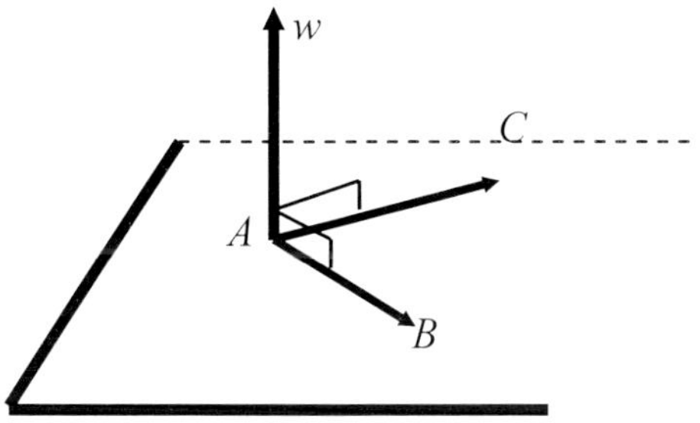

O vetor w é o resultado do produto vetorial entre os vetores AB e AC. O vetor pedido deve ser paralelo a w e ter módulo 5.

$AB \times AC = \begin{vmatrix} i & j & k \\ -2 & 1 & 0 \\ 0 & 1 & 1 \end{vmatrix} = i + 2j - 2k = (1, 2, -2) \Rightarrow |w| = 3 \Rightarrow w' = (1/3, 2/3, -2/3)$. *Logo o vetor procurado pode ser* $5.w' = (5/3, 10/3, -10/3)$ *ou* $-5.w' = (-5/3, -10/3, 10/3)$

2) Calcule a altura relativa ao lado AB do triângulo ABC, onde A(1, 0, 2) , B(-1, 1, 2) e C(1, 1, 3).

Solução:
Um problema semelhante a esse foi resolvido anteriormente, utilizando-se a medida da projeção do vetor AC sobre o vetor AB. Agora, vamos resolvê-lo a partir da área do triângulo ABC que, como foi visto, é dada por $S = \frac{1}{2}|AB \times AC|$

Como a área também pode ser calculada através da expressão $S = \frac{1}{2}|AB|.h$, *podemos igualar as duas expressões, obtendo o valor de h:* $h = \frac{|AB \times AC|}{|AB|}$

No exercício anterior, vimos que $|AB \times AC| = 3$ *e como* $|AB| = \sqrt{5}$, *a altura do triângulo será:* $h = \frac{3\sqrt{5}}{5}$

3) Calcule a área do paralelogramo definido pelos vetores u = (-1,0, 5) e v = (2, -1, 3).

Solução:
Nesse caso, já foram dadas as coordenadas dos vetores, não paralelos, que definem os lados do paralelogramo; daí é imediato que a área será igual a $S = |u \times v|$

$u \times v = \begin{vmatrix} i & j & k \\ -1 & 0 & 5 \\ 2 & -1 & 3 \end{vmatrix} = 5i + 13j + k \Rightarrow |u \times v| = \sqrt{195}$ *u.a.*

4) Determine m para que os pontos A(m,1, 0) , B(-2, 0, 3) e C(1, 1, -4) sejam vértices de um triângulo de área 2.

Solução:

Se a área do triângulo é 2, temos que $\frac{1}{2}|AB \times AC| = 2 \Rightarrow |AB \times AC| = 4$

$AB = (-2 - m, -1, 3)$; $AC = (1 - m, 0, -4)$

$$AB \times AC = \begin{vmatrix} i & j & k \\ -2-m & -1 & 3 \\ 1-m & 0 & -4 \end{vmatrix} = 4i + (-5-7m)\,j + (1-m)\,k \Rightarrow \sqrt{4^2+(-5-7m)^2+(1-m)^2} = 4$$

Deixamos para o leitor a conclusão do exercício.

5) Os pontos A(1, 2, -4), B(2, 1, 3) e C(0, 4, -2) são vértices consecutivos de um paralelogramo ABCD. Determine:
a) o vértice D;
b) o ponto de encontro das diagonais;
c) a área do paralelogramo.

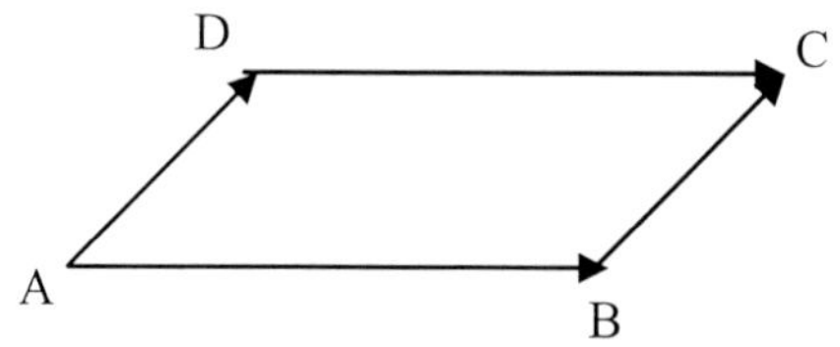

Solução:

a) A figura nos mostra que os vetores AD e BC são iguais (também poderíamos fazer AB = DC).
Como $AD = BC \Rightarrow D - A = C - B \Rightarrow D = A + C - B \Rightarrow D(-1, 5, -9)$

b) As diagonais de um paralelogramo se encontram no seu ponto médio. Então $M = \dfrac{A+C}{2} = \dfrac{B+D}{2} = (1/2, 3, -3)$

c) A área do paralelogramo é igual a $S = |AB \times AD|$

$$AB = (1, -1, 7) \text{ e } AD = (-2, 3, -5) \Rightarrow AB \times AD = \begin{vmatrix} i & j & k \\ 1 & -1 & 7 \\ -2 & 3 & -5 \end{vmatrix} = -16i - 9j + 5k$$

$$S = \sqrt{(-16)^2+(-9)^2+5^2} = \sqrt{362} \text{ u.a.}$$

4.12. PRODUTO MISTO ENTRE TRÊS VETORES u, v E w E INTERPRETAÇÃO GEOMÉTRICA

4.12.1 DEFINIÇÃO

Dados os vetores $u = (x_1, y_1, z_1)$, $v = (x_2, y_2, z_2)$ e $w = (x_3, y_3, z_3)$ chamamos produto misto entre u, v e w ao <u>*número real*</u> dado por:

$u \cdot (v \times w)$ Notação : $[u, v, w] = u \cdot (v \times w)$

Observe que o produto misto é calculado através do produto escalar de um vetor u pelo vetor v x w, obtido do produto vetorial entre v e w.

O produto misto entre 3 vetores também pode se calculado através do determinante:

$$[u, v, w] = \begin{vmatrix} x_1 & y_1 & z_1 \\ x_2 & y_2 & z_2 \\ x_3 & y_3 & z_3 \end{vmatrix}$$

OBSERVAÇÃO:

Como foi definido, o produto misto também pode ser escrito:
u . (v x w) = | u |.| v x w | . cos θ , sendo θ o ângulo formado pelos vetores u e v x w.

EXERCÍCIOS RESOLVIDOS

1) Dados os vetores u = (2, 1, 0) , v = (-1, 3, 2) e w = (-1, 2, 1), calcule [u,v,w] usando a definição u . (v x w).

Solução:
Como o produto misto é igual a u . (v x w), vamos calcular primeiramente o produto vetorial v x w:

$$\begin{vmatrix} i & j & k \\ -1 & 3 & 2 \\ -1 & 2 & 1 \end{vmatrix} = -i - j + k$$

Agora, fazemos o produto escalar de u por v x w : (2, 1, 0) . (- 1, - 1, 1) = 2.(-1) + 1.(-1) + 0.1 = - 3.
Logo, [u, v, w] = - 3

2) Mostre que o valor do determinante $\begin{vmatrix} 2 & 1 & 0 \\ -1 & 3 & 2 \\ -1 & 2 & 1 \end{vmatrix}$ é igual ao resultado encontrado no exercício anterior.

Observe que as linhas do determinante são respectivamente as coordenadas dos vetores u, v e w.

Solução:

Calculando o determinante acima encontramos: $\begin{vmatrix} 2 & 1 & 0 \\ -1 & 3 & 2 \\ -1 & 2 & 1 \end{vmatrix} = -3$

Este exercício nos mostra uma forma mais rápida de calcular o produto misto entre três vetores. Como foi visto, basta colocar, na ordem em que foram dados, os vetores como linhas de uma matriz e calcular o seu determinante.

3) Se u . (v x w) = 0 , pode-se afirmar que u é perpendicular ao plano de v e w ? Justifique.

Solução:
Não. Se u . (v x w) é igual a zero, isso significa que o vetor u é perpendicular ao vetor v x w. Como já foi estudado anteriormente, o vetor v x w é perpendicular ao plano de v e w. Assim, o vetor u é paralelo ao plano de v e w ou é coplanar com v e w. Veja a figura:

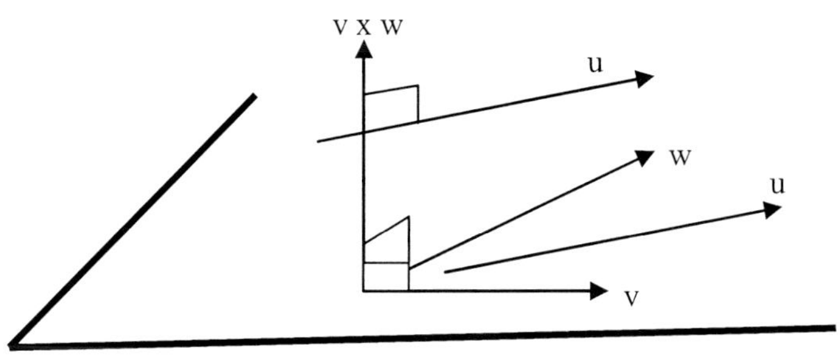

4) Qual é a condição para que três vetores u, v e w sejam coplanares?

Solução:
Tendo em vista a figura anterior, é fácil concluir que se u, v e w estiverem em um mesmo plano (forem coplanares), o vetor u será perpendicular ao vetor v x w. Assim, o produto escalar entre u e v x w será igual a zero, isto é, u . (v x w) = 0. Observe que o primeiro membro dessa igualdade corresponde à definição do produto misto entre os vetores u, v e w.
Logo, a condição para que três vetores sejam coplanares é que o produto misto entre eles seja igual a zero.

4.12.2. CONDIÇÃO DE COPLANARIDADE ENTRE 3 VETORES u , v e w

Três vetores são coplanares quando o produto misto entre eles for igual a zero.

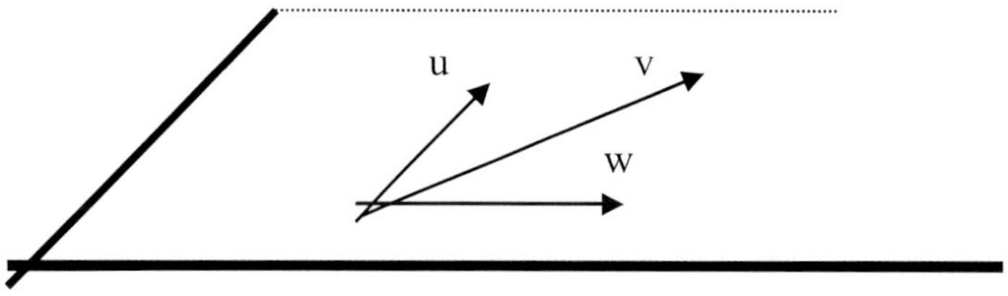

u , v , w coplanares ⇔ [u, v, w] = 0

O produto misto foi definido assim: [u, v, w] = u . (v x w).

Sabemos que v x w é um vetor perpendicular aos vetores v e w. Se o vetor u estiver no plano que contém v e w , então o vetor v x w também será perpendicular a u, acarretando que o produto escalar u . (v x w) será nulo. Daí concluímos que o produto misto entre u, v e w será igual a zero.

EXERCÍCIOS RESOLVIDOS

1) Verifique se os vetores u = (2, 1, 8), v = (-1, 3, -7) e w = (1, 4, 1) são coplanares.

Solução:

Basta verificar se o produto misto entre eles é igual a zero: $\begin{vmatrix} 2 & 1 & 8 \\ -1 & 3 & -7 \\ 1 & 4 & 1 \end{vmatrix} = 0$. *Logo os vetores são coplanares.*

2) Determine o valor de k para que os pontos A(1, 0, 3), B(-1, 2, 1), C(4, 0, -2) e D(k, 1, 1) sejam coplanares.

Solução:
Nesse caso, para que os 4 pontos pertençam a um mesmo plano, eles devem definir 3 vetores que sejam coplanares. Veja a figura:

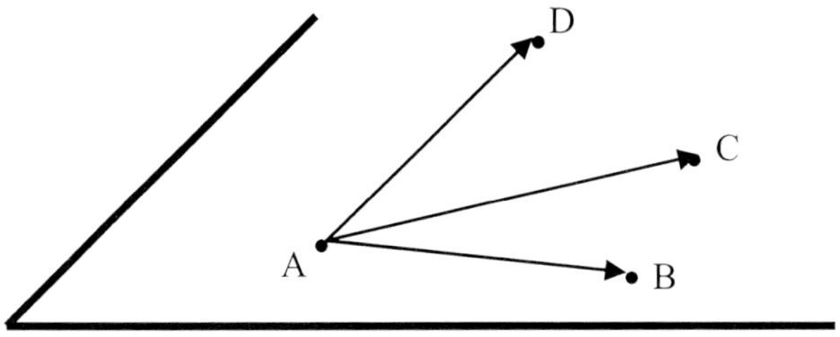

Assim, basta que o produto misto [AB, AC, AD] seja igual a zero.
AB = (- 2, 2, - 2) ; AC = (3, 0, - 5) ; AD = (k – 1, 1, -2)

$$[\,AB, AC, AD\,] = \begin{vmatrix} -2 & 2 & -2 \\ 3 & 0 & -5 \\ k-1 & 1 & -2 \end{vmatrix} = 0 \Rightarrow k = 3/5$$

4.12.3. INTERPRETAÇÃO GEOMÉTRICA DO MÓDULO DO PRODUTO MISTO

4.12.3.1. VOLUME DE UM PARALELEPÍPEDO

Consideremos três vetores u, v e w, não coplanares.

Podemos construir um paralelepípedo cujas arestas são paralelas a esse vetores, conforme a figura abaixo.

Vamos demonstrar o volume do paralelepípedo, assim construído, é igual ao módulo do produto misto entre u, v e w.

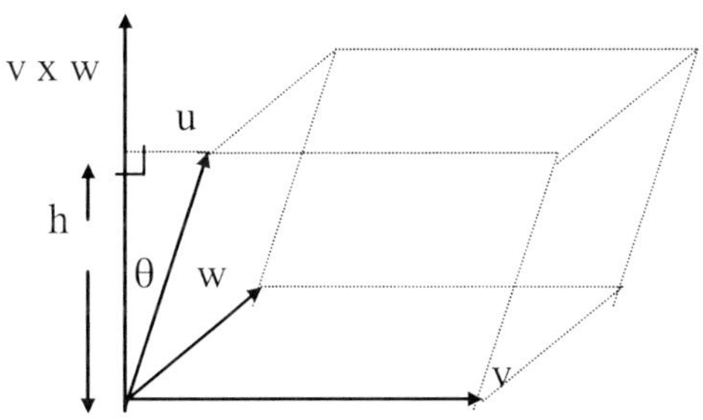

$$V = |[u, v, w]| = |\,u\,.\,(v \times w)\,|$$

Da Geometria, sabemos que o volume de um paralelepípedo é igual ao produto da área da base (S_b) pela altura (h) desse paralelepípedo.
Na figura, a base é um paralelogramo definido pelos vetores v e w, e a altura é igual ao módulo da projeção do vetor u sobre o vetor v x w.

Sabemos que a área da base é igual ao módulo do produto vetorial entre v e w, pois a base é um paralelogramo.

Por outro lado, $|\cos\theta| = \dfrac{h}{|u|}$, de onde podemos tirar que $h = |u|\,|\cos\theta|$. Logo, o volume do paralelepípedo é $V = S_b\,.\,h = |v \times w|\,.\,|u|\,.\,|\cos\theta| = |\,|u|.|v \times w|.\cos\theta\,|$
Note que a expressão que está em módulo é a representação do produto escalar entre os vetores u e v x w, isto é, $|\,u\,.\,(v \times w)\,|$. Como essa expressão representa o produto misto entre u, v e w, conclui-se que o volume do paralelepípedo definido pelos vetores u, v e w é expresso por:

$$V = |\,[\,u, v, w]\,|$$

4.12.3.2. VOLUME DE UM TETRAEDRO:

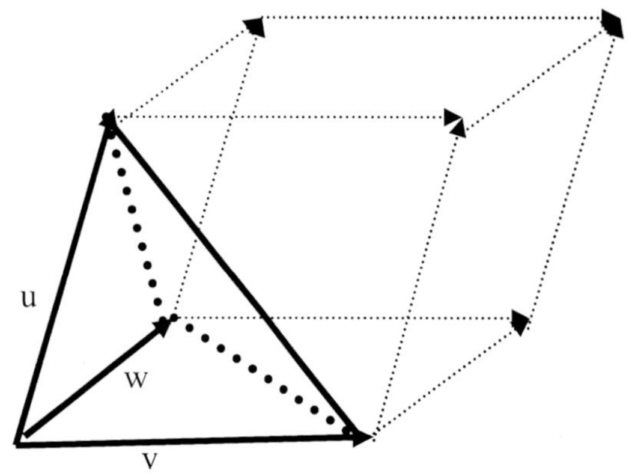

$$V = \frac{1}{6} \cdot |[u, v, w]|$$

Da Geometria, sabemos que volume de uma pirâmide é igual a um terço do produto da área de sua base pela medida de sua altura.

Uma pirâmide de base triangular é chamada de tetraedro. Observe que o tetraedro desenhado acima é definido pelos vetores u, v e w, os mesmos que utilizamos para definir o paralelepípedo do item anterior.

Assim, vamos considerar que ele possui a mesma altura do paralelepípedo e que a área da sua base é a metade da área da base do paralelepípedo.

$$V = \frac{1}{3} \cdot \frac{|v \times w|}{2} \cdot |u| \cdot \cos\theta \quad \Rightarrow \quad V = \frac{1}{6} \cdot |[u, v, w]|$$

EXERCÍCIOS RESOLVIDOS

1) Verifique se os pontos A(1, 2, 3), B(-1, 0, 1), C(0,- 2, 1) e D(0, 0, - 2) pertencem a um mesmo plano (são coplanares).

Solução:

Basta construir os vetores AB, AC e AD, por exemplo, e calcular o produto misto entre eles. Se der zero, os pontos são coplanares. Caso contrário, esses pontos formam três vetores que não estão em um mesmo plano, podendo ser considerados como arestas de um paralelepípedo ou de um tetraedro, como foi visto anteriormente.

AB = (- 2, - 2, - 2) ; AC = (- 1, - 4, - 2) ; AD = ((- 1, - 2, - 5)

$$[AB, AC, AD] = \begin{vmatrix} -2 & -2 & -2 \\ -1 & -4 & -2 \\ -1 & -2 & -5 \end{vmatrix} = -22.$$ *Logo, os pontos não pertencem a um mesmo plano.*

Comentário:

Como o produto misto deu – 22, podemos afirmar que os vetores AB, AC e AD são arestas de um paralelepípedo de volume igual a 22; ou então, que os pontos A, B, C e D são vértices de um tetraedro de volume 22/6 = 11/3.

2) Determine o volume do paralelepípedo definido pelos vetores u = (1, 0, - 2), v = (- 1, 1, 0) e w = (2, 3, - 1).

Solução:

$$V = |[u, v, w]| \Rightarrow [u, v, w] = \begin{vmatrix} 1 & 0 & -2 \\ -1 & 1 & 0 \\ 2 & 3 & -1 \end{vmatrix} = 9 \Rightarrow V = 9$$

3) Verifique se os vetores u = (2, 3, - 1), v = (1, 1, - 3) e w = (0, 0, 1) determinam um tetraedro e, em caso afirmativo, calcule o seu volume.

Solução:
Para que os vetores determinem um tetraedro eles não podem ser coplanares, isto é, [u, v, w] tem que ser diferente de zero.

$$[u, v, w] = \begin{vmatrix} 2 & 3 & -1 \\ 1 & 1 & -3 \\ 0 & 0 & 1 \end{vmatrix} = -1.$$ Logo, o volume do tetraedro é $V = \frac{1}{6}|[u, v, w]| = \frac{1}{6}$

4) Determine os valores de m para que os pontos A(m,1,0), B(1,1,-1), C(0,0,3) e D(-1,0,0) sejam vértices de um tetraedro de volume 6.

Solução:

Considerando os vetores u = BA, v = BC e w = BD, devemos ter $V = \frac{1}{6}|[u, v, w]| = 6 \Rightarrow |[u, v, w]| = 36$

$$[u, v, w] = \begin{vmatrix} m-1 & 0 & 1 \\ -1 & -1 & 4 \\ -2 & -1 & 1 \end{vmatrix} = 3m - 4.$$ *Assim,* $|3m - 4| = 36 \Rightarrow m = 40/3$ *ou* $m = -32/3$

5) Determine a relação que deve ser atendida pelas coordenadas de um ponto genérico P(a, b, c), para que ele pertença ao plano que passa pelos pontos A(-1,2,1), B(2,3,0) e C(0, 0,5). É possível determinar outros pontos que pertencem ao plano ABC. Determine 3 desses pontos.

Solução:
Com base no que já foi visto, é fácil concluir que a condição para que os quatro pontos pertençam a um mesmo plano é: [AB, AC, AP] = 0. Logo, podemos escrever:

$$\begin{vmatrix} 3 & 1 & -1 \\ 1 & -2 & 4 \\ a+1 & b-2 & c-1 \end{vmatrix} = 0 \Rightarrow -6(c-1) + 4(a+1) - 1(b-2) - 2(a+1) - 1(c-1) - 12(b-2) = 0 \Rightarrow$$

$$2(a+1) - 13(b-2) - 7(c-1) = 0 \Rightarrow 2a - 13b - 7c + 35 = 0$$

Comentário:
Podemos verificar que os pontos dados, A, B e C satisfazem essa relação. Basta substituir as coordenadas desses pontos na relação obtida:
$A(-1, 2, 1) \Rightarrow 2.(-1) - 13 . 2 - 7 . 1 + 35 = 0$
$B(2, 3, 0) \Rightarrow 2 . 2 - 13 . 3 - 7 . 0 + 35 = 0$
$C(0, 0, 5) \Rightarrow 2. 0 - 13 . 0 - 7 . 5 + 35 = 0.$

É evidente que a relação obtida pode ser satisfeita por uma infinidade de pontos do R^3, o que não significa que qualquer ponto do R^3 satisfaça essa relação. Somente os pontos que estiverem no mesmo plano definido pelos pontos A, B e C dados inicialmente, satisfarão essa relação.
Assim, para determinarmos outros pontos que satisfaçam a relação obtida, isto é, que pertençam ao plano ABC, podemos escolher arbitrariamente valores para duas das variáveis, obtendo o valor da terceira.
Por exemplo, se fizermos: b = 0 e c = 1, obteremos a = - 14 . Portanto, o ponto P(- 14, 0, 1) é um ponto do plano ABC.
Determine outros pontos desse plano!

EXERCÍCIOS DE APROFUNDAMENTO

1) Em um triângulo ABC são dados os pontos C(1, 5, 3), K(2, 2, 5) ponto médio de BC e G(-1, 3, 2), baricentro do triângulo. Determine os vértices A e B. Resp. (-7, 5, -4) e (3, -1, 7)

2) Considere o tetraedro ABCD, onde A(1, 2, -4), B(2, -1, 0), C(5, 2, -1) e D(2, -1, 7). Seja G o baricentro de BCD. Calcule o ponto médio de AG. Resp. (2, 1, -1)

3) Sendo ABCD um paralelogramo onde A(3, -5, 0), B(5, -3, 1) e C(-1, 3, 2), determine:

a) o vértice D, oposto a B;
b) o ponto de encontro das diagonais. Resp. a) (-3, 1, 1) ; b) (1, -1, 1)

4) Um segmento de reta limitado pelos pontos A(-1, 8, 3) e B(9, -7, -2) é dividido pelos pontos C, D, E e F em cinco partes iguais. Calcular as coordenadas desses pontos. Resp. (1, 5, 2);(3, 2, 1); (5, -1, 0);(7, -4, -1)

5) Determine o ponto do eixo dos y que é equidistante dos pontos A(1, -3, 7) e B(5, 7, -5). Resp. (0, 2, 0)

6) Demonstre que o triângulo de vértices A(3, -1, 6), B(-1, 7, -2) e C(1, -3, 2) é retângulo.

7) Determine o vetor de sentido oposto ao de v = - 2i + 4j + 4k , que tenha módulo igual a 9. Resp. 3i - 6j - 6k

8) Determine o valor de **a** , sabendo que os vetores 2i + 3j + 4k e i - j + ak são ortogonais. Resp. ¼

9) Os vetores u = (2, -1, 3) e v = (3, k, -1) são perpendiculares. Calcule o valor de k. Resp. 3

10) Determine o vetor projeção de u = (1, 2, 7) sobre o vetor v = (1, 1, 1). Resp. (10/3, 10/3, 10/3)
11) Considere os vetores u = (1, 2, -3) e w = (1, 2, -1).
a) determine o vetor projeção de v sobre w;
b) decompor o vetor v em dois vetores a e b tais que a // w e b $\perp$ w.
Resp. a) (4/3, 8/3 ,-4/3) ; b) a = (4/3, 8/3, -4/3); b = (-1/3, -2/3, -5/3)

12) Verifique se entre os ângulos internos do triângulo ABC, onde A(4, -1, 4), B(0, 7, -4) e C(3, 1, -2), há um que seja obtuso. Resp. Sim. O ângulo C.

13) Dados os vetores u = (1, 0, 0) , v= (0, 1, 0) e w = (0, 0, 1), do R^3 , determine o ângulo formado por (u + v) e (v - w). Resp. 60º

14) Os vetores a e b são perpendiculares e o vetor c forma com a e b ângulos iguais a 60º . Se a e c são unitários, | b | = 2 e p = 3 a - b + c, calcule o módulo do vetor p. Resp. $\sqrt{15}$

15) Considere os pontos A(4, 4, 0), B(4, 0, 0) e C(0, 4, 3). Calcule a área do triângulo ABC. Resp. 10

16) Determine a área do paralelogramo definido pelos vetores u = (2, 4, 5) e v = (-1, 3, 3). Resp. $A = \sqrt{230}$

17) Calcule a medida da altura relativa ao lado PR do triângulo de vértices P(1, 3, 2), Q(4, -1, 2) e R(2, 5, 3). Resp. $h = \dfrac{5\sqrt{30}}{6}$

18) Calcular a distância do ponto P(2, -1, 3) à reta que passa pelos pontos (1, 1, 4) e (2, 4, 1). Resp. $\sqrt{\dfrac{110}{19}}$

19) Sabe-se que u e v são vetores que satisfazem as seguintes condições:
a) u é paralelo ao vetor w = i - j + k
b) v é ortogonal a w
c) a = u + v , onde a é o vetor 2i + j - 3k

Considerando os dados acima, calcule o produto vetorial u x v.
Resp.(- 4/3, - 10/3, -2)

20) O módulo do produto vetorial dos vetores a e b, que formam um ângulo obtuso, é $\sqrt{41}$ e $|a| = 7$ e $|b| = 3$. O vetor MP tem a direção da bissetriz do ângulo de a e b e $|MP| = 2\sqrt{42}$. Se o vetor MQ = a - b, calcule a área do triângulo MPQ. Resp. $A = 10\sqrt{41}$

21) Calcule o valor de a para que os vetores 2i + 2j - k , 3i + 4j + 2k e ai + 2j + 3k sejam coplanares. Resp. 1

22) Calcule o volume do paralelepípedo de arestas AB, AC e AD, sendo A(0, 0, 4), B(2, 1, 8), e os vetores BC = (10,10,1) e DA = (2, 5, 3). Resp. 142

23) Calcule o volume do tetraedro definido pelos vetores v = (-1, 5, 3), u = (2, 4, 1) e w = (1, 8, 4). Resp. 7/6

24) Calcule os valores de k para que os pontos A(1, 1, 0), B(1, 0, 1), C(0, 1, 1) e D(k, 2, 1) determinem um tetraedro de volume 2/3. Resp. -5 ou 3

25) Calcule a altura (relativa à face ABC) do tetraedro VABC, sabendo que V(1, 2, 3), A(3, -1, 2), B(0, 1, 4) e C(2, 1, 2). Resp. 1/3

CAPÍTULO V - ESTUDO DO PLANO NO R^3

5.1. EQUAÇÃO CARTESIANA DE UM PLANO

No último exercício resolvido do capítulo anterior, obtivemos uma relação entre as coordenadas de um ponto genérico P(a, b, c), para que este pertencesse ao plano que passava por três pontos dados, A, B e C.
Naquela situação, obtivemos uma equação com três variáveis, a qual, como sabemos, possui infinitas soluções no conjunto dos números reais; quando encontramos algumas soluções para ela, estamos, na realidade, determinando alguns dos infinitos pontos que pertencem ao plano ABC.
Portanto, a ideia desenvolvida naquele exercício é exatamente a que será utilizada aqui, para determinarmos a equação cartesiana de um plano.

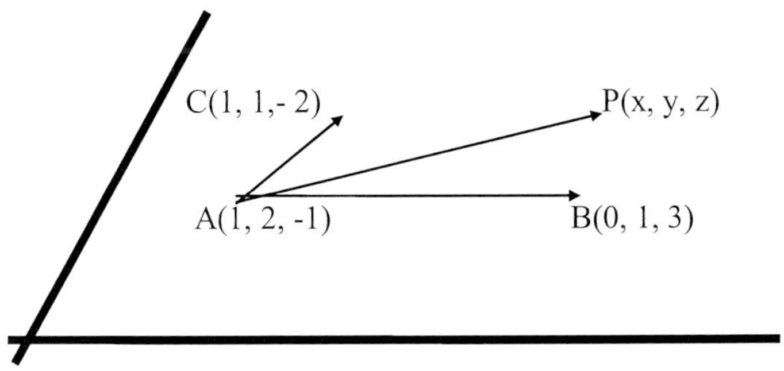

Sabemos que 3 pontos distintos, não colineares, determinam um plano. Para exemplificar, consideremos os pontos A(1, 2, -1), B(0, 1, 3) e C(1, 1, -2), conforme a figura acima. Esses pontos determinam um plano que passa por eles.
A equação do referido plano será obtida considerando-se um ponto genérico do R^3, o qual deverá pertencer ao plano definido pelos pontos A, B e C, isto é, o ponto P deverá ser coplanar com A, B e C.
Como já vimos anteriormente, se os pontos A, B, C e P estão num mesmo plano, podemos então afirmar que os vetores AB, AC e AP são **coplanares**. Assim, podemos escrever que o produto misto entre eles é nulo, ou seja,

$$[\mathbf{AB}, \mathbf{AC}, \mathbf{AP}] = \mathbf{0}$$

Como AB = (-1, -1, 4), AC = (0, -1, -1) e AP = (x – 1, y – 2, z + 1), escreveremos que:

$$\begin{vmatrix} -1 & -1 & 4 \\ 0 & -1 & -1 \\ x-1 & y-2 & z+1 \end{vmatrix} = 0$$

Desenvolvendo este determinante, teremos:

$$\mathbf{5x - y + z - 2 = 0},$$

que é chamada de equação cartesiana do plano que passa pelos pontos A,B e C dados.

De um modo geral, a equação geral de um plano será dada por uma equação linear com três variáveis, x, y e z e apresentará a forma:

$$\mathbf{ax + by + cz + d = 0}$$

Uma outra forma de determinar a equação cartesiana de um plano é a seguinte:

Considerando os pontos A, B e C dados, sabemos que o produto vetorial AB x AC é um vetor perpendicular ao plano ABC.

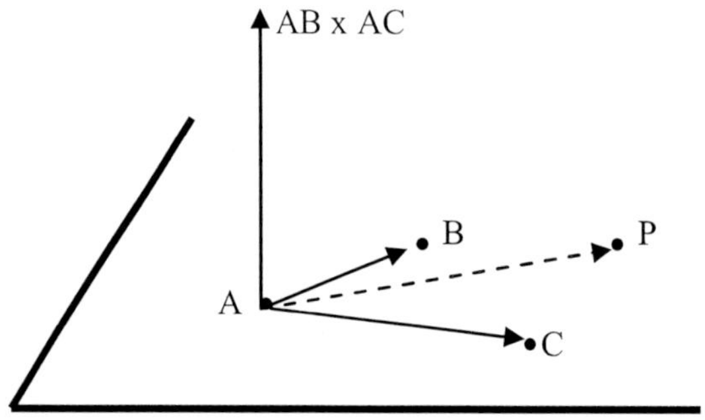

Logo, teremos: AB x AC = $\begin{vmatrix} i & j & k \\ -1 & -1 & 4 \\ 0 & -1 & -1 \end{vmatrix}$ = 5i - j + k.

Sabemos, também, que qualquer vetor AP do plano ABC será perpendicular ao vetor AB x AC. Assim, se P(x, y, z), teremos: AP = (x – 1, y – 2, z + 1) e daí:

AP . (AB x AC) = 0 $\Rightarrow$ (x – 1, y – 2, z + 1) . (5, - 1, 1) = 5x – 5 – y + 2 + z + 1 = 5x – y + z – 2 = 0 que é a equação encontrada anteriormente.

5.2. VETOR NORMAL OU PERPENDICULAR A UM PLANO:

Observe ainda que as coordenadas do vetor AB x AC = (5, - 1, 1), que é perpendicular ao plano ABC, são exatamente os coeficientes das variáveis x, y e z da equação encontrada. Além disso, qualquer vetor paralelo ao vetor citado, também será perpendicular ao plano ABC. Mais adiante estaremos comentando novamente esse fato.

Por ora, vamos chamar a atenção para o fato de que na equação de um plano, dada por ax + by + cz + d = 0, o vetor (a, b, c) é sempre perpendicular a ele.

1.1 OBSERVAÇÕES

Como já foi visto anteriormente:

1) Podemos verificar que os pontos A, B e C satisfazem essa equação. Observe:
A(1, 2, -1) $\Rightarrow$ 5.1 – 2 + (-1) – 2 = 5 – 2 – 1 – 2 = 0
B(0, 1, 3) $\Rightarrow$ 5.0 – 1 + 3 – 2 = 0 – 1 + 3 – 2 = 0
C(1, 1, -2) $\Rightarrow$ 5.1 – 1 + (-2) – 2 = 5 – 1 – 2 – 2 = 0.

2) É possível determinar outros pontos desse plano. Basta atribuir livremente valores numéricos a duas das variáveis e determinar o valor da terceira.
Fazendo, por exemplo, x = 4 e y = 5, encontra-se z = -13. Assim, o ponto (4, 5,- 13) pertence ao plano ABC.

EXERCÍCIOS RESOLVIDOS

1) Determine a equação do plano que passa pelos pontos:

a) A(1,0,1) , B(-2,1,0) e C (1,1,-3)
b) A(0,0,0) , B(1,5,-3) e C(2,-1,1)
c) A(1,4,2) , B(-3,2,1) e C(0,-2,-1)

Solução:
Sendo P(x, y, z) um ponto genérico, basta fazer: [AP, AB, AC] = 0

$$a)\ \begin{vmatrix} x-1 & y & z-1 \\ -3 & 1 & -1 \\ 0 & 1 & -4 \end{vmatrix} = 0 \quad \Rightarrow -4(x-1) \quad 3(z-1) - 12y + 1(x-1) = 0$$

$$\Rightarrow -3x - 12y - 3z + 6 = 0 \quad \Rightarrow x + 4y + z - 2 = 0$$

$$b)\ \begin{vmatrix} x & y & z \\ 1 & 5 & -3 \\ 2 & -1 & 1 \end{vmatrix} = 0 \ \Rightarrow\ 5x - 6y - z - 10z - y - 3x = 0 \ \Rightarrow\ 2x - 7y - 11z = 0$$

$$c)\ \begin{vmatrix} x-1 & y-4 & z-2 \\ -4 & -2 & -1 \\ -1 & -6 & -3 \end{vmatrix} = 0 \ \Rightarrow\ 0(x-1) - 11(y-4) + 22(z-2) = 0 \ \Rightarrow\ y - 2z = 0$$

Comentário:
Nas equações encontradas, podemos perceber que há casos em que os coeficientes das variáveis se anulam. No item b, a equação é da forma ax + by + cz = 0 (d = 0), que sempre será satisfeita pelo ponto (0, 0, 0), ou seja, a equação representa um plano que passa pela origem.

2) Considere o plano de equação $2x + y + 3z - 6 = 0$. Determine:

a) as interseções deste plano com os eixos coordenados;
b) as interseções com os planos x0y, x0z e y0z;

Solução:
As interseções com os eixos são obtidas anulando-se duas das coordenadas, obtendo-se a terceira.
Interseção com o eixo x: $y = z = 0 \Rightarrow 2x + 0 + 3.0 - 6 = 0 \Rightarrow x = 3 \Rightarrow A(3, 0, 0)$
Interseção com o eixo y: $x = z = 0 \Rightarrow 2.0 + y + 3.0 - 6 = 0 \Rightarrow y = 6 \Rightarrow B(0, 6, 0)$
Interseção com o eixo z: $x = y = 0 \Rightarrow 2.0 + 0 + 3z - 6 = 0 \Rightarrow z = 2 \Rightarrow C(0, 0, 2)$

Veja a figura:

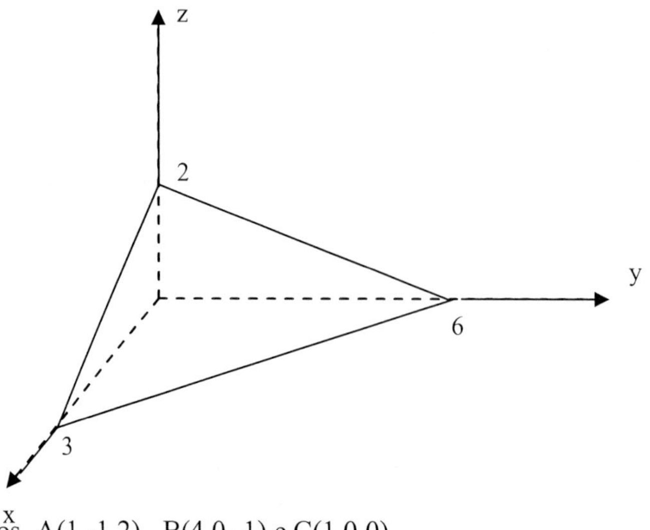

3) Considere os pontos A(1,-1,2) , B(4,0,-1) e C(1,0,0).

a) calcule o produto vetorial AB x AC;
b) determine a equação do plano ABC;
c) a equação encontrada no item b é da forma ax + by + cz + d = 0 . Você pode observar que o produto AB x AC é paralelo ao vetor cujas coordenadas são (a, b, c). O que você pode concluir daí ?

Solução:

$$a)\ AB \times AC = \begin{vmatrix} i & j & k \\ 3 & 1 & -3 \\ 0 & 1 & -2 \end{vmatrix} = i + 6j + 3k \Rightarrow AB \times AC = (1, 6, 3)$$

b) Seja P(x, y, z)

$$[AP, AB, AC] = 0 \Rightarrow \begin{vmatrix} x-1 & y+1 & z-2 \\ 3 & 1 & -3 \\ 0 & 1 & -2 \end{vmatrix} = 0 \Rightarrow (x-1) + 6(y+1) + 3(z-2) = 0 \Rightarrow$$

$x + 6y + 3z - 1 = 0$

c) Da equação do plano, tiramos (a, b, c) = (1, 6, 3) // AB x AC. Como AB x AC é perpendicular ao plano ABC, conclui-se que o vetor (a, b, c) também é perpendicular ao plano.

5.3. VETOR NORMAL ou PERPENDICULAR A UM PLANO

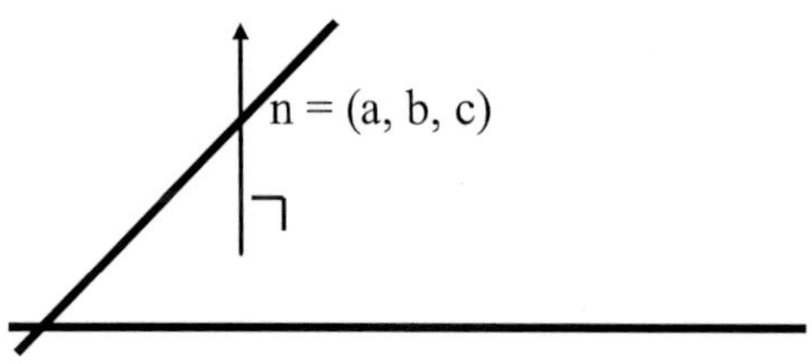

n $\perp$ ao plano $\Rightarrow$ n é o vetor normal ao plano

Dados três pontos A, B e C de um plano, é possível escrever as coordenadas dos vetores AB e AC, por exemplo.
O produto vetorial AB x AC é um vetor perpendicular a esses vetores, ou ao plano que contém esses vetores, conforme já vimos anteriormente. Assim, o vetor n = AB x AC é denominado vetor normal ao plano que passa por A, B e C.

Na observação 3, feita anteriormente, e no item c do exercício 3, resolvido acima, verificamos que dada a equação de um plano no R^3, $ax + by + cz + d = 0$, os coeficientes das variáveis são as componentes do vetor normal a esse plano, isto é,

$ax + by + cz + d = 0 \Leftrightarrow$ vetor normal $\vec{n} = (a, b, c)$

EXERCÍCIOS RESOLVIDOS:

1) Determine um vetor normal ao plano definido pelos pontos A(1, 0, 0), B(0, 0, 2) e C(0, -3, 0)

Solução:

Vamos sugerir duas soluções para o problema:
1ª) Calculando o produto AB x AC obteremos um vetor perpendicular ao plano:

$$AB \times AC = \begin{vmatrix} i & j & k \\ -1 & 0 & 2 \\ -1 & -3 & 0 \end{vmatrix} = 6i - 2j + 3k \Rightarrow$$ *Qualquer vetor paralelo ao vetor (6, - 2, 3) será perpendicular ao plano ABC*

2ª) Determinando a equação do plano, obtemos:

$$\begin{vmatrix} x-1 & y & z \\ -1 & 0 & 2 \\ -1 & -3 & 0 \end{vmatrix} = 0 \Rightarrow 6(x-1) - 2y + 3z = 0 \Rightarrow 6x - 2y + 3z - 6 = 0.$$ *Agora, tiramos o vetor normal ao plano: n = (6, - 2, 3)*

2) Escreva a equação do plano ABC definido no exercício anterior e verifique que as coordenadas do vetor normal ao plano são proporcionais aos coeficientes de x, y e z da equação do plano.

Solução:

No caso acima, obtivemos o mesmo vetor; no entanto, como já sabemos, qualquer vetor paralelo ao vetor n será perpendicular (normal) ao plano.

5.4. PLANOS PARALELOS E PLANOS PERPENDICULARES

Analogamente ao que foi estudado no Capítulo II, podemos utilizar os vetores normais de um plano para estudar suas posições relativas.

Por exemplo, dados dois planos α e β, cujas equações cartesianas são

$\alpha : a_1x + b_1y + c_1z + d_1 = 0$

$\beta : a_2x + b_2y + c_2z + d_2 = 0$, as posições entre eles estão resumidas nos quadros abaixo

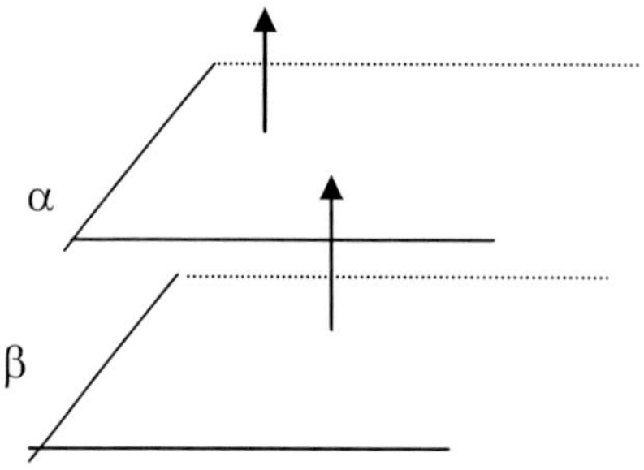

Se dois planos são paralelos, seus vetores normais são paralelos. Assim, podemos escrever:

Se $\alpha \,//\, \beta \Rightarrow \dfrac{a_1}{a_2} = \dfrac{b_1}{b_2} = \dfrac{c_1}{c_2}$

- $= \dfrac{d_1}{d_2}$ (paralelos coincidentes)
- $\neq \dfrac{d_1}{d_2}$ (paralelos distintos)

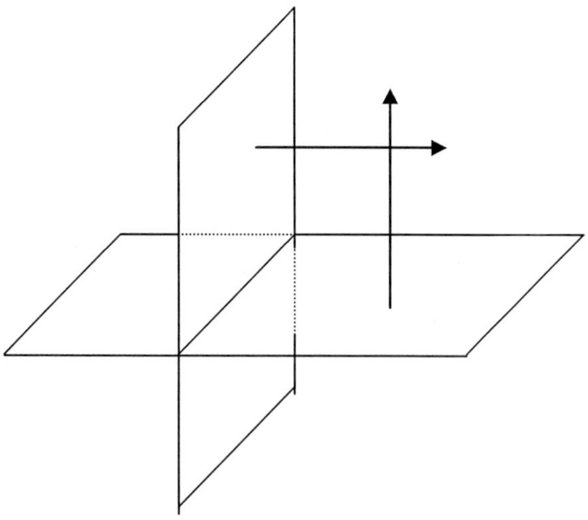

Se α e β não são paralelos, dizemos que os planos são **secantes**. Particularmente, se

$$\alpha \perp \beta \Leftrightarrow n_\alpha \perp n_\beta \Leftrightarrow n_\alpha \cdot n_\beta = 0$$

5.5. ÂNGULO ENTRE DOIS PLANOS

Também podemos utilizar os vetores normais para calcular o ângulo entre dois planos. Vamos considerar sempre o menor ângulo formado pelos vetores normais desses planos. Assim teremos:

$$\cos\theta = \left| \frac{n_\alpha \cdot n_\beta}{|n_\alpha| \cdot |n_\beta|} \right|$$

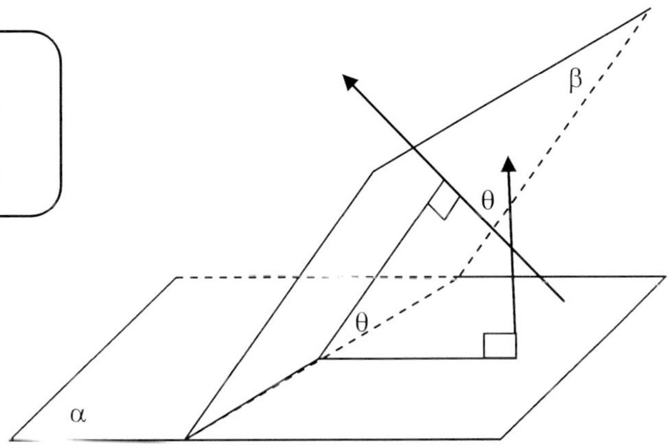

EXERCÍCIOS RESOLVIDOS

1) Determine a equação do plano que passa pelo ponto A(1, 3,- 2) e é paralelo ao plano de equação 3x + y - 5z + 1 = 0.

Solução:

O plano procurado tem vetor normal paralelo ao normal do plano dado, ou seja, k . (3, 1, -5). Não há qualquer problema se utilizarmos k = 1.
Daí a equação de todos os planos paralelos ao plano dado (família de planos paralelos) será da forma: 3x + y – 5z + d = 0. Para determinar o valor de d basta substituir, nesta equação, o ponto A que foi dado. Logo teremos:
3. 1 + 3 – 5.(- 2) + d = 0 ⇒ d = - 16.
Portanto a equação do plano será: 3x + y – 5z – 16 = 0

2) Determine o ângulo entre os planos:

a) 2x + y - 4z + 1 = 0 e 3x + 2y + 2z + 3 = 0
b) x + y - z + 1 = 0 e x + 2y + z - 4 = 0

Solução:

a) Os vetores normais dos planos dados são: n = (2, 1, - 4) e n' = (3, 2, 2)
O ângulo entre esses planos é dado por: $\cos\theta = \dfrac{(2,1,-4)\cdot(3,2,2)}{\sqrt{4+1+16}\cdot\sqrt{9+4+4}} = \dfrac{0}{\sqrt{21}.\sqrt{17}} = 0.$
Logo, os planos são perpendiculares.

b) $n = (1, 1, -1)$ e $n' = (1, 2, 1) \Rightarrow \cos\theta = \dfrac{2}{\sqrt{3}\sqrt{6}} = \dfrac{2}{3\sqrt{2}} = \dfrac{\sqrt{2}}{3} \Rightarrow \theta = \arccos\dfrac{\sqrt{2}}{3}$

3) Determine p e q para que os planos 2x - y + qz - 3 = 0 e px + 3y + z = 0 sejam paralelos. Que relação deve existir entre p e q para que esses planos sejam perpendiculares?

Solução:
Primeiramente, para que os planos sejam paralelos, devemos ter: $\dfrac{2}{p} = \dfrac{-1}{3} = \dfrac{q}{1} \Rightarrow p = -6$ e $q = 1/3$.

Para que os planos sejam perpendiculares, devemos ter n . n' = 0, isto é: (2, - 1, q) . (p, 3, 1) = 0 $\Rightarrow$ *2p – 3 + q = 0* $\Rightarrow$ *q = 3 – 2p*

4) Verifique se os planos x + 2y – z = 3 e 2x + y + z = 6 possuem pontos comuns. Em caso afirmativo, determine esses pontos.

Solução:
Analisando os vetores normais, n = (1, 2, - 1) e n' = (2, 1, 1) percebe-se que eles não são paralelos. Logo esses planos são secantes. Sabemos que a interseção entre dois planos é uma reta, que está contida nesses planos.
Assim, os pontos dessa reta interseção são aqueles que satisfazem, simultaneamente, as equações dos planos que foram dados.
Vamos resolver o sistema: $\begin{cases} x + 2y - z = 3 \\ 2x + y + z = 6 \end{cases}$. *Sabemos que ele é indeterminado (2 equações e 3 incógnitas) ; logo vamos determinar sua solução geral:*
S = { (k, 3 – k, 3 – k)}. Para cada valor atribuído a k, encontramos pontos da reta interseção. Teste alguns valores para k e verifique se os pontos obtidos satisfazem as equações dos planos dados!

5.6. INTERSEÇÕES DE UM PLANO COM OS EIXOS COORDENADOS

Considerando o plano de equação ax + by + cz + d = 0, podemos verificar as seguintes interseções (quando existirem)

com 0x : fazendo y = z = 0 , teremos x = - d / a $\Rightarrow$ A(- d/a, 0, 0)

com 0y : fazendo x = z = 0 , teremos y = - d / b $\Rightarrow$ B(0, - d/b, 0)

com 0z : fazendo x = y = 0 , teremos z = - d / c $\Rightarrow$ C(0, 0, - d/c)

Graficamente, podemos representar:

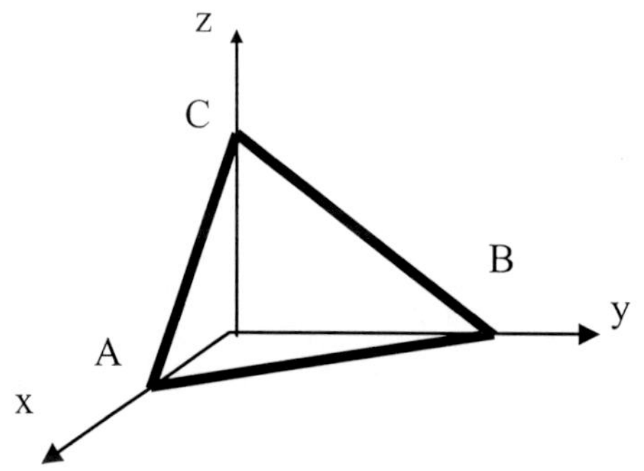

OBSERVAÇÕES

Vamos analisar a seguir os casos em que os coeficientes da equação geral de um plano (ax + by + cz + d = 0) se anulam. Acompanhe cada caso, e a sua respectiva representação gráfica.

1) *d = 0* : ax + by + cz = 0

O ponto P(0, 0, 0) pertence ao plano (o plano passa pela origem)

2) $c = 0$: ax + by + d = 0
O plano não intercepta o eixo 0z
(é paralelo ao eixo 0z, ou perpendicular ao plano x0y)

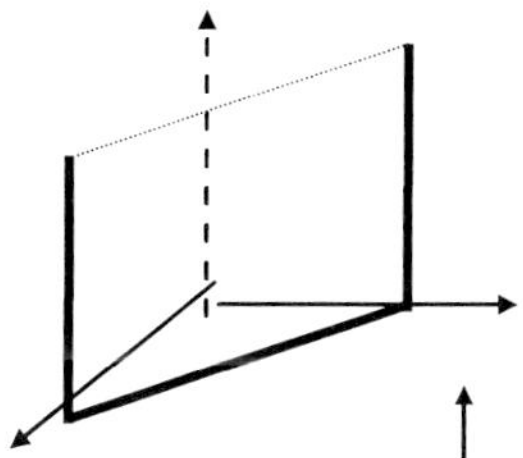

3) $b = 0$: ax + cz + d = 0
O plano não intercepta o eixo 0y.
(é paralelo ao eixo 0y, ou perpendicular ao plano x0z)

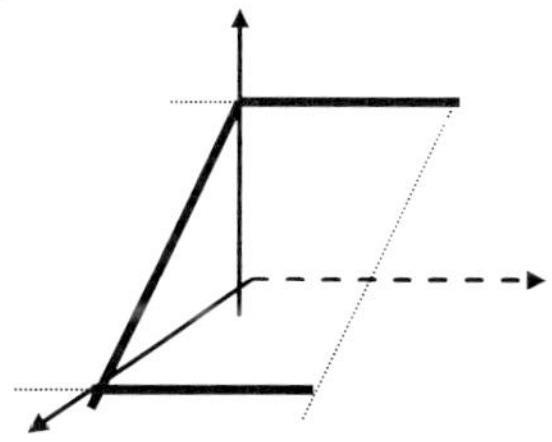

4) $a = 0$: by + cz + d = 0
O plano não intercepta o eixo 0x.
(é paralelo ao eixo 0x, ou é perpendicular ao plano y0z)

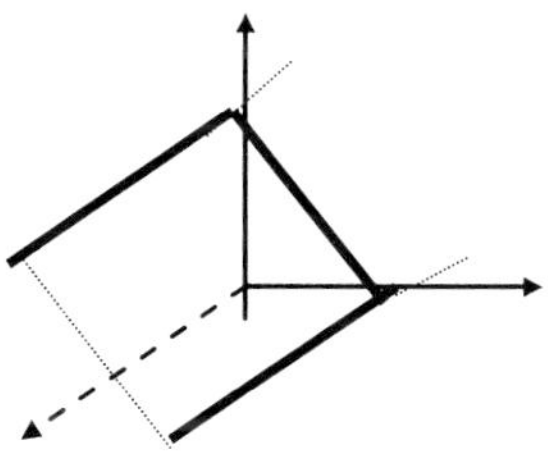

5) $a = b = 0$: cz + d = 0
O plano é paralelo ao plano x0y,
ou perpendicular ao eixo 0z

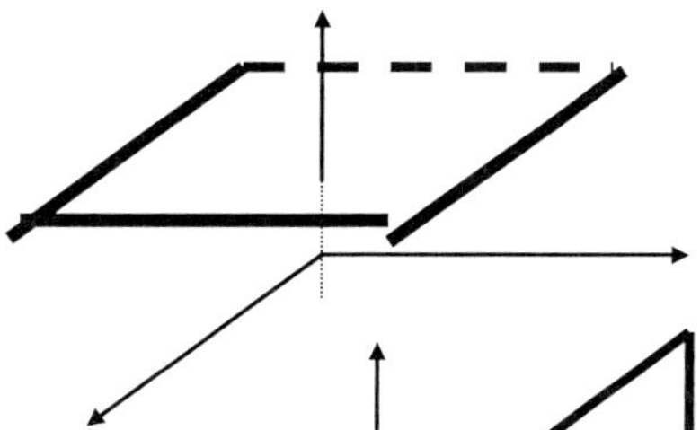

6) $a = c = 0$: by + d = 0
O plano é paralelo ao plano x0z,
ou perpendicular ao eixo 0y

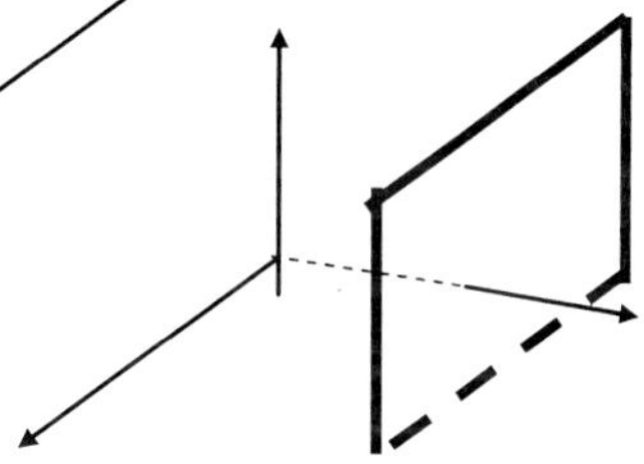

7) $b = c = 0$: ax + d = 0
O plano é paralelo ao plano y0z,
ou perpendicular ao eixo 0x.

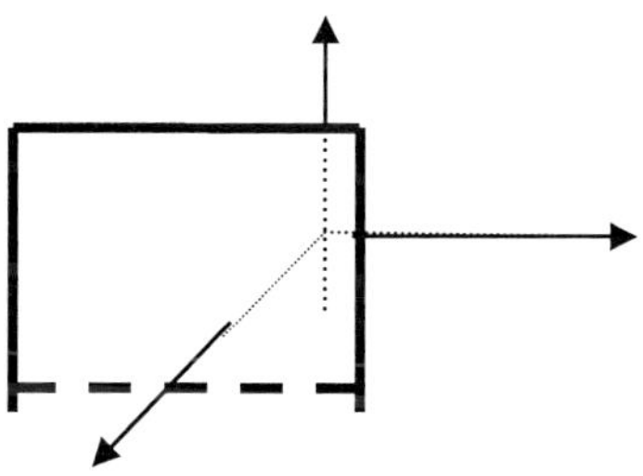

EXERCÍCIOS RESOLVIDOS

1) Faça a representação gráfica do plano cuja equação é 2x + y – 6 = 0

Solução:
A equação é da forma ax + by + 0z + d = 0. Isso significa que o plano não intercepta o eixo z, isto é, esse plano é paralelo ao eixo z.
As interseções com ox e ou são, respectivamente, (3, 0, 0) e (0, 6, 0). Assim a representação gráfica desse plano é dada por:

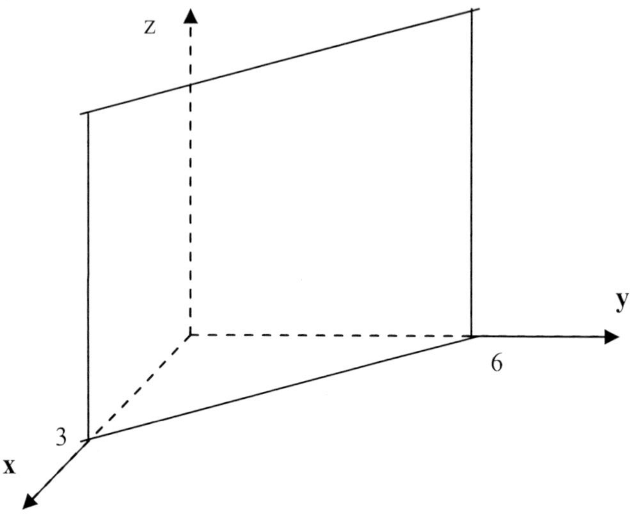

2) Determine a equação do plano perpendicular ao eixo Oz, sabendo que ele passa pelo ponto P(2, 3, 5).

Solução:
O plano procurado tem equação: 0x + 0y + cz + d = 0.
Se ele passa pelo ponto P(2, 3, 5), temos: $0.\ 2 + 0.\ 3 + c\ .\ 5 + d = 0 \Rightarrow 5c + d = 0 \quad \Rightarrow \quad d = -\ 5c.$
Se fizermos c = 1, teremos d = - 5 e a equação será: $z - 5 = 0$

5.7. DISTÂNCIA DE UM PONTO P(x_o,y_o,z_o) A UM PLANO ax + by + cz + d = 0

Vamos aqui apresentar apenas a fórmula, visto que sua demonstração é semelhante à que foi feita quando calculamos distância de um ponto a uma reta, no Capítulo II.

$$d_{P,\alpha} = \left| \frac{ax_0 + by_0 + cz_0 + d}{\sqrt{a^2 + b^2 + c^2}} \right|$$

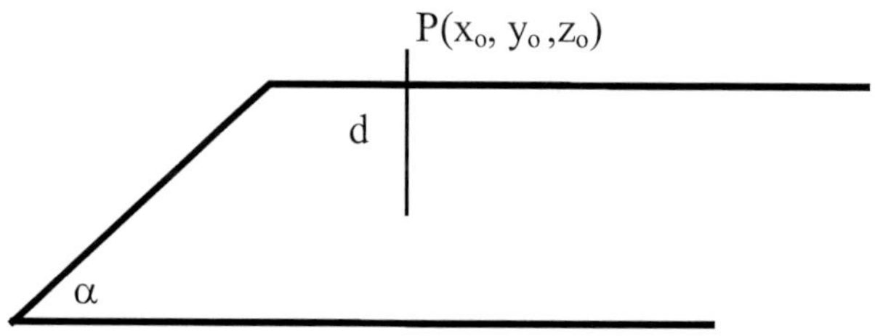

EXERCÍCIOS RESOLVIDOS

1) Calcule a distância do ponto P(4, - 1, 3) ao plano de equação 2x + y – 2z + 9 = 0.

Solução:

Utilizando a fórmula, temos: $d = \left| \frac{2\ .\ 4 + (-1) - 2\ .\ 3 + 9}{\sqrt{2^2 + 1^2 + (-2)^2}} \right| = \frac{10}{3}$

2) Calcule a altura relativa à face ABC de um tetraedro VABC, dados: A(5, 0, 0), B(0, 3, 0), C(0, 0, 4) e V(0, 0, 0)

Solução:
Vamos sugerir duas soluções para esse problema:

1ª) A altura relativa à face ABC é igual à distância do vértice V ao plano que passa por A, B e C.

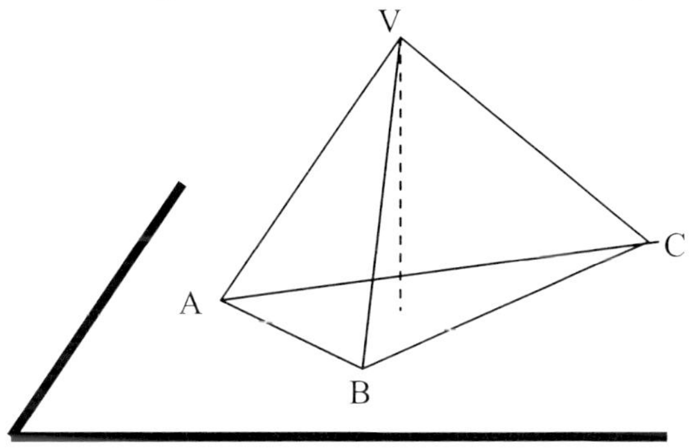

Logo, vamos determinar a equação do plano ABC: $\begin{vmatrix} x-5 & y & z \\ -5 & 3 & 0 \\ -5 & 0 & 4 \end{vmatrix} = 0$

$12(x-5) + 20y + 15z = 0 \Rightarrow 12x + 20y + 15z - 60 = 0$

$$d = \left| \frac{12.0 + 20.0 + 15.0 - 60}{\sqrt{144 + 400 + 225}} \right| = \frac{60}{\sqrt{769}}$$

2ª) Utilizando o produto misto entre os vetores AV, AB e AC, podemos calcular o volume do tetraedro ($V = \frac{1}{6}[AV, AB, AC]$*), comparar o resultado com a fórmula do volume de uma pirâmide (* $V = \frac{A_{base} . h}{3}$*) e então determinar a altura da pirâmide.*
Assim, teremos:

$AV = (-5, 0, 0)$, $AB = (-5, 3, 0)$ e $AC = (-5, 0, 4)$ $\Rightarrow \begin{vmatrix} -5 & 0 & 0 \\ -5 & 3 & 0 \\ -5 & 0 & 4 \end{vmatrix} = -60 \Rightarrow V = 10$

Área da base = Área do triângulo ABC : $\frac{1}{2}|AB \times AC| \Rightarrow AB \times AC = \begin{vmatrix} i & j & k \\ -5 & 3 & 0 \\ -5 & 0 & 4 \end{vmatrix} =$

$12i + 20j + 15k \Rightarrow A_{base} = \frac{1}{2}\sqrt{144 + 400 + 225} = \frac{1}{2}\sqrt{769}$

$\frac{1}{2}\sqrt{769} . h . 1/3 = 10 \Rightarrow h = \frac{60}{\sqrt{769}}$

5.8. EQUAÇÃO SEGMENTÁRIA DE UM PLANO

Se um plano passa pelos pontos A(p, 0, 0) , B(0, q, 0) e C(0, 0, r), sua equação pode ser escrita assim:

$$\frac{x}{p} + \frac{y}{q} + \frac{z}{r} = 1$$

Observação: Quando um plano intercepta os três eixos coordenados, os pontos de interseção e a origem são vértices de um tetraedro cujo volume é igual a

$$V = \frac{1}{6} \cdot |p.q.r|$$

EXERCÍCIOS PROPOSTOS:

1) Formar a equação do plano que passa pelo ponto M(2,1,-1) e tem por vetor normal o vetor n = (1,-2,3). Resp.: $x - 2y + 3z + 9 = 0$

2) Formar a equação do plano que passa pela origem das coordenadas e tem por vetor normal o vetor n = (5,0,-3). Resp.: $5x - 3z = 0$

3) Determinar o valor de p para o qual os planos $3x - y + pz - 3 = 0$ e $x + 3y + 2z + 5 = 0$ são perpendiculares. Resp.: $p = 0$

4) Achar a equação do plano que passa pela origem das coordenadas e é perpendicular aos planos $2x - y + 3z - 1 = 0$ e $x + 2y + z = 0$. Resp.: $7x - y - 5z = 0$

5) Mostrar que os três planos de equações $x - 2y + z - 7 = 0$, $2x + y - z + 2 = 0$ e $x - 3y + 2z - 11 = 0$ têm um ponto comum e calcular suas coordenadas. Resp.: Basta resolver o sistema formado pelas 3 equações e obter o ponto (1, - 2, 2)

6) Formar a equação do plano que passa pelo ponto P(2,-3,3) e é paralelo ao plano x0y. Resp.: $z - 3 = 0$

7) Formar a equação do plano que passa pelos pontos M(7,2,-3) e N(5,6,-4) e é paralelo ao eixo 0x. Resp.: $y + 4z + 10 = 0$

8) Calcular a distância do ponto P(-1,1,-2) ao plano que passa pelos pontos A(1,-1,1), B(-2,1,3) e C(4,-5,-2). Resp.: 4

9) Determinar o ângulo diedro formado pela interseção dos planos de equações $x - y\sqrt{2} + z - 1 = 0$ e $x + y\sqrt{2} - z + 2 = 0$. Resp.: 60º

10) O sistema $\begin{cases} x + y - z + 2 = 0 \\ x - 2y + 3z - 1 = 0 \end{cases}$ formado pelas equações de dois planos, é indeterminado.

Determine 3 pontos quaisquer que satisfaçam esse sistema, e verifique que eles são colineares. Pode-se concluir que o sistema ao lado representa uma reta no R^3? Resp.: A solução do sistema é $\left\{\left(\frac{-5-t}{4},\ t,\ \frac{3+3t}{4}\right)\right\}$; atribua 3 valores distintos a t, obtendo os pontos A, B e C. Em seguida, verifique que os vetores AB e AC são paralelos.

EXERCÍCIOS DE APROFUNDAMENTO

1) Um plano é definido pelos pontos A(-1, 2, 3), B(), 1, 4) e C(1, 2, -1). Determine a equação desse plano, e os pontos em que ele intercepta os eixos coordenados.
Resp.$2x + 3y + z - 7 = 0$ e (7/2, 0, 0); (0, 7/3, 0); (0, 0, 7)

2) Determine um vetor unitário , perpendicular ao plano $2x - 3z = 4$. Resp. $\left(\frac{2}{\sqrt{13}}, 0, -\frac{3}{\sqrt{13}}\right)$

3) Determine a equação do plano que passa pelos pontos A(2, 1, 3) e B(0, 2, -4) e é paralelo ao eixo Oy. Resp. $7x - 2z - 8 = 0$

4) Determine o único ponto comum aos três planos: $2x + 3y - z = 24$; $x - y + z = 1$ e $3x - 2y + 2z = 9$. Resp. (7, 2, -4)

5) Determine a equação do plano que passa pelo ponto (0, 1, -2) e é paralelo aos vetores u = (1, 2, 3) e v = (2, -1, 1). Resp. $x + y - z - 3 = 0$

6) Considere a equação geral de um plano: $ax + by + cz + d = 0$. Que a condição deve ser atendida pelos coeficientes para que o plano:
a) passe pela origem;
b) seja paralelo ao eixo Ox;
c) seja paralelo ao plano xOz Resp. a) d = 0; b) a = 0 ; c) a = c = 0

7) Calcule a distância do ponto P(3, -2, 1) ao plano definido pelos pontos A(4, 1, 0), B(-1, 2, 3) e C(1, -3, 5). Resp. $\frac{42}{\sqrt{1074}}$

8) Calcule a distância entre os planos $x + 2y - 2z + 1 = 0$ e $2x + 4y - 4z + 5 = 0$. Resp. $\frac{1}{2}$

9) Calcule o ângulo formado pelos planos $x + y + 1 = 0$ e $x - z - 1 = 0$. Resp. 60º

10) Calcule o volume do tetraedro formado pela origem e pelas interseções do plano $x + y + z - 1 = 0$ com os eixos coordenados. Resp. 1/6

CAPÍTULO VI - ESTUDO DA RETA NO R^3

6.1. EQUAÇÕES SIMÉTRICAS E PARAMÉTRICAS DE UMA RETA NO R^3

Dados os pontos $A(x_o,y_o,z_o)$ e $B(x_1,y_1,z_1)$, vamos determinar as equações da reta que passa por eles. Assim como fizemos no Capítulo II, vamos considerar um ponto genérico P(x, y, z) que deverá estar alinhado com A e B. Desta forma, A, B e P determinam 2 vetores (AB e AP, por exemplo) que são paralelos

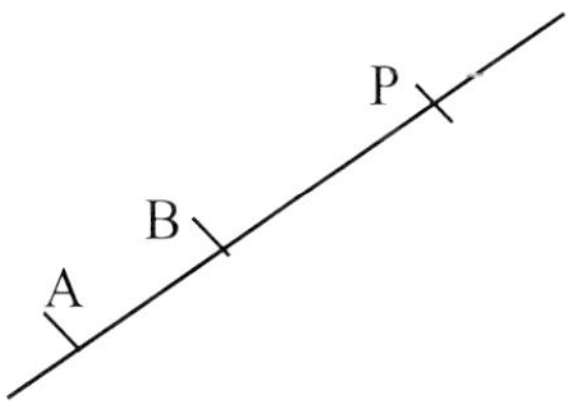

Se $\overrightarrow{AB} // \overrightarrow{AP}$ podemos escrever $\overrightarrow{AP} = k \cdot \overrightarrow{AB}$, onde k é um número real.

Daí teremos: $(x - x_o, y - y_o, z - z_o) = k \cdot (x_1 - x_o, y_1 - y_o, z_1 - z_o)$

Assim, admitindo que $x_1 - x_o \neq 0$, $y_1 - y_o \neq 0$ e $z_1 - z_o \neq 0$, podemos escrever :

$$\frac{x - x_o}{x_1 - x_o} = \frac{y - y_o}{y_1 - y_o} = \frac{z - z_o}{z_1 - z_o} = k$$

Como A e B pertencem à reta, podemos observar que o vetor AB é paralelo (tem a mesma direção) à reta que passa por A e B. Assim, fazendo $AB = (x_1 - x_o, y_1 - y_o, z_1 - z_o) = (a, b, c)$, e chamando esse vetor de **vetor diretor** da reta, teremos

$$\frac{x - x_o}{a} = \frac{y - y_o}{b} = \frac{z - z_o}{c} = k$$

Equações simétricas da reta AB

que nos dará

$$\begin{cases} x = x_o + a.k \\ y = y_o + b.k \\ z = z_o + c.k \ , \ k \in R \end{cases}$$

Equações paramétricas da reta AB

As expressões acima são semelhantes àquelas já vistas quando estudamos retas no R^2. Portanto, você deve estar bastante familiarizado com elas, dispensando mais comentários.

EXERCÍCIOS RESOLVIDOS

1. Verifique em que pontos a reta r: $\begin{cases} x = -1 + t \\ y = 4 - 2t \\ z = 2 + t \ , \ t \in \Re \end{cases}$ intercepta os planos coordenados x0y, x0z e y0z.

Solução:
O ponto em que uma reta "fura" o plano x0y tem cota z = 0. Assim, da equação da reta tiramos: z = 0 ⇒ t = - 2. Substituindo esse valor de t nas duas primeiras equações do sistema, tiramos x = - 3 e y = 8. Assim, a reta passa pelo ponto P(- 3, 8, 0)
Para determinar as interseções com os planos x0z e y0z, basta determinar os valores de t quando y = 0 e quando x = 0, respectivamente. Conclua o exercício, determinando essas interseções.

2. Determine as interseções da reta com os planos coordenados $\begin{cases} x = 2 - t \\ y = 1 + t \\ z = 2 \end{cases}$

Solução:

Anulando x, encontramos t = 2. Logo, a reta passa pelo ponto (0, 3, 2) , isto é, intercepta o plano y0z;
Anulando y, obtemos t = - 1. Logo, a reta passa pelo ponto (3, 0, 2), isto é, intercepta o plano x0z
Observe ainda que z = 2 não se anula para qualquer valor de t (z é constante). Nesse caso, a reta não intercepta o plano x0y, isto é, a reta é paralela ao plano x0y

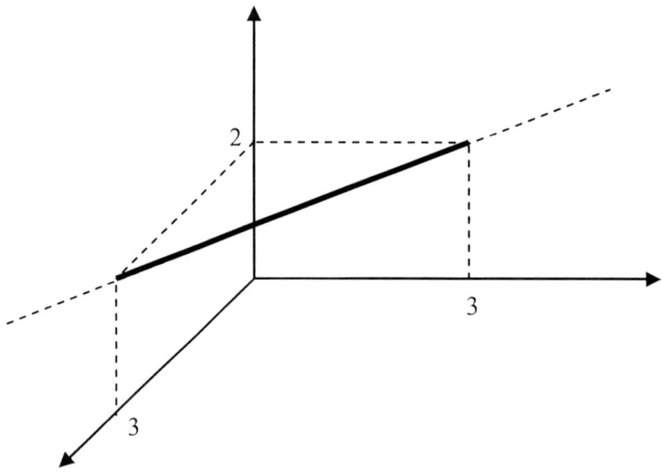

3. Verifique se a reta $\begin{cases} x = -1 + t \\ y = 2 + 3t \\ z = 2 - 2t \end{cases}$ intercepta algum dos eixos coordenados.

Solução:
Um ponto pertence a um dos eixos coordenados quando duas de suas coordenadas forem nulas. Por exemplo, o ponto (x, 0, 0) pertence ao eixo 0x.
Então, devemos verificar se existe algum valor de t que anula, simultaneamente, duas das coordenadas de um ponto da reta.
Vamos, então, fazer:
x = 0 ⇒ t = 1 ; y = 0 ⇒ t = - 2/3 ; z = 0 ⇒ t = 1.
Observe que, quando t = 1, x = z = 0 e y = 5. Assim, a reta corta o eixo y, no ponto Q(0, 5, 0)

4. Analise a posição da reta r: $\begin{cases} x = 2 \\ y = 3 \\ z = 4 - t \end{cases}$ em relação aos eixos e aos planos coordenados

Solução:

Primeiramente, observemos que x e y são constantes, diferentes de zero; logo essa reta não "fura" os planos x0z e y0z; além disso, o valor z se anula quando t = 4, isto é, a reta passa pelo ponto (2, 3, 0), isto é, "fura" o plano x0y nesse ponto, mas não intercepta os eixos x e y. Como (2, 3, 4) também é um ponto da reta, podemos fazer a seguinte representação:

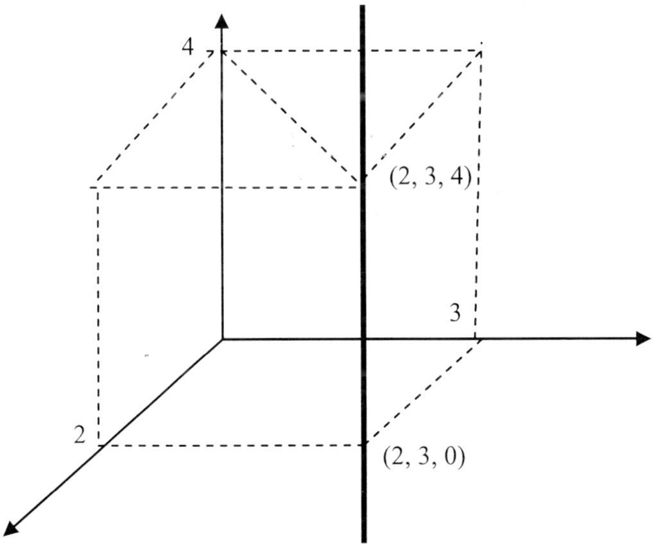

Assim, podemos concluir que essa reta é paralela ao eixo 0z, ou perpendicular ao plano x0y e paralela aos planos x0z e y0z.

6.2. RETAS PARALELAS

Com base no que já estudamos anteriormente, é fácil concluir que duas retas no R^3 serão paralelas se, e somente se, seus vetores diretores forem paralelos. Caso contrário, elas poderão ser concorrentes ou reversas, como veremos mais adiante.

EXERCÍCIOS RESOLVIDOS

1) Dados os pontos A(-1,2,3) e B(4,5,-2), determine as equações paramétricas da reta que passa por A e B.

Solução:
Vamos considerar o vetor AB = (5, 3, - 5) como vetor diretor da reta. Para escrever as equações paramétricas podemos utilizar o ponto A ou o ponto B, que são pontos da reta. Assim, teremos: r :

$$\begin{cases} x = -1 + 5t \\ y = 2 + 3t \\ z = 3 - 5t \end{cases} \quad \textit{ou r:} \begin{cases} x = 4 + 5k \\ y = 5 + 3k \\ z = -2 - 5k \end{cases}.$$

Como curiosidade, observe que, na primeira equação, foi utilizado o ponto A; nessa equação, quando fazemos t = 1, obtemos o ponto B. Na segunda equação, foi utilizado o ponto B; quando fazemos k = - 1, obtemos o ponto A.

2) Determine as equações da reta que passa pelo ponto A(0,3,-2) e é paralela ao vetor v = (1,5,3).

Solução:

Se a reta é paralela ao vetor v, então ele (ou qualquer vetor que lhe seja paralelo) pode ser considerado como vetor diretor da reta. Assim teremos r: $\begin{cases} x = 0 + t \\ y = 3 + 5t \\ z = -2 + 3t \end{cases}$

3) Determine as equações paramétricas da reta que passa pelo ponto P(- 3, 2, 1) e é paralela à reta r : $x + 5 = y - 3 = \dfrac{z+1}{4}$

Solução:

A reta r está escrita na forma simétrica. Se fizermos $x + 5 = y - 3 = \dfrac{z+1}{4} = k$*, podemos tirar que:* $\begin{cases} x = -5 + k \\ y = 3 + k \\ z = -1 + 4k \end{cases}$*. Logo, o vetor diretor de r é v = (1, 1, 4). Assim, a reta procurada deve ter como vetor diretor um vetor u que seja paralelo a v, isto é, u = t . v , t*$\in\Re$*. Logo, a equação pedida é:* $\begin{cases} x = -3 + t \\ y = 2 + t \\ z = 1 + 4t \end{cases}$

4) Determine o ponto em que a reta r: $2 - x = \dfrac{y-3}{5} = \dfrac{z-2}{4}$ "fura" o plano de equação $3x + 2y - z + 4 = 0$.

Solução:

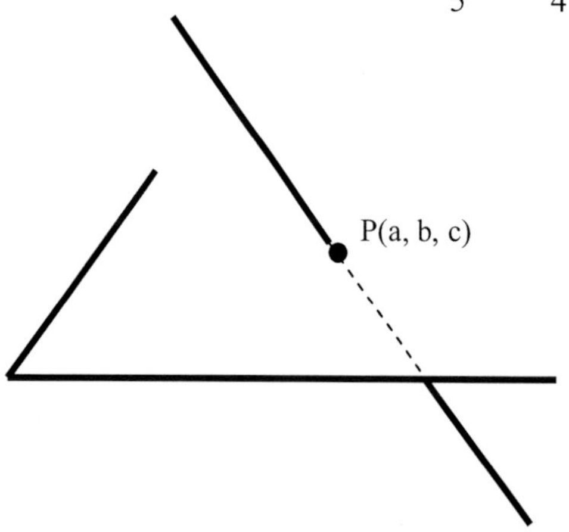

A reta r vai "furar" o plano num ponto que, obviamente, pertence a ela e ao plano, simultaneamente. Fazendo $2 - x = \dfrac{y-3}{5} = \dfrac{z-2}{4} = k$*, podemos escrever que um ponto genérico da reta r será sempre da forma P(2 – k, 3 + 5k, 2 + 4k). Se esse ponto deve pertencer também ao plano, então ele deve satisfazer a equação do plano. Logo, podemos escrever:*

$3(2-k) + 2(3+5k) - (2+4k) + 4 = 0 \Rightarrow 6 - 3k + 6 + 10k - 2 - 4k + 4 = 0 \Rightarrow k = 14/3$

Substituindo o valor de k encontrado no ponto genérico P, obtemos o ponto de interseção da reta com o plano. Conclua o exercício!

5) Determine as equações da reta que passa por (2, 1, 5) e é perpendicular ao plano de equação 2x + 3y - 4z + 1 = 0.

Solução:
Se a reta é perpendicular ao plano, então o vetor diretor v dessa reta é paralelo ao vetor normal n do plano. Veja a figura:

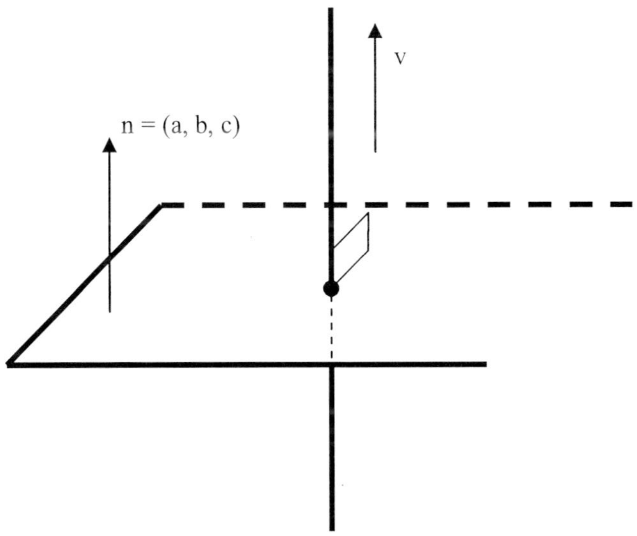

Da equação do plano, tiramos n = (2, 3, - 4). Logo, o vetor diretor pode ser v = (2, 3, - 4), que é paralelo a n.

Assim a reta r tem equações: $\begin{cases} x = 2 + 2t \\ y = 1 + 3t \\ z = 5 - 4t \end{cases}$

6) Para que valor de k, a reta $r: \begin{cases} x = 2 + kt \\ y = 3 - 2t \\ z = 5 + t \ , \ \ t \in R \end{cases}$ é paralela ao plano de equação 2x + 5y - z + 1 = 0 ?

Solução:

Uma reta r será paralela a um plano quando seu vetor diretor for perpendicular ao vetor normal do plano. Veja a figura:

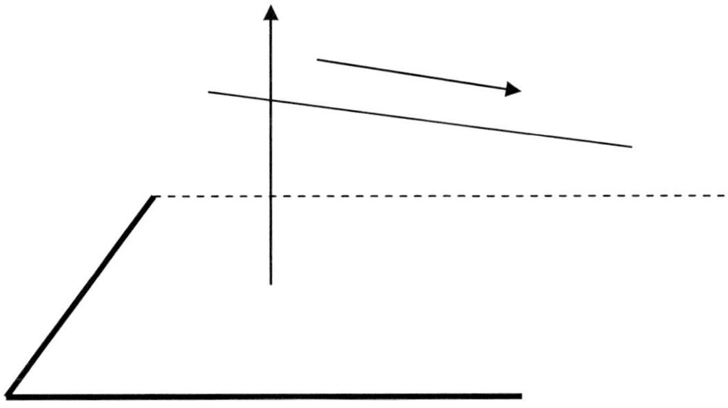

Logo, basta que o produto escalar entre esses vetores seja igual a zero, ou seja:
Se v = (k, - 2, 1) e n = (2, 5, - 1), temos:

$v \cdot n = 2k - 10 - 1 = 0 \Rightarrow k = 11/2$

6.3. POSIÇÕES RELATIVAS ENTRE DUAS RETAS NO R^3

Sabemos que no espaço R^3 duas retas r e s podem ocupar as seguintes posições:

1) r e s são coplanares (estão contidas em um mesmo plano):

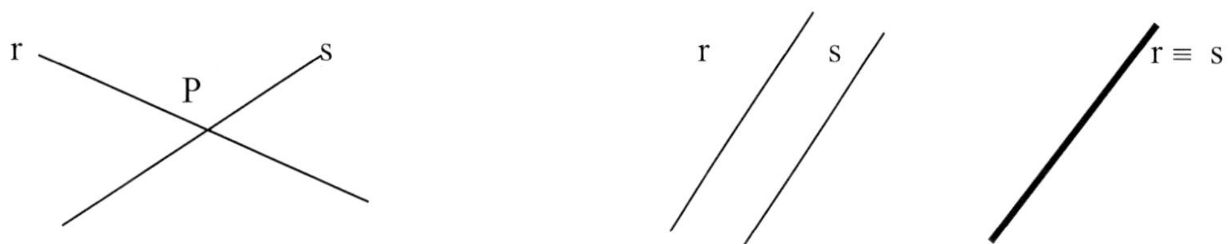

Concorrentes: $r \cap s = \{P\}$ Paralelas: $r \cap s = \phi$ Coincidentes: $r \equiv s$

2) r e s são reversas (não existe plano que contenha as duas retas)

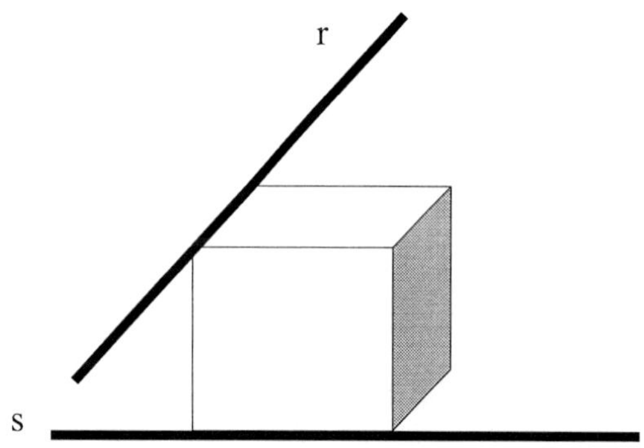

Vamos mostrar, através dos exercícios resolvidos abaixo, como é possível determinar a posição entre duas retas r e s do R^3

EXERCÍCIOS RESOLVIDOS

1) Determine a posição relativa entre as retas r e s dadas em cada item:

a) $\begin{cases} x = 1 - 4t \\ y = 3 + 2t \\ z = 2 - t \quad, t \in R \end{cases}$ $\begin{cases} x = 5 - 4p \\ y = 1 + 2p \\ z = 2 - p \quad, \ p \in R \end{cases}$

Solução:

Em primeiro lugar, vamos observar os vetores diretores dessas retas: $v_1 = (-4, 2, -1)$ *e* $v_2 = (-4, 2, -1)$. *Esses vetores são paralelos, o que nos permite concluir que as retas têm a mesma direção, ou seja, elas podem ser paralelas distintas ou então são coincidentes.*

Se elas forem distintas, não terão pontos em comum, caso contrário, todos os pontos serão comuns. Assim, igualando os valores genéricos de x, y e z das equações, para verificarmos se elas possuem pontos comuns, teremos:

$$\begin{cases} 1-4t = 5-4p \\ 3+2t = 1+2p \\ 2-t = 2-p \end{cases}$$ $\Rightarrow$ *Esse sistema é impossível. Logo, as retas não possuem pontos comuns. Conclusão: As retas são paralelas distintas.*

b) $\begin{cases} x = 1 - t \\ y = 2 + 2t \\ z = 3 + t \ , \ t \in R \end{cases}$ $\quad$ $\begin{cases} x = 3 + 2p \\ y = -2 - 2p \\ z = 1 + 5p \ , \ p \in R \end{cases}$

Solução:

Das equações dadas, tiramos: $v_1 = (-1, 2, 1)$ *e* $v_2 = (2, -2, 5)$. *Esses vetores não são paralelos. Logo, as retas podem ser concorrentes ou reversas. Se houver um único ponto comum, elas serão concorrentes. Se não houver ponto comum, elas serão reversas.*

Resolvendo o sistema $\begin{cases} 1-t = 3+2p \\ 2+2t = -2-2p \\ 3+t = 1+5p \end{cases}$ *temos* $p = 0$ *e* $t = -2$, *que é a única solução encontrada.*

Substituindo $t = -2$ *na primeira equação, ou* $p = 0$ *na segunda, obtemos o ponto* $P(3, -2, 1)$ *que é o ponto de interseção entre as retas dadas.*
Conclusão: As retas são concorrentes no ponto P
Observemos que se o sistema fosse impossível, concluiríamos que as retas eram reversas.

c) $\begin{cases} x = 2 + t \\ y = 1 + 4t \\ z = 3 - 2t \ , \ t \in R \end{cases}$ $\quad$ $\begin{cases} x = 3 + p \\ y = 5 + 4p \\ z = 1 - 2p \ , \ p \in R \end{cases}$

Solução:

Os vetores diretores $v_1 = (1, 4, -2)$ *e* $v_2 = (1, 4, -2)$ *são paralelos. Resolvendo o sistema* $\begin{cases} 2+t = 3+p \\ 1+4t = 5+4p \\ 3-2t = 1-2p \end{cases}$ *verificamos que ele é indeterminado, sendo* $t = p + 1$. *Assim, se fizermos* $p = 2$, *teremos* $t = 3$, *e substituirmos em suas respectivas equações obteremos o ponto* $P(5, 13, -3)$, *comum às duas retas. Atribuindo a p outros valores, obteremos outros pontos comuns às duas retas.*
Conclusão: As retas são coincidentes.

6.4. ÂNGULO ENTRE DUAS RETAS NO R^3 E ÂNGULO ENTRE UMA RETA E UM PLANO

6.4.1. ÂNGULO ENTRE DUAS RETAS

Podemos determinar o ângulo formado por duas retas no espaço, calculando o ângulo entre seus vetores diretores, sendo essas retas concorrentes ou reversas.

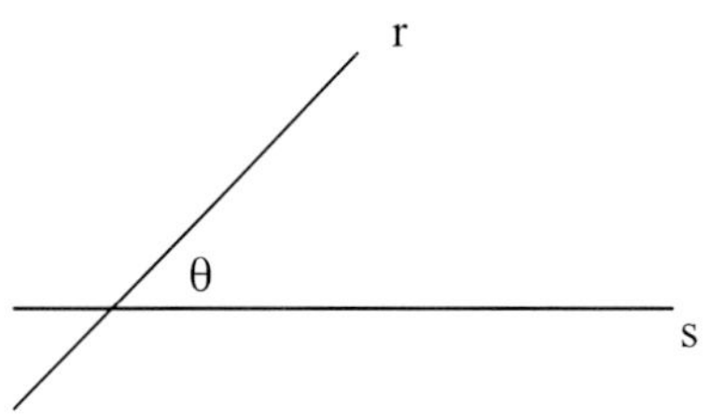

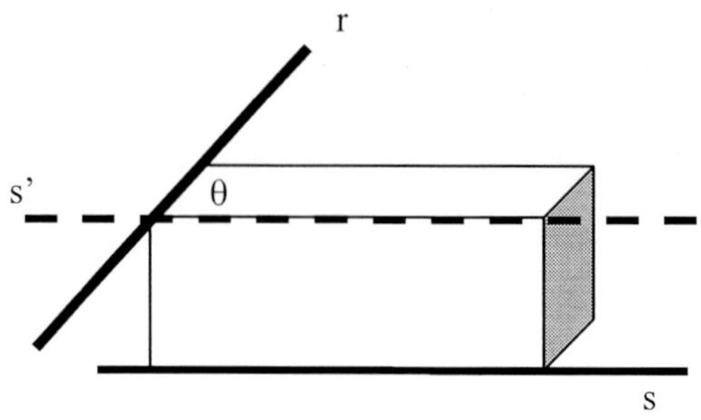

EXERCÍCIO RESOLVIDO:

1) Determine o ângulo formado pelas retas r: $\begin{cases} x = t \\ y = 1 - 3t \\ z = 2t \end{cases}$ e s: $\begin{cases} x = 4 - 2p \\ y = 1 + 3p \\ z = -p \end{cases}$.

Solução:

Os vetores diretores de r e s são, respectivamente, (1, -3, 2) e (-2, 3, -1). O ângulo formado por eles é calculado da seguinte forma:

$$\cos\theta = \frac{1.(-2) + (-3).3 + 2.(-1)}{\sqrt{14}.\sqrt{14}} = \frac{-13}{14} \quad \Rightarrow \theta = \text{arc cos } (-13 / 14)$$

2) Determine o valor de k para que as retas r: $\frac{x}{3} = \frac{1 - y}{2} = z + 1$ e s : $\begin{cases} x = 2 + k.t \\ y = -1 - t \\ z = 2 + 4t \end{cases}$ formem um ângulo de 90º.

Solução:

Para que as retas formem um ângulo de 90º, o produto escalar entre seus vetores diretores deve ser zero (condição necessária, mas não suficiente).
(3, -2, 1) . (k, -1, 4) = 0 $\Rightarrow$ 3k + 2 + 4 = 0 $\Rightarrow$ k = - 2

Para determinar se as retas são perpendiculares devemos verificar se elas são coplanares. Se não forem coplanares, diremos que elas são ortogonais.

Sendo P(0, 1, - 1) um ponto de r e Q(2, - 1, 2) um ponto de s, vamos calcular o produto misto[PQ, v_r, v_s] entre os vetores PQ, v_r e v_s para verificar se eles são coplanares ou não.

$\begin{vmatrix} 2 & -2 & 3 \\ 3 & -2 & 1 \\ -2 & -1 & 4 \end{vmatrix} = -7$ *. Logo as retas são reversas. Como o ângulo entre os vetores diretores é reto, dizemos que essa retas são **ortogonais**.*

6.4.2. ÂNGULO FORMADO ENTRE UMA RETA E UM PLANO

O ângulo formado entre uma reta r e um plano α é igual ao complemento do ângulo formado pelo vetor diretor da reta r com o vetor normal do plano.
Observe a figura:

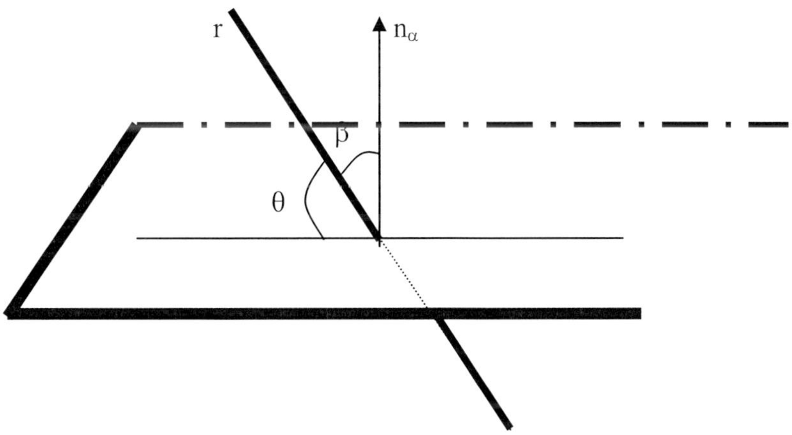

O ângulo entre o vetor diretor de r e o vetor normal do plano é igual a β, logo $\beta + \theta = 90^o$. Assim, $\theta = 90^o - \beta$.

Então podemos escrever que $\theta = 90^o - ang(\vec{v}_r, \vec{n}_\alpha)$

EXERCÍCIO RESOLVIDO

Determine o ângulo que a reta r: $\begin{cases} x = 2 - t \\ y = 1 + 2t \\ z = -3 + 5t \end{cases}$ *forma com o plano de equação* $x - 2y + z + 2 = 0$.

Solução:

Calculemos o ângulo entre o vetor diretor da reta $v = (-1, 2, 5)$ *e o vetor normal do plano* $n = (1, -2, 1)$.
$v \cdot n = (-1) \cdot 1 + 2 \cdot (-2) + 5 \cdot 1 = 0$. *Se esses vetores são perpendiculares, podemos afirmar que a reta é paralela ao plano.*

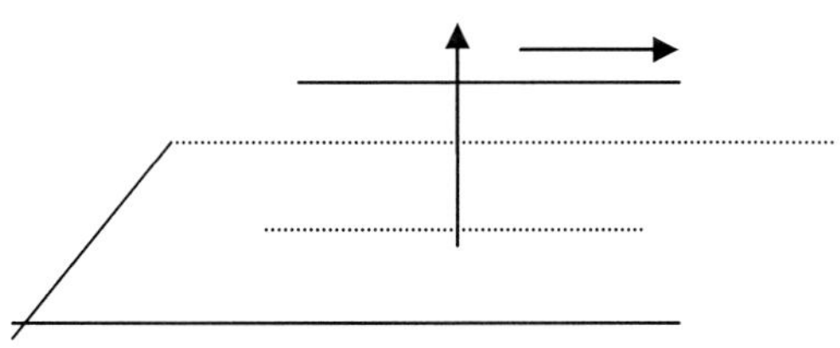

Observe que, se tomarmos um ponto qualquer da reta r, e esse ponto satisfizer a equação do plano, isto é, pertencer ao plano, concluiremos, obviamente, que a reta está contida no plano.
Por exemplo, P(2, 1, - 3) é um ponto da reta. Substituindo esse ponto na equação do plano, temos:
$2 - 2 \cdot 1 + (-3) + 2 = 2 - 2 - 3 + 2 = -1$. *Como o ponto não pertence ao plano, a reta é paralela ao plano (não está contida no plano)*

6.5. DISTÂNCIA DE UM PONTO $P(x_0, y_0, z_0)$ A UMA RETA DADA r

Dado um ponto P e uma reta r vamos determinar a distância entre P e r.

Consideremos, por exemplo, o ponto P(1, 2, 4) e a reta r: $\begin{cases} x = 3 + 3t \\ y = 4 \\ z = 5 + 4t \end{cases}$. Iremos calcular a distância de P a r.

Vamos sugerir três soluções para esse problema:

1ª solução:

Observe a figura abaixo, que ilustra o problema proposto:

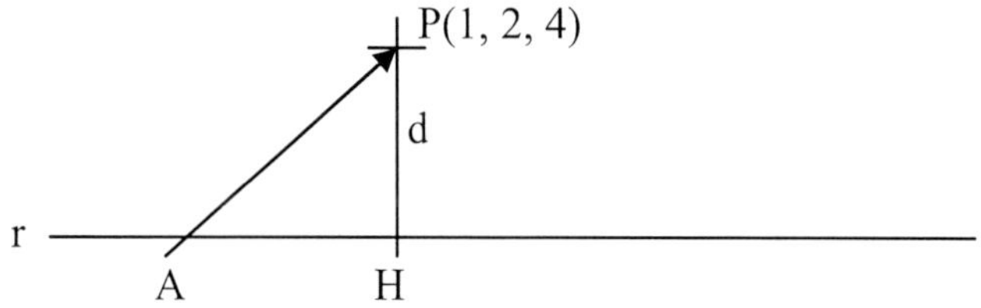

Sendo A um ponto qualquer da reta r, (3, 4, 5), por exemplo, podemos calcular a medida da projeção ortogonal do vetor AP sobre o vetor diretor de r, que é (3, 0, 4). Com essa medida, e com o módulo do vetor AP, podemos aplicar o Teorema de Pitágoras no triângulo AHP e determinar o valor de d.

A medida da projeção é igual a m = $\overrightarrow{AP} \cdot \overrightarrow{v'}$ = (2, 2, 1) . (3/5, 0, 4/5) = 6/5 + 0 + 4/5 = 2

Como $|\overrightarrow{AP}| = 3$, temos que d = $\sqrt{5}$

2ª solução:

Se considerarmos, além do ponto A um outro ponto da reta r, por exemplo B(0, 4, 1), podemos construir um triângulo APB. A distância procurada é a altura desse triângulo, relativa ao lado AB.

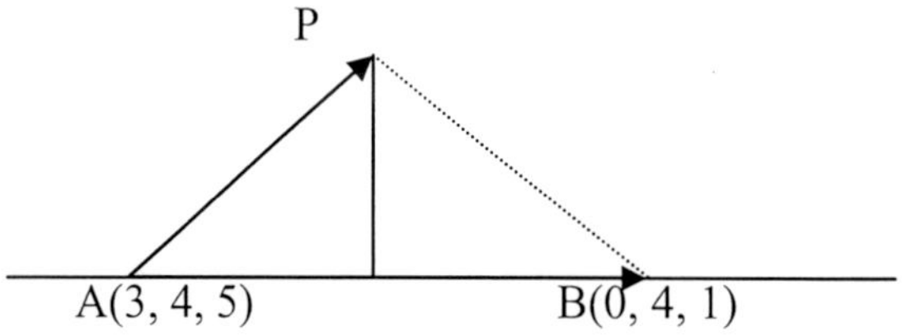

Para determinar a altura do triângulo, vamos calcular sua área, utilizando o módulo do produto vetorial entre os vetores AP e AB.

Assim, teremos: $\begin{vmatrix} \vec{i} & \vec{j} & \vec{k} \\ 2 & 2 & 1 \\ 3 & 0 & 4 \end{vmatrix} = 8i - 5j - 6k \Rightarrow$ Área do triângulo: $S = \dfrac{5\sqrt{5}}{2}$. Por outro lado, sabemos que $S = \dfrac{|AB|.h}{2} \Rightarrow \dfrac{5\sqrt{5}}{2} = \dfrac{5.h}{2} \Rightarrow h = d = \sqrt{5}$.

3ª solução:

Nessa solução, iremos utilizar os conhecimentos desse capítulo, isto é, trabalharemos com as equações da reta r.
Consideremos as equações paramétricas da reta r:

$$\begin{cases} x = 3 + 3t \\ y = 4 \\ z = 5 + 4t \end{cases}$$

. Para calcular a distância do ponto P(1, 2, 4) a essa reta, procederemos do seguinte modo:
Seja M(3 + 3 t, 4, 5 + 4 t) um ponto qualquer da reta AB. Vamos determinar agora as coordenadas do vetor $\overrightarrow{PM}$:

$\overrightarrow{PM}$ = M – P = (2 + 3 t, 2, 1 + 4 t). Se esse vetor for perpendicular à reta AB, poderemos calcular o valor de t, que nos dará o ponto M, conforme mostra a figura abaixo:

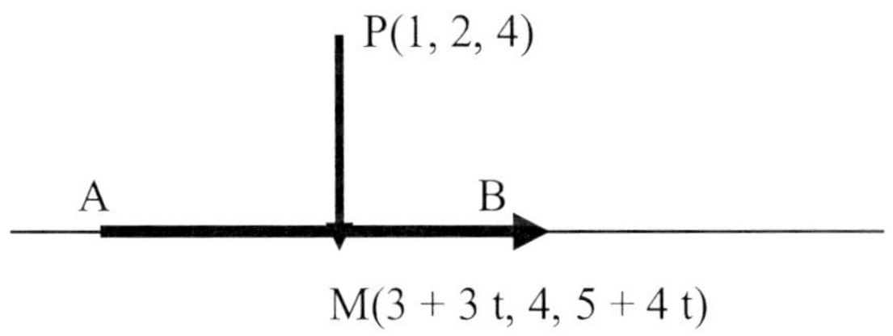

PM $\perp$ AB $\Rightarrow$ (2 + 3 t, 2, 1 + 4 t) . (3, 0, 4) = 0 $\Rightarrow$ 6 + 9 t + 0 + 4 + 16 t = 0 $\Rightarrow$ t = - 2/5.

Logo o vetor PM é (4/5, 2, - 3/5). Calculando o módulo de PM teremos a distância procurada:

$$d = \sqrt{\frac{16}{25} + 4 + \frac{9}{25}} = \sqrt{5}$$

6.6. DETERMINAÇÃO DE UMA RETA PERPENDICULAR A UMA RETA DADA

Dada uma reta r, deseja-se determinar as equações paramétricas de uma reta s, perpendicular a r, passando por um ponto P dado. Já sabemos que não é suficiente que os vetores normais das retas sejam perpendiculares. Além disso, as retas têm que ser concorrentes.
Assim, esse problema poderá ser resolvido facilmente se for utilizado o 3º método apresentado anteriormente, quando consideramos o ponto M da reta dada, que será o ponto de interseção entre as retas perpendiculares.
Basta você perceber que o vetor PM determinado a partir do valor encontrado para t, é o vetor diretor da reta perpendicular. A partir daí, escrever as equações da reta procurada é bastante simples.
EXERCÍCIO RESOLVIDO:

Utilizando os dados do exercício resolvido anteriormente, determine a equação da reta que passa pelo ponto P e é perpendicular à reta r.

Solução:

No exercício resolvido, encontramos t = - 2/5 , que nos dá o ponto M (9/5 , 4 , 17/5) que será o ponto de interseção entre as retas. Vimos também que PM = (4/5, 2, - 3/5), que será o vetor diretor da reta procurada.

Logo, a reta que passa por P e é perpendicular à reta dada será: $s:\begin{cases} x = 1 + \frac{4}{5}t \\ y = 2 + 2t \\ z = 4 - \frac{3}{5}t \end{cases}$.

Observe que, se considerarmos t = 1, vamos obter exatamente o ponto M determinado anteriormente.

6.7. DISTÂNCIA ENTRE DUAS RETAS

6.7.1. AS RETAS SÃO PARALELAS

Sendo r e s duas retas paralelas, você poderá calcular a distância entre elas do seguinte modo: considere um ponto P pertencente a uma das retas e calcule a distância desse ponto à outra reta, utilizando qualquer dos três métodos apresentados no item 5.

6.7.2. AS RETAS SÃO REVERSAS

Esse problema apresenta um grau de complexidade maior do que os anteriormente estudados.
Primeiramente, devemos lembrar que, de acordo com o que você já deve ter estudado em geometria, a distância entre duas retas reversas r e s é calculada do seguinte modo:

1. determina-se uma reta que seja perpendicular a r e a s ao mesmo tempo (chamada perpendicular comum);
2. determinam-se os pontos P e Q, em que a perpendicular comum intercepta as retas r e s, respectivamente;
3. calcula-se a distância entre P e Q.

EXERCÍCIO RESOLVIDO

Calcular a distância entre as retas $r:\begin{cases} x = 1 + t \\ y = 2t \\ z = 1 - t \end{cases}$ e $s:\begin{cases} x = -p \\ y = 2 + p \\ z = 1 + 2p \end{cases}$

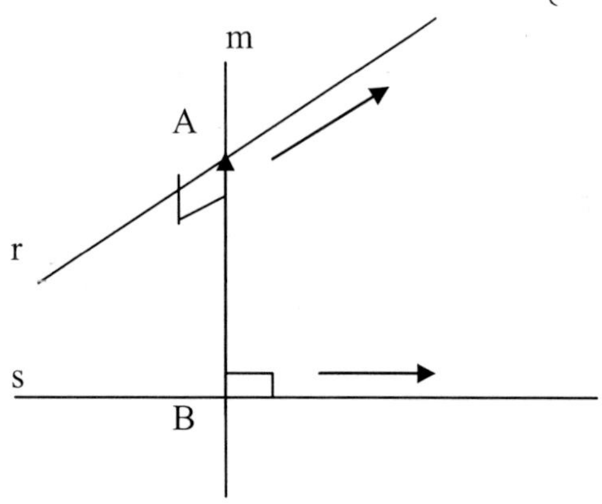

Solução:

Seja m a reta perpendicular comum, que passa pelos pontos A(1 + t, 2 t, 1 – t) de r e B(- p, 2 + p, 1 + 2 p) de s.
Assim, o vetor AB deverá ser perpendicular às retas r e s, isto é, aos vetores diretores de r e s. Assim, termos:

$(- p - t - 1, p - 2t + 2, 2p + t) \cdot (1, 2, -1) = 0 \Rightarrow p + 6t = 3$

$(- p - t - 1, p - 2t + 2, 2p + t) \cdot (-1, 1, 2) = 0 \Rightarrow 6p + t = -3$

Resolvendo o sistema formado por essas duas equações teremos t = 21/35 e p = - 21/35.

Agora você deverá substituir t na equação de r e p na equação de s para determinar os pontos A e B, ou então substitua direto os valores de t e p na expressão encontrada para o vetor AB. Posteriormente, calcule o módulo do vetor AB e terá a distância entre as retas reversas r e s.
Conclua o exercício fazendo os cálculos sugeridos!

6.8. RETA DETERMINADA PELA INTERSEÇÃO DE DOIS PLANOS

Sabemos que, quando dois planos são secantes, eles determinam uma reta. Assim, é muito comum apresentarmos uma reta no R^3 através de um sistema formado pelas equações de dois planos não paralelos.

Portanto, podemos nos referir a uma reta r, dada por $\begin{cases} x + y - 2z + 1 = 0 \\ 2x + y + z - 2 = 0 \end{cases}$.

Você já aprendeu que esse sistema é indeterminado (3 variáveis e apenas 2 equações). A solução geral desse sistema, em função de z, por exemplo, é:

$x = -3z + 3$
$y = 5z - 4$.

Fazendo z = t , onde t é um número real, teremos as equações paramétricas da reta r: $\begin{cases} x = 3 - 3t \\ y = -4 + 5t \\ z = t \end{cases}$

Atenção para uma observação importante!

Você aprendeu, quando estudou Geometria Espacial, que a reta determinada pela interseção de dois planos está contida nesses dois planos. Portanto, é correto afirmar que ela é perpendicular aos vetores normais desses planos. Isto é, o vetor diretor da reta interseção é perpendicular aos vetores normais dos dois planos. Essa afirmação equivale a dizer que o vetor diretor da reta interseção é paralelo ao produto vetorial entre os vetores normais desses planos.

No exemplo acima teríamos o seguinte:

$\begin{vmatrix} \vec{i} & \vec{j} & \vec{k} \\ 1 & 1 & -2 \\ 2 & 1 & 1 \end{vmatrix} = 3\,i - 5\,j - k = (3, -5, -1)$. Observe que esse vetor é paralelo ao vetor diretor obtido, quando escrevemos as equações paramétricas da reta r, comprovando o que dissemos.

EXERCÍCIOS PROPOSTOS

1) Escreva as equações paramétricas da reta $r: \begin{cases} x + y - z + 1 = 0 \\ 2x - y + 2z - 5 = 0 \end{cases}$

2) Determine o vetor diretor da reta interseção dos planos $x + y + z - 3 = 0$ e $2x + y - 4z + 1 = 0$.

3) Calcule o número n de valores de α e β para os quais os pontos $A(2, \alpha, 0)$, $B(5, 2\alpha, \beta)$ e $C(\beta + 2, \alpha - 2, 12)$ do R^3 pertencem a uma mesma reta. Resp. $n = 2$

4) Determine as equações simétricas da reta que passa pelos pontos (-1, 0, 3) e (2, -1, 1). Resp. $\frac{x+1}{3} = \frac{y}{-1} = \frac{z-3}{-2}$

5) Dados os vértices A(3, 6, -7), B(-5, 2, 3) e C(4, -7, -2) de um triângulo, forme as equações paramétricas da reta que contém a mediana que passa pelo vértice C. Resp. $\begin{cases} x = 5t + 4 \\ y = 3t + 7 \\ z = -2 \end{cases}$

6) Determine uma equação da reta que passa pelo ponto (3, 2, -1) e é paralela à reta $\frac{x-3}{4} = \frac{y}{6} = \frac{z-1}{3}$

Resp. $(x, y, z) = (3, 2, -1) + t.(4, 6, 3)$

7) Calcule a distância do ponto (1, 0, 2) à reta $\frac{x-2}{2} = \frac{y}{3} = \frac{z-1}{6}$. Resp. $\frac{\sqrt{82}}{7}$

8) Os vértices de um triângulo são A(2, 1, 3), B(4, -1, 2) e C(6, 2, 5). Determine as coordenadas do pé da altura relativa ao vértice A . Resp. (49/11, -7/22, 59/22)

9) Os vértices de um triângulo são A(2, -1, 4), B(-5, 0, 2) e C(3, 2, -6). Determine:

a) a equação do plano que contém o triângulo;

b) as equações paramétricas da reta que contém a mediana traçada do vértice A;

c) as equações simétricas da reta que contém a altura relativa ao lado AB

Resp. a) $2x + 3y + 11z - 12 = 0$; b) $x = 2 - 3t$, $y = -1 + 2t$, $z = 4 - 6t$; c) $\frac{x-3}{83} = \frac{y-2}{35} = \frac{z+6}{-254}$

10) Determine, se existir, o ponto de interseção entre as retas $\begin{cases} x = -1 + 3t \\ y = 2 - t \\ z = 1 + 2t, \ t \in \Re \end{cases}$ e $\begin{cases} x - y + z = 1 \\ 2x - z = 1 \end{cases}$.

Resp. As retas são reversas

11) Determine as equações da reta que passa pelos pontos A e B, sendo A o ponto de interseção das retas $\begin{cases} x = -1 + 2t \\ y = 2 - t \\ z = 3 + t \end{cases}$ e $\dfrac{x-1}{-1} = \dfrac{y-1}{2} = \dfrac{z-4}{3}$ e B o ponto em que a reta $\begin{cases} x = -2 + t \\ y = 4 + 2t \\ z = -2 - t \end{cases}$ "fura" o plano yOz.
Resp. $x = 1 - t$, $y = 1 + 7t$, $z = 4 - 8t$

12) Determine a distância entre as retas $\dfrac{x}{2} = \dfrac{y}{2} = \dfrac{z+1}{3}$ e $\dfrac{x-1}{2} = \dfrac{y+1}{1} = \dfrac{z-2}{2}$. Resp. 7/3

13) Escreva a equação cartesiana do plano determinado pelas retas concorrentes $\begin{cases} x = 2 + t \\ y = 1 - t \\ z = 1 + 2t \end{cases}$ e $\begin{cases} x = 2 + 2p \\ y = 1 \\ z = 1 - p \end{cases}$. Resp. $x + 5y + 2z - 9 = 0$

14) Calcule o valor de m sabendo que a reta $x = 3$, $y = 2 - 3t$, $z = -5 + mt$ faz um ângulo de 60º com o plano $5x + 12z = 10$. Resp. $\dfrac{39\sqrt{23}}{23}$

15) Escreva a equação cartesiana do plano determinado pelo ponto P(1, 2, -1) e pela reta $r : (x, y, z) = (2t + 1, 3t + 1, 4t + 1)$. Resp. $5x - 2y - z - 2 = 0$

16) A reta $x = at$, $y = 3t$, $z = 5t$ não encontra o plano $2x - 3y + 7z = 9$. Calcule o valor de a. Resp. - 13

17) Determine A e B para que o plano $Ax + By + 3z - 5 = 0$ seja perpendicular à reta cujas equações são $\dfrac{x-3}{2} = \dfrac{5-y}{3} = \dfrac{z+2}{-2}$. Resp. A = - 3 ; B = 9/2

18) Determine a equação do plano que passa pela origem e é perpendicular à reta $\begin{cases} x = 2 + t \\ y = 3 - t \\ z = 1 + 4t \end{cases}$ Resp. $x - y + 4z = 0$

19) Determine as interseções da reta $y = 2x - 6$, $z = x + 2$ com os planos coordenados. Resp. (0, -6, 2), (3, 0, 5) e (-2, -10, 0)

20) Determine a equação do plano que contém o ponto P(-2, 5, 6) e a reta $x = 5y - 3$, $z = -y + 2$. Resp. $9x - 21y + 24z - 21 = 0$

21) Determine as equações da reta que passa pelo ponto (3, 1, 0) e é perpendicular ao plano $2x - y - 3z - 4 = 0$. Resp. $x = 3 + 2t$, $y = 1 - t$, $z = -3t$

22) Mostre que o sistema $\begin{cases} x + y + z = 3 \\ x + 2y + z = 1 \end{cases}$ representa uma reta no R^3, que é paralela ao plano x0z.

CAPÍTULO VII - SUPERFÍCIE ESFÉRICA

7. 1. DEFINIÇÃO

Superfície esférica é o conjunto de todos os pontos do espaço que são equidistantes de um ponto fixo deste espaço. O ponto fixo é o centro da superfície esférica, e a distância constante é o raio. Assim, todos os pontos P pertencentes à superfície esférica de centro O(a,b,c) e raio r devem satisfazer à condição:

$$d_{OP} = |\overrightarrow{OP}| = r \Rightarrow \sqrt{(x-a)^2+(y-b)^2+(z-c)^2} = r$$

em que d_{OP} denota a distância do ponto O ao ponto P.

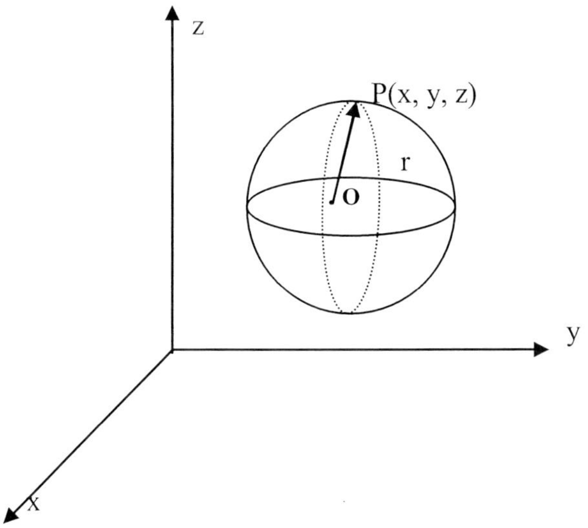

O (a,b,c) - centro da superfície esférica de raio r

$d_{OP} = r$ - raio

P(x, y, z) - ponto genérico da superfície

7.2. EQUAÇÃO REDUZIDA DA SUPERFÍCIE ESFÉRICA

A equação $\sqrt{(x-a)^2+(y-b)^2+(z-c)^2} = r$ é semelhante àquela utilizada no estudo da circunferência no plano. Vamos desenvolver essa equação, para obter a equação reduzida de uma superfície esférica. Você poderá observar muita semelhança com o estudo que já fizemos anteriormente.

Elevando ambos os membros ao quadrado, obtemos:

$$(x - a)^2 + (y - b)^2 + (z - c)^2 = r^2$$

Equação reduzida de uma superfície esférica

7. 3. EQUAÇÃO GERAL DA SUPERFÍCIE ESFÉRICA

Desenvolvendo a equação encontrada acima teremos:

$x^2 - 2ax + a^2 + y^2 - 2by + b^2 + z^2 - 2cz + c^2 = r^2$.

Fazendo : $-2a = D$, $-2b = E$, $-2c = E$ e $a^2 + b^2 + c^2 - r^2 = G$, poderemos escrever a equação acima da seguinte forma:

$$x^2 + y^2 + z^2 + Dx + Ey + Fz + G = 0 ,$$

que é denominada de equação geral de uma superfície esférica.

Nessa equação, temos:

centro : $O(-D/2 , -E/2 , -F/2) = (a, b, c)$

raio : $r = \sqrt{a^2 + b^2 + c^2 - G}$

Observe que para a equação representar uma superfície esférica devemos ter

$$a^2 + b^2 + c^2 - G > 0$$

Assim como fizemos no estudo da circunferência no R^2, o centro e o raio da superfície esférica também podem ser calculados através da técnica de completar quadrados.

OBSERVAÇÕES:

1. Se $G = 0$, a equação $x^2 + y^2 + z^2 + Dx + Ey + Fz = 0$ representa uma superfície esférica que passa pela origem (0, 0, 0).

2. A equação $x^2 + y^2 + z^2 = r^2$ representa uma superfície esférica de centro na origem e raio r.

3. As inequações do tipo $x^2 + y^2 + z^2 + Dx + Ey + Fz + G < 0$ representam os pontos do espaço que estão no interior da superfície esférica. Da mesma forma, as inequações do tipo $x^2 + y^2 + z^2 + Dx + Ey + Fz + G > 0$ representam os pontos do espaço exteriores à superfície esférica.

EXERCÍCIOS RESOLVIDOS

1) Determine a equação reduzida da superfície esférica de centro O(3,-1,4) e raio r = 2.

Solução:
Substituindo as coordenadas do centro e o valor do raio na equação reduzida obtida acima, temos: $(x - 3)^2 + (y + 1)^2 + (z - 4)^2 = 4$

2) Determine o centro e o raio da superfície esférica cuja equação reduzida é dada por $(x + 5)^2 + y^2 + (z - 4)^2 = 4$

Solução:

Da equação tiramos: O(- 5, 0, 4) e raio r = 2

3) Os pontos A(-1,5,3) e B(5,3,-1) são as extremidades de um diâmetro de uma superfície esférica. Determine sua equação geral.

Solução:

Sendo A e B extremidades de um diâmetro, o centro será o ponto médio do segmento AB, isto é $O = \dfrac{A+B}{2}$ $= (2, 4, 1)$. *O raio é a distância do centro ao ponto A ou ao ponto B. Também poderíamos calcular a metade do módulo do vetor AB.*
Assim, teremos

$d_{OA} = |OA| \Rightarrow AO = A - O = (-3, 1, 2) \Rightarrow r = \sqrt{14}$

Daí, a equação reduzida será: $(x-2)^2 + (y-4)^2 + (z-1)^2 = 14$

Para obter a equação geral, basta desenvolver a equação anterior, que nos dará:

$x^2 + y^2 + z^2 - 4x - 8y - 2z + 7 = 0$

4) Obtenha o centro e o raio da esfera de equação $x^2 + y^2 + z^2 - 6x - 4z - 3 = 0$

Solução:

Na equação temos: $D = -6$, $E = 0$, $F = -4$ *e* $G = -3$ $\Rightarrow$ $O(3, 0, 2)$ *e* $r = \sqrt{3^2 + 0^2 + 2^2 - (-3)} = 4$

Poderíamos também resolver esse problema utilizando o método de completar quadrados:

$x^2 - 6x + \ldots\ldots + y^2 + z^2 - 4z + \ldots\ldots = 3 + \ldots\ldots + \ldots\ldots$

$x^2 - 6x + 9 + y^2 + z^2 - 4z + 4 = 3 + 9 + 4$

$(x-3)^2 + (y-0)^2 + (z-2)^2 = 16 \Rightarrow O(3, 0, 2)$ *e* $r = 4$

5) Verifique se a reta $\begin{cases} x = t \\ y = -2t \\ z = 1 + t\ ,\ t \in R \end{cases}$ "fura" a superfície esférica $x^2 + y^2 + z^2 - 2x - y - 1 = 0$. Em caso afirmativo, determine os pontos de interseção.

Solução:

A reta "fura" a esfera se tiver algum ponto que pertence à superfície esférica. Tomando um ponto genérico da reta, vamos substituí-lo na equação da superfície esférica:

$t^2 + (-2t)^2 + (1+t)^2 - 2t - (-2t) - 1 = 0 \Rightarrow t^2 + 4t^2 + 1 + 2t + t^2 - 1 = 0 \quad 6t^2 + 2t = 0 \Rightarrow t = 0$ *ou* $t = -1/3$

Isto significa que a reta intercepta a esfera em dois pontos. Substituindo os valores de t encontrados, nas equações da reta, obteremos os pontos de interseção:
$t = 0 : P(0, 0, 1)$
$t = -1/3 \Rightarrow P(-1/3, 2/3, 1/3)$

7.4. CIRCUNFERÊNCIA NO R^3

Quando seccionamos uma superfície esférica de raio R por um plano, a secção obtida é uma circunferência de raio r.
Se o plano passar pelo centro da superfície esférica obteremos uma circunferência de raio máximo (geralmente denominamos de círculo máximo) e nesse caso o raio da secção coincide com o raio da superfície esférica.

EXERCÍCIOS RESOLVIDOS:

1) Determine o raio da circunferência definida pelo sistema abaixo:

$$\begin{cases} x^2 + y^2 + z^2 - 2x - 4y - 6z - 2 = 0 \\ 2x + y - 2z + 12 = 0 \end{cases}$$

Solução:

O sistema é formado pela equação de uma superfície esférica e pela equação de um plano. Uma circunferência só está definida se a distância do centro ao plano for menor que o raio.

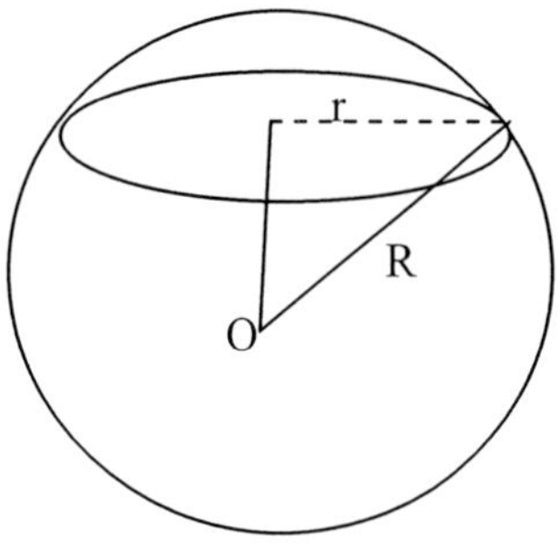

A distância do centro O(1, 2, 3) ao plano é dada por: $d = \left| \frac{2.1 + 2 - 2.3 + 12}{\sqrt{2^2 + 1^2 + (-2)^2}} \right| = 2$

O raio da superfície esférica é dado por: $R = \sqrt{1^2 + 2^2 + 3^2} = \sqrt{14}$

Da figura, podemos tirar que $R^2 = r^2 + d^2 \Rightarrow 14 = r^2 + 4 \Rightarrow r = \sqrt{10}$

2) Determine a área do círculo $\begin{cases} x^2 + y^2 + z^2 - 2x - 4y - 6z - 2 \leq 0 \\ 2x + y - 2z + 12 = 0 \end{cases}$

Solução:

O sistema representa a secção de uma esfera por um plano, o que determina um círculo.
Desenvolvendo o mesmo raciocínio, determinamos o raio da secção e calculamos a área do círculo: $S = \pi r^2 = 10\,\pi$ *u. a.*

3) No exercício anterior, determine as coordenadas do centro do círculo definido pelo sistema.

Solução:

O centro M do círculo é dado pela interseção de uma reta que passa pelo centro da esfera com o plano que secciona a esfera. Além disso, essa reta tem que ser perpendicular ao plano.
Assim, o vetor diretor da reta é paralelo ao vetor normal do plano, n = (2, 1, - 2), e a equação da reta será:
$\begin{cases} x = 1 + 2t \\ y = 2 + t \\ z = 3 - 2t \end{cases}$. *Para determinar o centro do círculo, basta substituir um ponto genérico da reta na equação do plano para determinar o valor de t.*

Logo, teremos:

$2(1 + 2t) + (2 + t) - 2(3 - 2t) + 12 = 0 \Rightarrow 2 + 4t + 2 + t - 6 + 4t + 12 = 0 \Rightarrow 9t = -10 \Rightarrow t = -10/9$

Agora, substituindo t na equação da reta, teremos: $M(-11/9, 8/9, 47/9)$

4) Determine a equação da circunferência que está contida no plano x0y, obtida pela secção de uma superfície esférica de centro O(1, 2, 3) e raio 5.

Solução:

Essa circunferência é dada pela interseção da superfície esférica com o plano x0y, cuja equação é $z = 0$.
Assim, a equação da circunferência será: $\begin{cases} (x-1)^2 + (y-2)^2 + (z-3)^2 = 25 \\ z = 0 \end{cases}$

EXERCÍCIOS PROPOSTOS

1) Determine as coordenadas do centro e a medida do raio da superfície esférica $x^2 + y^2 + z^2 + 6x - 4y + 8z + 4 = 0$. Resp. O(-3, 2, -4) ; r = 5

2) Determine a equação da superfície esférica, sabendo que os pontos A(2, -1, 4) e B(4, 5, 2) são extremidades de um diâmetro. Resp. $(x - 3)^2 + (y - 2)^2 + (z - 3)^2 = 11$

3) Calcule o valor de m para que a equação $2x^2 + 2y^2 + 2z^2 - 4x + z + m = 0$ represente uma superfície esférica de raio 1. Resp. m = 1/8

4) Verifique a posição da reta $\dfrac{x-5}{3} = \dfrac{y}{2} = \dfrac{z+25}{-2}$ em relação à superfície esférica $x^2 + y^2 + z^2 - 4x - 6y + 2z - 67 = 0$. Resp. exterior

5) Os pontos (x, y, z) da reta x = 1 + t , y = 2 - t , z = 4 t, no interior da superfície $x^2 + y^2 + z^2 - 2x - 4y = 4$, constituem um segmento de reta. Calcule o ponto médio desse segmento. Resp. (1, 2, 0)

6) Determine a equação do plano tangente à superfície esférica $x^2 + y^2 + z^2 = 9$, passando pelo ponto (2, 2, 1). Resp. $2x + 2y + z - 9 = 0$

7) Determine a área da secção que se obtém quando se corta a esfera definida por $x^2 + y^2 + z^2 - 8x - 6y - 4z + 4 \leq 0$ pelo plano de equação $2x + y + 2z - 6 = 0$. Resp. $A = 16\pi$

8) Determine a área do círculo $\begin{cases} x^2 + y^2 + z^2 - 2x - 4y - 6z - 2 \leq 0 \\ 2x + y - 2z + 12 = 0 \end{cases}$ Resp. $44\pi / 9$

9) Determine a área do círculo $\begin{cases} x^2 + y^2 + z^2 + 2x + 4y + 6z - 11 \leq 0 \\ 2x + 3y + 6z + 5 = 0 \end{cases}$ Resp. 16π

10) As soluções do sistema $\begin{cases} 2x + 3y - 5z = 0 \\ x - 14y + 9z = 0 \\ x^2 + y^2 + z^2 = 16 \end{cases}$ são dois pontos distintos ou um segmento de reta? Justifique. Resp. dois pontos distintos

QUESTÕES DE CONCURSOS

1) (PUC-RJ) Se $\vec{a} \times \vec{b} = \vec{v}$, *o produto vetorial* $(2\vec{a} + \vec{b}) \times (\vec{a} + 3\vec{b})$ *é igual a:*

A) $4\vec{v}$ *B)* $5\vec{v}$ *C)* $6\vec{v}$ *D)* $7\vec{v}$ *E)* $12\vec{v}$

2) (UNI-RIO) São dados os pontos O(0, 0, 0) e A(1, 0, 2). O produto vetorial $OA \wedge OC$, *onde C é o centro da esfera* $(x - 2)^2 + (y - 1)^2 + z^2 = 10$ *é o vetor:*

A) (-2, 4, 1) B) (-2,-4, 1) C) (2, 0, 0) D) 1, 1, 2) E) (1,-1, 2)

3) (UERJ) Considere os pontos A(0, 0, 0) B(1, 2, 3) e C(3, 2, 1) do $\Re^3$. *Utilizando esses pontos, determine:*

a) as coordenadas de um vetor não nulo, do $\Re^3$, *perpendicular ao plano que contém os pontos A,B e C;*

b) a equação cartesiana do plano que contém os pontos A,B e C.

4) (UFF) A figura abaixo representa um cubo de aresta 2.

A equação do plano que contém os pontos M, O e o ponto de encontro das diagonais internas do cubo é:

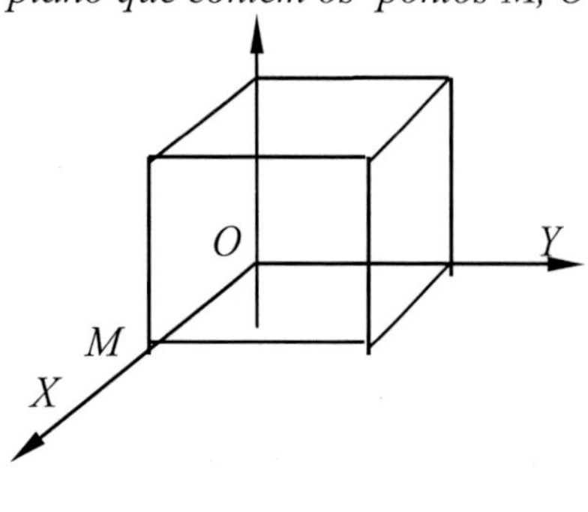

A) $x + y + z = 0$
B) $x - y = 0$
C) $x + z = 0$
D) $x - y - z = 0$
E) $y - z = 0$

5) (UERJ) Considere a reta do $\Re^3$ *, representada pelas equações paramétricas abaixo:*

$$\begin{cases} x = t \\ y = 1 - t \\ z = 2\sqrt{2} \quad , \ t \in \Re \end{cases}$$

Essa reta intercepta a superfície esférica de equação $x^2 + y^2 + z^2 = 9$ *, nos pontos P e Q.*
A distância entre esses pontos é igual a :

A) $\sqrt{2}$ B) $2\sqrt{2}$ *C) 3* *D) 4* *E) 5*

6) (UFF) Um paraquedista está no ponto A situado a 800m do solo e, devido a condições técnicas é obrigado a seguir uma trajetória que está sempre na superfície lateral do cilindro C de revolução cujo raio r da base é igual a $\dfrac{200}{\pi}$ m .

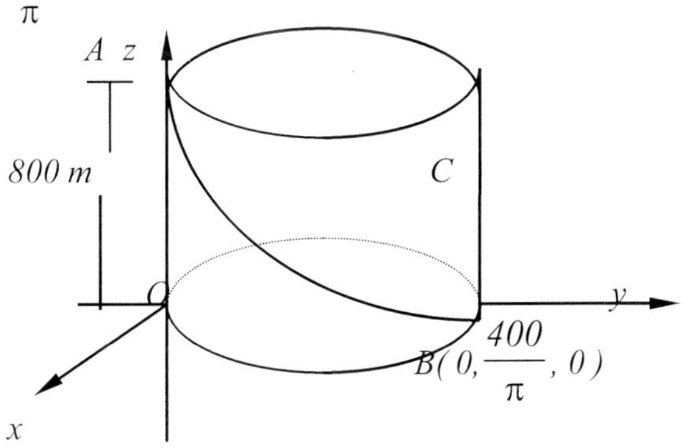

Determine o comprimento do menor caminho percorrido pelo paraquedista para atingir o ponto de pouso B $\left(0, \dfrac{400}{\pi}, 0 \right)$.

7) (UERJ) Considere que na resolução do sistema abaixo, onde cada equação representa um plano do espaço cartesiano tridimensional, um aluno aplicou a regra de Cramer.

$$\begin{cases} x + 2y + 3z = 1 \\ x + 2y + 3z = 2 \\ x + 2y + 3z = 4 \end{cases}$$

RESOLUÇÃO DO ALUNO

$$D = \begin{vmatrix} 1 & 2 & 3 \\ 1 & 2 & 3 \\ 1 & 2 & 3 \end{vmatrix} = 0 \qquad D_x = \begin{vmatrix} 1 & 2 & 3 \\ 2 & 2 & 3 \\ 4 & 2 & 3 \end{vmatrix} = 0$$

$$D_y = \begin{vmatrix} 1 & 1 & 3 \\ 1 & 2 & 3 \\ 1 & 4 & 3 \end{vmatrix} = 0 \qquad D_z = \begin{vmatrix} 1 & 2 & 2 \\ 1 & 2 & 2 \\ 1 & 2 & 4 \end{vmatrix} = 0$$

$$x = \frac{D_x}{D} = \frac{0}{0} \qquad y = \frac{D_y}{D} = \frac{0}{0} \qquad z = \frac{D_z}{D} = \frac{0}{0}$$

Conclusão : Sistema POSSÍVEL e INDETERMINADO

A conclusão do aluno está errada. A regra de Cramer pode, na discussão de sistemas, levar a falsas conclusões. Esse sistema, por exemplo, é impossível, pois os 3 planos são:

A) paralelos distintos
B) paralelos, sendo apenas dois coincidentes
C) dois paralelos distintos e o terceiro oblíquo a eles
D) dois paralelos distintos e o terceiro perpendicular a eles
E) secantes dois a dois, determinando três retas paralelas distintas

8) (UERJ) São dadas as coordenadas de três pontos no $\mathbf{R}^3$ *: A(1,0,0), B(-1,2,0) e C(2,0,-1). Baseado nessas informações:*

a) prove que esses três pontos não pertencem à mesma linha reta

b) escreva a equação cartesiana do plano que contém esses pontos

9) (UFRJ) Determine a área da seção que se obtém quando se corta a esfera definida por $x^2 + y^2 + z^2 - 8x - 6y - 4z + 4 \leq 0$ *pelo plano de equação* $2x + y + 2z - 6 = 0$.

10) (UFF) Considere o paralelepípedo retângulo da figura ao lado:

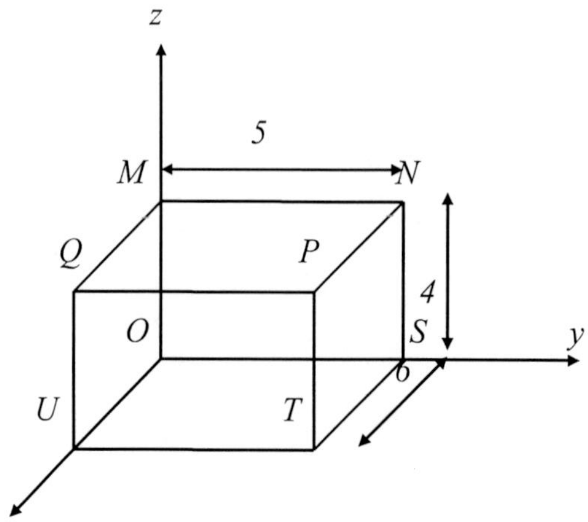

Determine: x

a) o produto interno $\overline{QN}.\overline{PT}$

b) a equação do plano definido por O, P, e N.

11) (PUC) O único ponto (x, y, z) do $\boldsymbol{R}^3$ *pertencente aos três planos* $2x + 3y - z = 24$, $x - y + z = 1$ *e* $3x - 2y + 2z = 9$ *é :*

(A) (1,0,3)

(B) (7,7,1)

(C) (7,4,2)

(D) (7,2,4)

(E) (7,2,-4)

12) (UNIFICADO) Se o ângulo formado pelos vetores $\vec{u} = (2x, 4, 3)$ *e* $\vec{v} = (-x, x, 0)$ *é agudo, então:*

A) $x < -1$ *B)* $x < 0$ *ou* $x > 2$ *C)* $-1 < x < 1$ *D)* $0 < x < 2$ *E)* $2 < x < 3$

13) (PUC-RJ) Na esfera de raio 1 em $\boldsymbol{R}^3$ *tomamos um vetor* $\vec{v} = x\,\vec{i} + y\,\vec{j} + z\,\vec{k}$, *com* $z > 0$ *e tal que o produto misto entre* $\vec{i}, \vec{j}$ e $\vec{v}$ *seja o maior possível. Nestas condições,*

A) $z = x = y$ *B) O produto misto é 3* *C)* $\vec{v} = (1, 0, 0)$

D) $\vec{v} = (0, 1, 0)$ *E)* $\vec{v} = (0, 0, 1)$

14) (PUC-RJ) Sejam $\vec{u}$ e $\vec{v}$ *vetores do* $\boldsymbol{R}^3$, *e seja* $\vec{t} = \vec{u} \times \vec{v} - \vec{u}$.

a) Calcule $\vec{v}.(\vec{u} + \vec{t})$ e $\|\vec{t}\|^2$, *o quadrado do comprimento de* $\vec{t}$ *;*

b) Sendo $\|\vec{t}\|^2 = \|\vec{u}\|^2$, podem $\vec{u}$ e $\vec{v}$ *ser linearmente independentes? Por quê ?*

15) (UNI-RIO) O vetor unitário, normal ao plano de equação $x - y + \sqrt{2}\,z + 1 = 0$ *é:*

A) $\vec{i} - \vec{j} + \sqrt{2}\vec{k}$ B) $\vec{i} - \vec{j}$ C) $\sqrt{2}\vec{i} - \vec{j} + \vec{k}$ D) $\frac{1}{2}\vec{i} - \frac{1}{2}\vec{j} + \frac{\sqrt{2}}{2}\vec{k}$

E) $\frac{1}{2}\vec{j} + \frac{\sqrt{2}}{2}\vec{k}$

16) (UFF) Entre todos os planos que contêm a reta r: $\begin{cases} x = t \\ y = 2t \\ z = 4t \end{cases}$ *a equação daquele que passa pelo ponto* $(1, 1, 5)$ *é:*

A) $x + 2y + 4z = 0$ *B)* $x + y + 5z = 0$ *C)* $x - 6y + z = 0$

D) $6x - y - z = 0$ *E)* $x - 2y + 4z = 0$

GABARITO DAS QUESTÕES DE CONCURSOS

1) B	9) 16π
2) A	10) a) 0 ; b) $4y - 5z = 0$
3) a) (- 1, 2, - 1); b) $-x + 2y - z = 0$	11) E
4) E	12) D
5) A	13) E
6) $200\sqrt{17}$	14) a) 0 ; $\lvert t \rvert^2 = \lvert u \times v\rvert^2 + \lvert u\rvert^2$; b) os vetores são paralelos
7) A	15) D
8) b) $x + y + z - 1 = 0$	16) D

CAPÍTULO VIII - TRANSFORMAÇÕES LINEARES

8.1. INTRODUÇÃO

Vamos relembrar algumas noções importantes para o desenvolvimento deste capítulo, tais como aplicação (ou função), funções iguais, domínio e imagem de uma função, para então definirmos transformações lineares.

8.1.1. APLICAÇÃO OU FUNÇÃO

Dados dois conjuntos não vazios U e V, chamamos aplicação de U em V a toda "lei" que associa cada elemento de U a um único elemento de V. Indicando por F essa lei e por u um elemento qualquer de U, o elemento associado a u será indicado por F(u) (lê-se F de u) que é chamado imagem de u pela F.

Podemos representar através de um diagrama, da seguinte forma:

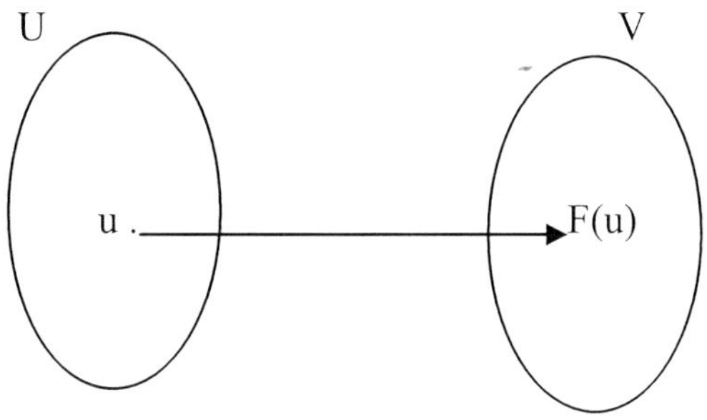

O conjunto U é o domínio e o conjunto V é o contradomínio da aplicação F. Quando queremos indicar que F é uma aplicação de U em V costumamos usar a seguinte notação:

$$\begin{aligned} F: U &\to V \\ u &\to F(u) \end{aligned}$$

EXERCÍCIOS RESOLVIDOS:

1) Dada a aplicação $F: R^2 \to R^2$ tal que $F(x, y) = (2x, x + y)$, determine $F(3, 1)$.

Solução:

Basta substituir x por 3 e y por 1 na lei que define F(x, y). Logo, teremos que
$F(3, 1) = (2 . 3, 3 + 1) = (6, 4) \quad \to \quad F(3, 1) = (6, 4)$.

2) Dada a aplicação $F: R^2 \to R$
$(x, y) \to F(x, y) = x - y$, determine $F(3, 5)$.

Solução:

$F(3, 5) = 3 - 5 = - 2 \to F(3, 5) = - 2$

3) Dada a aplicação $F: R^2 \to R^2$ tal que $F(x, y) = (2x, x + y)$, determine o par ordenado (x, y) tal que $F(x, y) = (10, 8)$

Solução:

Basta fazer $F(x, y) = (2x, x+y) = (10, 8) \Rightarrow 2x = 10$ *e* $x + y = 8 \Rightarrow x = 5$ *e* $y = 3$.

8.1.2. APLICAÇÕES IGUAIS

Duas aplicações $F: U \to V$ e $G: U \to V$ são iguais se, e somente se,

$$F(u) = G(u), \ \forall \ u \in U$$

8.1.3. OBSERVAÇÃO

Dado $W \subset U$ denomina-se imagem de W por F o subconjunto de V tal que

$$F(W) = \{ F(u) \ / \ u \in W \}$$

Se U = W , então F(u) recebe o nome de imagem de F e escreve-se Im(F) = F(u).

Observe a figura:

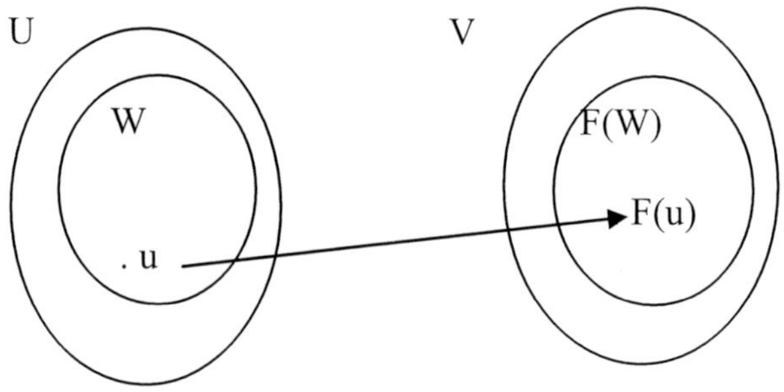

F(W) é o conjunto imagem de W.
Portanto, $Im(F) = \{ F(u) / u \in U \}$

8.2. CLASSIFICAÇÃO DAS APLICAÇÕES

8.2.1. APLICAÇÃO INJETORA

Uma aplicação $F: U \to V$ é injetora se, e somente se,

$\forall \ u_1 , u_2 \in U$, se $F(u_1) = F(u_2)$, então $u_1 = u_2$ ou

$\forall \ u_1 , u_2 \in U$, se $u_1 \neq u_2$, então $F(u_1) \neq F(u_2)$

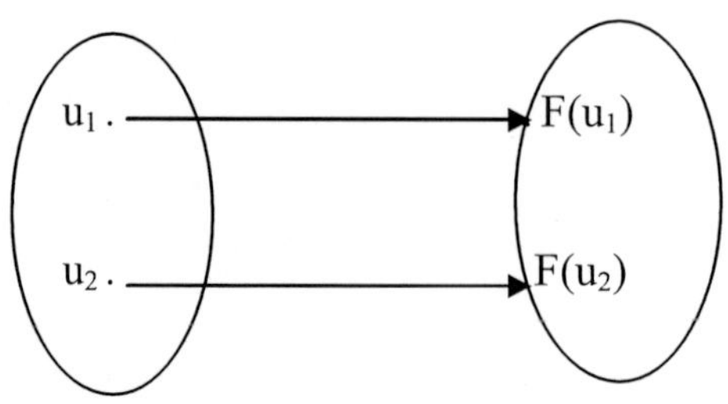

EXERCÍCIOS RESOLVIDOS:

1) Seja a aplicação $F: R^2 \to R^2$ tal que $F(x, y) = (- x, y)$, $\forall \ (x, y) \in R^2$. Mostre que F é injetora.

Solução:

Sejam $u_1 = (x_1, y_1)$ *e* $u_2 = (x_2, y_2)$. *Se* $F(u_1) = F(u_2) \Rightarrow (-x_1, y_1) = (-x_2, y_2) \Rightarrow -x_1 = -x_2$ *e* $y_1 = y_2$ *ou ainda* $x_1 = x_2$ *e* $y_1 = y_2$ *o que nos leva a* $u_1 = u_2$.

Logo F é injetora.

2) Mostre que F: $R^2 \rightarrow R^3$ dada por F(x, y) = (0, x – y, 0) não é injetora.

Solução:

Vamos mostrar um exemplo que não atende a definição de função injetora. Por exemplo, consideremos $(2, 0) \neq (3, 1)$.
$F(2, 0) = (0, 2, 0)$ *e* $F(3, 1) = (0, 2, 0)$. *Assim,* $(2, 0) \neq (3, 1)$, *mas* $F(2, 0) = F(3, 1)$. *Logo a aplicação não é injetora.*

8.2.2. APLICAÇÃO SOBREJETORA

Uma aplicação F: U → V é sobrejetora se, e somente se, Im(F) = V , ou seja,

$$\forall \quad v \in V, \ \exists \ u \in U \ / \ F(u) = v$$

EXERCÍCIOS RESOLVIDOS:

1) Seja F: $R^2 \rightarrow R^2$ tal que F(x, y) = (- x, y). Mostre que F é sobrejetora.

Solução:

F é sobrejetora pois qualquer elemento (c, d) do contradomínio de F será imagem de algum elemento do domínio. Basta considerar este elemento (- c, d) , para termos F(- c, d) = (c, d).

2) Verifique se a aplicação F: $R^2 \rightarrow R^3$ dada por F(x, y) = (0, x + y, 0) é sobrejetora.

Solução:

F não é sobrejetora, pois nem todo elemento do seu contradomínio (R^3) *é imagem de elementos do domínio* (R^2). *Por exemplo, (1, 0, 0) não é imagem de nenhum elemento do* R^2, *por essa aplicação. Veja a figura:*

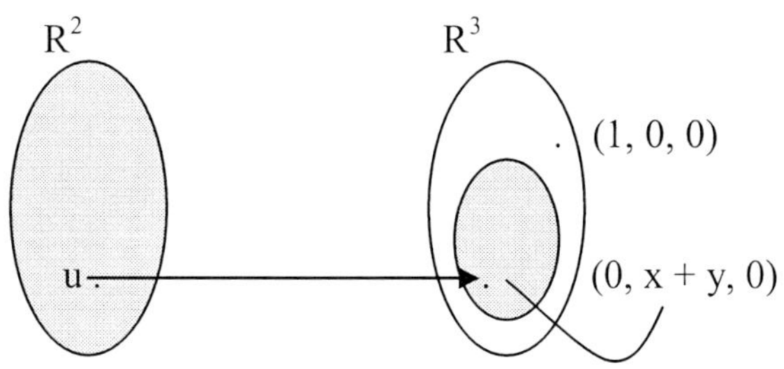

8.2.3. APLICAÇÃO BIJETORA

Uma aplicação F: U → V é bijetora se, e somente se, F é injetora e sobrejetora ao mesmo tempo.

Exemplo: A função F: $R^2 \rightarrow R^2$ tal que F(x, y) = (- x, y) é bijetora, pois já verificamos nos exemplos anteriores que ela é injetora e sobrejetora.

8.2.4. OBSERVAÇÃO

Se F: U → V é bijetora, então cada elemento de V é do tipo F(u), com $u \in U$ bem definido. Se fizermos a associação F(u) → u teremos também uma aplicação, só que de V em U. Essa nova aplicação assim definida é chamada de aplicação inversa de F e é indicada por F^{-1}.

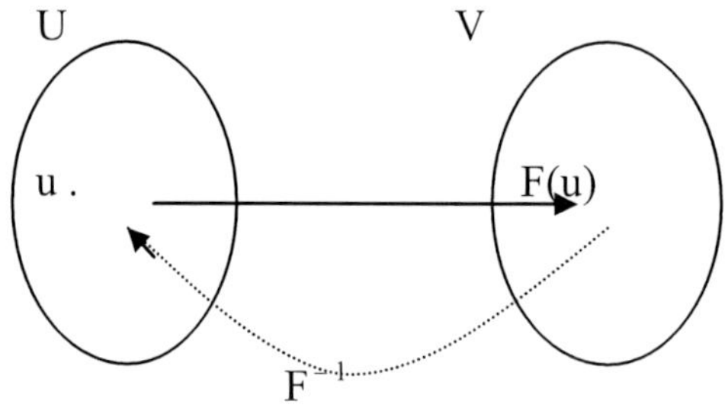

$$F^{-1}[F(u)] = u \ , \quad \forall \ u \in U$$

EXERCÍCIO RESOLVIDO

Dada a aplicação F: $R^2 \rightarrow R^2$ dada por F(x, y) = (2x, x + y) , determine $F^{-1}(4, 7)$.

Solução:

O problema consiste em determinar o elemento do domínio de F cuja imagem é (4, 7). Costumamos chamar esse elemento de imagem inversa de (4, 7). Observe o diagrama abaixo:

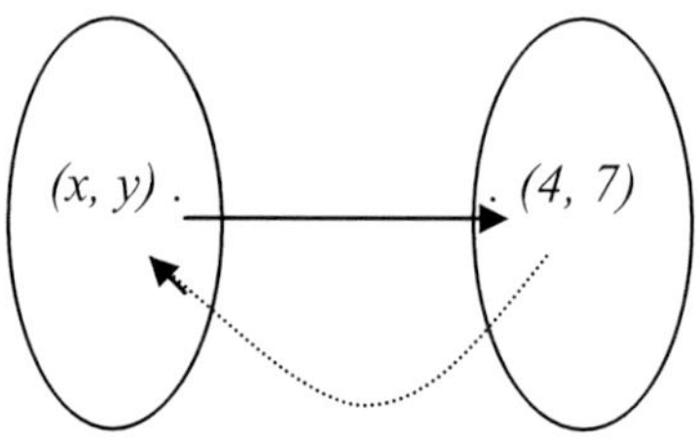

F(x, y) = (2x, x + y) = (4, 7) $\Rightarrow$ *2x = 4 e x + y = 7. Daí podemos tirar que x = 2 e y = 5.*

Assim, F(2, 5) = (4, 7) $\Rightarrow$ $F^{-1}(4, 7) = (2, 5)$.

Mais adiante aprenderemos a determinar a "lei" da aplicação inversa, quando esta existir.

8.3. TRANSFORMAÇÕES LINEARES

8.3.1. DEFINIÇÃO

Considere U e V dois subconjuntos do conjunto dos números reais. Uma aplicação F: U→ V é chamada de transformação linear de U em V se, e somente se:

i) $F(u_1 + u_2) = F(u_1) + F(u_2)$, $\forall$ u_1 , $u_2 \in$ U e
ii) $F(k \cdot u) = k \cdot F(u)$, $\forall$ k $\in$ R e $\forall$ u $\in$ U

OBSERVAÇÃO:

Quando U = V , chamamos F: U $\to$ U de operador linear.

EXERCÍCIOS RESOLVIDOS:

1) Verificar se as transformações F: $R^2 \to R^2$ abaixo são lineares:

a) F(x, y) = (2x + y, y).

Solução:

Sejam $u = (a, b)$ *e* $v = (c, d)$ *elementos do domínio de F. Logo* $u + v = (a + c, b + d)$ *e* $k \cdot u = (k.a, k.b)$.

Vamos verificar se as condições i) e ii) são atendidas

i) $F(u + v) = (2.(a + c) + b + d\ ,\ b + d) = (2a + 2c + b + d, b + d) =$
$(2a + b + 2c + d, b + d) = (2a + b, b) + (2c + d, d) = F(a, b) + F(c, d) =$
$= F(u) + F(v)$.

ii) $F(k \cdot u) = (2ka + kb, kb) = k \cdot (2a + b, b) = k \cdot F(a, b) = k \cdot F(u)$.

Logo F é uma transformação linear.

b) F(x, y) = (x + 3, 0)

Solução:

Sejam $u = (a, b)$ *e* $v = (c, d)$*. Assim,* $F(u) = (a + 3, 0)$ *e* $F(v) = (c + 3, 0)$.
Como $u + v = (a + c, b + d)$ *, temos que* $F(u + v) = (a + c + 3, 0) = (a + 3, 0) + (c, 0) \neq F(u) + F(v)$.

Logo F não é linear.

3) Mostre que a transformação F: $R^3 \to R^2$ dada por F(x, y, z) = (x – y, z) é linear.

Solução:

Sejam $u = (a, b, c)$ *e* $v = (p, q, r)$*. Assim, teremos:* $F(u) = (a - b, c)$ *e* $F(v) = (p - q, r)$.

Como $u + v = (a + p, b + q, c + r)$ *e* $k \cdot u = (ka, kb, kc)$ *, temos:*

i) $F(u + v) = (a + p - b - q, c + r) = (a - b + p - q, c + r) = (a - b, c) + (p - q, r) =$
$F(u) + F(v)$.

ii) $F(k \cdot u) = (ka - kb, kc) = k \cdot (a - b, c) = k \cdot F(u)$.

Logo F é linear.

8.3.2. OBSERVAÇÕES

a) TRANSFORMAÇÃO LINEAR NULA

Denominamos de transformação linear nula a transformação $O : U \to V$ dada por $O(u) = O$ (vetor nulo de V), $\forall\, u \in U$. De fato essa transformação é linear:

i) $O(u + v) = 0 = 0 + 0 = O(u) + O(v)$
ii) $O(k \,.\, u) = 0 = k \,.\, 0 = k \,.\, O(u)$

b) OPERADOR IDÊNTICO DE U

Seja $I : U \to U$ tal que $I(u) = u$, $\forall\, u \in U$. Essa transformação é chamada de operador idêntico e também é linear.

i) $I(u + v) = u + v = I(u) + I(v)$
ii) $I(k \,.\, u) = k \,.\, u = k \,.\, I(u)$.

EXERCÍCIOS RESOLVIDOS:

1) Considerando a transformação linear no plano, dada por $T : R^2 \to R^2$ tal que $T(x,y) = (2x - y , 3x + 2y)$, calcule :

a) T (2,-1) =

b) T (0, 0) =

c) (x, y) tal que T(x, y) = (-1, 9)

Solução:

a) $T(2,-1) = (4 + 1, 6 - 3) = (5, 3)$

b) $T(0, 0) = (0, 0)$

c) $2x - y = -1$
$3x + 2y = 9$. *Resolvendo o sistema, temos:* $x = 1$ *e* $y = 3$.

Logo, $T(1, 3) = (-1, 9)$.

2) Dada a transformação $T: R^2 \to R^2$ tal que $T(x, y) = (x + 5, y + 3)$, mostre que ela não é linear e depois calcule a imagem da reta $y = 2x$ pela T.

Solução:

Sejam $u = (a, b)$ *e* $v = (c, d)$. *Logo,* $u + v = (a + c, b + d)$, $T(u) = (a + 5, b + 3)$ *e* $T(v) = (c + 5, d + 3)$.

i) $T(u + v) = (a + c + 5, b + d + 3) = (a + 5, b + 3) + (c, d) \neq T(u) + T(v)$.

Como i) não foi atendida, T não é linear.

Vamos agora determinar a imagem da reta $y = 2x$.

Chamemos $T(x, y) = (x', y')$. *Assim teremos* $(x + 5, y + 3) = (x', y')$.

Logo, podemos escrever que $x = x' - 5$ *e* $y = y' - 3$.

Substituindo os novos valores de x e y na equação $y = 2x$ *, teremos:*

$y' - 3 = 2.(x' - 5) \Rightarrow y' = 2x' - 7$.

Logo, a reta $y = 2x$ *é transformada na reta* $y = 2x - 7$.
Veja a figura:

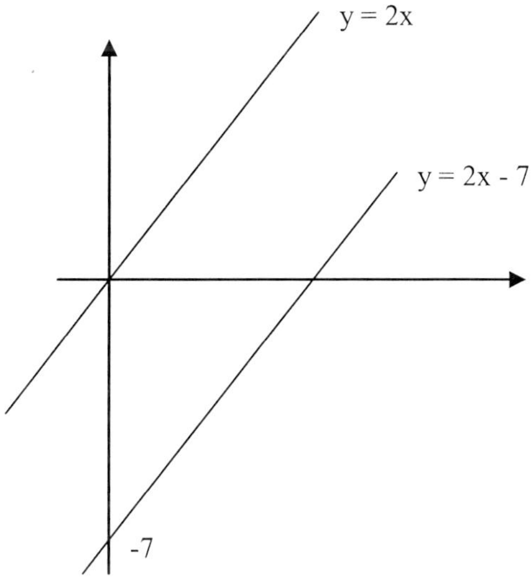

3) Utilizando a transformação dada no exercício anterior, determine a imagem do círculo $x^2 + y^2 \leq 1$.

Solução:

Sabemos que $x = x' - 5$ *e* $y = y' - 3$. *Assim, substituindo na equação do círculo teremos:* $(x' - 5)^2 + (y' - 3)^2 \leq 1$.

Observe graficamente o que ocorre com o círculo $x^2 + y^2 \leq 1$.

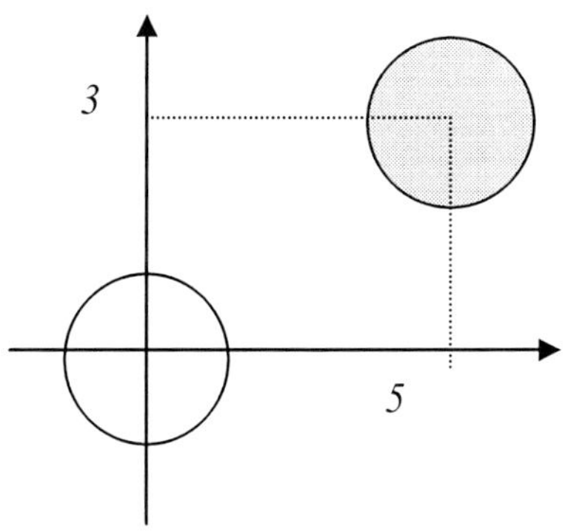

A transformação acima é chamada de translação. Embora não seja uma transformação linear, ela é muito utilizada nos estudos de Álgebra Linear.

4) Dada a transformação linear $T(x, y) = (x - 2y, 3x)$ e os pontos A(1, 0), B(0, 3) e C(2, 2), determine a área do triângulo cujos vértices são T(A), T(B) e T(C).

Solução:

Calculando T(A) = (1, 3), T(B) = (- 6, 0) e T(C) = (- 2, 6), temos:

Área do triângulo: $\Delta = \begin{vmatrix} 1 & 3 \\ -6 & 0 \\ -2 & 6 \\ 1 & 3 \end{vmatrix} = -30 \Rightarrow S = 1/2 \,.\, |\Delta| = 15.$

5) Uma transformação $R : R^2 \to R^2$ é dada por

$$R(x, y) = (x.\cos 30^o - y.\mathrm{sen}30^o \,,\, x.\mathrm{sen}30^o + y\cos 30^o)$$

Calcule R(1, 0) e R(2, 4).

Solução:

Substituindo sen30º e cos30º pelos seus respectivos valores, teremos:

$R(x, y) = (\frac{\sqrt{3}x - y}{2}, \frac{x - \sqrt{3}y}{2})$. *Logo,* $R(1, 0) = (\frac{\sqrt{3}}{2}, \frac{1}{2})$ *e* $R(2, 4) = (\sqrt{3} - 2,\ 1 - 2\sqrt{3})$

A transformação linear acima também é muito utilizada e recebe o nome de rotação. Adiante estudaremos essa transformação.

6) Sabendo que $F: R^2 \to R^2$ é um operador linear, e que F(1, 0) = (3, 2) e F(0, 1) = (-1, 4), determine F(x, y), onde (x, y) é um vetor genérico do R^2.

Solução:

Como F é linear, podemos escrever que $F(x, y) = F[\,(x, 0) + (0, y)\,] =$
$F(x, 0) + F(0, y) = x \,.\, F(1, 0) + y \,.\, F(0, 1) = x \,.\, (3, 2) + y \,.\, (-1, 4) = (3x - y, 2x + 4y).$

Observação: Esse exercício foi facilitado por terem sido fornecidas as imagens dos elementos (0, 1) e (1, 0). Se assim não fosse, teríamos que escrever o elemento genérico (x, y) em função dos elementos dados, para em seguida resolvermos o problema de modo análogo ao que fizemos acima.

7) Escreva o par ordenado (x, y) em função dos pares (1, 2) e (-1, 1).

Solução:

Neste exercício também poderíamos pedir para escrever o par (x, y) como uma combinação linear dos pares (1, 2) e (- 1, 1), isto é:

$(x, y) = a(1, 2) + b(-1, 1) \Rightarrow a - b = x$ *e* $2a + b = y.$

Resolvendo o sistema nas variáveis a e b, temos:

a = (x + y) / 3 e b = (- 2x + y) / 3 . Isto significa que qualquer par ordenado (x, y) pode ser obtido da seguinte forma:

$$(x, y) = \frac{x+y}{3}.(1, 2) + \frac{-2x+y}{3}.(-1, 1).$$

De fato, o par (5, - 8) $= \frac{5-8}{3}(1, 2) + \frac{-10-8}{3}(-1, 1) = -1. (1, 2) - 6. (-1, 1) = (-1 + 6, - 2 - 6) = (5, - 8).$

Faça, você, outros exemplos.

EXERCÍCIOS PROPOSTOS:

1) Dadas as aplicações F: $R^2 \to R^3$ tal que F(x, y) = (x – y, 2x, x – y) e G: $R^3 \to R^3$ dada por G(x, y, z) = (x – y, 2x + y, 0) , determine:

a) F(3, -1)
b) G(4, -1, 0)
c) F(2, 0) + G(-1, 1, 3)
d) G(F(-2, 1))

Resp.: a) (4, 6, 4) ; b) (5, 9, 0) ; c) (0, 3, 2) ; d) (1, - 10, 0)

2) Verifique se as transformações F e G do exercício anterior são lineares.
Resp.: Ambas são lineares

3) Verifique se F: $R^2 \to R^2$ tal que F(x, y) = (x, 2) é linear. Resp.: Não é linear

4) Verifique se a transformação F: $R^2 \to R^2$ definida por F(x, y) = ($x^2 + y^2$, x) é uma transformação linear. Resp.: Não é linear

5) Sabendo que F: $R^2 \to R^2$ é um operador linear e que F(1, 2) = (3, -1) e F(0, 1) = (1, 2), achar F(x, y), onde (x, y) é um elemento genérico do R^2. Resp.: F(x, y) = (x + y , - 5x + 2y)

6) Mostre que toda transformação T: $R^2 \to R^2$ tal que T(x, y) = (ax + by, cx + dy) é linear.

7) Resolva o exercício 5 utilizando o que foi mostrado no exercício anterior.

8) Considere o subconjunto S = { v_1 , v_2 , v_3 } do R^3 , onde v_1 = (1, 1, 1) , v_2 = (1, 1, 0) e v_3 = (1, 0, 0) e seja T: $R^3 \to R^2$ uma transformação linear tal que T(v_1) = (1, 0) , T(v_2) = (2, -1) e T(v_3) = (4, 3). Calcular T(2, -3, 5). Resp.: (9, 23)

8.4. PROPRIEDADES DAS TRANSFORMAÇÕES LINEARES

Sendo U e V espaços vetoriais sobre R e F: U → V uma transformação linear, verificam-se as seguintes propriedades:

1) F(0) = 0, ou seja, F transforma o vetor nulo de U no vetor nulo de V.

Demonstração:

Como 0 é o elemento neutro da adição em V, podemos escrever:
F(0) + 0 = F(0) (i)
Como F é linear e 0 é o vetor nulo de U temos:
F(0) = F(0 + 0) = F(0) + F(0) (ii)
Igualando (i) e (ii) temos:
F(0) + 0 = F(0) + F(0) . Somando - F(0) a ambos os membros dessa igualdade, temos:
- F(0) + F(0) + 0 = - F(0) + F(0) + F(0) $\Rightarrow$ 0 = F(0).

2) F(- u) = - F(u) , $\forall$ u $\in$ U.

Demonstração:
Sabemos que F(u) + (- F(u)) = 0 = F(0).
Podemos escrever F(0) = F(u + (- u)) = F(u) + F(- u).
Logo, F(u) + (- F(u)) = F(u) + F(- u).
Somando – F(u) a ambos os membros dessa igualdade, teremos:

- F(u) + F(u) + (- F(u)) = - F(u) + F(u) + F(- u) $\Rightarrow$ - F(u) = F(- u).

3) F(u – v) = F(u) – F(v) , $\forall$ u, v $\in$ U.

Demonstração: Seja F(u – v) = F(u + (- v)) = F(u) + F(-v) = F(u) – F(v).

8.5. MATRIZ ASSOCIADA A UMA TRANSFORMAÇÃO LINEAR

Já foi visto num dos exercícios anteriores que toda transformação T: $R^2 \to R^2$ tal que T(x, y) = (ax + by, cx + dy) é linear.

Assim podemos escrever que T transforma qualquer par ordenado (x, y) em um outro par (x', y'), ou seja, podemos escrever:

$\begin{cases} ax + by = x' \\ cx + dy = y' \end{cases}$. Sabemos que este sistema linear pode ser escrito na forma de uma equação matricial, da seguinte maneira: $\begin{pmatrix} a & b \\ c & d \end{pmatrix} . \begin{pmatrix} x \\ y \end{pmatrix} = \begin{pmatrix} x' \\ y' \end{pmatrix}$.

Assim, a matriz $\begin{pmatrix} a & b \\ c & d \end{pmatrix}$, matriz incompleta do sistema, é chamada de matriz associada à transformação linear T.

Por exemplo, dada a transformação F: $R^2 \to R^2$ tal que F(x, y) = (3x – 2y, x + 5y) , a matriz associada a essa transformação é $M_F = \begin{pmatrix} 3 & -2 \\ 1 & 5 \end{pmatrix}$.

É possível determinar a imagem de qualquer elemento (x, y) do R^2 pela transformação T utilizando a matriz acima. Basta multiplicar a matriz associada à transformação pelo par (x, y) escrito como vetor coluna. Logo, no exemplo dado, temos que:

$F(4, 3) = \begin{pmatrix} 3 & -2 \\ 1 & 5 \end{pmatrix} . \begin{pmatrix} 4 \\ 3 \end{pmatrix} = \begin{pmatrix} 6 \\ 19 \end{pmatrix}$ ou seja, F(4, 3) = (6, 19).

$$T(x, y) = (ax + by, cx + dy) \Leftrightarrow T\begin{pmatrix} x \\ y \end{pmatrix} = \begin{pmatrix} a & b \\ c & d \end{pmatrix} \cdot \begin{pmatrix} x \\ y \end{pmatrix}$$

5.1) OBSERVAÇÕES

1) Poderíamos também verificar que são lineares as transformações:

a) $T: R^3 \to R^3$ tal que $T(x, y, z) = (ax + by + cz, mx + ny + pz, rx + sy + tz)$, cuja matriz associada será :

$$\begin{pmatrix} a & b & c \\ m & n & p \\ r & s & t \end{pmatrix} \quad (3 \times 3)$$

b) $T: R^2 \to R^3$ tal que $T(x, y) = (ax + by, cx + dy, mx + ny)$, cuja matriz associada será:

$$\begin{pmatrix} a & b \\ c & d \\ m & n \end{pmatrix} \quad (3 \times 2)$$

c) $T: R^3 \to R^2$ tal que $T(x, y, z) = (ax + by + cz, mx + ny + pz)$, cuja matriz associada será:

$$\begin{pmatrix} a & b & c \\ m & n & p \end{pmatrix} \quad (2 \times 3)$$

2) De um modo geral, podemos concluir que toda transformação linear $T: R^n \to R^m$ poderá ser associada a uma matriz do tipo m x n , e reciprocamente, toda matriz do tipo m x n poderá ser associada a uma transformação linear $T: R^n \to R^m$.

Por exemplo, a matriz $\begin{pmatrix} -1 & 2 & 3 \\ 4 & 0 & 0 \end{pmatrix}$ do tipo 2 x 3 pode ser associada a uma transformação $T : R^3 \to R^2$ tal que $T(x, y, z) = (-x + 2y + 3z, 4x)$

3) Quando resolvemos um sistema linear, estamos na verdade calculando as coordenadas de um vetor do qual se conhece o transformado (ou a imagem). Isto é, estamos encontrando o elemento do domínio de uma transformação, cuja imagem é conhecida.
Por exemplo, dado o sistema linear

$$\begin{cases} 3x + z = 2 \\ x - y + 5z = 1 \\ -2x + y = 6 \end{cases} \quad \text{sua equação matricial é} \quad \begin{pmatrix} 3 & 0 & 1 \\ 1 & -1 & 5 \\ -2 & 1 & 0 \end{pmatrix} \cdot \begin{pmatrix} x \\ y \\ z \end{pmatrix} = \begin{pmatrix} 2 \\ 1 \\ 6 \end{pmatrix}$$

Observe que (x, y, z) é um elemento do domínio cuja imagem pela transformação associada à matriz é (2, 1, 6).

EXERCÍCIOS PROPOSTOS:

1) Determine a matriz associada a cada transformação linear abaixo:

a) T: $R^3 \to R^2$, dada por T(x, y, z) = (3x – y, 2x + y – 5z)
b) T: $R^3 \to R^3$, dada por T(x, y, z) = (x – z, 3x + y, 2z)
c) T: $R^2 \to R^2$, dada por T(x, y) = (3x – y, - x)

Resp.: a) $\begin{pmatrix} 3 & -1 & 0 \\ 2 & 1 & -5 \end{pmatrix}$; b) $\begin{pmatrix} 1 & 0 & -1 \\ 3 & 1 & 0 \\ 0 & 0 & 2 \end{pmatrix}$; c) $\begin{pmatrix} 3 & -1 \\ -1 & 0 \end{pmatrix}$

2) Determinar a lei da transformação linear que está associada à matriz:

a) $\begin{bmatrix} 2 & -1 & 0 \\ 3 & 2 & 1 \end{bmatrix}$ b) $\begin{bmatrix} -1 & 2 \\ 2 & 3 \\ 1 & 0 \end{bmatrix}$

c) $\begin{bmatrix} -1 & -1 & 0 \\ 2 & 0 & 0 \\ 3 & 4 & 2 \end{bmatrix}$ d) $\begin{bmatrix} -1 & 4 \\ 0 & 2 \end{bmatrix}$

Resp.: T(x, y, z) = (2x – y , 3x + 2y + z) ; b) T(x, y) = (- x + 2y , 2x + 3y , x) ;
c) T(x, y, z) = (- x – y, 2x, 3x + 4y + 2z) ; d) T(x, y) = (- x + 4y , 2y)

3) Dada a matriz $M = \begin{pmatrix} -1 & 4 \\ 3 & 1 \end{pmatrix}$ associada a uma matriz T: $R^2 \to R^2$, determine:

a) T(3, -1)
b) T(0, 3)
c) O elemento do domínio cuja imagem é (22, 12)
d) O elemento do domínio cuja imagem é (0, 0).

Resp.: a) (- 7, 8) ; b) (12, 3) ; c) (2, 6) ; d) (0, 0)

4) Dada a transformação T: $R^2 \to R^2$, tal que T(x, y) = (x – 2y, 2x – 4y), determine (x, y) tal que T(x, y) = (0, 0). Essa transformação é injetora? Resp.: Todo ponto da forma (x , x/2) tem imagem (0,0). Logo a função não é injetora.

5) Seja T: $R^2 \to R^3$ uma transformação linear tal que T(1, 2) = (1, -2, 3) e T(2, 3) = (1, 0, -1). Determine T(x, y). Resp.: T(x, y) = (- x + y, 6x – 4y, - 11x + 7y)

6) Dados os pontos A(-1, 0, 2), B(2, 3, 1) e C(1, -1, 4) e a transformação F: $R^3 \to R^3$ dada por F(x, y, z) = (x, z, - x + y), determine a área do triângulo cujos vértices são F(A), F(B) e F(C).

Resp.: Área = $\frac{\sqrt{154}}{2}$

7) Dada a transformação $F: R^2 \rightarrow R^2$ tal que $F(x, y) = (2x, -y)$, determine a imagem pela F :
a) da reta $y = 2x + 1$
b) da circunferência $x^2 + y^2 = 4$.
Resp.: a) $y = - x - 1$; b) $\frac{x^2}{16} + \frac{y^2}{4} = 1$

8) Dada a transformação linear $T(x, y) = (3x , 2x - y)$, pede-se:
a) a matriz associada a T;
b) calcule $T(- 2,- 3)$
c) calcule (x,y) tal que $T(x,y) = (6, 1)$, ou seja , $T^{-1}(6, 1)$;
d) se $S = \{ (x,y) \in R^2 \ / \ y = 2x - 3 \}$, calcule T(S);
e) se A(1,-1) , B(2, 1) e C(0, 5) são vértices de um triângulo ABC, calcule a área do triângulo cujos vértices são T(A) , T(B) e T(C).
Resp.: a) $\begin{pmatrix} 3 & 0 \\ 2 & -1 \end{pmatrix}$; b) (- 6, - 1) ; c) y = 3 ; d) A = 12

8.6. TRANSFORMAÇÃO LINEAR COMPOSTA

Dadas as transformações lineares $T: R^3 \rightarrow R^2$ e $F: R^2 \rightarrow R^3$, pelas matrizes abaixo,

$$M_T = \begin{bmatrix} 1 & 2 & 1 \\ 0 & 3 & -1 \end{bmatrix} \quad \text{e} \quad M_F = \begin{bmatrix} -1 & 2 \\ 1 & 4 \\ 2 & 1 \end{bmatrix}$$, determine $T(F(x, y)) = T \circ F (x, y)$.

O que se deseja determinar aqui é a transformação composta de T com F. A ideia é a mesma que foi vista no estudo de funções compostas. Veja o esquema abaixo:

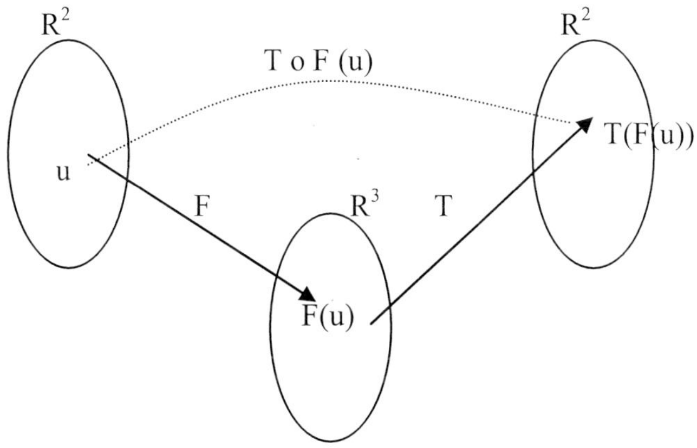

Dado um elemento u do R^2 , calcula-se primeiramente F(u). A esse valor encontrado aplica-se a função T, obtendo-se então, T(F(u)). A lei que define essa função composta nos dá o valor T(F(u)) sem que calculemos F(u).

Conforme já foi estudado anteriormente, podemos determinar F(x,y) através do produto

$$\begin{bmatrix} -1 & 2 \\ 1 & 4 \\ 2 & 1 \end{bmatrix} \begin{bmatrix} x \\ y \end{bmatrix} = \begin{bmatrix} x' \\ y' \\ z' \end{bmatrix}$$. Logo, $F(x, y) = (x', y', z')$.

Para determinarmos $T(F(x, y)) = T(x', y', z')$, basta efetuar o produto

$\begin{bmatrix} 1 & 2 & 1 \\ 0 & 3 & -1 \end{bmatrix} \begin{bmatrix} x' \\ y' \\ z' \end{bmatrix} = \begin{bmatrix} x'' \\ y'' \end{bmatrix}$. O que calculamos pode ser escrito conforme apresentamos abaixo:

$\begin{bmatrix} 1 & 2 & 1 \\ 0 & 3 & -1 \end{bmatrix} \cdot \left[\begin{bmatrix} -1 & 2 \\ 1 & 4 \\ 2 & 1 \end{bmatrix} \begin{bmatrix} x \\ y \end{bmatrix} \right] = \begin{bmatrix} x'' \\ y'' \end{bmatrix}$. Como o produto de matrizes é associativo, podemos escrever a igualdade acima da seguinte forma:

$\left[\begin{bmatrix} 1 & 2 & 1 \\ 0 & 3 & -1 \end{bmatrix} \cdot \begin{bmatrix} -1 & 2 \\ 1 & 4 \\ 2 & 1 \end{bmatrix} \right] \cdot \begin{bmatrix} x \\ y \end{bmatrix} = \begin{bmatrix} x'' \\ y'' \end{bmatrix}$, que nos levará ao mesmo resultado.

Vamos mostrar através de um exemplo numérico, utilizando as matrizes T e M dadas acima.

Calculemos, por exemplo T(F(2, 1)).

$$F(2, 1) = \begin{bmatrix} -1 & 2 \\ 1 & 4 \\ 2 & 1 \end{bmatrix} \begin{bmatrix} 2 \\ 1 \end{bmatrix} = \begin{bmatrix} 0 \\ 6 \\ 5 \end{bmatrix}$$

$$T(F(2, 1) = T(0, 6, 5) = \begin{bmatrix} 1 & 2 & 1 \\ 0 & 3 & -1 \end{bmatrix} \cdot \begin{bmatrix} 0 \\ 6 \\ 5 \end{bmatrix} = \begin{bmatrix} 17 \\ 13 \end{bmatrix}$$

Se calcularmos, primeiramente, o produto entre as matrizes T e F, teremos:

$\begin{bmatrix} 1 & 2 & 1 \\ 0 & 3 & -1 \end{bmatrix} \cdot \begin{bmatrix} -1 & 2 \\ 1 & 4 \\ 2 & 1 \end{bmatrix} = \begin{bmatrix} 3 & 11 \\ 1 & 11 \end{bmatrix}$. Multiplicando essa matriz pelo par (2, 1) escrito como vetor coluna, teremos

$$\begin{bmatrix} 3 & 11 \\ 1 & 11 \end{bmatrix} \cdot \begin{bmatrix} 2 \\ 1 \end{bmatrix} = \begin{bmatrix} 17 \\ 13 \end{bmatrix}.$$

Assim, a imagem de um elemento qualquer (x, y) pela transformação T o F será dada por T o F (x, y) = (3x + 11y, x + 11y), uma vez que a matriz produto T. F é a matriz associada à transformação que estamos considerando.

Vale observar que neste caso, também existe a transformação composta F o T (x, y), já que é possível calcular o produto F . T.

Assim, F o T (x, y) será dada por:

$$\begin{bmatrix} -1 & 2 \\ 1 & 4 \\ 2 & 1 \end{bmatrix} . \begin{bmatrix} 1 & 2 & 1 \\ 0 & 3 & -1 \end{bmatrix} = \begin{bmatrix} -1 & 4 & -3 \\ 1 & 14 & -3 \\ 2 & 7 & 1 \end{bmatrix}$$ ou ainda, por:

F(T(x, y)) = (- x + 4y – 3z, x + 14y – 3z, 2x + 7y + z).

Generalizando, dadas as transformações lineares T: $R^n \rightarrow R^m$ e F: $R^p \rightarrow R^n$, existe a transformação composta T o F (x, y) : $R^p \rightarrow R^m$, cuja matriz associada será obtida através do produto

$$M_T \,.\, M_F$$

$$\swarrow \qquad \searrow$$

$$m \times n \qquad\qquad n \times p \quad \Rightarrow \quad m \times p: \quad T \circ F: R^p \rightarrow R^m$$

Observemos ainda que o fato de existir a transformação T o F não garante a existência da transformação F o T.

EXERCÍCIOS PROPOSTOS:

1) Dadas as transformações lineares T(x, y) e S(x, y) de R^2 em R^2 tais que T(x, y) = (x + y, 2x – y) e S(x, y) = (3x – y, x), determine:

a) T(S(2, 1))
b) T o S (x, y)
Resp.: a) (7, 8) ; b) (4x – y, 5x – 2y)

2) Dadas as transformações T: $R^2 \rightarrow R^2$ dada por T(x, y) = (x + y, 2x – y) e T o F: $R^2 \rightarrow R^2$ dada por T o F (x, y) = (2x + 5y, 7x – 2y), determine:

a) F(x, y)
b) O elemento do domínio de F cuja imagem é (- 2, - 21)

Resp.: a) (3x + y ; - x + 4y) ; b) (1, - 5)

8.7. TRANSFORMAÇÃO LINEAR INVERSA

Dada a transformação linear T: $R^2 \rightarrow R^2$, sua inversa, caso exista, será a transformação T^{-1} (x, y) tal que T^{-1}(T(x, y)) = (x, y).

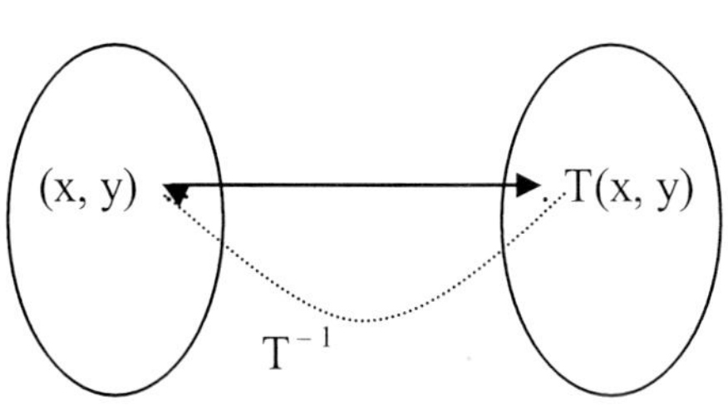

Assim, se T(x, y) = (ax + by, cx + dy) , é uma transformação linear, teremos

$T^{-1}(T(x, y)) = (x, y)$ que pode ser escrito:

$$T^{-1} \cdot \begin{bmatrix} a & b \\ c & d \end{bmatrix} \cdot \begin{bmatrix} x \\ y \end{bmatrix} = \begin{bmatrix} x \\ y \end{bmatrix}$$

O que significa que $T^{-1} \cdot \begin{bmatrix} a & b \\ c & d \end{bmatrix}$ é o elemento neutro da multiplicação de matrizes, que é a matriz identidade. Logo podemos afirmar que

$$T^{-1} \cdot \begin{bmatrix} a & b \\ c & d \end{bmatrix} = \begin{bmatrix} 1 & 0 \\ 0 & 1 \end{bmatrix}$$

Para que isso ocorra, T^{-1} e $\begin{bmatrix} a & b \\ c & d \end{bmatrix}$ têm que ser matrizes inversas uma da outra. Daí, se determinarmos a inversa da matriz de T, estaremos determinando a matriz associada à transformação inversa de T.

Vale lembrar que nem sempre será possível determinar a inversa de uma transformação linear, visto que só são inversíveis as matrizes quadradas cujo determinante é diferente de zero.

EXERCÍCIO RESOLVIDO:

Determine, caso exista, a transformação inversa de T: $R^2 \rightarrow R^2$, dada por T(x, y) = (2x, - x + y).

Solução:

$M_T = \begin{bmatrix} 2 & 0 \\ -1 & 1 \end{bmatrix}$. *Como det M = 2, existe a inversa da matriz M, isto é, existe a transformação inversa de T.*

Seja $\begin{bmatrix} a & b \\ c & d \end{bmatrix}$ *a matriz inversa de* $\begin{bmatrix} 2 & 0 \\ -1 & 1 \end{bmatrix}$.

Logo $\begin{bmatrix} a & b \\ c & d \end{bmatrix} \cdot \begin{bmatrix} 2 & 0 \\ -1 & 1 \end{bmatrix} = \begin{bmatrix} 1 & 0 \\ 0 & 1 \end{bmatrix}$, *que nos levará aos sistemas:*

$$\begin{cases} 2a - b = 1 \\ b = 0 \end{cases} \quad e \quad \begin{cases} 2c - d = 0 \\ d = 1 \end{cases}$$

Daí teremos: a = 1/2 , b = 0 , c = 1/2 e d = 1. Então $T^{-1} = \begin{bmatrix} 1/2 & 0 \\ 1/2 & 1 \end{bmatrix}$

Assim, podemos escrever que $T^{-1}(x, y) = (\frac{x}{2}, \frac{x}{2} + y)$.

Vamos verificar através de um exemplo numérico que o resultado encontrado está correto.

Pela transformação $T(x, y) = (2x, -x + y)$, *temos que* $T(2, 1) = (4, -1)$.

Calculando agora $T^{-1}(4, -1)$ *teremos* $(\frac{4}{2}, \frac{4}{2} + (-1)) = (2, 1)$.

Isto é, $T^{-1}(T(x, y)) = (x, y)$.

OBSERVAÇÃO:
Para as transformações de R^3 em R^3 poderá ser usado o mesmo raciocínio. Para determinar a lei da transformação inversa basta determinar a matriz inversa da matriz associada à transformação dada. Lembre-se que também aqui, é necessário que o determinante da matriz não seja nulo.

EXERCÍCIOS PROPOSTOS:

1) Dadas as transformações $T: R^2 \to R^2$ dada por $T(x, y) = (x + y, 2x - y)$ e $S: R^2 \to R^2$ dada por $S(x, y) = (3x - y, x)$, determine, se for possível:

a) $S^{-1}(x, y)$

b) $T^{-1}(x, y)$

c) $(T \circ S)^{-1}(x, y)$

d) $S^{-1} \circ T^{-1}(x, y)$

Resp.: a) $(y, -x + 3y)$; b) $\left(\frac{x+y}{3}, \frac{2x-y}{3}\right)$; c) e d) $\left(\frac{2x-y}{3}, \frac{5x-4y}{3}\right)$

2) Dada a transformação linear tal que $T(2, 3) = (3, 5)$ e $T(1, 4) = (-1, 5)$, determine $T^{-1}(0, 2)$.
Resp.: (1/2 ; 3/2)

3) Dadas as matrizes $M = \begin{pmatrix} 2 & -1 \\ 0 & 3 \end{pmatrix}$ e $N = \begin{pmatrix} 0 & 4 \\ 1 & -2 \end{pmatrix}$ determine:

a) M(x, y) e N(x, y)

b) M.N

c) (M.N)(x, y)

d) M(N(2,-3))

e) (M.N)(2,-3)

f) M^{-1}

g) M(2,5)

h) (x, y) tal que M(x, y) = (-1,15)

i) $M^{-1}(-1,15)$

Resp.: a) $M(x, y) = (2x - y, 3y)$; $N(x, y) = (4y, x - 2y)$; b) $\begin{pmatrix} -1 & 10 \\ 3 & -6 \end{pmatrix}$; c) $(-x + 10y, 3x - 6y)$;

d) e e) (- 32, 24) ; f) $\begin{pmatrix} 1/2 & 1/6 \\ 0 & 1/3 \end{pmatrix}$; g) (- 1, 15) ; h) e i) (2, 5)

8.8. NÚCLEO DE UMA TRANSFORMAÇÃO LINEAR

Seja F: U $\rightarrow$ V uma transformação linear. Denomina-se núcleo de F e indica-se por Ker (F) o seguinte subconjunto de U: (Ker – Kernel = cerne, núcleo)

$$\mathbf{Ker(F) = \{ u \in U \ / \ F(u) = 0 \}},$$

ou seja, é o conjunto de todos os elementos do domínio de F cuja imagem é igual ao vetor nulo do contradomínio V.

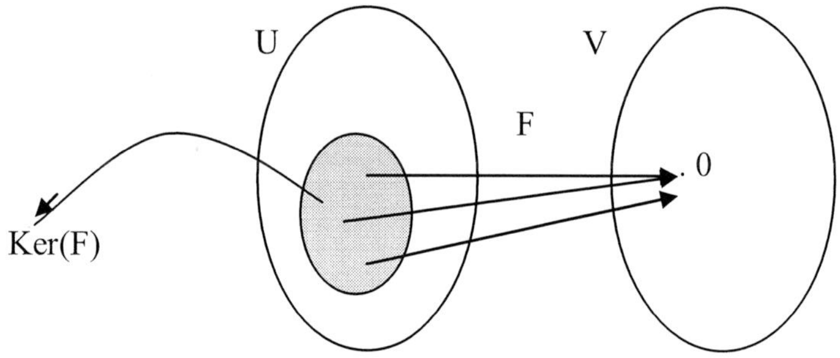

OBSERVAÇÃO:
Encontrar o núcleo de uma transformação linear equivale a resolver um sistema linear homogêneo. Logo, o núcleo de uma transformação linear nunca será vazio, pois pelo menos o vetor nulo do domínio desta transformação pertencerá a ele.

EXERCÍCIOS RESOLVIDOS:

Determinar o núcleo da transformação F: $R^2 \rightarrow R^3$ dada por F(x, y) = (0, x + y, 0)

Solução:

Se (x, y) $\in$ Ker(F), então F(x, y) = (0, 0, 0).
Logo, (0, x + y, 0) = (0, 0, 0) . Então x + y = 0

Neste caso, o núcleo da transformação F é o conjunto de todos os pares ordenados que pertencem à reta x + y = 0, isto é, Ker(F) = { (x, y) $\in R^2$ / x + y = 0 }

2) Determine o núcleo da transformação T: $R^3 \rightarrow R^2$ tal que T(x, y, z) = (x – z, y + 2x).

Solução:

T(x, y, z) = (0, 0) $\Rightarrow$ (x – z, y + 2x) = (0, 0)

$\begin{cases} x - z = 0 \Rightarrow z = x \\ y + 2x = 0 \Rightarrow y = -2x \end{cases}$. *Fazendo $x = t$, temos as equações paramétricas de uma* *reta no* R^3 *que passa pela origem (0, 0, 0):* $\begin{cases} x = t \\ y = -2t \\ z = t \end{cases}$ *que é o núcleo da transformação T*

Logo $Ker(T) = \{ (t, -2t, t) / t \in R \}$

8.9. TRANSFORMAÇÕES LINEARES NO PLANO

Estudaremos a seguir algumas transformações no plano ($R^2 \rightarrow R^2$) que têm várias aplicações práticas. Apresentaremos sempre a matriz associada a cada uma dessas transformações.

8.9.1. EXPANSÃO OU CONTRAÇÃO UNIFORME

$T(x, y) = k \cdot (x, y) = (k x, k y)$ $\qquad M_T = \begin{bmatrix} k & 0 \\ 0 & k \end{bmatrix}$

Exemplo:
Sejam $L = \{ (x, y) \in R^2 / 0 \le x \le 1 \text{ e } 0 \le y \le 2 \}$ e T uma transformação linear tal que $T(x, y) = (2x, 2y)$. Represente no plano cartesiano os conjuntos L e T(L).

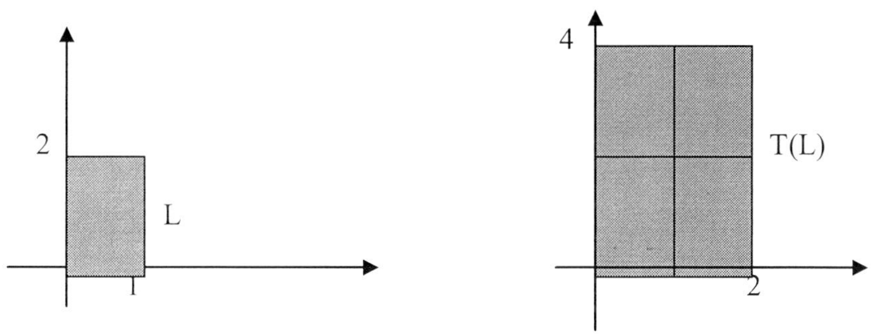

Temos acima o exemplo de uma expansão uniforme no plano.

Se definíssemos $T(x, y) = \frac{1}{2} (x, y)$, F seria uma contração.

8.9.2. REFLEXÃO EM TORNO DO EIXO DAS ABSCISSAS

$T(x, y) = (x, -y)$ $\qquad M_T = \begin{bmatrix} 1 & 0 \\ 0 & -1 \end{bmatrix}$

Exemplo:
Utilizando o mesmo conjunto L do item anterior, vamos representar T(L).

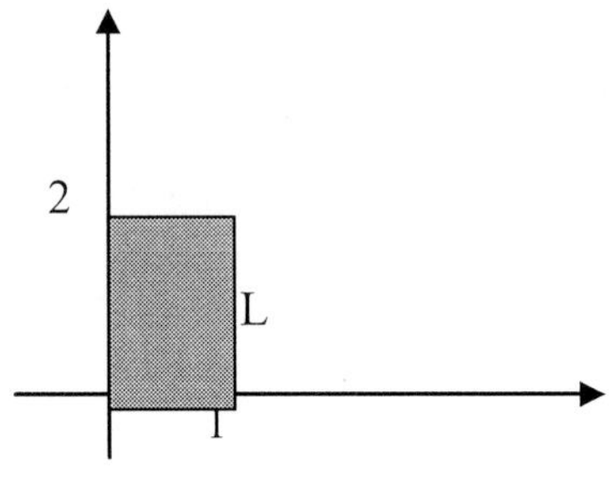

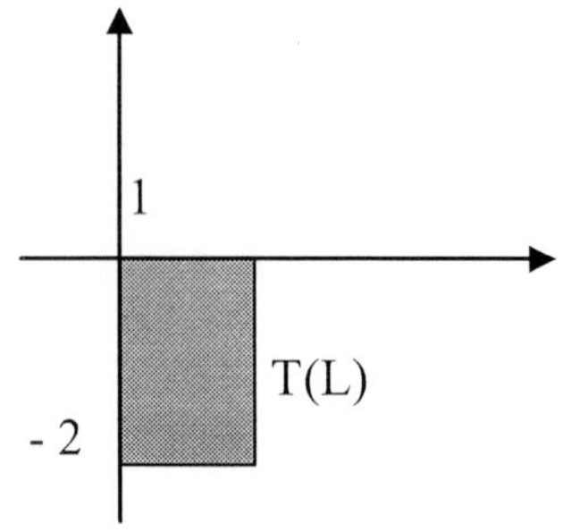

8.9.3. REFLEXÃO EM TORNO DO EIXO DAS ORDENADAS

T(x, y) = (- x, y) $\qquad M_T = \begin{bmatrix} -1 & 0 \\ 0 & 1 \end{bmatrix}$

Exemplo:

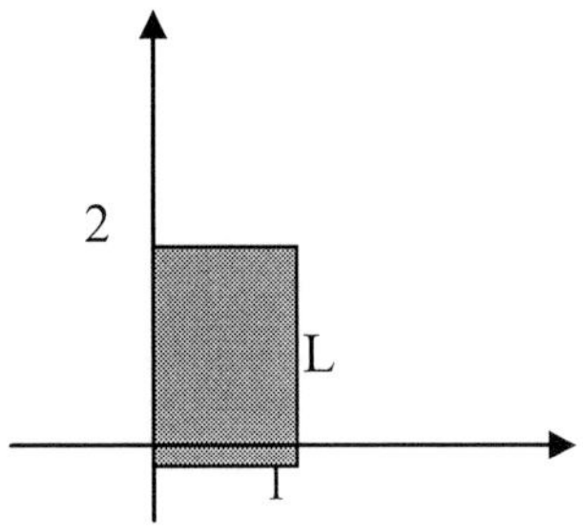

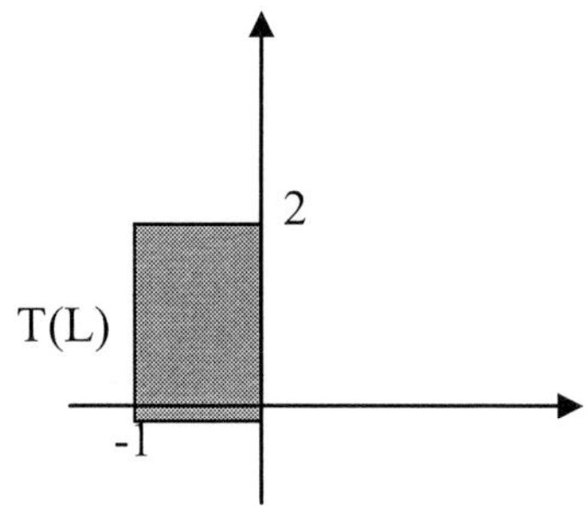

8.9.4. REFLEXÃO NA ORIGEM

T(x, y) = (- x, - y) $\qquad M_T = \begin{bmatrix} -1 & 0 \\ 0 & -1 \end{bmatrix}$

Exemplo:

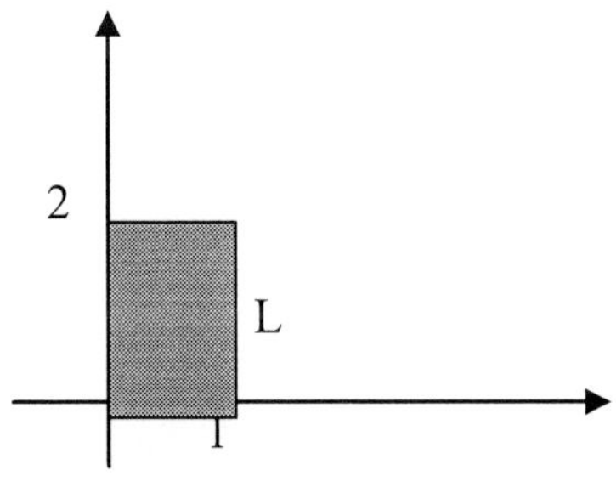

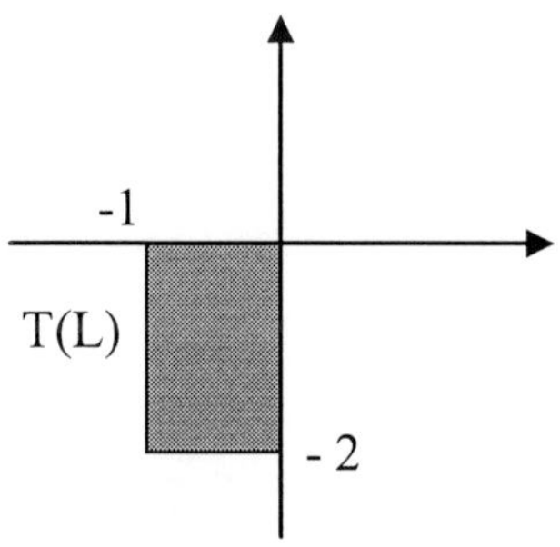

8.9.5. PROJEÇÃO SOBRE O EIXO DAS ABSCISSAS

T(x, y) = (x, 0) $\qquad M_T = \begin{bmatrix} 1 & 0 \\ 0 & 0 \end{bmatrix}$

Exemplo:

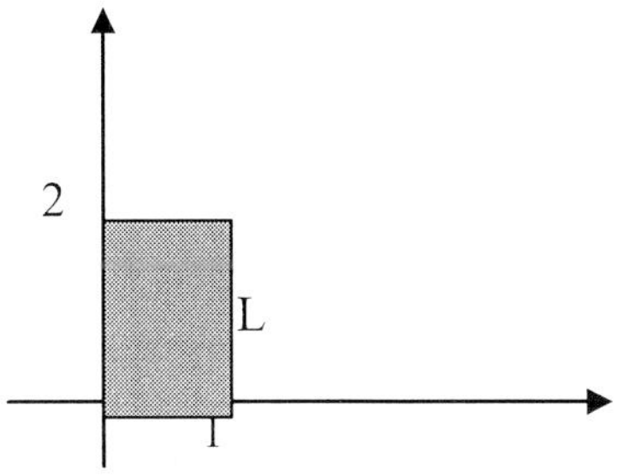

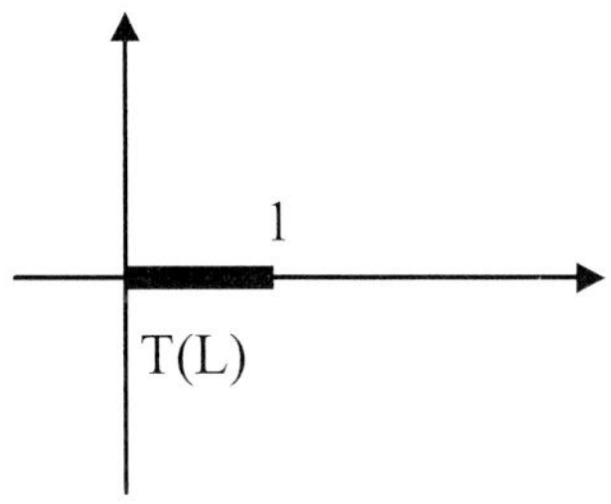

8.9.6. PROJEÇÃO SOBRE O EIXO DAS ORDENADAS

T(x, y) = (0, y) $\qquad M_T = \begin{bmatrix} 0 & 0 \\ 0 & 1 \end{bmatrix}$

Exemplo:

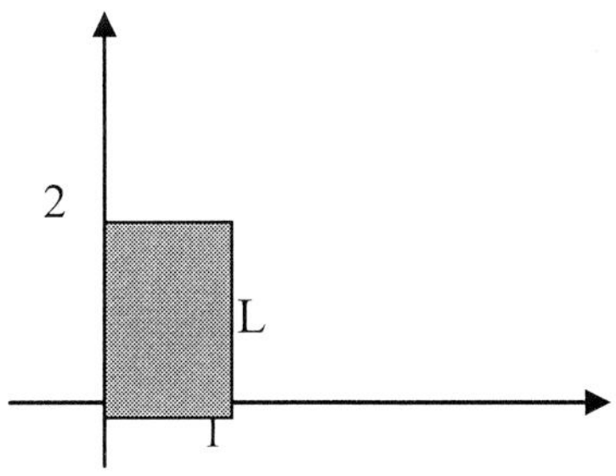

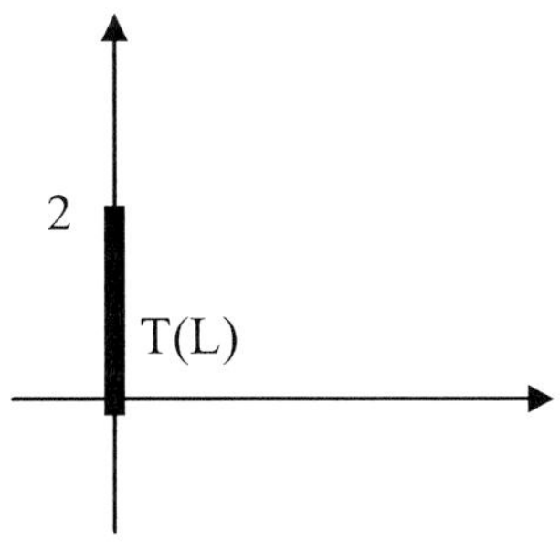

8.9.7. CISALHAMENTO HORIZONTAL

T(x, y) = (x + k y , y) , onde k é um número real. $M_T = \begin{bmatrix} 1 & k \\ 0 & 1 \end{bmatrix}$

Exemplo:
Seja T(x, y) = (x + 2y, y) um cisalhamento horizontal de razão 2. Escreva a matriz associada a essa transformação e represente graficamente o conjunto T(L).

$M = \begin{bmatrix} 1 & 2 \\ 0 & 1 \end{bmatrix}$.

Calculando:
T(0, 0) = (0, 0)
T(1, 0) = (1, 0)
T(0, 2) = (4, 2)
T(1, 2) = (5, 2) , podemos representar T(L).

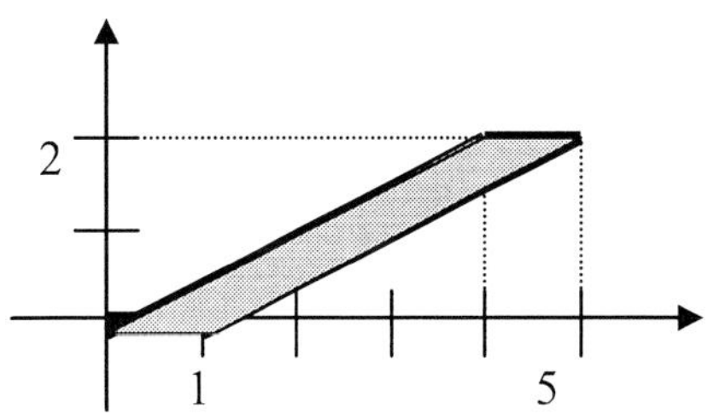

8.9.8. CISALHAMENTO VERTICAL

T(x, y) = (x, k x + y) , onde k é um número real. $\qquad M_T = \begin{bmatrix} 1 & 0 \\ k & 1 \end{bmatrix}$

Exemplo:

Sendo T(x, y) = (x, 2x + y) , represente graficamente T(L).

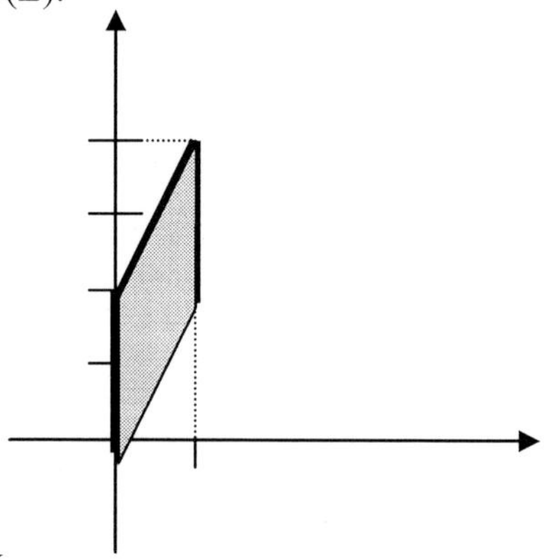

Calculando:
T(0, 0) = (0, 0)
T(1, 0) = (1, 2)
T(0, 2) = (0, 2)
T(1, 2) = (1, 4) , podemos representar T(L):

8.9.9. REFLEXÃO EM RELAÇÃO À RETA y = x

T(x, y) = (y, x) $\qquad M_T = \begin{bmatrix} 0 & 1 \\ 1 & 0 \end{bmatrix}$

Exemplo:

Dada a transformação linear T(x, y) = (y, x) , determinar a imagem da reta y = 2x + 4 pela transformação T.

Se T(x, y) = (y, x) = (x', y') , temos que y = x' e x = y' . Assim, substituindo na equação da reta y = 2x + 4 , teremos:

$x' = 2y' + 4 \Rightarrow y' = \dfrac{x'}{2} - 2$.

8.9.10. ROTAÇÃO DE UM ÂNGULO θ NO SENTIDO ANTI-HORÁRIO

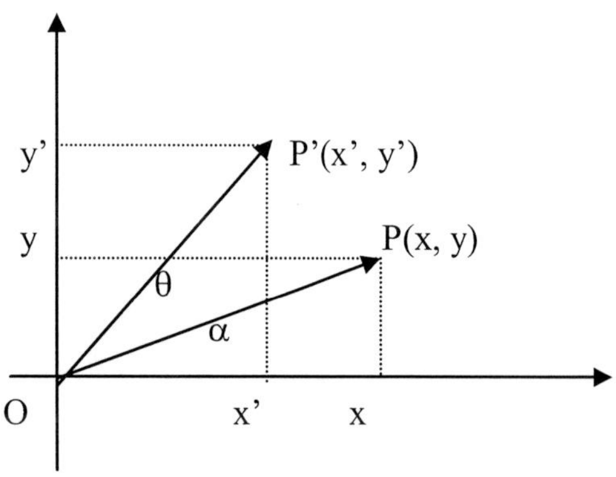

Consideremos um ponto P de coordenadas (x, y), tal que o segmento OP determine com o eixo das abscissas um ângulo igual a α. Fazendo uma rotação de P no sentido anti-horário, de um ângulo igual a θ , vamos obter o ponto P' de coordenadas (x', y'). Observe que a medida de OP' é igual à de OP. Vamos escrever que

$$R_\theta\,(x, y) = (x', y')$$

Sabemos que: $x = \overline{OP} \cdot \cos\alpha$ e $y = \overline{OP} \cdot \text{sen}\,\alpha$

$$x' = \overline{OP} \cdot \cos(\alpha + \theta) \quad \text{e} \quad y' = \overline{OP} \cdot \text{sen}(\alpha + \theta)$$

Então teremos:

$$x' = \underbrace{\overline{OP} \cdot \cos\alpha}_{x} \cdot \cos\theta - \underbrace{\overline{OP} \cdot \operatorname{sen}\alpha}_{y} \cdot \operatorname{sen}\theta = x \cdot \cos\theta - y \cdot \operatorname{sen}\theta$$

$$y' = \overline{OP} \cdot \operatorname{sen}\alpha \cdot \cos\theta + \overline{OP} \cdot \operatorname{sen}\theta \cdot \cos\alpha = y \cdot \cos\theta + x \cdot \operatorname{sen}\theta.$$

Logo, podemos escrever que:

$$R_\theta\ (x, y) = (x \cdot \cos\theta - y \cdot \operatorname{sen}\theta\ ,\ x \cdot \operatorname{sen}\theta + y \cdot \cos\theta).$$

Assim, a matriz associada a essa transformação – rotação de um ângulo θ no sentido anti-horário em torno da origem - é:

$$R_\theta = \begin{bmatrix} \cos\theta & -\operatorname{sen}\theta \\ \operatorname{sen}\theta & \cos\theta \end{bmatrix}$$

OBSERVAÇÕES:

1) O determinante da matriz de rotação é sempre igual a 1.

De fato, $\cos\theta \cdot \cos\theta - \operatorname{sen}\theta \cdot (-\operatorname{sen}\theta) = \cos^2\theta + \operatorname{sen}^2\theta = 1$.

2) Qualquer matriz quadrada da forma $\begin{bmatrix} a & b \\ c & d \end{bmatrix}$, tal que a = d e b = - c e cujo determinante é igual a 1 pode ser associada a uma rotação no plano

8.10. TRANSLAÇÃO

Uma transformação no plano, **que não é linear**, mas que tem muita utilidade é a translação.
Definimos translação no plano como uma transformação $T: R^2 \to R^2$ tal que

$$T(x, y) = (x + a, y + b)\ ,$$

onde a e b são números reais e não nulos simultaneamente.

EXERCÍCIOS RESOLVIDOS

1) Determine as novas coordenadas do ponto P(1, 0) após fazermos uma rotação de 60º em torno da origem no sentido anti-horário.

Solução:

A matriz associada a essa transformação é $R_{60} = \begin{bmatrix} \cos 60^\circ & -\operatorname{sen}60^\circ \\ \operatorname{sen}60^\circ & \cos 60^\circ \end{bmatrix} =$

$\begin{bmatrix} 1/2 & -\sqrt{3}/2 \\ \sqrt{3}/2 & 1/2 \end{bmatrix}$. *Multiplicando-se essa matriz pelo vetor (1, 0) escrito como vetor coluna, obteremos:* *P'(* $1/2$*,* $\sqrt{3}/2$*).*

2) Determine a imagem da reta y = 3x – 1 pela translação T(x, y) = (x + 1, y – 2).

Solução:

Podemos escrever que $(x + 1, y - 2) = (x', y')$*. Logo, teremos:*
$x = x' - 1$ *e* $y = y' + 2$*. Substituindo esses valores na equação da reta, temos:*
$y' + 2 = 3(x' - 1) - 1 \rightarrow y' = 3x' - 6$.

3) Uma translação é tal que T(2, 3) = (-1, 4) . Determine T(6, 2).

Solução:

Primeiramente, vamos determinar T(x, y).
Sabemos que toda translação é da forma T(x, y) = (x + a, y + b) . Assim, temos:
T(2, 3) = (2 + a, 3 + b) = (-1, 4). Logo, a = - 3 e b = 1.

Então, a translação é definida por T(x, y) = (x – 3, y + 1).

Assim, T(6, 2) = (3, 3).

EXERCÍCIOS PROPOSTOS:

1) Dada a transformação $F : R^2 \rightarrow R^2$ tal que F(x, y) = (x - 2y , - 2x + 4y),
a) mostre que F é linear;
b) determine F(F(2, - 5));
c) determine, se existir, o par ordenado (x, y), tal que F(x, y) = (3, 5);
d) determine o conjunto de pontos (x, y) tais que F(x, y) = (0, 0).
Resp. b) (60, -120) ; c) impossível ; d) x = 2y

2) Dadas as transformações lineares $T : R^2 \rightarrow R^2$ tal que T(x, y) = (2x - y , x - y) e $U : R^2 \rightarrow R^2$ tal que U(x, y) = (- y , 2y - x), pede-se:
a) a matriz associada à transformação T;
b) a matriz associada à transformação U;
c) T(U(2, -3));
d) T(U(x, y));
e) U^{-1} (x, y).
Resp. a) $\begin{pmatrix} 2 & -1 \\ 1 & -1 \end{pmatrix}$; b) $\begin{pmatrix} 0 & -1 \\ -2 & 2 \end{pmatrix}$; c) (14, 11) ; d) (x - 4y , x - 3y) ; e) (- 2x - y , - x)

3) Uma transformação linear no plano é tal que T(2, 1) = (3, 3) e T(-1, 5) = (-7, 4). Determine T(1, 4) e, se for possível, T^{-1}(x, y).

Resp. T(1, 4) = (-2, 5) ; $T^{-1}(x, y) = \left(\frac{x + y}{3}, \frac{-x + 2y}{3} \right)$

4) Uma transformação linear $T : R^2 \to R^2$ é tal que T(2, 1) = (5, 4) e T(3, 4) = (5, 11). Determine T(x, y) e T(T(3, 0)). Resp. (3x - y , x + 2y) ; (24, 15)

5) Sejam $A = \begin{pmatrix} 1 & 0 \\ 0 & 2 \end{pmatrix}$, $C = \{ (x, y) \in R^2 \mid x^2 + y^2 = 9 \}$ e seja T a transformação linear associada à matriz A . Determine:

a) T(2, 5);
b) (x, y) tal que T(x, y) = (4, 3);
c) T(C)

Resp. a) (2, 10) ; b) (4, 3/2) ; c) $x^2/9 + y^2/36 = 1$

6) Sejam as transformações T, uma translação tal que T(3, 2) = (-1, 4) e S uma expansão de razão 3. Determine a área do polígono ToS(Q), onde $Q = \{(x, y) \in R^2 \mid 0 \leq x \leq 1 \text{ e } 0 \leq y \leq 1 \}$. Faça uma representação gráfica para este problema. Resp. A = 9

7) Em um sistema de eixos cartesianos fixo, o ponto (3, 2) foi girado de 30º no sentido anti-horário em torno da origem, obtendo-se, assim, o ponto A'. Quais as coordenadas de A' nesse mesmo sistema? Resp. $\left(\frac{3\sqrt{3}}{2} - 1, \sqrt{3} + \frac{3}{2}\right)$

8) Determine a, b e c reais, b < 0, para que a matriz $\begin{pmatrix} \frac{1}{4} & b \\ a & c \end{pmatrix}$ represente uma rotação.

Resp. $a = \frac{\sqrt{15}}{4}; b = -\frac{\sqrt{15}}{4}; c = \frac{1}{4}$

9) Seja F uma transformação linear tal que F(1, 0) = (2, -1) e F(0, 2) = (1, 3) e R uma rotação de 90º no sentido anti-horário. Determine:

a) (x, y) tal que F(x, y) = (5, 2);
b) $F^{-1}(x, y)$;
c) F(R(3, -1). Resp. a)(13/7, 18/7) ; b) (3x - y / 7 , 2x + 4y / 7) ; c) (7/2, 7/2)

10) Seja f uma transformação dada por f(x, y) = (x - 2y , - 2x + 4y). Mostre que o conjunto de pontos que f transforma no ponto (0, 0) é uma reta.

11) $L : R^2 \to R^2$ é uma transformação linear tal que L(x, y) = (y, x). Considere o triângulo T limitado pelas retas y = x , x = 2 e y = 0. Calcule a área do transformado de T por L. Resp 2

12) T é uma transformação linear no plano, dada por T(x, y) = (x - y, x + 3y). Sejam A(1, 1), B(3, 2) e C(2, 5) vértices de um triângulo ABC. Calcule as coordenadas dos vértices do transformado desse triângulo por T. Resp. (0, 4),(1, 9) e (-3,17)

13) Sendo dada a transformação linear no plano por $f(x, y) = (2x - 3y, 4x + y)$, e sendo L_1 a reta $x = 0$ e L_2 a reta $y = 0$, calcule o maior dos ângulos formados por $f(L_1)$ e $f(L_2)$. Resp. arc tg -7

14) Uma circunferência tem equação $(x - 5)^2 + (y - 4)^2 = 1$. Qual será sua equação em um novo sistema de eixos (paralelos e com o mesmo sentido dos anteriores) cuja origem seja o ponto (3, -1) do sistema inicial? Resp. $(x - 2)^2 + (y - 5)^2 = 1$

15) Quais são as novas coordenadas do ponto P(6, 2), se a origem dos eixos é transladada para o ponto (2, 3) e se os eixos depois giram de um ângulo de 30º no sentido positivo? Resp.
$\left(2\sqrt{3} - \frac{1}{2}, -2 - \frac{\sqrt{3}}{2}\right)$

QUESTÕES DE CONCURSOS

1) (UFF) Considerando a transformação linear $T : \mathbf{R}^3 \to \mathbf{R}^3$, com T(1,0,0) = (1,0,0); T(0,1,0) = (0,1,0) e T(0,0,1) = (0,0,0), pode-se afirmar que T(300,500,700) é igual a:

A) (300,700,0) B) (300,500,0) C) (0,300,700) D) (700,0,500) E)(500,700,0)

2) (UERJ) Uma transformação linear $T : \mathbf{R}^2 \to \mathbf{R}^2$ é dada pela matriz associada $\begin{bmatrix} 2 & 0 \\ 0 & 3 \end{bmatrix}$. Utilizando esses dados, responda aos itens A e B.

A) Calcule T(3, -1);

B) Considere todos os pontos do plano $\mathbf{R}^2$ que pertencem à circunferência de círculo $\lambda : x^2 + y^2 = 4$. Sabe-se que $T(\lambda)$ é uma elipse. Determine a equação dessa elipse.

3) (UERJ) Cada par ordenado (x, y) do plano pode ser escrito como uma matriz $\begin{pmatrix} x \\ y \end{pmatrix}$. Para fazer uma rotação de 90º do ponto de coordenadas (x, y) em torno da origem, no sentido anti-horário, basta multiplicar a matriz $\begin{pmatrix} 0 & -1 \\ 1 & 0 \end{pmatrix}$ por $\begin{pmatrix} x \\ y \end{pmatrix}$.

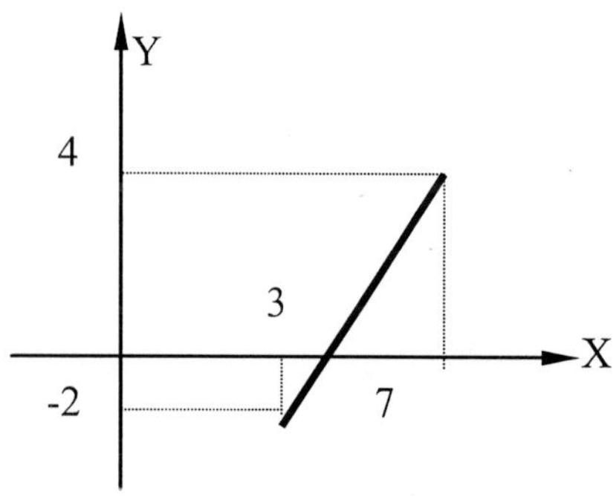

Aplicando-se esse método para fazer a rotação do ponto médio do segmento AB da figura acima, suas novas coordenadas serão:

A) (5, -1) B) (-1, 5) C) (-5, -1) D) (-1, -5)

4) (UFRJ) Considere o triângulo T da figura abaixo:

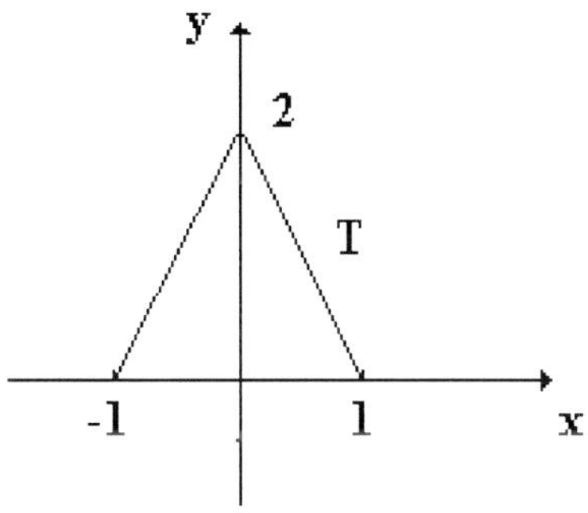

Seja outro triângulo T' definido do seguinte modo: a cada ponto (x,y) de T está associado um ponto (x',y') de T'pela equação: $\begin{pmatrix} X' \\ Y' \end{pmatrix} = \begin{pmatrix} 4 & 4 \\ 0 & 1 \end{pmatrix} \cdot \begin{pmatrix} X \\ Y \end{pmatrix}$

Determine a área do triângulo T'

5) (UFF) No gráfico abaixo está representada uma circunferência de raio R centrada na origem, na qual foram destacados os pontos M, N e P.

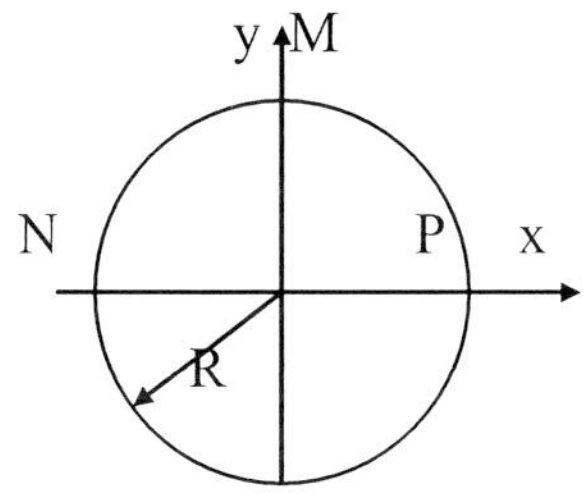

Considere a transformação T: $IR^2 \rightarrow IR^2$, tal que

T(x, y) = (-y, x)

Se T(M) = M_1, T(N) = N_1 e T(P) = P_1 o gráfico que melhor representa M_1, N_1, e P_1 é:

A)

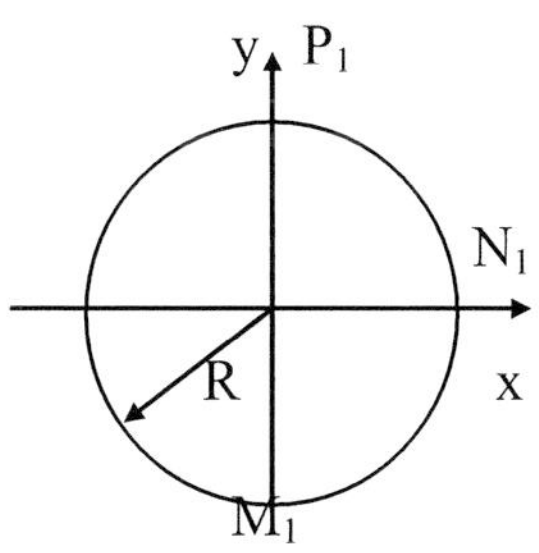

B)

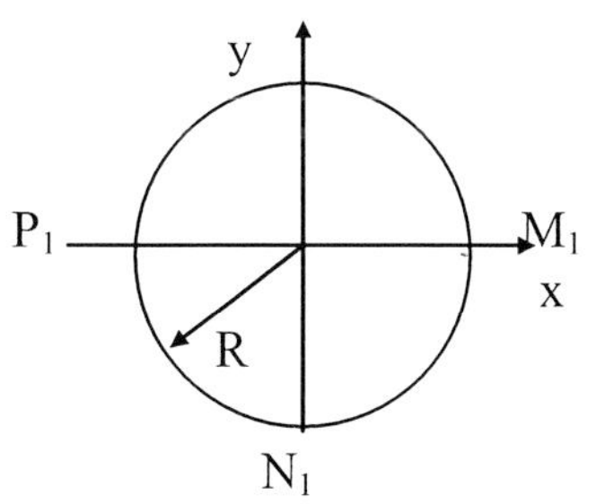

C)

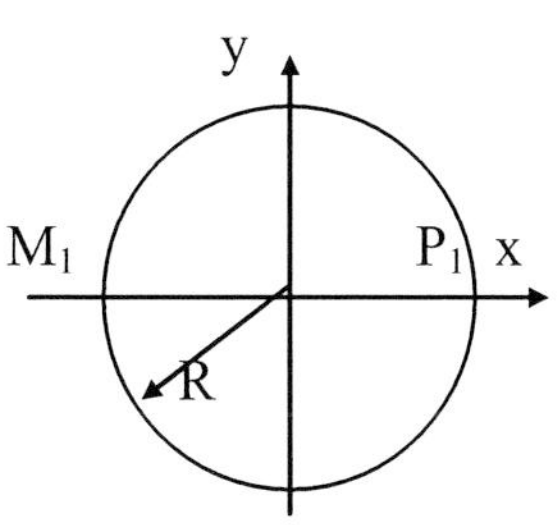

D)

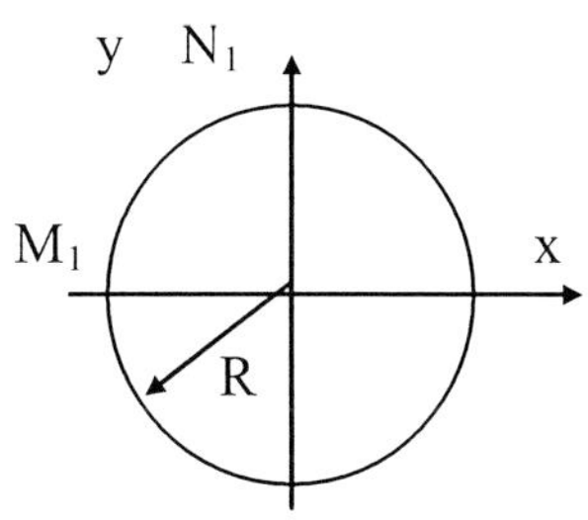

N_1 P_1

E)

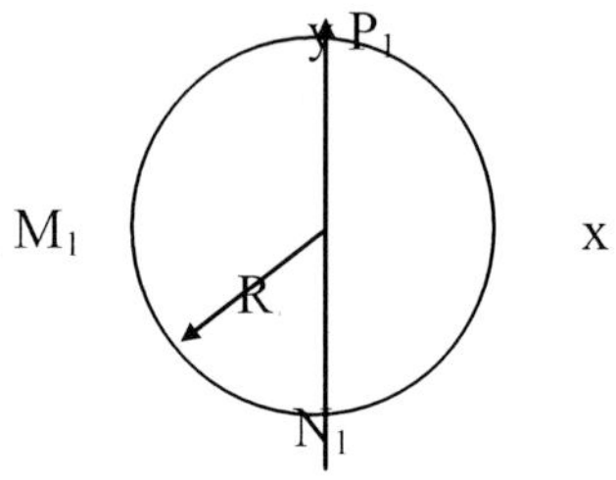

6) (VEST-RIO) Considere as transformações do plano definidas por:
T1 (x,y) = (y,x)

T2 (x,y) = (-y,x)

T3 (x,y) = (2x,2y)

$\mathbf{T_1, T_2}$ **e** $\mathbf{T_3}$ são respectivamente:

(A) homotetia, simetria, rotação
(B) rotação, simetria, rotação
(C) rotação, rotação, simetria
(D) simetria, rotação, homotetia
(E) simetria, simetria, homotetia

GABARITO DAS QUESTÕES DE CONCURSOS

1) B	4) 8
2) a) (6, - 3) ; b) $\frac{x^2}{16}+\frac{y^2}{36}=1$	5) E
3) B	6) D

EXERCÍCIOS DE REVISÃO:

CONJUNTO R^3

PROBLEMAS BÁSICOS E PRODUTO ESCALAR

01) (UNI-RIO) Considere os vetores $\vec{u} = (-1, 2, -3)$ e $\vec{v} = (x, y, 6)$. Determine o valor de x + y, de modo que esses vetores sejam colineares.

a) – 2.

b) – 1.

c) 0.

d) 2.

e) 6.

02) (EsFAO) - Os vetores $\vec{u}$ $(2, -1, 3)$ e $\vec{v}$ $(3, k, -1)$ são perpendiculares. O valor de k é:

a) $\sqrt{2}$

b) $\sqrt{3}$

c) 2

d) 3

e) 6

03) (EN) Se $\vec{u} + \vec{v} + \vec{w} = \vec{o}$, $|\vec{u}| = \frac{3}{2}$, $|\vec{v}| = \frac{1}{2}$ e $|\vec{w}| = 2$, o valor da soma dos produtos escalares $\vec{u} \cdot \vec{v} + \vec{v} \cdot \vec{w} + \vec{u} \cdot \vec{w}$ é igual a:

a) 1

b) 0

c) $\frac{-1}{4}$

d) -1

e) $\frac{-13}{4}$

04) (EN) Os vetores $\vec{u}$ e $\vec{v}$ são tais que $|\vec{u} + \vec{v}| = 10$ e $|\vec{u} - \vec{v}| = 4$. O produto escalar $\vec{u} \cdot \vec{v}$ vale:

a) -1

b) $2\sqrt{5}$

c) 21

d) 29

e) 40

05) (CFO) Os vetores $\vec{v_1} = x\vec{i} + 2\vec{j} + 3\vec{k}$ e $\vec{v_2} = 2\vec{i} - \vec{j} + 2\vec{k}$ são perpendiculares. O valor de x é:

a) -2

b) -1

c) 0

d) 1

e) 2

06) (UNI-RIO) Considere os vetores $\vec{u} = (-1, 2, -3)$ e $\vec{v} = (x, y, 6)$. Determine o valor de x + y, de modo que esses vetores sejam colineares.

a) -2. x

b) -1.

c) 0.

d) 2.

e) 6.

07) (EN) A componente do vetor $\vec{u} = (5, 6, 5)$ na direção do vetor $\vec{v} = (2, 2, 1)$ é o vetor:

a) $\left(\frac{5}{\sqrt{86}}, \frac{5}{\sqrt{86}}, \frac{5}{2\sqrt{86}} \right)$

b) (6, 6, 3)

c) (10, 10, 5)

d) $\left(\frac{2}{3}, \frac{2}{3}, \frac{1}{3} \right)$

e) $\left(\frac{5}{2}, \frac{5}{2}, \frac{5}{4} \right)$

08) O cosseno do ângulo α entre os vetores $\vec{A} = 2\vec{i} + 2\vec{j} - \vec{k}$ e $\vec{B} = 6\vec{i} - 3\vec{j} + 2\vec{k}$ é:

a) $\cos \alpha = \frac{3}{16}$

b) $\cos \alpha = -\frac{4}{21}$

c) $\cos \alpha = \frac{4}{21}$

d) $\cos \alpha = 0$

e) $\cos \alpha = \frac{2}{5}$

09) (UFRJ) Seja P o conjunto de todos os pontos $(x, y, z) \in R^3$ tais que $x \in \{0, 1, 2\}$, $y \in \{0, 1, 2\}$ e $z \in \{0, 1, 2\}$.

A) Quantos pontos possui o conjunto P?

B) Considere os subconjuntos de P formados por exatamente três pontos colineares. Determine, entre esses subconjuntos, quantos são formados apenas por pontos em que z = 1. Justifique sua resposta. (Faça um desenho, se preferir).

RESPOSTA: A) 27; B) Os pontos de P tais que z = 1 estão contidos em um quadrado de lado 2 paralelo ao plano xy.

10) (EN) Sejam $\vec{u} = (-1, 1, 0)$ e $\vec{v} (1, 0, 1)$ vetores no IR^3. Se θ é o ângulo entre os vetores $(\vec{u} \times \vec{v})$ e $(\vec{u} + 2\vec{v})$, então o valor de $\text{sen}\left(\frac{\theta}{3}\right)$ é:

a) 0.

b) $\frac{1}{2}$.

c) $\frac{\sqrt{2}}{2}$.

d) $\frac{\sqrt{3}}{2}$.

e) 1.

PRODUTO VETORIAL

11) (EN) Sabendo-se que $\vec{u}$ e $\vec{v}$ são vetores que satisfazem as seguintes condições:

I) $\vec{u}$ é paralelo a $\vec{w} = \vec{i} - \vec{j} + \vec{k}$

II) $\vec{v}$ é ortogonal a $\vec{w}$

III) $\vec{a} = \vec{u} + \vec{v}$, onde $\vec{a} = \overrightarrow{2i} + \vec{j} - \overrightarrow{3k}$

Podemos afirmar que o produto vetorial, $\vec{u} \times \vec{v}$, é:

a) $\frac{-16}{9}\vec{i} + \frac{2}{9}\vec{j} + \frac{14}{9}\vec{k}$

b) $\frac{-2}{3}\vec{i} + \frac{2}{3}\vec{j} - \frac{2}{3}\vec{k}$

c) nulo

d) $\frac{-4}{3}\vec{i} - \frac{10}{3}\vec{j} - 2\vec{k}$

e) $\frac{-16}{3}\vec{i} + \frac{2}{3}\vec{j} - \frac{14}{3}\vec{k}$

12) (EsFAO) Os vetores u e v pertencentes ao R^3 determinam um ângulo de 135º e são tais que $|\vec{u}| = \sqrt{2}$ e $|\vec{v}| = \sqrt{3}$. O valor de $|\vec{u} \times \vec{v}|$ é:

a) 3

b) $\sqrt{3}$

c) $\frac{\sqrt{3}}{2}$

d) $-\frac{\sqrt{3}}{2}$

e) $-\sqrt{3}$

13) (EN) Sejam $\vec{u} = (-1, 0, 1+c)$, $\vec{v} = (-1, 0, 0)$ e $\vec{w} = (0, 1, -1)$ vetores do , c ∈ $\Re$. Se o ângulo entre os vetores $\vec{u}$ e $(\vec{v} \, x \, \vec{w})$ é $\frac{\pi}{3}$ radianos, então o valor não nulo de c é

a) 3
b) 2
c) -2
d) -3

14) (EN) Se $|\vec{u}| = 3$ e $|\vec{v}| = 4$, o valor máximo de $|\vec{u} \, x \vec{v}|$ é:

a) 1
b) 3
c) 4
d) 5
e) 7

15) Sejam os vetores $\vec{u} = (-2, 1, 4)$ e $\vec{v} = (3, 0, 5)$. Pede-se calcular o valor do vetor $\vec{z} = \vec{u} \times \vec{v}$.

a) (5, 22, −3)
b) (−3, 5, −22)
c) (−5, 3, 22)
d) (−22, 5, −3)
e) (−1, −3, 5)

16) O volume do paralelepípedo cujas arestas são os vetores $\vec{A} = 2\vec{i} - 3\vec{j} + 4\vec{k}$, $\vec{B} = \vec{i} + 2\vec{j} - \vec{k}$ e $\vec{C} = 3\vec{i} - \vec{j} + 2\vec{k}$ é:

a) 2
b) 7
c) 4
d) 1
e) 5

17) Na figura abaixo está representado um prisma reto cuja base é um retângulo.

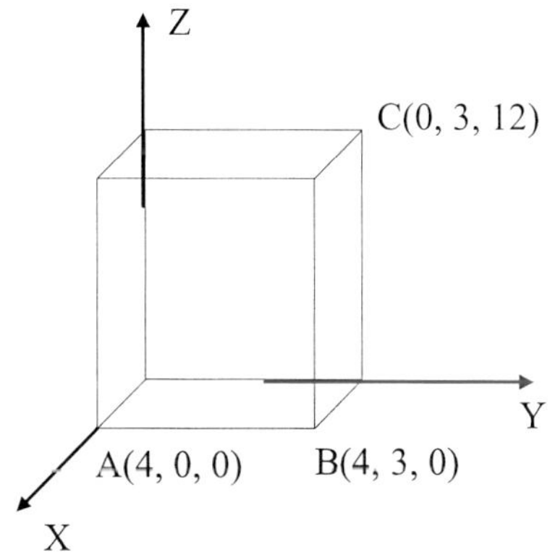

A medida da diagonal desse paralelepípedo é igual a:

a) 10

b) 11

c) 12

d) 13

e) 15

18) Considere o paralelepípedo retângulo de dimensões 1m, 4m e 3m e os vetores $\vec{u} = \overrightarrow{FM}$, $\vec{v} = \overrightarrow{FG}$ e $\vec{w} = \overrightarrow{FI}$ representados na figura.

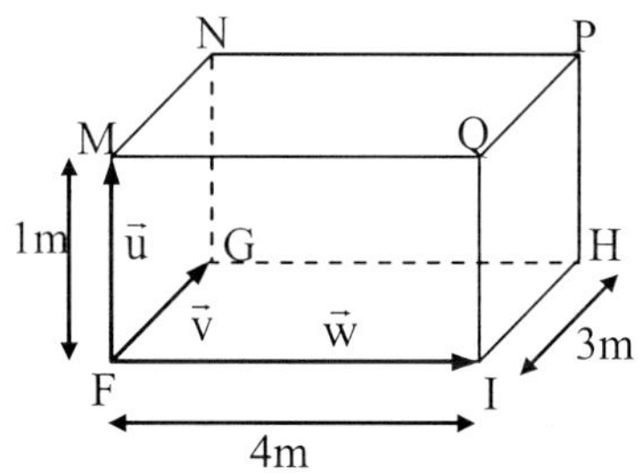

É incorreto afirmar que:

(A) O produto escalar entre $\vec{u}$ e $\vec{v}$ é zero.

(B) O produto vetorial entre $\vec{u}$ e $\vec{v}$ tem norma 3.

(C) O módulo do produto misto entre $\vec{u}$, $\vec{v}$ e $\vec{w}$ vale 12.

(D) A norma de $(\vec{v} + \vec{w})$ é igual a 5.

(E) A norma de $(\vec{u} + \vec{v})$ é igual à norma de $\vec{w}$

PLANOS

19) (EN) A equação do plano que contém as retas de equação $\frac{x-4}{3} = y-3 = \frac{z-5}{4}$ e $\frac{x-6}{5} = \frac{y-4}{2} = \frac{z-3}{2}$ é igual a:

a) $4x + 3y + 5z = 13$

b) $6x + 4y + 3z = 12$

c) $6x - 14y - z = 0$

d) $6x - 14y - z = -23$

e) $4x + 3y + 5z = 12$

20) (PUC-RIO) Considere o cubo de madeira de vértices: (1,1,1), (1,1,–1), (1,–1,1), (1,–1,–1),(–1,1,1),(–1,1,–1), (–1,–1,1) e (–1,–1,–1).

A) O cubo é cortado pelos planos y = x e z = y. Quantas partes são obtidas?

B) O cubo é cortado pelos planos y = x, z = y e z = x. Quantas partes são obtidas?

C) Faça um esboço de uma das partes do cubo obtida no item b. Indique os vértices e calcule o volume da parte.

RESPOSTA:

A) Tem quatro partes: dois tetraedros e duas pirâmides de base quadrada.

B) Tem 6 partes, todas tetraedros.

C) A base de cada tetraedro é um triângulo retângulo de catetos 2 e 2 (área 2). A altura é igual a 2. Assim, cada tetraedro tem volume $\frac{1}{3}$ base × altura = $\frac{4}{3}$.

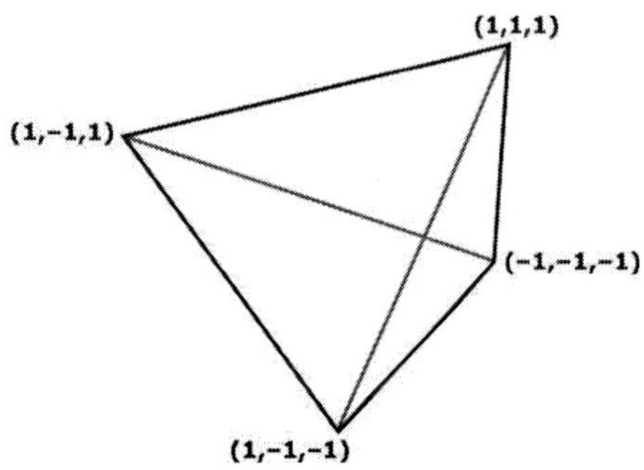

21) (UNI-RIO) A equação de um plano no IR^3 é definida por $ax + by + cz + d = 0$, onde (a, b, c) é a extremidade de um vetor, com origem (0, 0, 0), perpendicular ao plano considerado.

Considere o plano definido por $2x - y + 3z - 4 = 0$.

Determine os vetores, com origem (0, 0, 0), que têm módulo $2\sqrt{14}$ e que são perpendiculares ao plano definido. **Resp. (4, -2, 6) OU (-4, 2, -6)**

22) (UNI-RIO) Considere $0 < \theta < \pi$ e os vetores

$\vec{a} = (\cos 2\theta, \frac{1}{2}, 0)$,

$\vec{b} = (4, 1, 6)$,

$\vec{c} = (\text{sen}\theta, 0, 1)$.

Determine o valor, ou valores, para θ de modo que $\vec{a}$, $\vec{b}$ e $\vec{c}$ pertençam a um mesmo plano. **Resp. π/6, 5π e π/2**

23) A figura abaixo representa um cubo OABCC'B'A'O'.

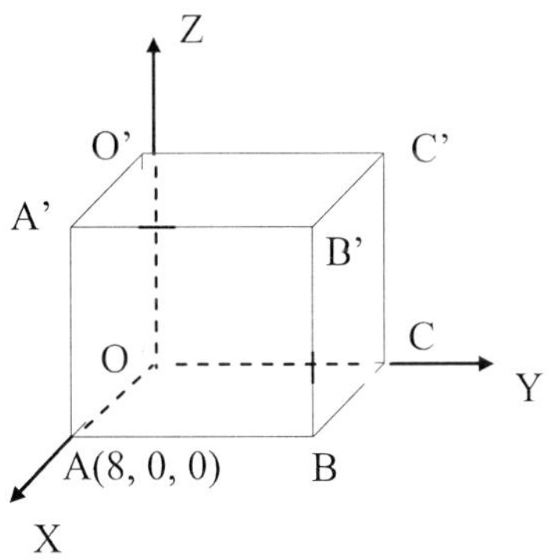

A equação do plano que contém a diagonal AC e o vértice B' é:

a) $x - y - z - 8 = 0$

b) $x + y - z - 8 = 0$

c) $x + y + z + 8 = 0$

d) $x - y + z - 8 = 0$

e) $x - y - z + 8 = 0$

24) (UFF) Sobre os planos representados pelas equações $2x + 3y + z - 1 = 0$ e $2x + 3y + z + 7 = 0$ pode-se afirmar que:

(A) são paralelos.

(B) são perpendiculares.

(C) são concorrentes não perpendiculares.

(D) contêm a origem.

(E) admitem o vetor (2, 1, 3) como vetor normal.

RETAS

25) (EN) - O valor de m para que as retas r e s $r: \begin{cases} y = mx - 3 \\ z = -2x \end{cases}$ e $s: \begin{cases} x = -1 + 2t \\ y = 3 - t \\ z = 5t \end{cases}$

sejam ortogonais é:

a) −10

b) −8

c) 4

d) 6

e) 8

26) (EN) As equações da reta que passa pelo ponto P(3, −2, −4), é paralela ao plano $3x - 2y - 3z - 7 = 0$ e intercepta a reta $\frac{x-2}{3} = \frac{-4-y}{2} = \frac{z-1}{2}$ são:

a) $\frac{x-3}{5} = \frac{y+2}{-6} = \frac{z+4}{9}$

b) $\frac{x-3}{-43} = \frac{y+2}{30} = \frac{z+4}{-23}$

c) $\frac{x-5}{3} = \frac{y+6}{-2} = \frac{z+-9}{4}$

d) $\frac{x+43}{3} = \frac{y-30}{-2} = \frac{z+23}{-4}$

e) $\frac{x-2}{3} = \frac{y+4}{-2} = \frac{z-1}{2}$

27) (EN) O gráfico da solução do sistema $\begin{cases} x = 2 \\ y = 3 \end{cases}$ é, no R^2 e no R^3, respectivamente:

a) um ponto e uma reta

b) uma reta e um plano

c) um ponto e um ponto

d) um ponto e um plano

e) inexistente e uma reta

28) (UNIRIO) Considere os vetores $\vec{a} = 3\vec{j} + 4\vec{k}$ e $\vec{b} = 2\vec{i} - \vec{j} + 2\vec{k}$. Determine:

a) a projeção do vetor $\vec{a}$ sobre $\vec{b}$.

b) a equação da reta que passa pelo ponto P(4,– 5, 7) e é paralela ao vetor perpendicular ao plano que contém os vetores $\vec{a}$ e $\vec{b}$. Resp.: a) 1/9 (10, -5, 10) ; b) x = 4+5t; y = -5+4t; z = 7-3t

29) (EN) Coloque, na coluna direita V quando a afirmação é verdadeira e F quando é falsa.

I) Se $(\hat{a}, \hat{b}, \hat{c})$ é uma progressão aritmética, então $(a^2\,b\,c,\ a\,b^2\,c,\ a\,b\,c^2)$ também é.( )

II) O produto dos 17 primeiros termos da progressão geométrica $(3^8, -3^7, 3^6, \ldots)$ é 1 ( )

III) Os pontos A(2, 2, 3), B(0, 1, 2), C(−1, 3, 3), D(3, 0, 1) não são coplanares ( )

Lendo a coluna da direita de cima para baixo encontramos:

a) V V F

b) V V V

c) F F F

d) F V F

e) V F V

30) (UERJ) Os planos secantes α e β acima podem representar em IR^3 as equações $\begin{cases} 2x - y - 4z = -1 \\ x + y + z = 4 \end{cases}$

A interseção desses planos é uma reta r que passa por um ponto P(x, y, z).

Determine:

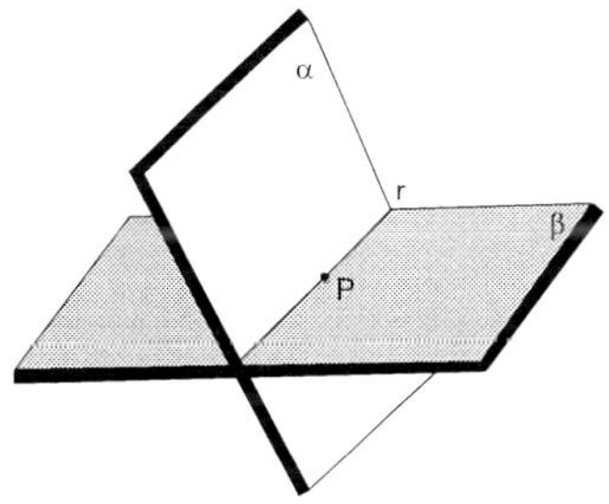

a) as coordenadas de P, considerando z = 0; **Resp. (1, 3, 0)**

b) um vetor unitário paralelo à reta r. **Resp** $\dfrac{1}{\sqrt{6}}(1,2,1)$

31) As equações da reta que passa pelo ponto P = (1, –3, 4) e é perpendicular ao plano x – 3y + 2z = 4 são:

a) $\dfrac{x-1}{1} = \dfrac{y+3}{-3} = \dfrac{z-4}{2}$

b) $\dfrac{x-1}{1} = \dfrac{y+3}{-3} = \dfrac{z-2}{2}$

c) $\dfrac{x-1}{1} = \dfrac{y+3}{9} = \dfrac{z-2}{4}$

d) $\dfrac{x-1}{1} = \dfrac{y+3}{9} = \dfrac{z-4}{16}$

e) $\dfrac{x-1}{2} = \dfrac{y+3}{-6} = \dfrac{z-4}{6}$

ESFERA

32) (EN) A reta no $\Re^3$ que passa pelo centro da esfera $x^2 + y^2 - 4x - 2y = 5$ e é perpendicular ao plano 2x – 3y – z + 1 = 0 tem equações paramétricas

a) x = 2 + 2t , y = -3 + t , z = -t , $t \in \Re$

b) x = 2 + 2t , y = 1 - 3t , z = -t , $t \in \Re$

c) x = 1 - 2t , y = 1 + 2t , z = -1 - t , $t \in \Re$

d) x = 1 + t , y = 2 + 2t , z = -1 + t , $t \in \Re$

33) (EN) Seja P o ponto de interseção da reta de equações paramétricas x = t + 1, y = 2t – 3 e z = – t + 2 com o plano xy. Qual é a distância do ponto P ao centro da esfera de equação $x^2 + y^2 + z^2 = 2x - 2y + 4z$?

a) $\sqrt{2}$.

b) $\sqrt{3}$.

c) $2\sqrt{2}$.

d) $2\sqrt{3}$.

e) $\sqrt{14}$.

34) As coordenadas do centro e o raio da esfera de equação $x^2 + y^2 + z^2 - 6x + 4y - 3z = 15$ são:

a) $C=(6, -4, 3)$ e $R = 15$

b) $C = (3, -2, 1)$ e $R = 15$

c) $C = (3, -2, \frac{3}{2})$ e $R = \frac{15}{2}$

d) $C = (3, -2, \frac{3}{2})$ e $R = \frac{11}{2}$

e) $C = (-\frac{6}{5}, \frac{4}{5}, -\frac{3}{5})$ e $R = 3$

ÁLGEBRA LINEAR

35) (EN) Considere as afirmações:

I) Qualquer conjunto de vetores que contenha um subconjunto de vetores linearmente dependente é linearmente dependente.

II) Qualquer conjunto de vetores contendo o vetor nulo é linearmente dependente.

III) Todo subconjunto de um conjunto linearmente independente é linearmente independente.

As proposições verdadeiras são:

a) I e II

b) I, II e III

c) I e III

d) nenhuma

e) II e III

GABARITO

1	A	6	A	11	D	16	B	21	R	26	A	31	A
2	D	7	B	12	B	17	D	22	R	27	A	32	B
3	E	8	C	13	C	18	E	23	B	28	R	33	D
4	C	9	R	14	E	19	D	24	A	29	A	34	D
5	A	10	B	15	A	20	R	25	B	30	R	35	A

CAPÍTULO IX - LUGARES GEOMÉTRICOS - CÔNICAS

9.1. INTRODUÇÃO

Até aqui, estudamos algumas equações que nos permitem determinar a figura geométrica associada a cada uma delas. Quando, no R^2 vemos uma equação da forma $ax + by + c = 0$, logo associamos a uma reta; se a equação é $x^2 + y^2 = 4$, temos uma circunferência com centro na origem e raio igual a 2. E assim por diante, quando estudamos também no R^3 as equações que nos remetiam a ideia de plano e retas, por exemplo.

E se nos for apresentada a seguinte equação $x^2 - y^2 = 0$?
Até o momento não estudamos casos em que esse tipo de equação se apresentou.
Ou ainda, $x^3 - y^3 + xy^2 - x^2y - 4x + 4y = 0$? O que representa essa equação no plano cartesiano?

Uma análise mais cuidadosa dessas equações poderão nos surpreender, ao percebermos tratar-se de assuntos já conhecidos.
Comecemos pela primeira equação: $x^2 - y^2 = 0$
Se fatorarmos essa equação, teremos o produto $(x + y) . (x - y) = 0$
Sendo o produto igual zero, temos duas possibilidades para a solução desta equação:
1ª) o conjunto de pares ordenados em que $x + y = 0$ ou
2ª) o conjunto de pares ordenados em que $x - y = 0$.
Isto quer dizer que a reunião ou união desses dois conjuntos satisfarão as duas possibilidades. Note que basta uma delas ser atendida para que o produto dê zero.

Ora, as duas possibilidades $x + y = 0$ ou $x - y = 0$, que equivalem a $y = - x$ ou $y = x$ podem ser representadas por duas retas que passam pela origem do plano cartesiano.
Assim, a equação $x^2 - y^2 = 0$ pode ser representada por duas retas concorrentes, conforme o desenho abaixo:

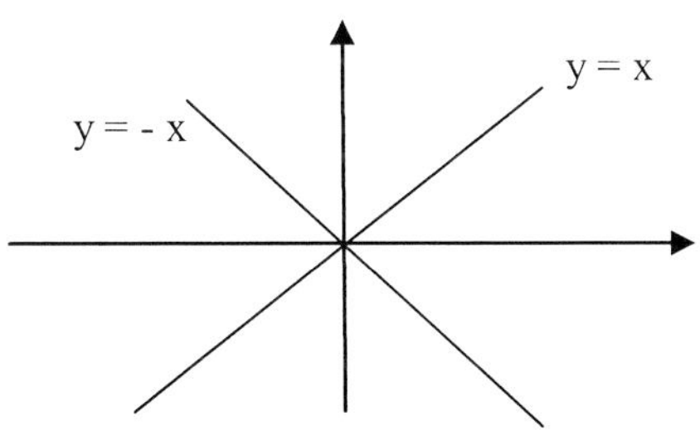

Já a segunda equação não é tão simples, mas também a partir de sua fatoração encontraremos equações que nos são familiares. Vejamos:

$x^3 - y^3 + xy^2 - x^2y - 4x + 4y = 0$ pode ser escrita:

$x^3 - x^2y + xy^2 - y^3 - 4x + 4y = 0 \Rightarrow x^2 (x - y) + y^2 (x - y) - 4 (x - y) = 0$

$(x - y) . (x^2 + y^2 - 4) = 0$, que nos dá $y = x$ ou $x^2 + y^2 = 4$, que é o conjunto de pontos pertencentes a uma reta e a uma circunferência.
Assim a representação geométrica de todos os pares que são solução da equação $x^3 - y^3 + xy^2 - x^2y - 4x + 4y = 0$ é dada por:

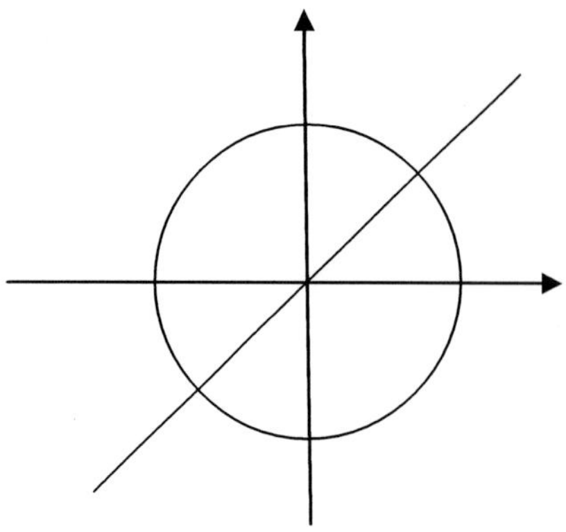

9.2. DEFINIÇÃO DE LUGAR GEOMÉTRICO

Denomina-se lugar geométrico ao conjunto de pontos que satisfazem uma determinada propriedade estabelecida, também chamada propriedade característica desse lugar geométrico. Existem diversos exemplos de lugares geométricos que você, com certeza, já estudou.
Veja alguns exemplos:

a) Mediatriz de um segmento: É o conjunto de todos os pontos de um plano, que são equidistantes dos extremos desse segmento. Nesse caso, ser equidistante dos extremos do segmento é a propriedade que caracteriza todos os pontos desse lugar geométrico (L. G.)
b) Bissetriz de um ângulo: É o lugar geométrico dos pontos que são equidistantes dos lados desse ângulo
c) Circunferência: É o lugar geométrico dos pontos de um plano, que são equidistantes de um ponto fixo desse plano
d) Superfície esférica: É o L. G. dos pontos do espaço que são eqidistuantes de um ponto fixo desse espaço.

9.3. EQUAÇÃO DE UM LUGAR GEOMÉTRICO

No estudo da Geometria Analítica, nos interessamos em determinar a equação dos lugares geométricos, a partir da descrição de sua propriedade característica; é uma forma de analisar o comportamento dos elementos desse conjunto.
Para escrever a equação de um lugar geométrico deve-se considerar um ponto genérico do conjunto considerado e a partir da propriedade característica do L. G. estabelecer a relação entre as variáveis envolvidas no problema.

EXERCÍCIOS RESOLVIDOS:

1) Determine o L. G. dos pontos do plano R^2 que são equidistantes das extremidades do segmento AB, dados A(- 1, 4) e B(5, 6).

Solução:

Seja P(x, y) um ponto genérico do R^2; a propriedade característica do ponto é : P equidista de A e B, isto é, a distância de P até A é igual à de P até B. Assim, a equação do L. G. é dada por:

$$d_{PA} = d_{PB} \Rightarrow |PA| = |PB| \Rightarrow \sqrt{(x+1)^2 + (y-4)^2} = \sqrt{(x-5)^2 + (y-6)^2} \Rightarrow y = 11 - 3x$$

Essa equação representa uma reta, a qual, como sabemos, é a mediatriz do segmento AB.

2) Determine a equação do L. G. dos pontos P do plano R^2 tais que a distância de P ao ponto A(- 1, 4) seja o dobro de sua distância ao ponto B(5, 6).

Solução:

Agora, a equação que define esse L. G. é dada por: $d_{PA} = 2 \cdot d_{PB} \Rightarrow |PA| = 2 \cdot |PB| \Rightarrow$
$\sqrt{(x+1)^2+(y-4)^2} = 2 \cdot \sqrt{(x-5)^2+(y-6)^2} \Rightarrow 3x^2 + 3y^2 - 38x - 40y + 227 = 0$

9.4. CÔNICAS

As cônicas são superfícies planas geradas a partir da secção de um cone por um plano que não passa pelo seu vértice, e cada caso depende do ângulo formado por esse plano com o eixo do cone. Assim, se o eixo do cone e o plano forem perpendiculares, a secção será uma circunferência, que já estudamos anteriormente. Para uma inclinação diferente de 90º, são geradas três cônicas conhecidas como elipse, hipérbole e parábola, conforme sugere a figura abaixo:

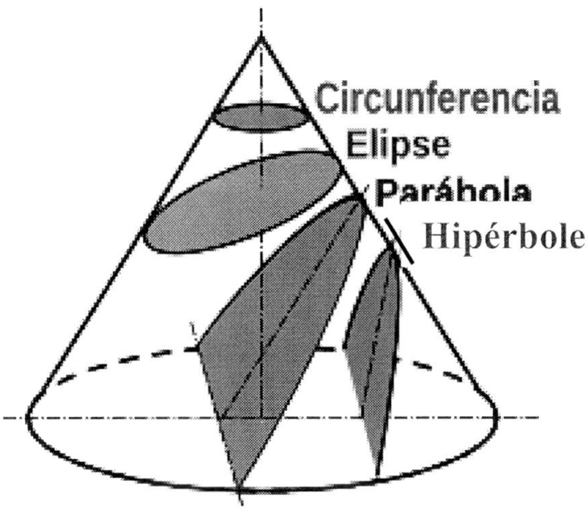

https://www.google.com.br/search?q=conicas&source=lnms&tbm=isch&sa=X&ved=0ahUKEwj6idnHu6XZAhWHnJAKHTlrAfQQ_AUICygC&biw=1920&bih=974#imgrc=H9yL-L9GPAcWZM:

Há outras possibilidades que não serão estudadas aqui.

As cônicas são lugares geométricos do plano, e serão estudadas a partir de agora.

9.5. ELIPSE

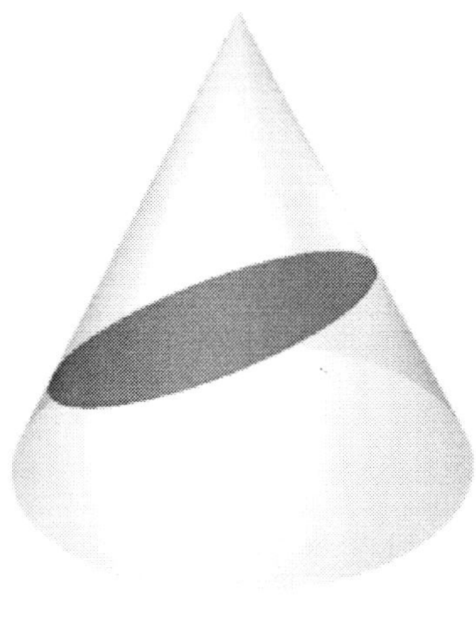

https://pt.wikipedia.org/wiki/C%C3%B3nica#/media/File:Conicas1.PNG

9.5.1 DEFINIÇÃO

Denominamos *elipse* ao conjunto dos pontos P de um plano para os quais a soma das distâncias de P a dois pontos, F_1 e F_2, do plano, é igual a uma constante $2a$, maior que a distância F_1F_2. Indicaremos a distância de P a F por d_{PF} .

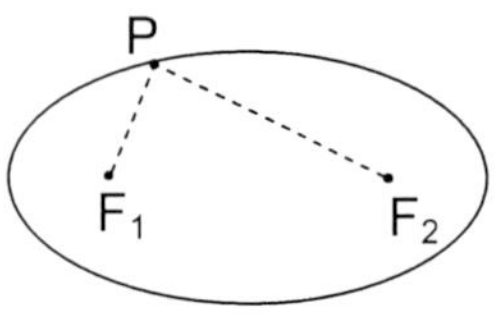

$$d_{PF_1} + d_{PF_2} = 2a$$
Para todo ponto P da elipse

9.5.2. ELEMENTOS DA ELIPSE

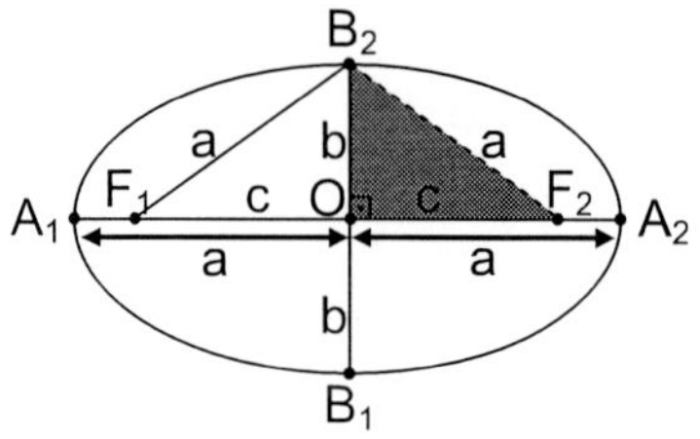

$a^2 = b^2 + c^2$

F_1 e $F_2 \rightarrow$ focos
O $\rightarrow$ centro

$\overline{A_1A_2} = 2a$ (eixo maior)
$\overline{B_1B_2} = 2b$ (eixo menor)
$\overline{F_1F_2} = 2c$ (distância focal).

Observações:

a) Do triângulo O F_2 B_2 podemos tirar a relação:
$a^2 = b^2 + c^2$

b) Chamamos *excentricidade* da elipse ao número *e*, razão entre a distância focal e o eixo maior. Assim:
$e = \frac{c}{a}$. Como $c < a$, temos que $0 < e < 1$.

c) A propriedade característica dos pontos P da elipse é:
$d_{PF_1} + d_{PF_2} = 2a$

9.5.3. EQUAÇÕES DA ELIPSE

9.5.3.1. ELIPSE COM CENTRO NA ORIGEM E EIXO MAIOR HORIZONTAL

Sendo c a semidistância focal, os focos da elipse são F_1 (-c, 0) e F_2 (c, 0).

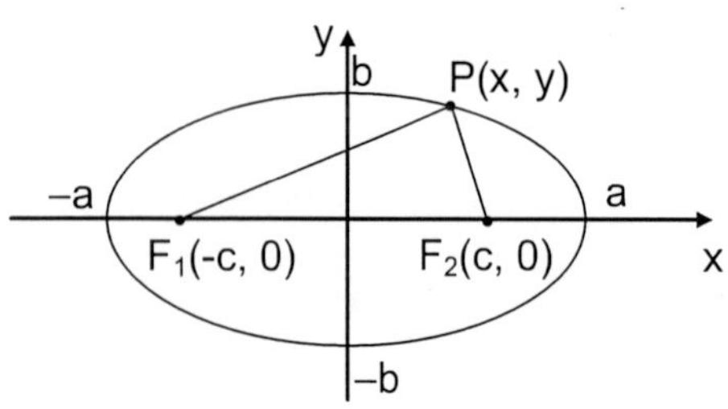

$$\frac{x^2}{a^2} + \frac{y^2}{b^2} = 1$$

DEMONSTRAÇÃO:

Pela propriedade característica dos pontos de uma elipse, pode-se escrever:

$$\sqrt{(x+c)^2 + (y-0)^2} + \sqrt{(x-c)^2 + (y-0)^2} = 2a$$

$$\sqrt{(x+c)^2+(y-0)^2} = 2a - \sqrt{(x-c)^2+(y-0)^2}$$

$$(x+c)^2 + y^2 = 4a^2 - 4a\sqrt{(x-c)^2+(y-0)^2} + (x-c)^2 + y^2$$

$$x^2 + 2xc + c^2 + y^2 = 4a^2 - 4a\sqrt{(x-c)^2+y^2} + x^2 - 2xc + c^2 + y^2$$

$$4a\sqrt{(x-c)^2+y^2} = 4a^2 - 4xc$$

$$a\sqrt{(x-c)^2+y^2} = a^2 - xc$$

$$a^2[x^2 - 2xc + c^2 + y^2] = a^4 - 2a^2xc + x^2c^2$$

$$a^2x^2 - 2a^2xc + a^2c^2 + a^2y^2 = a^4 - 2a^2xc + x^2c^2$$

$$a^2x^2 + a^2c^2 + a^2y^2 = a^4 + x^2c^2$$

$$a^2x^2 - x^2c^2 + a^2y^2 = a^4 - a^2c^2$$

$$(a^2 - c^2)x^2 + a^2y^2 = a^2(a^2 - c^2)$$

Do triângulo OF_2B_2 tiramos que $a^2 - c^2 = b^2$, e daí escrevemos:

$$b^2x^2 + a^2y^2 = a^2b^2$$

Dividindo-se toda a equação por a^2b^2 teremos: $\dfrac{x^2}{a^2} + \dfrac{y^2}{b^2} = 1$

9.5.3.2. ELIPSE COM CENTRO NA ORIGEM E EIXO MAIOR VERTICAL

De forma análoga, demonstra-se que a equação da elipse é:

$$\boxed{\frac{y^2}{a^2} + \frac{x^2}{b^2} = 1}$$

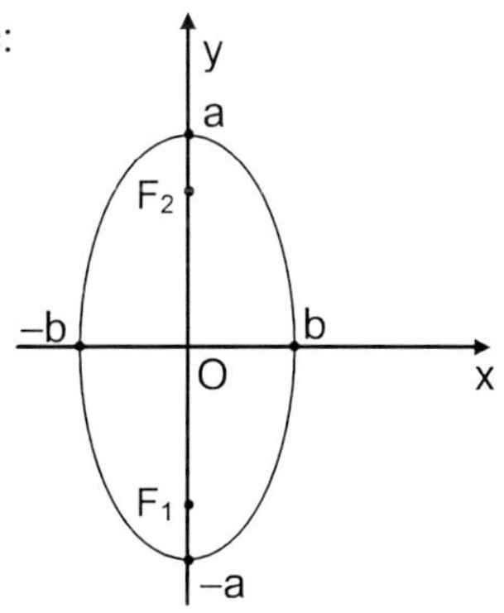

OBSERVAÇÃO:

O maior denominador indica onde está o eixo maior da elipse.

9.5.3.3. ELIPSE DE CENTRO C(X_0, Y_0) E EIXO MAIOR HORIZONTAL

Sendo x_0 e y_0 não simultaneamente nulos, temos:

$$\frac{(x-x_0)^2}{a^2}+\frac{(y-y_0)^2}{b^2}=1$$

Neste caso, F_1 $(x_0 - c, y_0)$ e F_2 $(x_0 + c, y_0)$.

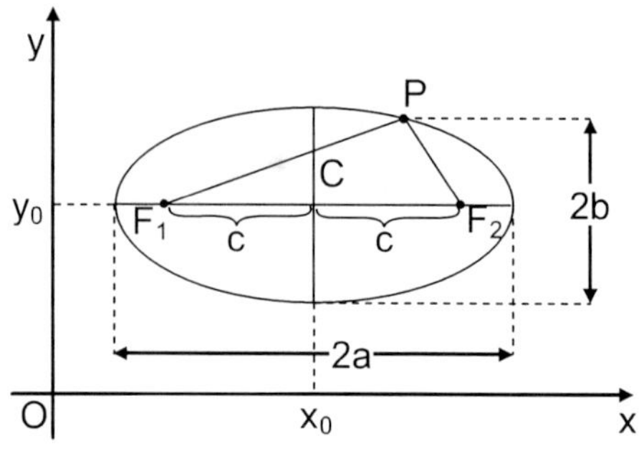

9.5.3.4. ELIPSE DE CENTRO C(X_0, Y_0) E EIXO MAIOR VERTICAL

$$\frac{(x-x_0)^2}{b^2}+\frac{(y-y_0)^2}{a^2}=1$$

EXERCÍCIOS RESOLVIDOS:

1) Determine a equação da elipse com centro na origem e focos no eixo das abscissas, sabendo que seus eixos medem 8 e 6.

Solução:

eixo maior: $2a = 8 \rightarrow a = 4$; *eixo menor:* $2b = 6 \rightarrow b = 3$

Se os focos pertencem ao eixo das abscissas, então o eixo maior é horizontal e a equação é da forma $\frac{x^2}{a^2}+\frac{y^2}{b^2}=1$. *Logo, a equação procurada é* $\frac{x^2}{16}+\frac{y^2}{9}=1$

2) Um dos focos de uma elipse centrada na origem é o ponto F(0, 3). Determine a equação dessa elipse sabendo que sua excentricidade é igual a 3/5.

Solução:

Se um dos focos é (0, 3), sabe-se que $c = 3$, *que o eixo maior é vertical e a equação da elipse será do tipo* $\frac{y^2}{a^2}+\frac{x^2}{b^2}=1$. *A excentricidade é dada pela razão* $e = c / a$, *donde se conclui que* $a = 5$.

Da relação fundamental $(a^2 = b^2 + c^2)$ *calcula-se* $b = 4$. *Assim, a equação será:* $\frac{y^2}{25}+\frac{x^2}{16}=1$

3) Determine o centro, os focos, a excentricidade e as medidas dos eixos da elipse de equação $x^2 + 2y^2 - 6x + 4y + 9 = 0$.

Solução:

Fatorando a equação dada, obtém-se:

$x^2 - 6x + \ldots\ldots + 2(y^2 + 2y + \ldots\ldots) = -9 + \ldots\ldots + \ldots\ldots$

$x^2 - 6x + 9 \quad + 2(y^2 + 2y + \ 1\ ) = -9 + \ 9 \ + \ 2$

$(x-3)^2 + 2(y+1)^2 = 2$ (dividindo-se a equação por 2, teremos:

$$\frac{(x-3)^2}{2} + \frac{(y+1)^2}{1} = 1$$

Logo, temos:
Centro: O(3, -1)
$a^2 = 2 \rightarrow a = \sqrt{2} \rightarrow$ eixo maior, horizontal : $2a = 2\sqrt{2}$
$b^2 = 1 \rightarrow b = 1 \rightarrow$ eixo menor, vertical: $2b = 2$
Como $a^2 = b^2 + c^2$, determina-se $c = 1$ e os focos serão F_1 (2, -1) e F_2 (4, -1)
A excentricidade é $c / a \rightarrow e = \frac{\sqrt{2}}{2}$

9.6. HIPÉRBOLE

https://pt.wikipedia.org/wiki/C%C3%B3nica#/media/File:Conicas3.PNG

9.6.1. DEFINIÇÃO

Denominamos *hipérbole* ao conjunto dos pontos de um plano para os quais a diferença das distâncias a dois pontos dados, F_1 e F_2, do plano, é em valor absoluto igual a uma constante $2a$, menor que a distância F_1F_2.

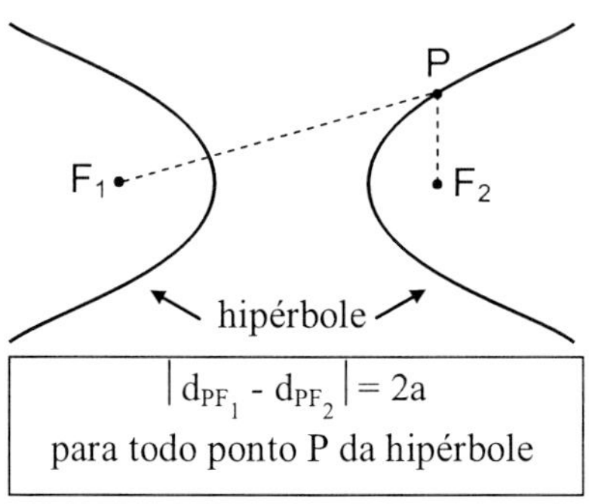

9.6.2. ELEMENTOS DE UMA HIPÉRBOLE

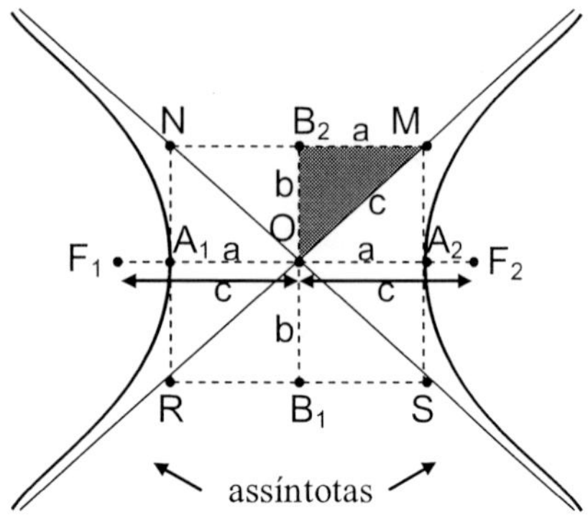

F_1 e $F_2 \rightarrow$ focos

$O \rightarrow$ centro

$\overline{A_1A_2} = 2a \rightarrow$ eixo real (transverso)

$\overline{B_1B_2} = 2b \rightarrow$ eixo imaginário (conjugado)

$\overline{F_1F_2} = 2c \rightarrow$ (distância focal)

MNRS $\rightarrow$ Retângulo fundamental de lados 2a e 2b. As retas que contêm as diagonais são chamadas de assíntotas da hipérbole.

Observações:

a) Do triângulo retângulo OB_2M, destacado na figura, podemos tirar: $c^2 = a^2 + b^2$.

b) A excentricidade da hipérbole é o número *e* definido por $e = \frac{c}{a}$. Como c > a, podemos concluir que e > 1.

c) Propriedade característica da hipérbole: $|d_{PF_1} - d_{PF_2}| = 2a$.

9.6.3. EQUAÇÕES DA HIPÉRBOLE

9.6.3.1. HIPÉRBOLE COM CENTRO NA ORIGEM E FOCOS NO EIXO X

Temos:
$F_1(-c, 0)$ e $F_2(c, 0)$

$$\frac{x^2}{a^2} - \frac{y^2}{b^2} = 1$$

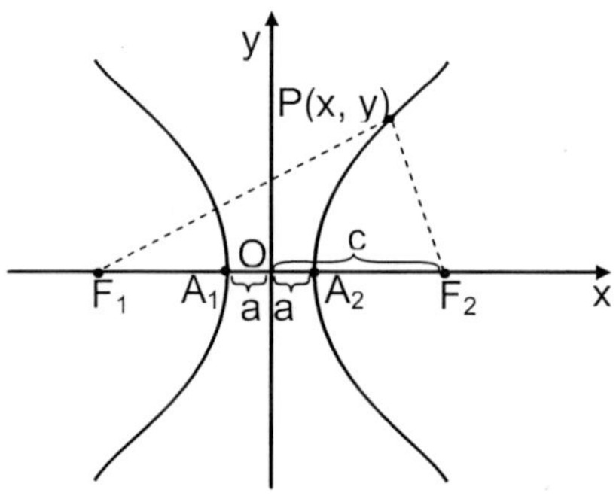

DEMONSTRAÇÃO:

Pela propriedade característica dos pontos de uma elipse, pode-se escrever:

$$\left| \sqrt{(x+c)^2 + (y-0)^2} - \sqrt{(x-c)^2 + (y-0)^2} \right| = 2a$$

$$\sqrt{(x+c)^2 + (y-0)^2} = \pm\ 2a + \sqrt{(x-c)^2 + (y-0)^2}$$

$$(x+c)^2 + y^2 = 4a^2 \pm 4a\sqrt{(x-c)^2 + (y-0)^2} + (x-c)^2 + y^2$$

$$x^2 + 2xc + c^2 + y^2 = 4a^2 \pm 4a\sqrt{(x-c)^2 + y^2} + x^2 - 2xc + c^2 + y^2$$

$$\pm\ 4a\sqrt{(x-c)^2+y^2} = 4\,a^2 - 4xc$$

$$\pm\ a\sqrt{(x-c)^2+y^2} = a^2 - xc$$

$$a^2\,[\,x^2 - 2xc + c^2 + y^2\,] = a^4 - 2\,a^2xc + x^2c^2$$

$$a^2x^2 - 2\,a^2xc + a^2c^2 + a^2y^2 = a^4 - 2\,a^2xc + x^2c^2$$

$$a^2x^2 + a^2c^2 + a^2y^2 = a^4 + x^2c^2$$

$$a^2c^2 - a^4 = x^2c^2 - a^2x^2 - a^2y^2$$

$$a^2(c^2 - a^2) = x^2(c^2 - a^2) - a^2y^2$$

Do triângulo OB_2M tiramos que $c^2 - a^2 = b^2$, e daí escrevemos:

$$b^2\,x^2 - a^2y^2 = a^2\,b^2$$

Dividindo-se toda a equação por $a^2\,b^2$ teremos:

$$\frac{x^2}{a^2} - \frac{y^2}{b^2} = 1$$

9.6.3.2. HIPÉRBOLE COM CENTRO NA ORIGEM E FOCOS NO EIXO Y

De forma análoga, demonstra-se que a equação da hipérbole, nessas condições, é:

$$\boxed{\frac{y^2}{a^2} - \frac{x^2}{b^2} = 1}$$

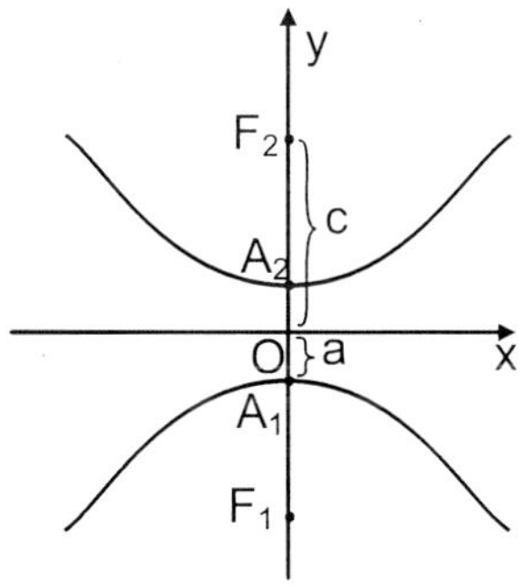

OBSERVAÇÃO:
O termo negativo indica onde está o eixo imaginário

9.6.3.3. HIPÉRBOLE DE CENTRO C (x_0 , y_0) E EIXO REAL HORIZONTAL

Sendo x_0 e y_0 não simultaneamente nulos, temos:

$$\frac{(x - x_0)^2}{a^2} - \frac{(y - y_0)^2}{b^2} = 1$$

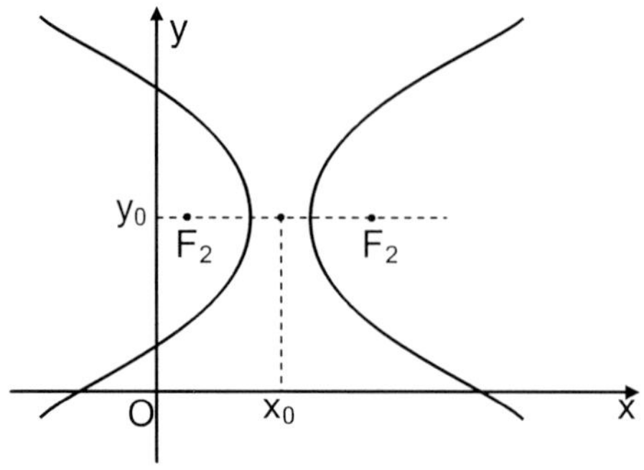

9.6.3.4. HIPÉRBOLE DE CENTRO C (x_0 , y_0) E EIXO REAL VERTICAL

$$\frac{(y - y_0)^2}{a^2} - \frac{(x - x_0)^2}{b^2} = 1$$

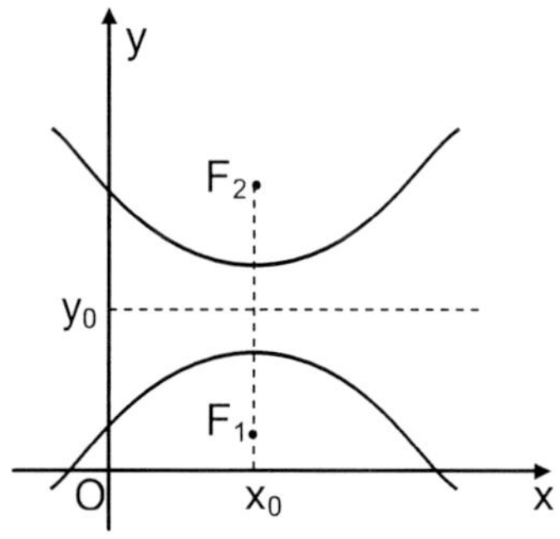

9.6.4. OBSERVAÇÕES

9.6.4.1. HIPÉRBOLE EQUILÁTERA

Uma hipérbole é chamada *equilátera* quando os semieixos real e imaginário são iguais, ou seja, quando:

a = b
Equação: $x^2 - y^2 = a$
(centro na origem e focos sobre o eixo das abscissas)

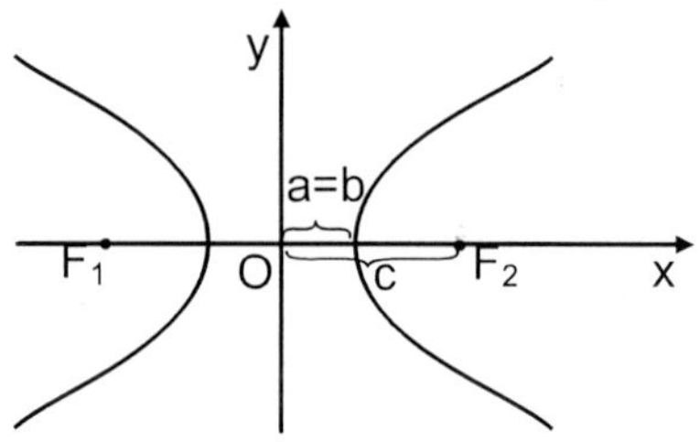

9.6.4.2. ASSÍNTOTAS DA HIPÉRBOLE

Assíntotas são as retas que contêm as diagonais do retângulo de lados 2a e 2b.

Quando o eixo real é horizontal, o coeficiente angular dessas retas é $m = \pm\ \frac{b}{a}$; quando é vertical, o coeficiente é $m = \pm\ \frac{a}{b}$.

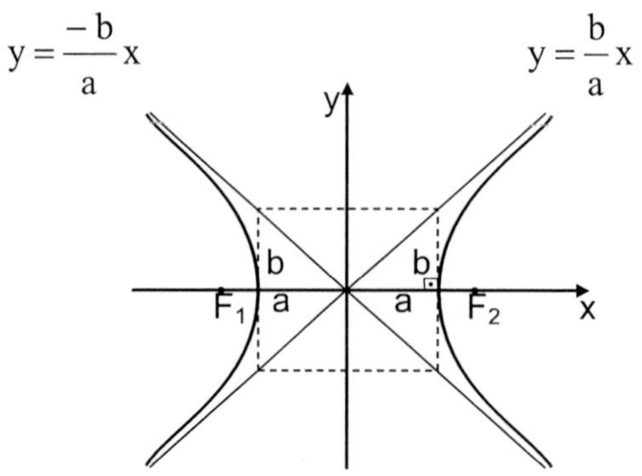

As equações das assíntotas são determinadas através da equação:
$y - y_0 = m (x - x_0)$, onde (x_0 , y_0) é o centro da hipérbole.

EXERCÍCIOS RESOLVIDOS:

1) Determine a distância focal, a excentricidade e os focos da hipérbole de equação $\frac{x^2}{4} - \frac{y^2}{9} = 1$

Solução:

Essa hipérbole tem centro na origem e o termo negativo indica em que eixo imaginário está sobre o eixo das ordenadas.
Assim, $a^2 = 4 \rightarrow a = 2 \rightarrow$ *eixo real: 4;*
$b^2 = 9 \rightarrow b = 3 \rightarrow$ *eixo imaginário: 6;*
Como $c^2 = a^2 + b^2 \rightarrow c = \sqrt{13} \rightarrow$ *distância focal:* $2\sqrt{13}$
Excentricidade: $e = \frac{\sqrt{13}}{2}$
Focos: $(-\sqrt{13}, 0)$ *e* $(\sqrt{13}, 0)$

2) Uma hipérbole tem centro no ponto O(-1,4), eixo real igual a 8, e um dos focos no ponto F(-1, 10). Determine a equação da hipérbole e as equações das assíntotas.

Solução:

Como o centro é O(-1, 4) e um dos focos (-1, 10), conclui-se que o eixo real é paralelo ao eixo y e que c = 6.
Assim, a equação será da forma $\frac{(y-4)^2}{a^2} - \frac{(x+1)^2}{b^2} = 1$
Se o eixo real é 2a = 8, temos a = 4 e assim $6^2 = 4^2 + b^2$*, que nos dá* $b = 2\sqrt{5}$

Logo a equação da hipérbole será: $\frac{(y-4)^2}{16} - \frac{(x+1)^2}{20} = 1$

As assíntotas serão: $y - 4 = \pm m (x + 1) \rightarrow y - 4 = \pm \frac{2\sqrt{5}}{5} (x + 1)$

9.7. PARÁBOLA

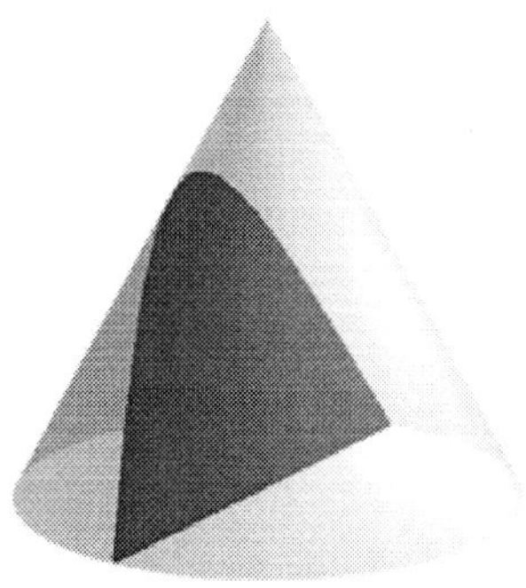

https://pt.wikipedia.org/wiki/C%C3%B3nica#/media/File:Conicas2.PNG

9.7.1. DEFINIÇÃO

Denominamos *parábola* ao conjunto dos pontos de um plano que são equidistantes de uma reta dada *d* e de um ponto dado *F*, $F \notin d$, do plano.

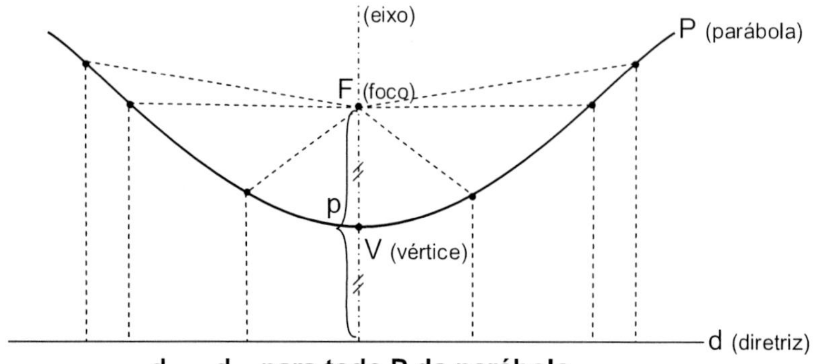

$d_{P,d} = d_{PF}$ para todo P da parábola

9.7.2. ELEMENTOS DA PARÁBOLA

F $\rightarrow$ foco

d $\rightarrow$ diretriz

$d_{F,d} = p$ (parâmetro da parábola)

OBSERVAÇÕES

a) O ponto V da parábola, tal que $d_{VF} = \frac{p}{2}$ é o vértice, e a reta $\overleftrightarrow{VF}$ é chamada de eixo da parábola (eixo de simetria).

b) A propriedade característica da parábola é $d_{B,d} = d_{BF}$ onde B é um ponto da parábola.

9.7.3. EQUAÇÕES

9.7.3.1. PARÁBOLA COM VÉRTICE NA ORIGEM, CONCAVIDADE PARA A DIREITA E EIXO DE SIMETRIA HORIZONTAL

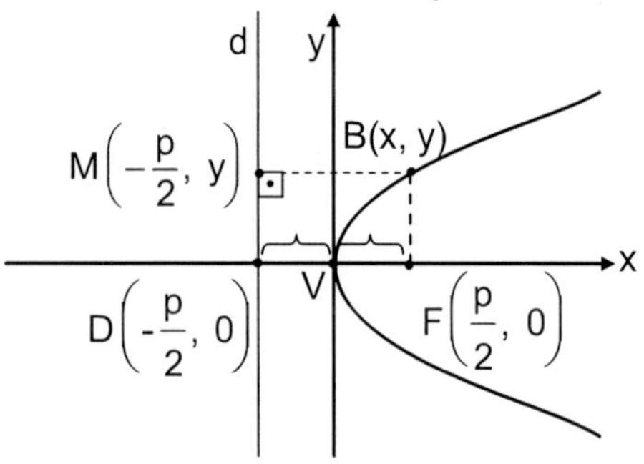

$$y^2 = 2px \text{ ou } x = \frac{1}{2p}y^2$$

Fazendo $\frac{1}{2p} = a$, temos: $x = ay^2$, $a > 0$

DEMONSTRAÇÃO:

Sendo B(x, y) um ponto qualquer da parábola e $x = -\dfrac{p}{2}$ (ou $2x + 0y + p = 0$) a equação da diretriz, utilizando a propriedade característica da parábola, podemos escrever:

$$\left|\frac{2x + 0y + p}{\sqrt{2^2 + 0^2}}\right| = \sqrt{(x - \frac{p}{2})^2 + (y - 0)^2}$$

$$\left|\frac{2x + p}{2}\right| = \sqrt{(x - \frac{p}{2})^2 + y^2}$$

$$\frac{4x^2 + 4xp + p^2}{4} = x^2 - xp + \frac{p^2}{4} + y^2$$

$$4x^2 + 4xp + p^2 = 4x^2 - 4xp + p^2 + 4y^2$$

$$8xp = 4y^2 \rightarrow x = \frac{1}{2p}y^2$$

Fazendo $\dfrac{1}{2p} = a$, a equação da parábola será dada por $x = a\,y^2$

EXERCÍCIOS RESOLVIDOS:

1) Determine as coordenadas do foco e a equação da diretriz da parábola de equação $x = \dfrac{1}{8}y^2$

Solução:

$a = 1/8 \rightarrow 1/2p = 1/8 \rightarrow p = 4 \rightarrow p/2 = 2$
A parábola tem vértice na origem e como $a > 0$, sua concavidade está voltada para direita. Logo, o foco será o ponto (2, 0) e a equação da diretriz será $x = -2$ ou $x + 2 = 0$.

2) Determine a equação da parábola com vértice na origem, sabendo que o foco é F(3, 0).

Solução:

$p/2 = 3 \rightarrow p = 6 \rightarrow a = 1/12$
Assim, a equação da parábola será $x = \dfrac{1}{12}y^2$ ou $y^2 = 12x$

9.7.3.2. PARÁBOLA COM VÉRTICE NA ORIGEM, CONCAVIDADE PARA A ESQUERDA E EIXO DE SIMETRIA HORIZONTAL

De forma análoga à anterior, é possível demonstrar que a equação da parábola nas condições acima será:

$y^2 = -2px$ ou $x = -\frac{1}{2p}y^2$

Fazendo: $\frac{-1}{2p} = a$, temos: $x = ay^2$, $a < 0$

Atenção: $p = \left|\frac{1}{2a}\right|$

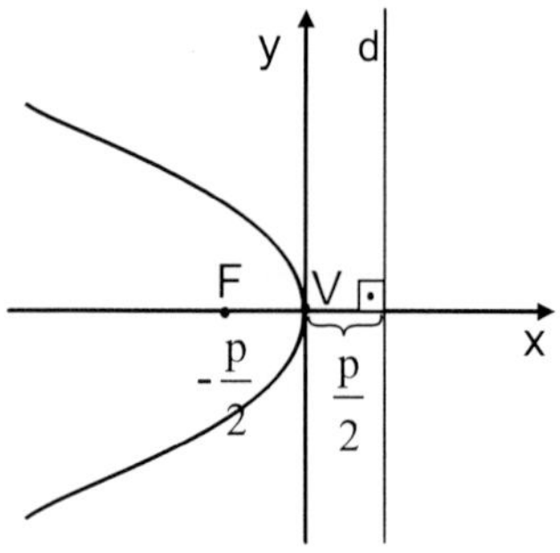

Lembre-se de que nesse caso o valor de a é sempre negativo.

9.7.3.3. PARÁBOLA COM VÉRTICE NA ORIGEM, CONCAVIDADE PARA CIMA E EIXO DE SIMETRIA VERTICAL

$x^2 = 2py$ ou
$y = ax^2$, $a > 0$

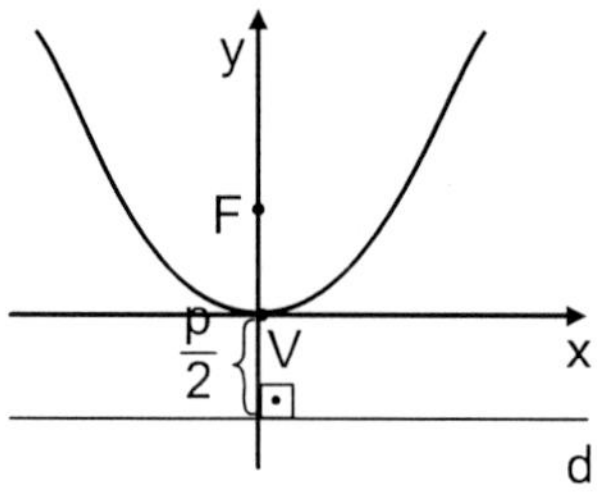

9.7.3.4. PARÁBOLA COM VÉRTICE NA ORIGEM, CONCAVIDADE PARA BAIXO E EIXO DE SIMETRIA VERTICAL

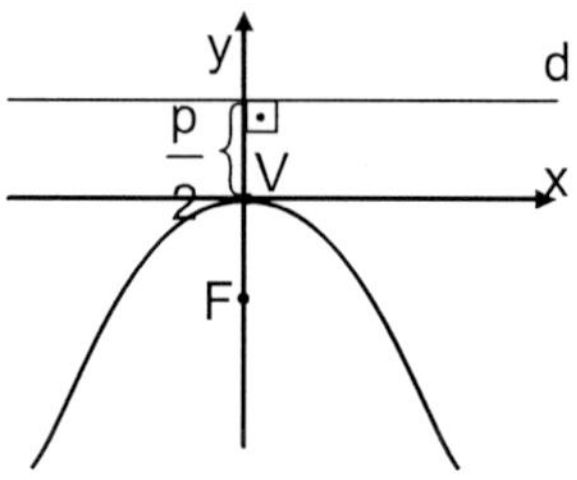

$x^2 = -2py$ ou
$y = ax^2$, $a < 0$.

OBSERVAÇÃO:
As equações dos itens 3.3.3 e 3.3.4 podem ser obtidos das equações dos itens 3.3.1 e 3.3.2, respectivamente, trocando-se x por y e vice-versa.

9.7.3.5. PARÁBOLA DE VÉRTICE V (x_0, y_0), x_0 E y_0 NÃO SIMULTANEAMENTE NULOS, CONCAVIDADE PARA A DIREITA E EIXO DE SIMETRIA HORIZONTAL

$(y - y_0)^2 = 2p \cdot (x - x_0)$

Equação geral:

$x = ay^2 + by + c$, $a > 0$

Vértice: $V\left(\frac{-\Delta}{4a}, \frac{-b}{2a}\right)$

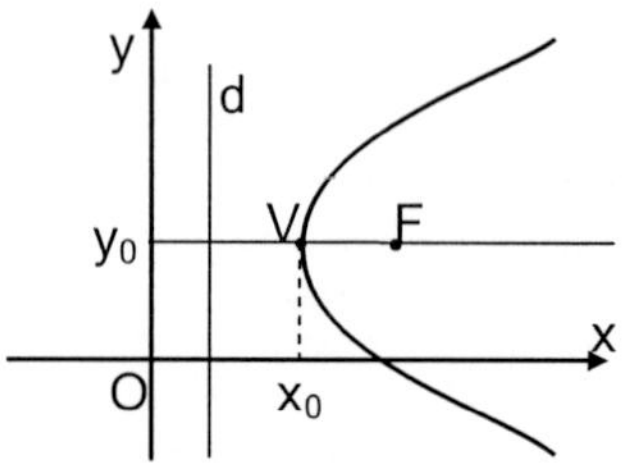

9.7.3.6. PARÁBOLA DE VÉRTICE V (x_0, y_0), x_0 E y_0 NÃO SIMULTANEAMENTE NULOS, CONCAVIDADE PARA A ESQUERDA E EIXO DE SIMETRIA HORIZONTAL:

$(y - y_0)^2 = -2p \cdot (x - x_0)$

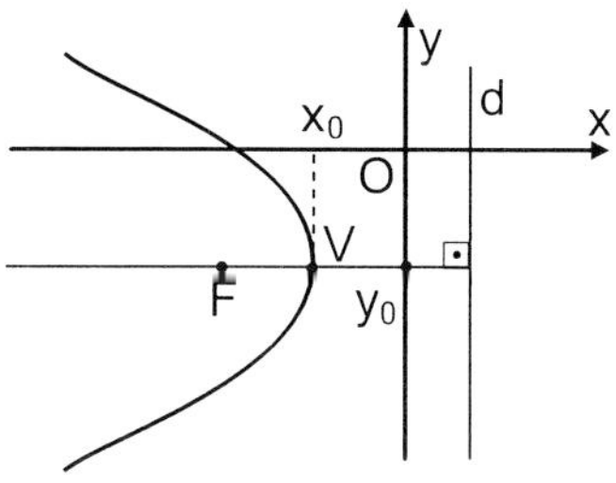

Equação geral:

$x = ay^2 + by + c, a < 0$

Vértice: $V\left(\dfrac{-\Delta}{4a}, \dfrac{-b}{2a}\right)$

9.7.3.7. PARÁBOLA DE VÉRTICE V (x_0, y_0), x_0 E y_0 NÃO SIMULTANEAMENTE NULOS, CONCAVIDADE PARA BAIXO E EIXO DE SIMETRIA VERTICAL:

$(x - x_0)^2 = -2p \cdot (y - y_0)$

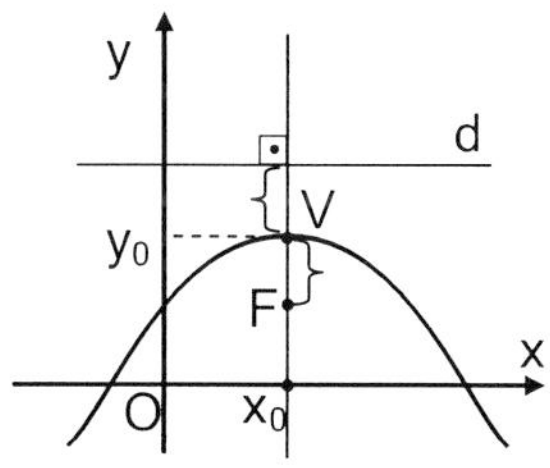

Equação geral:

$y = ax^2 + bx + c, a < 0$

$V = \left(\dfrac{-b}{2a}, \dfrac{-\Delta}{4a}\right)$

9.7.3.8. PARÁBOLA DE VÉRTICE V (x_0, y_0), x_0 E y_0 NÃO SIMULTANEAMENTE NULOS, CONCAVIDADE PARA CIMA E EIXO DE SIMETRIA VERTICAL:

$(x - x_0)^2 = 2p \cdot (y - y_0)$

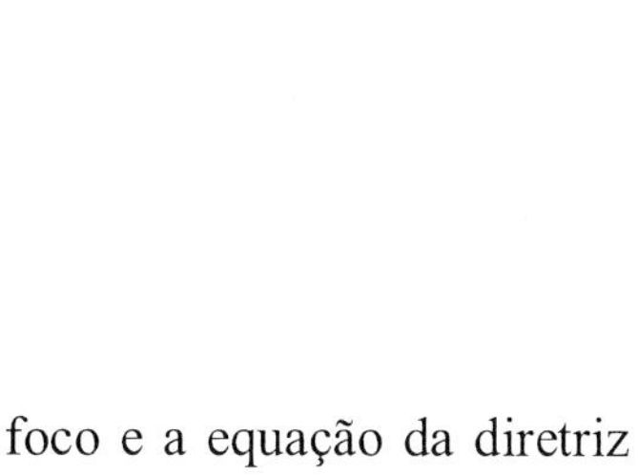

Equação geral:

$y = ax^2 + bx + c, a > 0$

$V = \left(\dfrac{-b}{2a}, \dfrac{-\Delta}{4a}\right)$

EXERCÍCIOS RESOLVIDOS:

1) Determine as coordenadas do vértice, do foco e a equação da diretriz da parábola cuja equação é $x = -\dfrac{1}{4}y^2 + 2y + 1$

Vamos sugerir duas soluções para o problema:

1ª) Pela equação da parábola pode-se concluir que ela tem vértice fora da origem, e que sua concavidade está voltada para a esquerda(a < 0).

Seu vértice é dado por $V\left(\frac{-\Delta}{4a}, \frac{-b}{2a}\right)$. *Logo teremos V(5, 4). Como* $p = \left|\frac{1}{2a}\right| = \left|\frac{1}{2.\left(\frac{-1}{4}\right)}\right| = 2$, *temos que p/2 = 1.*

Assim, o foco será F(4, 4) e a equação da diretriz será x – 6 = 0.

2ª) Escrevendo a equação da parábola como $y^2 - 8y - 4 = -4x$ *e completando um trinômio quadrado perfeito no primeiro membro da igualdade, teremos:*

$y^2 - 8y - 4 + 20 = -4x + 20$

$y^2 - 8y + 16 = -4(x - 5)$

$(y - 4)^2 = -4(x - 5)$

$x - 5 = -\frac{1}{4}(y-4)^2$. *Assim, o vértice é o ponto (4, 5) e a = - 1/4 , o que indica que a concavidade está voltada para a esquerda. Daí, determina-se o valor de p e os demais elementos da parábola.*

EXERCÍCIOS PROPOSTOS:

01 (F.CARLOS CHAGAS) Para que a parábola de equações $y = ax^2 + bx - 1$ contenha os pontos (–2 , 1) e (3 , 1), os valores de a e b são, respectivamente:

a) 3 e – 3　　b) $\frac{1}{3}$ e $-\frac{1}{3}$　　c) 3 e $-\frac{1}{3}$

d) $\frac{1}{3}$ e –3　　e) 1 e $\frac{1}{3}$

02 (PUC) O número de pontos de interseção da parábola:

$y = -4x^2 + 3x + 1$ com a reta $y = 5x - 2$ é:

a) 0　　b) 1　　c) 2　　d) 3　　e) 4

03 (E.NAVAL) As tangentes à curva de equação $y = x^2$ que passam pelo ponto P (– 2 , 0) formam ângulo α. Determine tg α.

a) 1　　b) 2　　c) 4　　d) 6　　e) 8

04 (E.NAVAL) Uma parábola tem vértices na origem, eixo no eixo das abscissas e tangencia a circunferência de centro (6 , 0) e raio $2\sqrt{5}$. O parâmetro dessa parábola é:

a) 1　　b) 2　　c) 4　　d) 10　　c) 20

05 (ITA) A equação da parábola, cujo eixo é perpendicular ao eixo x e que passa pelo centro da circunferência $x^2 + y^2 - 2ax + 2y = 0$, com a > 1, e pelos pontos (– 1 , 0) , (1 , 0) é:

a) $(a^2 - 1)\, y = a^2 (x^2 - 1)$

b) $(a^2 - 1)\,y = a^2\,(1 - x^2)$
c) $(a^2 - 1)\,y = x^2 - 1$
d) $(a^2 - 1)\,y = a\,(x^2 - 1)$
e) $(a^2 - 1)\,y = -x^2 + 1$

06 (CESGRANRIO) O valor do parâmetro m para o qual a reta $y - 1 = m\,(x - 1)$ é tangente à parábola $y = x^2$ é:

a) -2 b) $-\frac{1}{2}$ c) 0 d) $\frac{1}{2}$ e) 2

07 (CESGRANRIO) Sabendo que o sistema $\begin{cases} y = 4x^2 + 9x + 3 \\ y = -3x + m \end{cases}$ tem uma única solução (x , y), determine o valor do parâmetro m.

08 (ITA) Uma tangente à curva $y = x^2$ é paralela à reta $8x - 2y + 5 = 0$. Então o ponto de tangência é:

a) (1 , 1) b) (− 4 , 2) c) (4 , 2) d) (2 , 4) e) (− 2 , 4)

09 (CESCEA) A parábola $y = -x^2 + 8x - 15$ intercepta o eixo dos x nos pontos A e B; o vértice da parábola é C. A área do triângulo ABC é:

a) 1 b) 2 c) $\sqrt{2}$ d) $\sqrt{3}$ e) $\frac{1}{2}$

10 As retas definidas por $x = 4$ e $y + s = 3$ se interceptam no ponto A. A distância deste ponto ao vértice da parábola de equação: $y = x^2 - 2x - 3$ é:

a) $3\sqrt{2}$ b) $\sqrt{2}$ c) 3 d) 5 e) 6

11 (FUVEST) É dada a parábola de equação $y = (x + 1)\,(x + \alpha - 1)$, $\alpha \in R$. Sejam r e s as retas tangentes à parábola nos pontos onde ela encontra o eixo dos x. Determine $\in$ de modo que r seja perpendicular a s.

12 (FAAP) Que curvas são representadas pela equação $y = \dfrac{x+3}{2} + t\,(x+1)(x-3)$, $t \in R$, nos casos seguintes:

a) $t = 0$ b) $t \neq 0$

13 (CICE) A circunferência $x^2 + y^2 - 4y + 3 = 0$ e a parábola $3x^2 - y + 1 = 0$, têm, em comum:

a) quatro pontos
b) três pontos
c) dois pontos
d) um ponto
e) nenhum ponto

14 Determinar as coordenadas do vértice e do foco e a equação da diretriz da parábola $x = -y^2 + 3y + 6$.

15 Determinar as coordenadas do vértice e do foco, as equações da diretriz e do eixo e o comprimento da menor corda focal da parábola cuja equação é $4y^2 - 48x - 20y = 71$.

16 Determinar as coordenadas do foco e do vértice e a equação da diretriz da parábola de equação: $x = -2y^2 - 6y + 2$.

17 Determinar as coordenadas do vértice e do foco, as equações da diretriz e do eixo e o comprimento do latus rectum da parábola cuja equação $4y^2 - 8x - 2y = 7$.

18 Uma circunferência cujo centro é o ponto $(4, -1)$ passa pelo foco da parábola $x^2 + 16y = 0$. Mostrar que esta circunferência é tangente à diretriz da parábola.

19 O eixo de uma parábola está sobre a reta $3x - 2y + 6 = 0$. Determine a equação da parábola, sabendo que a diretriz passa pelo ponto $(3, 1)$ e que a abscissa do vértice é 1.

20 Determinar as equações das retas tangentes traçadas desde o ponto $(2, -4)$ à parábola $x^2 - 6x - 4y + 17 = 0$

21 (AFA) Um ponto P da elipse $\frac{x^2}{9} + \frac{y^2}{4} = 1$ dista 2 de um dos focos. Qual é a distância de P ao outro foco da elipse?

a) 2 b) 3 c) 4 d) 5

22 (MACK) Se $A = (10, 0)$ e $B = (-5, y)$ são pontos de uma elipse cujos focos são $F_1 = (-8, 0)$ e $F_2 = (8, 0)$, o perímetro do triângulo BF_1F_2 é:

a) 24 b) 36 c) 40 d) 60 e) Não sei.

23 (CESGRANRIO) Para delimitar um gramado, um jardineiro traçou uma elipse inscrita num terreno retangular de 20m por 16m. Para isto, usou um fio esticado, preso por suas extremidades M e N, como na figura. A distância entre os pontos M e N é:

a) 10 m
b) 12 m
c) 12,5 m
d) 15 m
e) 18 m

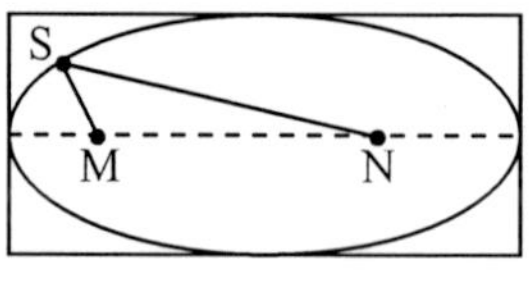

24 (UNICAMP) A órbita de um satélite é uma elipse que tem a Terra em um de seus focos. Esse satélite atinge velocidade máxima e mínima nos pontos de menor e maior proximidade da Terra respectivamente, quando então essas velocidades são inversamente proporcionais às distâncias do satélite à Terra (com mesma constante de proporcionalidade). Calcule a excentricidade da órbita do satélite, sabendo também que a velocidade máxima é o dobro da velocidade mínima. (A excentricidade, como se sabe, é o quociente da distância entre os focos pelo comprimento do eixo maior).

25 (CESGRANRIO) Na elipse $\frac{x^2}{9} + \frac{y^2}{4} = 1$, seja PQ uma corda de comprimento igual ao seu semieixo maior, paralela a 0x. Determine a distância do centro da elipse à corda PQ.

26 (NUNO LISBOA) Na elipse de equação $\frac{x^2}{9} + \frac{y^2}{4} = 1$, é verdadeiro afirmar-se que.

a) P (3 , 2) pertence à elipse.
b) A excentricidade é $\frac{4}{9}$.
c) A distância focal é $2\sqrt{5}$.
d) Os focos pertencem ao eixo dos y.
e) O valor do eixo maior é 9.

27 (EsFAO) A equação da elipse cujos focos estão situados nos pontos (0 , 3) e (0 , – 3), e cujo eixo menor mede 8 unidades é:

a) $\frac{x^2}{16} + \frac{y^2}{9} = 1$
b) $\frac{x^2}{25} + \frac{y^2}{16} = 1$
c) $\frac{x^2}{25} + \frac{y^2}{9} = 1$
d) $\frac{x^2}{9} + \frac{y^2}{25} = 1$
e) $\frac{x^2}{16} + \frac{y^2}{25} = 1$

28 (CONC.PROF.RJ) Se n é o número das cordas comuns às curvas $\frac{x^2}{15} + \frac{y^2}{2} = 1$ e $x^2 + y^2 = 4$, então n vale:

a) 2 b) 3 c) 4 d) 5 e) 6

29 (PUC) Escreva as coordenadas cartesianas do ponto P em função de θ, para $0 \leq \theta < 2\pi$, sabendo que P pertence à curva $x^2 + 4y^2 = 4$.

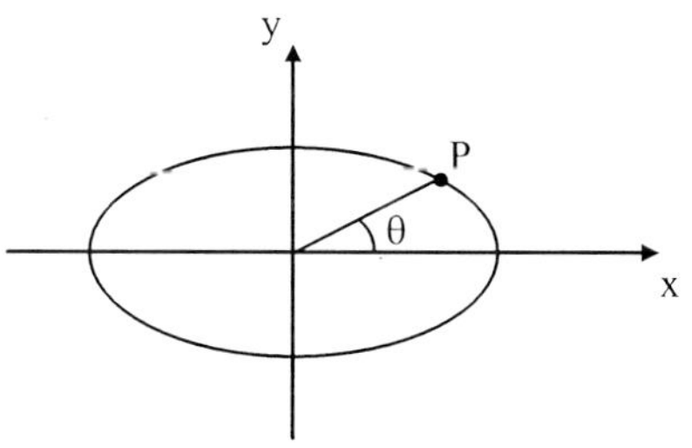

30 (E.NAVAL) Determine a excentricidade da elipse de equação: $4x^2 + 9y^2 = 2$

a) $\frac{\sqrt{5}}{3}$ b) $\frac{\sqrt{5}}{4}$ c) $\frac{\sqrt{5}}{6}$ d) $\frac{\sqrt{5}}{9}$ e) $\frac{\sqrt{5}}{18}$

31 (AMAN) A soma dos comprimentos dos eixos da elipse de equação: $169x^2 + 1352y^2 = 2197$ vale:

a) $\dfrac{117}{8}$

b) $\sqrt{13}\left(2+\dfrac{1}{\sqrt{2}}\right)$

c) $\sqrt{13}\left(1+\dfrac{1}{2\sqrt{2}}\right)$

d) $\dfrac{3\sqrt{26}}{4}$

e) $\sqrt{13}\left(1+\dfrac{\sqrt{2}}{2}\right)$

32 Identifique a curva de equação $4x^2 + y^2 = 16$ e calcule:

a) O comprimento dos eixos;
b) As coordenadas dos focos;
c) A excentricidade.

33 (FGV) A equação da elipse que passa pelos pontos (2 , 0) , (– 2 , 0) e (0 , 1) é:

a) $x^2 + 4y^2 = 4$

b) $x^2 + \dfrac{y^2}{4} = 1$

c) $2x^2 - 4y^2 = 1$

d) $x^2 - 4y^2 = 4$

e) $x^2 + y^2 = 4$

34 Os focos de uma elipse são (– 4 , – 2) e (– 4 , – 6) e o comprimento de cada latus rectum é 6. Determinar a equação da elipse e sua excentricidade.

35 Qual é a equação da elipse de focos $F_1\,(3 , 0)$ e $F_2\,(-3 , 0)$, sabendo que $P_4\left(4 , \dfrac{12}{5}\right)$ é um dos seus pontos.

36 (E.NAVAL) A reta y = mx + 3 tangencia a elipse $x^2 + 4y^2 = 1$ se, e só se:

a) $m = \pm\dfrac{\sqrt{23}}{2}$

b) $m = \pm\dfrac{\sqrt{29}}{2}$

c) $m = \pm\dfrac{\sqrt{31}}{2}$

d) $m = \pm\dfrac{\sqrt{33}}{2}$

e) $m = \pm\dfrac{\sqrt{35}}{2}$

37 (EsFAO) A reta x – 2y – k = 0 é tangente à curva $3x^2 + 4y^2 - 8y - 8 = 0$. O valor de k é:

a) 2 ou – 6
b) 2 ou – 2
c) 3 ou 4
d) – 3 ou 8
e) – 3 ou 5

38 Determinar a distância focal, as coordenadas dos focos e a medida do latus rectum da elipse:
$4x^2 + 9y^2 = 9$

39 Determinar as equações das tangentes de declividade 2 à elipse $4x^2 + 5y^2 = 8$.

40 Se a > b > 0, as curvas $\dfrac{x^2}{a^2} + \dfrac{y^2}{b^2} = 1$ e $\dfrac{x^2}{b^2} + \dfrac{y^2}{a^2} = 1$ cortam-se em:

a) Nenhum ponto. b) Um só ponto. c) Exatamente 2 pontos.
d) Exatamente 3 pontos. e) Exatamente 4 pontos.

41 (FGV) Dados: a circunferência $C = x^2 + y^2 = 4$, a elipse $E = 9x^2 + y^2 = 9$ e o ponto $P = (1, 1)$, a afirmação correta é:

a) P é o ponto interior de C e exterior de E.
b) P é o ponto exterior de C e interior de E.
c) P é o ponto interior de C e interior de E.
d) P é o ponto exterior de C e exterior de E.
e) P está sobre E e é exterior a C.

42 A equação de uma elipse é $x^2 + 4y^2 + 2x - 12y + 6 = 0$. Determinar as coordenadas do centro, dos focos, os comprimentos do eixo maior, eixo menor e cada latus rectum, e a excentricidade.

43 Dada a elipse de equação $4x^2 + 9y^2 - 16x + 54y + 61 = 0$, complete:

a) O centro da elipse é o ponto ....
b) O eixo maior da elipse mede .... unidades.
c) A distância da focal é igual a .... unidades.
d) A excentricidade da elipse é igual a ....
e) As coordenadas dos focos são ....

44 (ITA) M é um ponto de uma elipse e os raios vetores $\overline{MF}$ e $\overline{MF}'$ são tais que $M\hat{F}F' = \alpha$ e $M\hat{F}'F = \beta$ $(\beta > \alpha)$. O ângulo que a tangente à elipse em M forma com a reta FF' mede:

a) $\frac{\alpha+\beta}{2}$ b) $\beta - \alpha$
c) $\frac{\beta-\alpha}{2}$ d) $\frac{2\beta-\alpha}{2}$ e) $\frac{\alpha+\beta}{3}$

45 A distância entre os focos da cônica $3x^2 - y^2 - 9 = 0$ é:

a) $\sqrt{3}$ b) $2\sqrt{3}$ $4\sqrt{3}$ d) $6\sqrt{3}$ e) $8\sqrt{3}$

46 Duas cônicas são chamadas homofocais quando têm os mesmos focos. Mostre que a elipse $x^2 + 3y^2 = 6$ e a hipérbole $x^2 - 3y^2 = 3$ são homofocais.

47 Determinar os pontos de interseção da reta $2x - 9y + 12 = 0$ com as assíntotas da hipérbole $4x^2 - 9y^2 = 11$.

48 Determinar a excentricidade da hipérbole de equação $2x^2 - y^2 - 4 = 0$.

49 Determinar as equações das assíntotas e as coordenadas dos focos da hipérbole de equação $\frac{x^2}{4} - \frac{y^2}{2} = 1$

50 Determine as coordenadas dos focos e as equações das assíntotas da hipérbole $2y^2 - x^2 = 8$.

51 (CONC.PROF.RJ) Se a reta $ax + y = a$ tangencia um ramo da hipérbole $y = \frac{1}{x}$, então o parâmetro a tem como valor:

a) 3 b) 4 c) 6 d) 7 e) 8

52 (E.NAVAL) O valor de a para o qual as curvas de equações: $y = a - x^2$ e $xy = 16$ são tangentes é:

a) 12 b) -4 c) 4 d) 2 e) 1

53 (ITA) Considere as afirmações:

I) Uma elipse tem como focos os pontos $F_1: (-2, 0)$; $F_2: (2, 0)$ e o eixo maior 12. Sua equação é $\frac{x^2}{36} + \frac{y^2}{32} = 1$.

II) Os focos de uma hipérbole são $F_1: \left(-\sqrt{5}, 0\right)$; $F_2: \left(\sqrt{5}, 0\right)$ e a sua excentricidade é $\frac{\sqrt{10}}{2}$. Sua equação é $3x^2 - 2y^2 = 6$.

III) A parábola $2y = x^2 - 10x - 100$ tem como vértice o ponto P: $\left(5, \frac{125}{2}\right)$

Então:
a) Todas as afirmações são falsas.
b) Apenas as afirmações (II) e (III) são falsas.
c) Apenas as afirmações (I) e (II) são verdadeiras.
d) Apenas a afirmação (III) é verdadeira.
e) n.d.a.

54 Os vértices de uma hipérbole são $(-2, 2)$ e $(-2, -4)$ e o comprimento de cada latus rectum é 2. Determine a equação da hipérbole, as coordenadas de seus focos, as equações das assíntotas e a sua excentricidade.

55 (FGV) Considere os gráficos A, B e C dados ao lado e as equações:

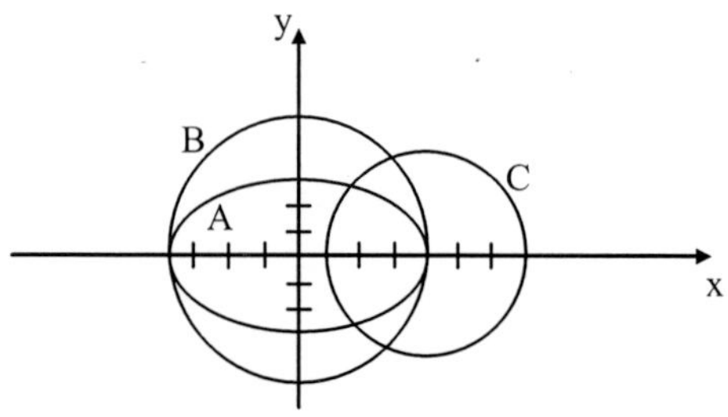

a) $x^2 + y^2 = 16$
b) $9x^2 + 16y^2 - 144 = 0$
c) $x^2 + y^2 - 8x + 7 = 0$
d) $x^2 + 4y^2 = 12$

As únicas associações corretas estão na alternativa:
a) (A , b) ; (B , a) ; (C , d)
b) (A , a) ; (B , b) ; (C , d)
c) (C , c) ; (B , d) ; (A , b)
d) (B , c) ; (C , a) ; (A , b)
e) (C , c) ; (B , a) ; (A , b)

56 - Dada a equação da hipérbole abaixo, determinar as coordenadas do centro, dos vértices e dos focos, os comprimentos dos eixos real, imaginário e de cada latus rectum, e excentricidade e as equações das assíntotas: $4x^2 - 9y^2 + 32x + 36y + 64 = 0$

57 (MACK) Sendo A a área da região do plano 0xy limitada pela parábola $y = x^2$ e pela reta $y = 1$, pode-se afirmar que:

a) $A < \frac{1}{2}$

b) $A = \frac{1}{2}$

c) $\frac{1}{2} < A < 1$

d) $A = 1$

e) $1 < A < 2$

58 (CESGRANRIO) A região hachurada da figura é descrita analiticamente por:

a) $\{ (x, y) \in R^2 \mid y \geq x^2 \text{ e } y \leq |x| \}$
b) $\{ (x, y) \in R^2 / |y| \leq x^2 \text{ e } |y| \leq x \}$
c) $\{ (x, y) \in R^2 \mid y \geq x \text{ e } y + x \geq 0 \}$
d) $\{ (x, y) \in R^2 \mid y \leq x^2 \text{ e } y \leq x \}$
e) $\{ (x, y) \in R^2 \mid y \geq x^2 \}$

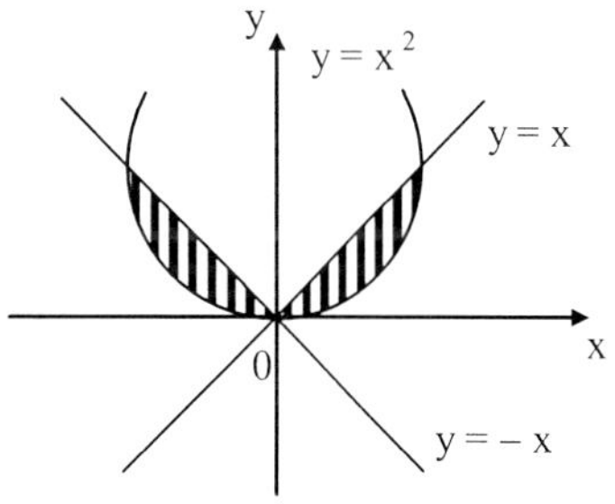

59 Assinale a equação com a representação errada:

a) $y + \sqrt{1 - x^2} = 0$

b) $x^2 - 1 = 0$

c) $x = y^2$

d) $\frac{x^2}{4} + \frac{y^2}{1} = 1$

e) $x^2 - 2xy + y^2 = 0$

a)
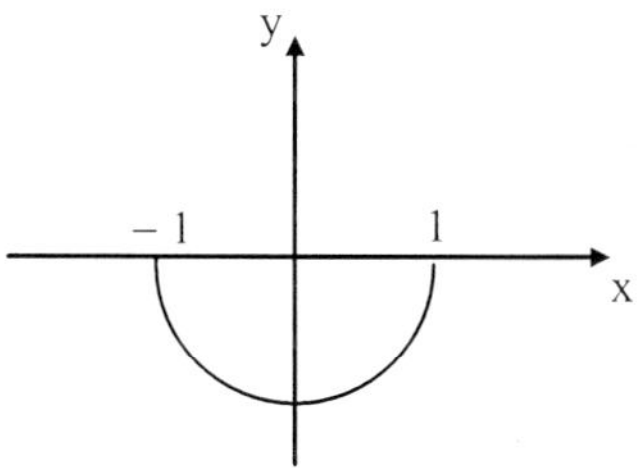

b)
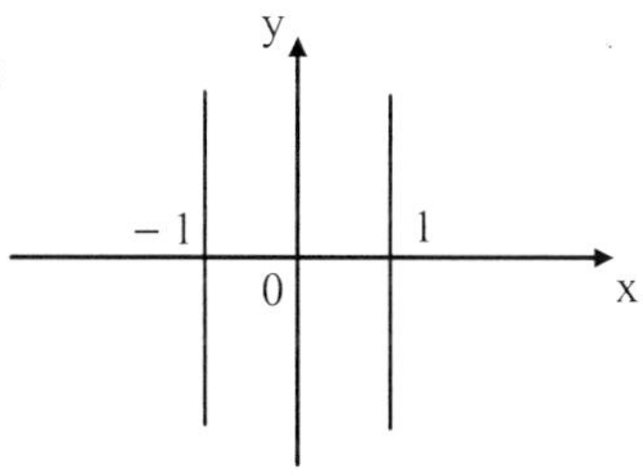

c)
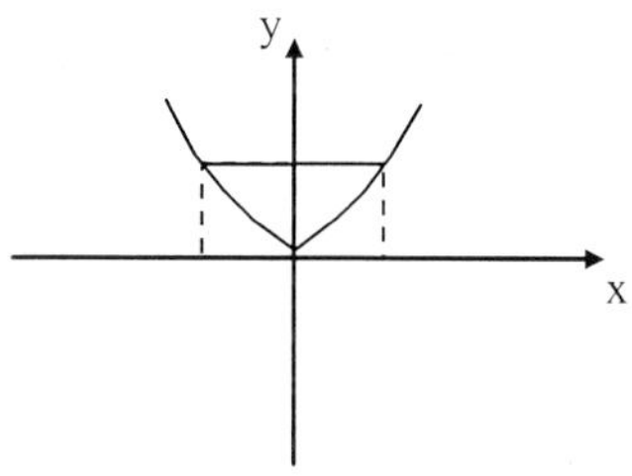

d)
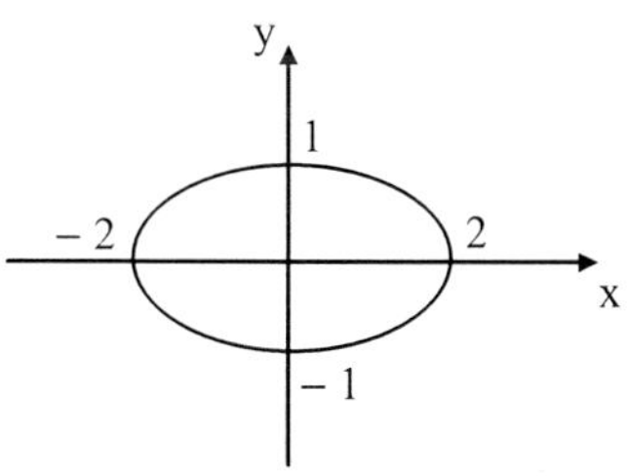

e)
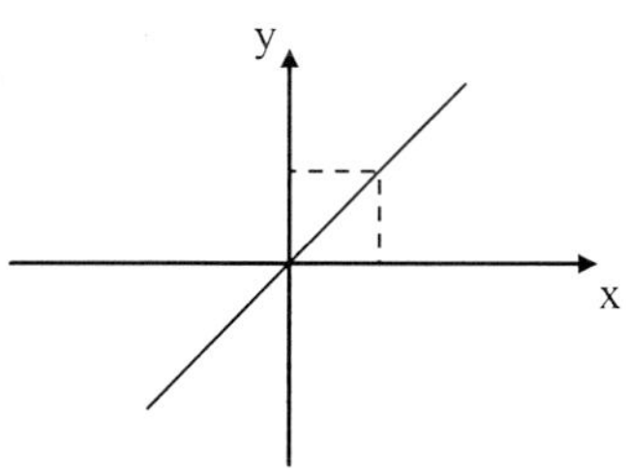

60 (CESCEM) Seja C o conjunto dos pontos do plano que satisfazem as desigualdades $2x^2 + 2y^2 - 1 \leq 0$; $y - 2x^2 \geq 0$; $y \leq \frac{1}{2}$. Pode-se afirmar que:

a) C é limitado por um arco de parábola e por um segmento.
b) C é vazio.
c) C é limitado por um arco de parábola e por um arco de circunferência.

d) C é ilimitado.
e) C é limitado por um segmento e por um arco de circunferência.

61 (PUC) Esboce a região do plano definida pelas inequações abaixo:

$$\begin{cases} x^2 + y^2 \leq 9 \\ x^2 + 4y^2 \geq 4 \\ |x| \geq 1 \end{cases}$$

62 Resolva graficamente o sistema:

$$\begin{cases} 2x^2 + y^2 - 16 < 0 \\ y - x^2 > 0 \end{cases}$$

63 (PUC) Esboce graficamente a região do plano:

$$S = \{ (x, y) \in R^2 \mid x^2 - 4x + 3 \leq y \leq x - 1 \}$$

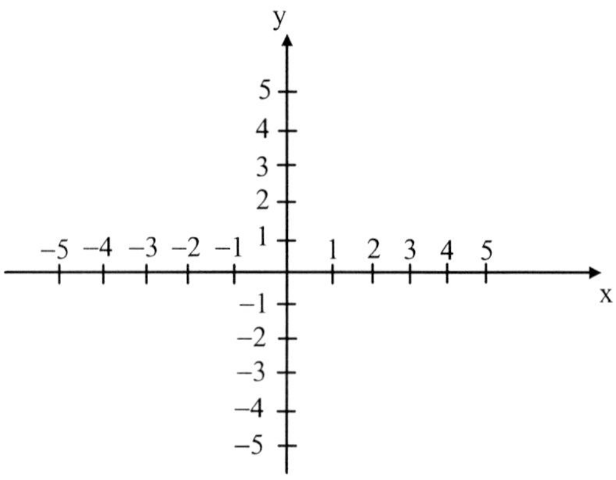

64 Represente todos os pontos do plano que satisfazem o sistema de inequações abaixo:

$$\begin{cases} |x| \geq 2 \\ x^2 + y^2 - 4 \geq 0 \\ 4x^2 + 9y^2 \leq 36 \end{cases}$$

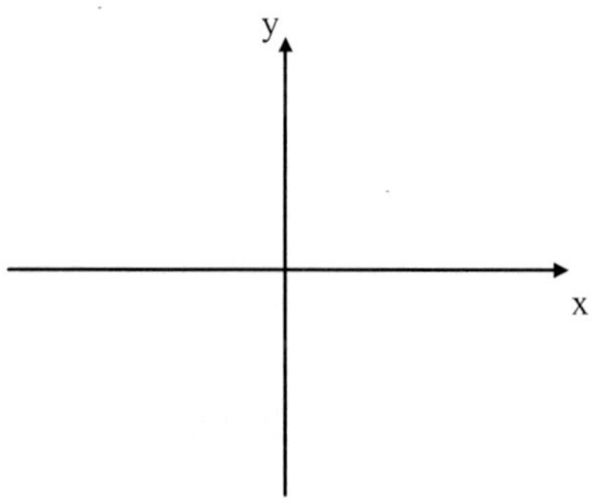

65 Represente graficamente o lugar geométrico dos pontos do plano que satisfazem cada sistema abaixo:

a) $\begin{cases} x = 5 \text{ sen } \theta \\ y = 3 \cos \theta, \quad 0 \leq \theta \leq \dfrac{\pi}{2} \end{cases}$

b) $\begin{cases} \dfrac{x^2}{4} - y^2 > 1 \\ x^2 + y^2 < 9 \end{cases}$

66 (E.NAVAL) Seja $S = \{ (x, y) \in R^2 \mid x^2 + y^2 < A^2 \}$, onde $A > 0$. Seja T um subconjunto de S que a distância entre cada dois pontos de T é maior ou igual a A. O número máximo de pontos que T pode possuir é:

a) 2 b) 3 c) 4 d) 5 e) 7

67 (E.NAVAL) A região do plano formada pelos pontos (x , y) tais que $x \geq 0$ e $x \leq y \leq 1$ efetua uma revolução completa em torno da reta de equação $x = 0$. O volume do sólido assim gerado é:

a) $\frac{\pi}{2}$ b) $\frac{\pi}{3}$ c) $\frac{\pi}{4}$ d) $\frac{\pi}{5}$ e) $\frac{\pi}{6}$

68 - Faça a associação correta:

(1) elipse ( ) $x^2 - y^2 = 0$

(2) hipérbole ( ) $\frac{x^2}{9} - \frac{y^2}{4} = 1$

(3) parábola ( ) $\frac{x}{3} + \frac{y}{5} = 1$

(4) retas ( ) $x^2 + y^2 = 0$

(5) par de retas ( ) $x^2 + y^2 - 3x = 0$

(6) circunferência

(7) ponto

69 (FUVEST) Num plano são dados os pontos A = (– 1 , 0) e B = (1 , 0). Qual é o lugar geométrico dos pontos P = (x , y) deste plano, tais que $\overline{AP}^2 - \overline{BP}^2 = 4$?

70 (FGV) Num sistema cartesiano ortogonal, a equação do lugar geométrico dos pontos que equidistam do eixo 0Y e do ponto (4 ; 0) é:

a) $y^2 = 8(x - 1)$ b) $y^2 = 4(x - 2)$ c) $y^2 = 4x - 2$
d) $y^2 = 8(x - 2)$ e) $y^2 = 2x - 1$

71 (AMAN) O lugar geométrico de $x^2 - 5x - 6 = 0$ no R^2 corresponde a:

a) Uma reta
b) Duas retas concorrentes
c) Uma parábola
d) Três retas
e) Duas retas paralelas

72 (CONC.PROF.RJ) São dados no plano x0y os pontos A (2 , 0) e B (– 2 , 0). O lugar geométrico dos pontos M (x , y) tais que $\overrightarrow{MA} \cdot \overrightarrow{MB} = 0$ é:

a) O eixo 0x
b) O par de retas $x = \pm 2$
c) A parábola $y = x^2 - 4$
d) A parábola $y = -x^2 + 4$
e) A circunferência $x^2 + y^2 = 4$

73 (CESGRANRIO) O conjunto dos pontos P (x , y) do plano, cujas distâncias PA e PB aos pontos A (0 , 0) e B (4 , 0), respectivamente, satisfazem $\frac{PA}{PB} = \frac{1}{2}$ é:

a) Uma reta paralela a 0x.
b) Uma reta paralela a 0y.
c) Um círculo.
d) Uma parábola.
e) Um ramo de hipérbole.

74 (PUC) No plano R^2, a equação $x^2 = 0$ representa:

a) Uma parábola com foco no eixo y.
b) Uma circunferência.
c) Duas retas paralelas distintas.
d) Uma reta única.
e) A origem das coordenadas.

75 (PUC) No plano R^2, a equação $\frac{x^2}{4} - \frac{y^2}{4} = 0$ representa:

a) Uma elipse
b) Um círculo de raio 2
c) Uma parábola
d) Uma hipérbole
e) Duas retas concorrentes

76 (CONC.PROF.RJ) No plano x0y, a equação $y^2 - x^2 = 0$ representa:

a) Um par de retas perpendiculares.
b) Um par de retas paralelas.
c) Um ramo de hipérbole.
d) Uma parábola com vértice na origem.
e) Uma circunferência contendo a origem.

77 (AFA) A equação reduzida $\frac{x^2}{9} + \frac{y^2}{4+k} = 1$, onde $k \neq -4$ é um número real, representa uma:

a) Parábola, se $0 < k < 4$.
b) Hipérbole, se $k < -4$.
c) Circunferência, se $k = 4$.
d) Elipse, se $k > 0$.

78 (PUC) A equação $x^2 + 2x + y^2 - 3y + 10 = 0$ representa no plano x0y:

a) Um conjunto vazio.
b) Duas retas paralelas.
c) Uma parábola.
d) Uma circunferência.
e) Duas retas concorrentes.

79 (CONC.PROF.RJ) No plano x0y, a equação $\cos(2x - 3y) = 0$ representa:

a) Uma família de infinitas retas concorrentes.
b) Uma família de infinitas retas paralelas.
c) Um par de retas concorrentes.

d) Um par de retas coincidentes.
e) Um par de retas paralelas.

80 Fatore a equação abaixo e desenho o gráfico do lugar geométrico:

$$6x^2 - 5xy + y^2 + 9x - 3y = 0$$

81 (CONC.PROF.RJ) Se f (x) = x para todo $x \in R$, o gráfico do $g(x) = f[f(x)] - [f(x)]^2 + 2f(x^2)$ é uma:

a) Hipérbole de assíntotas sobre os eixos.
b) Bissetriz de uma dos quadrantes.
c) Parábola de vértice na origem.
d) Parábola de eixo vertical.
e) Reta paralela a 0x.

82 (MACK) A curva de equações paramétricas $\begin{cases} x = 2 - \cos t \\ y = -1 + 3 \cos t \end{cases}$

$0 \le t \le \pi$, é:

a) Uma circunferência.
b) Um arco de circunferência.
c) Uma parábola.
d) Uma reta.
e) Um segmento de reta.

83 Determinar a equação do lugar geométrico de um ponto que se move de maneira que sua distância à reta $4x - 3y + 12 = 0$ é sempre igual à metade de sua distância ao eixo y.

84 Determine a equação do lugar geométrico dos pontos equidistantes das retas $2x - 3y + 3 = 0$ e $2x + 3y - 6 = 0$. (apresente as duas soluções e identifique o lugar geométrico).

85 (CONC.PROF.RJ) Considere um triângulo ABC com base AB fixa em comprimento e posição. Quando o vértice C descreve uma reta (r) situada no plano do triângulo, o lugar geométrico do ponto G, baricentro de ABC, é uma:

a) Reta
b) Elipse
c) Parábola
d) Hipérbole
e) Circunferência

86 A base de um triângulo é fixa sendo seus extremos (0 , 0) e (6 , 0). Determinar e identificar a equação do lugar geométrico do vértice oposto se o produto das tangentes dos ângulos da base é sempre igual a 4.

87 (ITA) O lugar geométrico da interseção de duas retas, uma passando pelo ponto (0 , – 1) com coeficientes angular a_1 a outra passando pelo ponto (0 , 1) com coeficiente angular a_2 tal que:

$$a_1^2 + a_2^2 = 2, \text{ é:}$$

a) $(x - a_1)^2 + (y - a_2)^2 = 1$
b) $x^2 - y^2 = 1$
d) $y = a_1 x^2$

c) $x^2 + y^2 = 1$

e) $\frac{x^2}{a_1^2} + \frac{y^2}{a_2^2} = 1$

88 (AMAN) Num sistema de coordenadas cartesianas ortogonais, considere a família de circunferências que passam por (– 1 , 2) e que são tangenciadas pela reta y = 3. A equação do lugar geométrico dos centros dessas circunferências é dada por::

a) $x^2 + 2x + 2y - 4 = 0$
b) $y^2 - 2x - 2y + 4 = 0$
c) $x^2 - 2x - 2y + 4 = 0$
d) $y^2 + 2x + 2y - 4 = 0$
e) $x^2 + y^2 - 2x + 2y - 4 = 0$

89 (IME) Dada a equação: $x^2 + y^2 - 2mx - 4(m + 1)y + 3m + 14 = 0$

a) Determine os valores de m, para que esta equação corresponda a um círculo.

b) Determine o lugar geométrico dos centros destes círculos.

90 (ITA) Determine o lugar geométrico dos focos das elipses que passam pelo ponto (2 , 0) e que admitem como diretrizes as retas $x = \pm 4$.

GABARITO DOS EXERCÍCIOS PROPOSTOS

1) B	31) B	61)
2) C	32) a) 8 e 4; b) $((0, \pm 2\sqrt{3})$; c) $\sqrt{3}/2$	62)
3) E	33) A	63)
4) A	34) $x^2/12 + y^2/16 = 1$; $l=1/2$	64)
5) E	35) $x^2/25 + y^2/16 = 1$	65)
6) E	36) E	66) C
7) - 6	37) A	67) B
8) D	38) $2c = \sqrt{5}; (\pm\sqrt{5}/2, 0), l = 4/3$	68) 1-2-4-7-6
9) A	39) $y = 2x \pm 4\sqrt{15}/5$	69) $x - 1 = 0$
10) A	40) E	70) B
11) 1 ou 3	41) A	71) E
12) a) reta; b) parábola	42) $O(-1, 3/2); F(1 \pm \sqrt{3}, 3/2)$; 2a=4; 2b=2; e= $\sqrt{3}/2$; l.r.=1	72) E
13) B	43) a)(2,-3);b)6;c) $2\sqrt{5}$; d) $\sqrt{5}/3$; e) $(2 \pm \sqrt{5}, -3)$	73) C
14) V(33/4, 3/2); F(8/3, 3/2); d: x = 17/2	44) C	74) D
15) V(2/3, 5/2); F(11/3, 5/2); d: x + 7/3 = 0; f = 6; e: y = 5/2	45) C	75) E
16) V(13/2, - 3/2); F(51/8, - 3/2); d: x – 53/8 = 0	46)	76) A
17)V(-29/64,1/4);F(3/64,1/4); d:x = -61/64;e:y=1/4;l=1	47) (3,2);(-3/2,1)	77) B

18)	48) e = $\sqrt{3}$	78) A
19) $9x^2+4y^2-12xy-16x-102y+439=0$	49) $y=\pm\sqrt{2}/2\,x$; F($-\sqrt{6}$,0); F($\sqrt{6}$,0)	79) B
20) y+4 = -3(x-2) e y+4 = 2(x-2)	50) $F(0,2\sqrt{3})$; $F(0,-2\sqrt{3})$; $y=\pm\sqrt{2}/2\ x$	80) (y-3x).(y-2x-3)=0
21) C	51) B	81) D
22) B	42) A	82) E
23) B	53) C	83) x-2y+8=0 ou 13x-6y+2=0
24) e = 1/3	54) $(y+1)^2/9-(x+2)^2/3=1$ F$(-2,2+2\sqrt{3})$; F$(-2,-4-2\sqrt{3})$; $y+1=\pm\sqrt{3}(x+2)$; $e=2\sqrt{3}/3$	84) 2y-3=0 ou 4x-3=0
25) $\sqrt{3}$	55) E	85) A
26) C	56) (-4,2);V(-4,4);V(-4,0);F(-4,2+$\sqrt{13}$) ; F(-4,2-$\sqrt{13}$) ;2a=4;2b=6;*l=9;e=*$\sqrt{13}/2$; y-2= ±2/3(x+4)	86) $4x^2+y^2-24x=0$;elipse centro(3,0)
27) E	57) E	87) B
28) E	58) A	88) A
29) P(2cosθ, senθ)	59) C	89) a)m < -2 ou m > 1; b)reta:y=2x+2
30) A	60) A	90) $c^2+y^2-5c+4=0$

61) 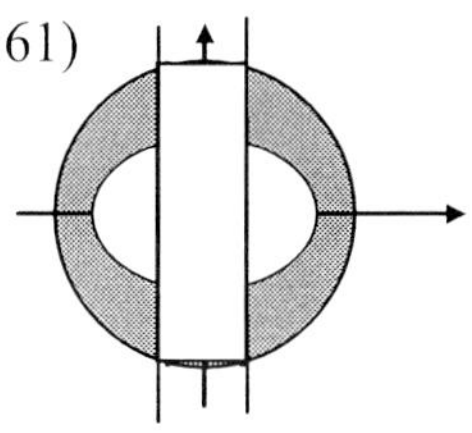

62) 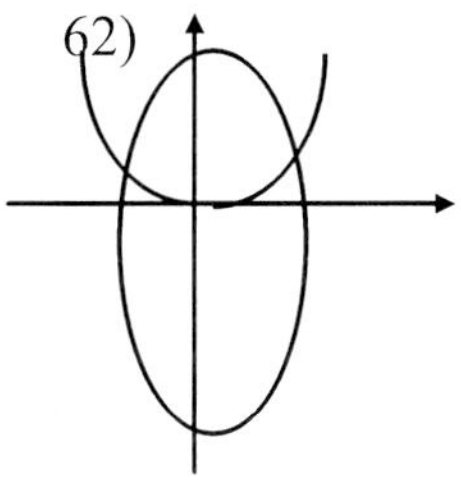

63) 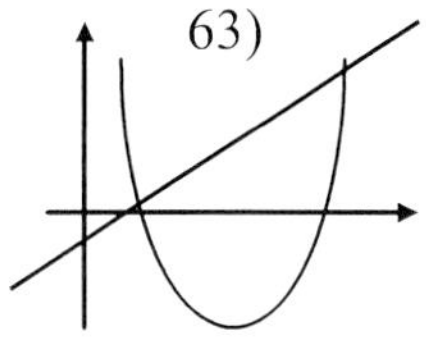

64) 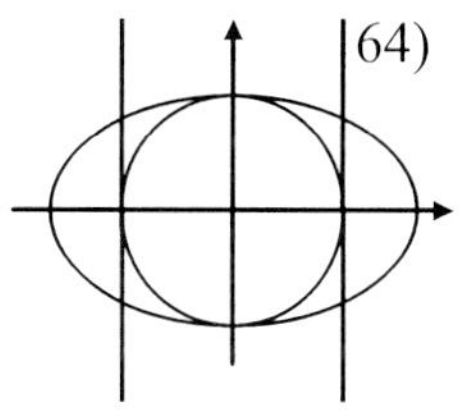

65)

a) 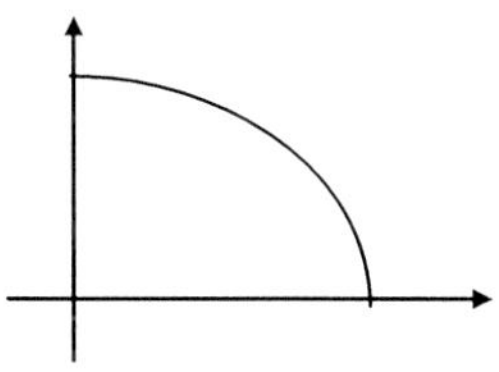

b) 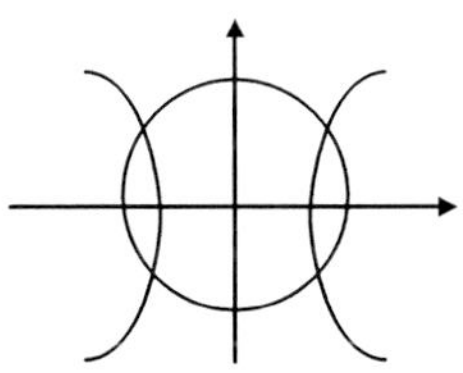

QUESTÕES DE CONCURSOS:

Questão 01 - U.F.Juiz de Fora

A equação da reta tangente à parábola $y = x^2 - 7x + 10$, no ponto de abscissa x = 6 é:

(A) y – x + 2 = 0 (B) y – 5x + 14 = 0 (C) y + x – 10 = 0
(D) 5y + x – 26 = 0 (E) y – 5x + 26 = 0

Questão 02 - CESGRANRIO

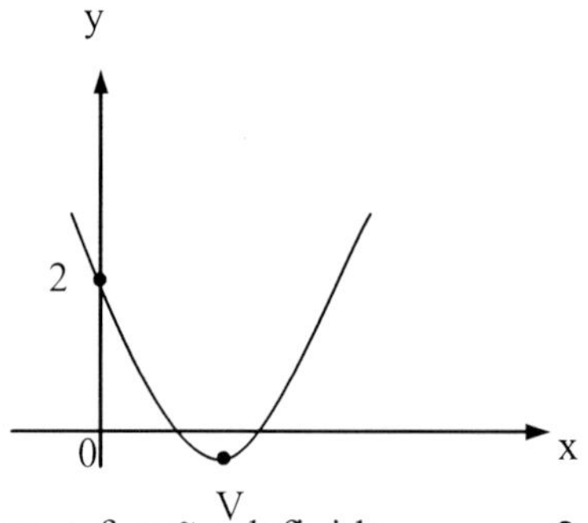

Considere o gráfico acima, que representa a função definida por $y = 2x^2 - 5x + c$. As coordenadas do vértice V da parábola são:

(A) $\left(\frac{5}{4}, -\frac{9}{8}\right)$ (B) $\left(\frac{5}{4}, -\frac{3}{5}\right)$ (C) $\left(-\frac{5}{4}, -2\right)$ (D) $\left(\frac{1}{2}, -\frac{2}{3}\right)$ (E) $(2, -1)$

Questão 03 - CESGRANRIO

A área do triângulo PF_1F_2, onde $P(2, -8)$ e F_1 e F_2 são os focos da elipse de equação $\frac{x^2}{25} + \frac{y^2}{9} = 1$, é igual a:

(A) 8 (B) 16 (C) 20 (D) 32 (E) 64

Questão 04 - UFF

A equação da parábola que passa pelo ponto $(-2, 0)$ e cujo vértice situa-se no ponto $(1, 3)$ é:

(A) $y = -x^2 + 2x + 8$

(B) $y = -3x^2 + 6x + 24$

(C) $y = -\frac{x^2}{3} + \frac{2x}{3} + \frac{8}{3}$

(D) $y = \frac{x^2}{3} - \frac{2x}{3} - \frac{8}{3}$

(E) $y = x^2 + 2x + 8$

Questão 05 - UFF

As equações $y - 2x = 0$, $y + x^2 = 0$ e $y^2 - x^2 + 1 = 0$ representam no plano, respectivamente:

(A) uma reta, uma hipérbole e uma parábola.
(B) uma parábola, uma hipérbole e uma reta.
(C) uma reta, uma parábola e uma elipse.
(D) uma elipse, uma parábola e uma hipérbole.
(E) uma reta, uma parábola e uma hipérbole.

Questão 06 - UERJ

Observe o sistema:

$$\begin{cases} Y = \dfrac{1}{X} \\ X^2 + Y^2 = r^2 \end{cases}$$

O menor valor inteiro de r para que o sistema acima apresente quatro soluções reais é:

(A) 1 (B) 2 (C) 3 (D) 3

Questão 07 - UFF

Identifique, justificando, o lugar geométrico dos pontos do plano definido pela equação:

$$x^2 - y^2 - 4x + 8y = 12$$

Questão 08 - U.F.Juiz de Fora

Associe cada equação ao tipo de curva que ela representa:

(I) $\frac{x}{9} + \frac{y}{16} = 1$ (1) reta.

(II) $\frac{x^2}{9} + \frac{y}{16} = 1$ (2) circunferência.

(III) $\frac{x^2}{9} + \frac{y^2}{16} = 1$ (3) elipse.

(IV) $\frac{x^2}{9} - \frac{y^2}{16} = 1$ (4) hipérbole.

(5) parábola.

A associação correta é:

(A) I-1 II-2 III-3 IV-4;
(B) I-1 II-5 III-2 IV-4;
(C) I-2 II-5 III-1 IV-3;
(D) I-1 II-5 II-4 IV-3;
(E) I-1 II-5 III-3 IV-4.

Questão 09 - UFF

Considere a parábola $y = x^2$, a origem O do sistema de eixos coordenados e um ponto $Q(m, m^2)$ pertencente à parábola.

Determine:

a) as coordenadas do ponto R, interseção da mediatriz do segmento $\overline{OQ}$ com o eixo y
b) o ponto do qual se aproxima R quando o ponto Q, percorrendo a parábola, se aproxima da origem.

GABARITO DAS QUESTÕES DE CONCURSOS

1) E	4) C	7) Um par de retas: y = x + 2 e y = - x + 6
2) A	5) E	8) E
3) D	6) B	9) a) $(0, \frac{m^2+1}{2})$; b) (0, ½)

QUESTÕES COMPLEMENTARES

1. (UENF)

No sistema de coordenadas cartesianas abaixo, está representado o triângulo ABC.

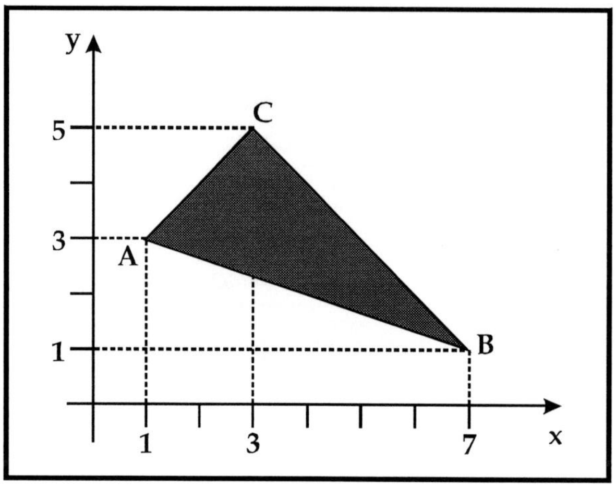

Em relação a esse triângulo.

A) demonstre que ele é retângulo;

B) calcule a sua área.

2. (UENF)

Uma praça, em forma de círculo de raio 12 m, tem sua área aumentada e ganha forma triangular. Três postes de luz, localizados nos pontos A, B e C, são os únicos pontos comuns ao contorno antigo e ao contorno novo, conforme mostra o gráfico abaixo. Nele, O é o centro do círculo e P tem, como coordenadas, (0, 20).

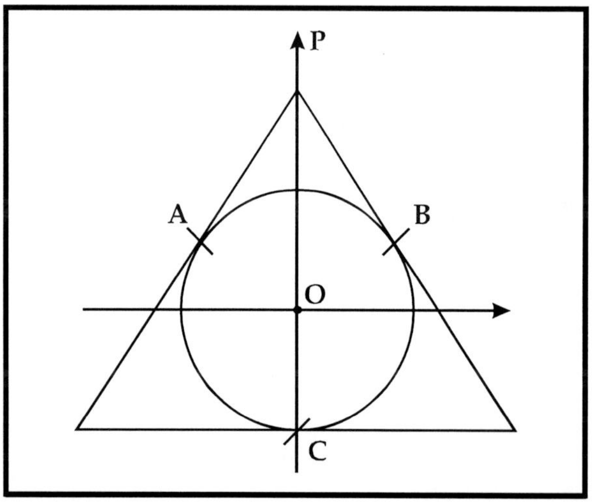

Calcule, em m^2, a área da praça com sua nova forma.

3. (UENF)

CINCO LOCAIS

Durante a viagem de Origenópolis para Destinópolis, os sobrinhos do professor Supless perguntaram lhe quantos quilômetros já haviam percorrido. O professor disse que já haviam andado a metade do que faltava para chegar a Passalândia. Oito quilômetros adiante, os sobrinhos perguntaram quanto faltava para chegar a Destinópolis e ele respondeu que faltava metade do que já haviam andado desde que passaram por Passalândia. *(Superinteressante, junho de 19 99)*

Considere, num sistema de coordenadas cartesianas ortogonais, que as três cidades citadas no texto estejam alinhadas, sendo Origenópolis associada ao ponto 0 (0, 0) e Passalândia ao ponto P(3, 4), conforme sugere o gráfico abaixo.

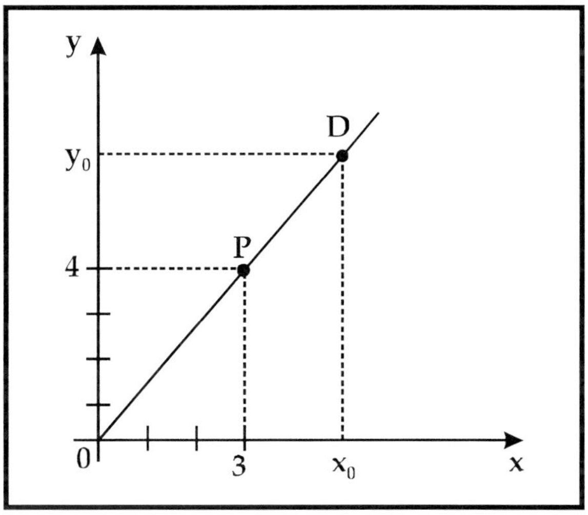

Sendo D (x_0y_0) o ponto associado à cidade chamada Destinópolis, determine:

A) a equação da reta que contém os pontos O, P e D;
B) as coordenadas do ponto D.

4. (UENF)

Observe o gráfico abaixo, no qual a reta y = kx divide o retângulo ABCD em dois trapézios retângulos T_1 e T_2.

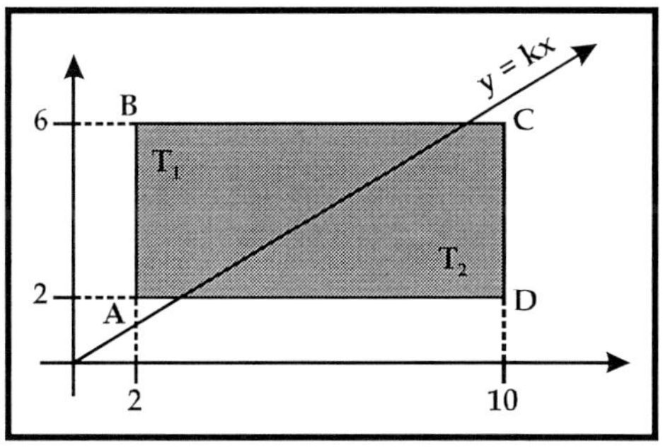

A) Calcule a área do trapézio T_1, considerando $k = \dfrac{3}{4}$.

B) Determine o valor de k para que T_1 e T_2 tenham a mesma área.

5. (UERJ)
Leia o texto a seguir.

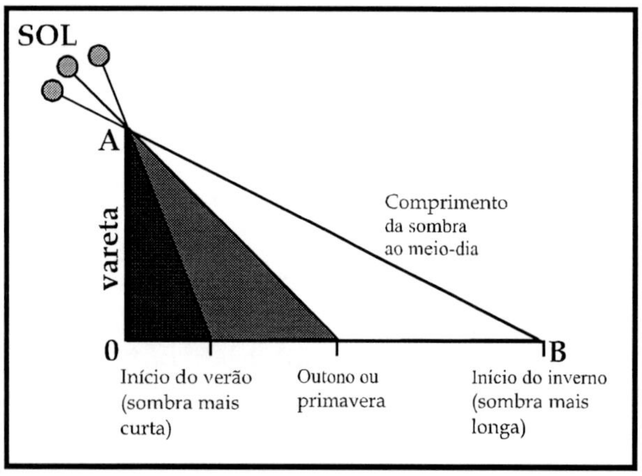

SABEDORIA EGÍPCIA

Há mais de 5.000 anos os egípcios observaram que a sombra no chão provocada pela incidência dos raios solares sobre um gnomo (um tipo de vareta) variava de tamanho e de direção. Com medidas feitas sempre ao meio-dia, notaram que a sombra com o passar dos dias, aumentava de tamanho. Depois de chegar a um comprimento máximo, ela recuava até perto da vareta. As sombras mais longas coincidiram com dias frios. E as mais curtas, com dias quentes. *(Adaptado de Revista Galileu, Janeiro de 2001)*

Um estudante fez uma experiência semelhante à descrita no texto, utilizando uma vareta $\overline{OA}$ de 2 metros de comprimento. No início do inverno, mediu o comprimento da sombra $\overline{OB}$, encontrando 8 metros.

Utilizou, para representar sua experiência, um sistema de coordenadas cartesianas, no qual o eixo das ordenadas (y) e o eixo das abscissas (x) continham, respectivamente, os segmentos de reta que representam a vareta e a sombra que ela determinava no chão.

Esse estudante pôde, assim, escrever a seguinte equação da reta que contém o segmento AB.

A) $y = 8 - 4x$
B) $x = 6 - 3y$
C) $x = 8 - 4y$
D) $y = 6 - 3x$

6. (UENF)

Duas pessoas A e B decidem se encontrar em um determinado local, no período de tempo entre 0h e 1h.

Para cada par ordenado (x_0, y_0), pertencem à região hachurada do gráfico abaixo, x_0 e y_0 representam, respectivamente, o instante de chegada de A e B ao local de encontro.

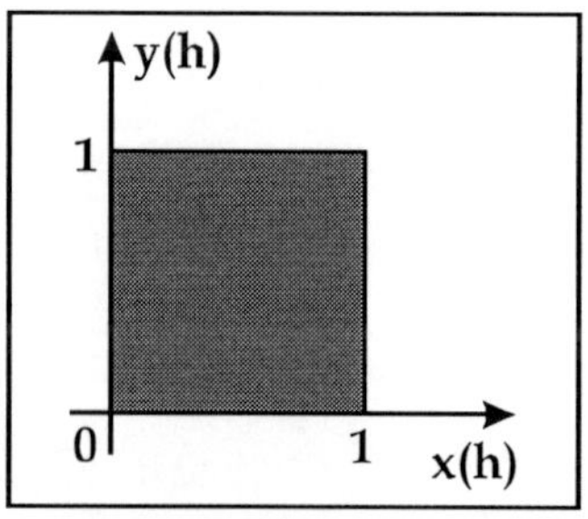

Determine as coordenadas dos pontos da região hachurada, os quais indicam:

A) a chegada de ambas as pessoas ao local de encontro exatamente aos 40 minutos;
B) que a pessoa B tenha chegado ao local de encontro aos 20 minutos e esperado por A durante 10 minutos.

7. (UERJ)

A FEIRA DE CARUARU

A feira de Caruaru
Faz gosto da gente ver
De tudo que há no mundo
Nela tem pra vender

http://luiz-gonzaga.letras.com.br

A cidade a que se refere Luiz Gonzaga em sua canção está indicada no mapa abaixo como a origem de um sistema de eixos ortogonais x0y.

(Adaptado de *Almanaque Abril*, 2000.)

Considere que a região de influência da feira de Caruaru seja representada, nesse sistema de eixos, pela inequação $x^2 + y^2 \leq 2{,}25$, com x e y medidos em centímetros.
Em relação à região de influência da feira,

A) determine sua área, em km^2, supondo que a escala do mapa seja de 1:10.000.000;

B) demonstre que uma cidade situada nas coordenadas $\left(\frac{11}{10}, \frac{11}{10}\right)$ do sistema de eixos considerando não está nessa região.

8. (UERJ)

Um holofote situado na posição (–5, 0) ilumina uma região elíptica de contorno $x^2 + 4y^2 = 5$ projetando sua sombra numa parede representada pela reta x = 3, conforme ilustra a figura abaixo.

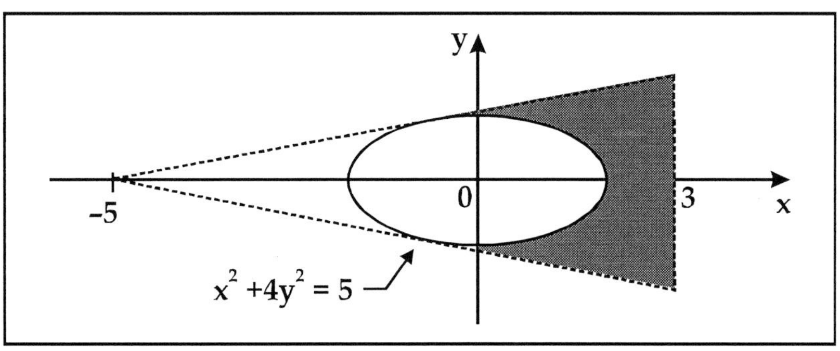

(Adaptado de Almanaque, Abril de 2000)

Considerando o metro, a unidade dos eixos, o comprimento da sombra projetada é de:

C) 2 C) 4

D) 3 D) 5

---

9. (UERJ)

O MELHOR DE CALVIN / Bill Watterson

(O Estado de São Paulo, 16/08/97)

Considere os pontos A, B e C nas condições mencionadas na tirinha.

A) Se A, B e C pertencem a uma mesma reta, calcule a distância entre A e C quando:
  - A está situado entre B e C:
  - A está situado fora do segmento BC.

B) Se A, B e C estiverem no plano cartesiano, sendo A um ponto móvel, B um ponto do semieixo positivo das abscissas (x) e C a origem (0, 0), determine a equação da linha descrita pelo ponto A e identifique a curva correspondente.

---

10. (UNESA)

Observe o paralelepípedo retângulo ABCDEFGH, representado abaixo em um sistema de coordenadas ortogonais com vértice D (6, 10, 5).

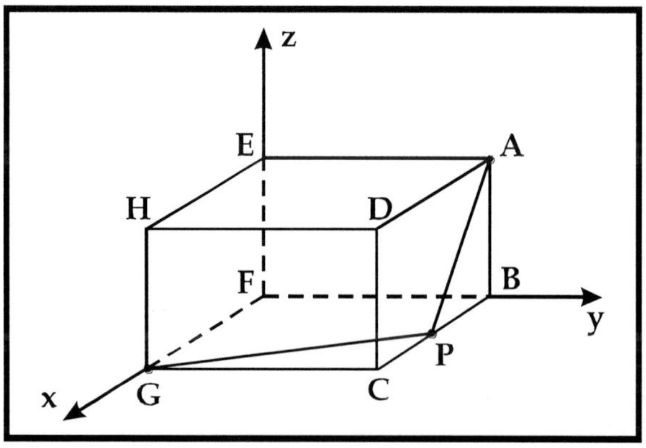

O menor caminho sobre a superfície do paralelepípedo para ir do vértice A ao vértice G é $\overline{AP} + \overline{PG}$.

Se P tem coordenadas (a, b, c), então a + b + c é igual a:

A) 15 D) 14

B) 13 E) 11

C) 12

11. (UERJ)

A tabela a seguir apresenta os preços unitários de três tipos de frutas e os números de unidades vendidas de cada uma delas em um dia de feira.

FRUTAS	PREÇO POR UNIDADE (EM REAIS)	NÚMERO DE UNIDADES VENDIDAS
mamão	1	x
abacaxi	2	y
melão	3	z

A arrecadação obtida com a venda desses produtos pode ser calculada pelo produto escalar de $\vec{p} = (1,2,3)$ por $\vec{u} = (x,y,z)$.

Determine:

A) o valor arrecadado, em reais, com a venda de dez mamões, quinze abacaxis e vinte melões;

B) o cosseno do ângulo formado pelos vetores $\vec{p}$ e $\vec{u}$, sabendo que x, y e z são respectivamente proporcionais a 3, 2 e 1.

12. (UERJ)

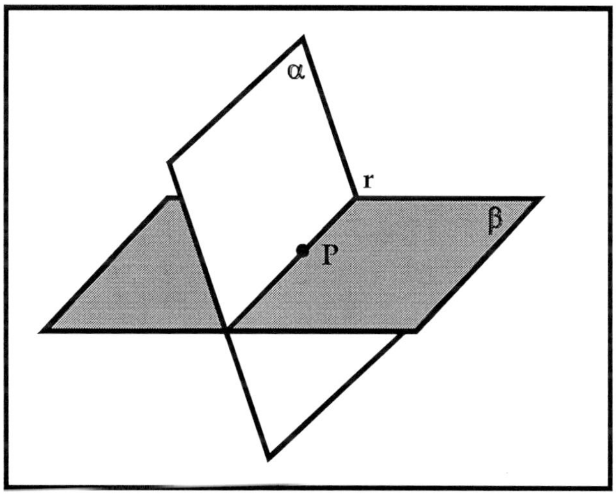

Os planos secantes α e β acima podem representar em R^3 as equações $\begin{cases} 2x - y - 4z = -1 \\ x + y + z = 4 \end{cases}$

A interseção desses planos é uma reta r que passa por um ponto P (x,y,z).

Determine:

A) as coordenadas de P, considerando z = 0;

B) um vetor unitário paralelo à reta r.

13. (UFRJ)

Considere um tabuleiro quadrado, semelhante aos usados nos jogos de xadrez e de damas (na Figura 1, vemos um tabuleiro de xadrez). Nosso tabuleiro, porém, tem 1000 x 1000 = 10^6 casas, no lugar das 8 x 8 = 64 casas do tabuleiro de xadrez convencional.

Cada casa é designada por um par ordenado (m, n) de números naturais, ambos variando de 1 a 1000 (na Figura 2, está assinalada a casa (7, 6)). Uma peça pode se mover no tabuleiro, a cada jogada, para qualquer das casas adjacentes que esteja ocupando (ver Figura 3). A distância entre duas casas é definida como o menor número de jogadas para que uma peça passe de uma casa até a outra.

Considere, em nosso tabuleiro, as casas A = (1, 1), B = (998, 999), C = (1, 1000). Qual das duas distâncias (segundo definição acima) é menor: a distância entre A e B ou a entre A e C? Em outras palavras: partindo de A, a qual, dentre as casas B e C, se pode chegar em menos jogadas? Por quê?

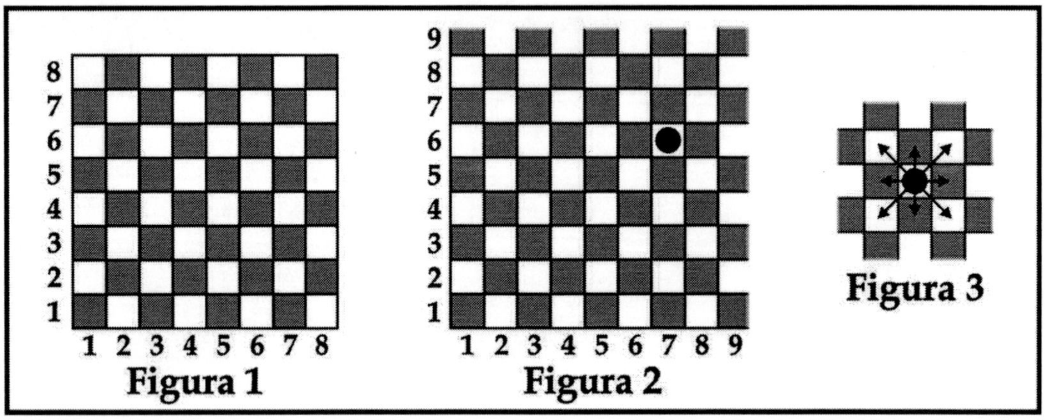

Figura 1 Figura 2 Figura 3

---

14. (UFF)

Um arquiteto deseja desenhar a fachada de uma casa e, para isto, utiliza um programa de computador. Na construção do desenho, tal programa considera o plano cartesiano e traça curvas a partir de suas equações.

Na fachada, a janela tem a forma de um retângulo MNPQ encimado pela semicircunferência PRQ, conforme mostra a figura:

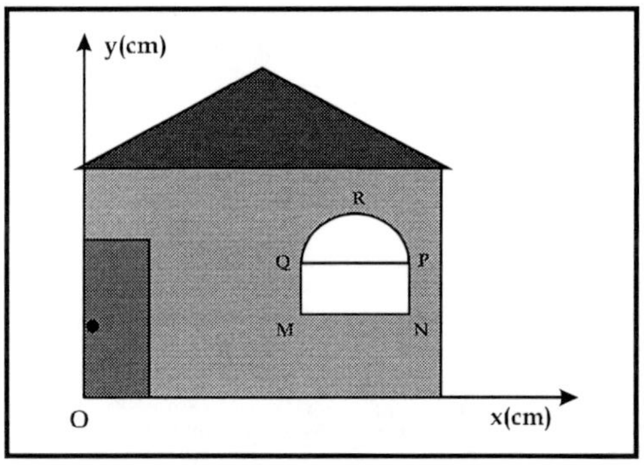

Para desenhar a janela, o arquiteto precisa da equação da semicircunferência PRQ. Sabe-se que o segmento MN é paralelo ao eixo Ox e tem comprimento igual a 2 cm, que MQ tem comprimento igual a 1 cm e que o ponto M tem coordenadas $\left(4, \frac{3}{2}\right)$. Uma possível equação da semicircunferência é dada por:

A) $y = \frac{5}{2} - \sqrt{1-(x-5)^2}$

B) $y = \frac{5}{2} + \sqrt{1+(x-5)^2}$

C) $y = \frac{5}{2} + \sqrt{1-(x-5)^2}$

D) $y = \frac{5}{2} + \sqrt{1-(x-5)^3}$

E) $y = \frac{5}{2} + \sqrt{1+(x-5)^3}$

---

15. (UNESP)

Suponha que um projétil de ataque partiu da origem do sistema de coordenadas cartesianas descrevendo uma parábola, conforme figura.

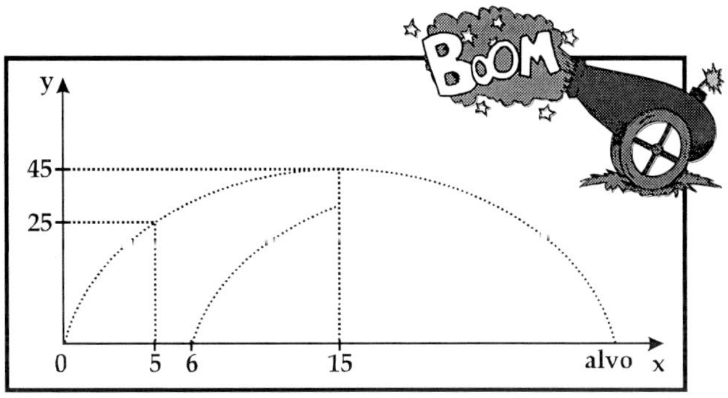

A) Sabendo-se que o vértice da parábola do projétil de ataque é dado pelas coordenadas (15, 45) e baseado nos dados da figura, calcule a equação da parábola do projétil de ataque.
B) Um projétil de defesa é lançado a partir das coordenadas (6, 0) e sua trajetória também descreve uma parábola segundo a equação $y = -0{,}25x^2 + 9x - 45$.

Considerando-se que o projétil de defesa atingirá o projétil de ataque, calcule as coordenadas onde isto ocorrerá e diga se o alvo estará salvo do ataque.

---

16. (FUVEST)

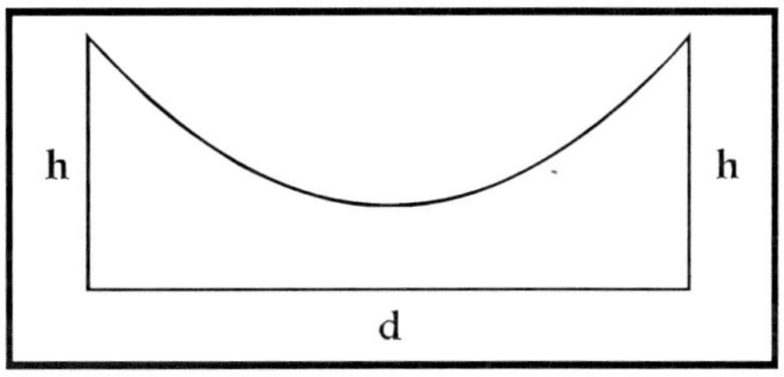

Suponha que um fio suspenso entre duas colunas de mesma altura h, situadas à distância d (ver figura), assuma a forma de uma parábola.

Suponha também que

I. a altura mínima do fio ao solo seja igual a 2;

II. a altura do fio sobre um ponto no solo que dista $\frac{d}{4}$ de uma das colunas seja igual a $\frac{h}{2}$.

Se $h = 3\frac{d}{8}$, então d vale

A) 14
B) 16
C) 18
D) 20
E) 22

---

17. (UERJ)

A figura do R^3 abaixo representa uma pirâmide de base quadrada ABCD em que as coordenadas são A(0, 0, 0), B(4, 2, 4) e C(0, 6, 6), e o vértice V é equidistante dos demais.

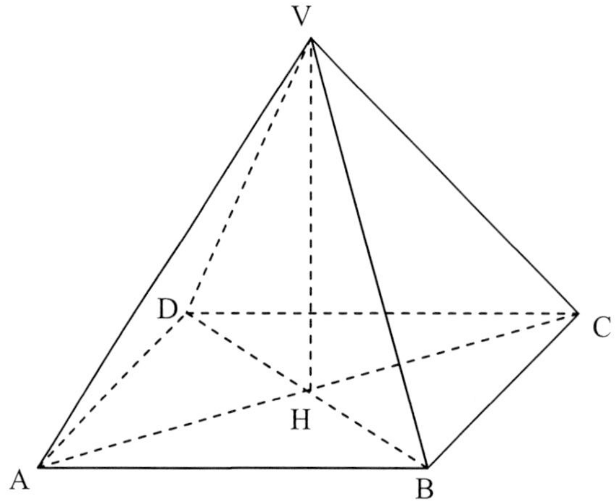

A partir da análise dos dados fornecidos, determine:

a) as coordenadas do vértice D e a medida de cada aresta de base;

b) as coordenadas cartesianas do ponto V, considerando que o volume da pirâmide é igual a 72.

---

18. (UERJ)

As contas correntes de um banco são codificadas através de um número sequencial seguido de um dígito controlador. Esse dígito controlador é calculado conforme o quadro abaixo:

PROCESSO DE CODIFICAÇÃO DE CONTAS CORRENTES

Número seqüencial: abc $\rightarrow$ *vetor* $\vec{u} = (a, b, c)$

Ano de abertura: xyzw $\rightarrow$ *vetor* $\vec{v} = (y, z, w)$

Produto escalar: $\vec{u} \cdot \vec{v} = a \,.\, b + b \,.\, z + c \,.\, w$

Dígito controlador: d $\rightarrow$ *é o resto da divisão do produto* $\vec{u} \cdot \vec{v}$ *pela constante 11;*
para resto 0 ou 10, d = 0.

A conta 643-5, aberta na década de 80, foi cadastrada no ano de:

(A) 1985 (B) 1986 (C) 1987 (D) 1988

19. (UFRJ)

Marlos Charada, o matemático espião, concebeu um código para transformar uma palavra P de três letras em um vetor Y de R^3 como descrito a seguir:
A partir da correspondência:

A	B	C	D	E	F	G	H	I	J	L	M	N	O	P	Q	R	S	T	U	V	X	Z
⇕	⇕	⇕	⇕	⇕	⇕	⇕	⇕	⇕	⇕	⇕	⇕	⇕	⇕	⇕	⇕	⇕	⇕	⇕	⇕	⇕	⇕	⇕
1	2	3	4	5	6	7	8	9	10	11	12	13	14	15	16	17	18	19	20	21	22	23

a palavra P é transformada em um vetor X de R^3. Em seguida, usando a matriz código

$$A = \begin{bmatrix} 2 & 2 & 0 \\ 3 & 3 & 1 \\ 1 & 0 & 1 \end{bmatrix},$$ o vetor Y é obtido pela equação Y = A . X.

Por exemplo, a palavra MAR corresponde ao vetor X = (12, 1, 7) e é codificada como Y = A X = (26, 56, 29). Usando o processo acima, decodifique Y = (64, 107, 29).

20. (UFRJ)

Três cidades A, B e C estão representadas no mapa a seguir. Escolhendo uma cidade como origem, é possível localizar as outras duas usando um sistema de coordenadas (d, 0) em que d é a distância, em quilômetros, entre a cidade considerada e a origem e 0 é o ângulo, em graus, que a semirreta que une a origem à cidade considerada faz com o vetor norte N; 0 é o medido a partir do vetor N no sentido horário.

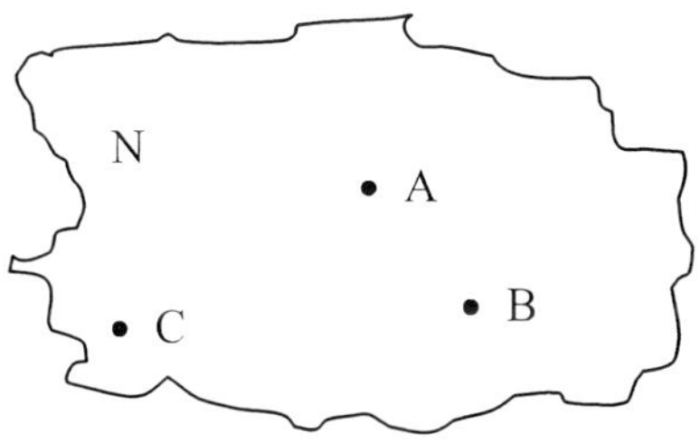

Usando A como origem, as coordenadas de B nesse sistema são (50, 120) e as coordenadas de C são (120, 210).
a) Determine a distância entre as cidades B e C.
b) Determine as coordenadas da cidade B, se escolhermos C como origem.

GABARITO DAS QUESTÕES COMPLEMENTARES

1) a) AB = $\sqrt{40}$; AC = $\sqrt{8}$ e BC = $\sqrt{32}$ - logo o triângulo é retângulo ; b) área: 8 u. a.	6) a) (2/3 , 2/3) b) (1/2 , 1/3)	11) a) 100 reais b) 5/7	16) B
2) 768 m^2	7) a) 22500km^2 ; b) não	12) a) (0, 5, - 1) ; b) $\left(\frac{-1}{\sqrt{6}}, \frac{2}{\sqrt{6}}, \frac{-1}{\sqrt{6}}\right)$	17) a) – 4, 4, 2) e l = 6 ; b) (- 2, - 1, 7) ou (2, 7, - 1)
3) a) y = 4x/3 ; b) (48/5 , 36/5)	8) C	13) De A para B: 998 movimentos; de A para C, 999 movimentos	18) B

4) a) 40/3 ; b) k = 8/3	9) a) 10/3 ; 10 ; b) circunferência de centro (20/3, 0) e raio 10/3	14) C	19) X(18, 14, 11) ; que corresponde à palavra "SOL"
5) C	10) C	15) a) $-02x^2 + 6x$; b) (30, 0) e o alvo não estará a salvo do ataque	20) a) 130 km ; b) (130; 30º + arc tg $\frac{5}{12}$

EXERCÍCIOS DE REVISÃO:

LUGARES GEOMÉTRICOS – CÔNICAS

ELIPSE e HIPÉRBOLE

01) (AFA) Se A (10, 0) e B (–5, y) são pontos de uma elipse cujos focos são F_1 (–8, 0) e F_2 (8, 0), o perímetro do triângulo BF_1F_2 é:

a) 24

b) 36

c) 40

d) 60

02) (AFA) A distância focal da elipse $x^2 + 16y^2 = 4$ é:

a) 1

b) 3

c) $\sqrt{15}$

d) $\sqrt{20}$

03) (AFA) A equação da elipse que, num sistema de eixos ortogonais, tem focos F_1 (–3, 0) e F_2 (3, 0) e passa pelo ponto P $\left(\frac{5}{2},\ 2\sqrt{3}\right)$ é:

a) $\frac{x^2}{36}+\frac{y^2}{25}=1$

b) $\frac{x^2}{16}+\frac{y^2}{25}=1$

c) $\frac{x^2}{25}+\frac{y^2}{36}=1$

d) $\frac{x^2}{25}+\frac{y^2}{16}=1$

04) (AFA) A equação da elipse de centro C = (–2, 1), de excentricidade $\frac{3}{5}$ e de eixo maior horizontal com comprimento 20 é:

a) $\dfrac{(x+2)^2}{100}+\dfrac{(y-1)^2}{64}=1$

b) $\dfrac{(x-2)^2}{100}+\dfrac{(y-1)^2}{64}=1$

c) $\dfrac{(x-2)^2}{100}+\dfrac{(y+1)^2}{64}=1$

d) $\dfrac{(x+2)^2}{100}+\dfrac{(y+1)^2}{64}=1$

e) n.r.a.

05) (EsFAO) O triângulo ABC da figura é equilátero de lado 8 unidades e contém os focos da elipse. Se o centro dessa elipse é a origem do sistema cartesiano plano, sua equação é:

a) $16x^2 + 25y^2 = 400$
b) $9x^2 + 4y^2 = 144$
c) $3x^2 + 4y^2 = 75$
d) $9x^2 + 4y^2 = 36$
e) $9x^2 + 4y^2 = 4$

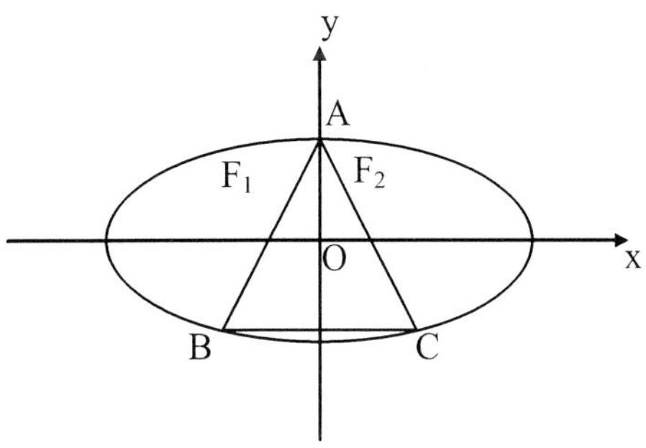

06) (UNESP) A figura representa uma elipse.

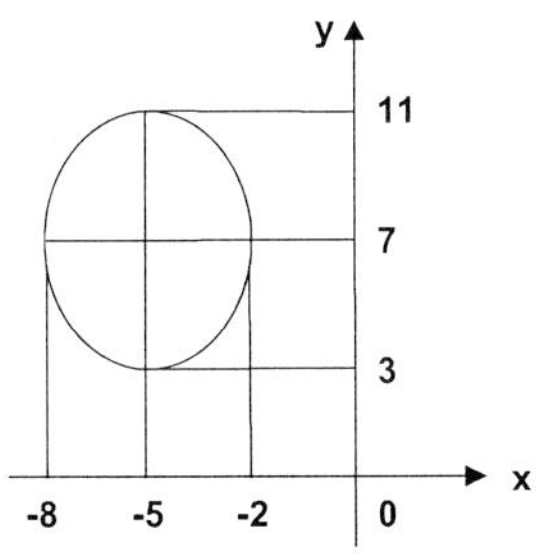

A partir dos dados disponíveis, a equação desta elipse é:

a) $\dfrac{x^2}{5}+\dfrac{y^2}{7}=1.$

b) $\dfrac{(x+5)^2}{9}+\dfrac{(y-7)^2}{16}=1.$

c) $(x + 5)^2 + (y - 7)^2 = 1.$

d) $\dfrac{(x-5)^2}{9}+\dfrac{(y+7)^2}{16}=1.$

e) $\dfrac{(x+3)^2}{5}+\dfrac{(y-4)^2}{7}=1.$

07) (EsFAO) Os focos da elipse de equação $\frac{(x-1)^2}{16}+\frac{(y+2)^2}{25}=1$ são:

a) $F_1\ (1, 1)$ e $F_2\ (1, -5)$

b) $F_1\ (4, -2)$ e $F_2\ (-2, -2)$

c) $F_1\ (0, 3)$ e $F_2\ (0, -3)$

d) $F_1\ (3, 0)$ e $F_2\ (-3, 0)$

e) $F_1\ (5, -2)$ e $F_2\ (-3, -2)$

08) (AMAN) A equação reduzida da elipse, na qual as distâncias de um dos focos sobre o eixo dos $\overline{xx'}$ às extremidades do eixo maior são iguais a 5 e 1, respectivamente, é:

a) $\frac{x^2}{9}+\frac{y^2}{5}=1$

b) $\frac{x^2}{4}+\frac{y^2}{9}=1$

c) $\frac{x^2}{3}+\frac{y^2}{5}=1$

d) $\frac{y^2}{5}+\frac{x^2}{4}=1$

e) $\frac{x^2}{2}+y^2=1$

09) (AMAN) O coeficiente angular da tangente à $x^2 + 2y^2 = 28$ no ponto P $(-1, 0)$ é:

a) 1

b) ∞

c) 0

d) $-\infty$

e) ϕ

10) (EsFAO) A reta $x - 2y - k = 0$ é tangente à curva $3x^2 + 4y^2 - 8y - 8 = 0$. O valor de k é:

a) 2 ou -6

b) 2 ou -2

c) 3 ou 4

d) -3 ou 8

e) -3 ou 5

11) (ITA) Seja $k > 1$ tal que a equação $(x^2 - x) + k(y^2 - y) = 0$ define uma elipse com distância focal igual a 2. Se (p, q) são as coordenadas de um ponto da elipse, com $q^2 - q \neq 0$, então $\frac{p-p^2}{q^2-q}$ é igual a:

a) $-2+\sqrt{5}$.

b) $2-\sqrt{5}$.

c) $2+\sqrt{3}$.

d) $2-\sqrt{3}$.

e) 2.

12) (ITA) A distância focal e a excentricidade da elipse com centro na origem e que passa pelos pontos (1,0) e (0, – 2) são, respectivamente,

a) $\sqrt{3}$ e $\frac{1}{2}$.

b) $\frac{1}{2}$ e $\sqrt{3}$.

c) $\frac{\sqrt{3}}{2}$ e $\frac{1}{2}$.

d) $\sqrt{3}$ e $\frac{\sqrt{3}}{2}$.

e) $2\sqrt{3}$ e $\frac{\sqrt{3}}{2}$.

13) (ITA) Considere todos os números $z = x + iy$ que têm módulo $\frac{\sqrt{7}}{2}$ e estão na elipse $x^2 + 4y^2 = 4$. Então, o produto deles é igual a:

a) $\frac{25}{9}$.

b) $\frac{49}{16}$.

c) $\frac{81}{25}$.

d) $\frac{25}{7}$.

e) 4.

14) (ITA) Sabe-se que uma elipse de equação $\frac{x^2}{a^2}+\frac{y^2}{b^2}=1$ tangencia internamente a circunferência de equação $x^2 + y^2 = 5$ e que a reta de equação $3x + 2y = 6$ é tangente à elipse no ponto P. Determine as coordenadas de P. resp. (8/9,5/3)

15) (ITA) Os focos de uma elipse são F1(0, – 6) e F2(0,6). Os pontos A(0,9) e B(x, 3), $x > 0$, estão na elipse. A área do triângulo com vértices em B, F1 e F2 é igual a

a) $22\sqrt{10}$

b) $18\sqrt{10}$

c) $15\sqrt{10}$

d) $12\sqrt{10}$

e) $6\sqrt{10}$

16) (AFA) A equação reduzida $\frac{x^2}{9}+\frac{y^2}{4+k}=1$, onde $k \neq -4$ é um número real, representa uma:

a) parábola, se $0 < k < 4$

b) hipérbole, se $k < -4$

c) circunferência, se $k = 4$

d) elipse, se $k > 0$

17) (EN) São dadas a reta r de equação $x - \frac{y}{3} + 2 = 0$ e a elipse α de equação $9x^2 + 4y^2 - 18x - 16y = 11$. A equação da reta s que passa pelo centro de α e é perpendicular à reta r é:

a) $3y + x - 7 = 0$.

b) $3y + x - 5 = 0$.

c) $3y - x - 5 = 0$

d) $3y - x + 8 = 0$.

18) (CESGRANRIO) A área do triângulo PF_1F_2, onde $P(2, -8)$ e F_1 e F_2 são os focos da elipse de equação $\frac{x^2}{25}+\frac{y^2}{9}=1$, é igual a:

(A) 8

(B) 16

(C) 20

(D) 32

(E) 64

19) (UFF) A equação da parábola que passa pelo ponto $(-2, 0)$ e cujo vértice situa-se no ponto $(1, 3)$ é:

(A) $y = -x^2 + 2x + 8$

(B) $y = -3x^2 + 6x + 24$

(C) $y = -\frac{x^2}{3} + \frac{2x}{3} + \frac{8}{3}$

(D) $y = \frac{x^2}{3} - \frac{2x}{3} - \frac{8}{3}$

(E) $y = x^2 + 2x + 8$

20) (IME) Considere uma elipse e uma hipérbole centradas na origem, O, de um sistema cartesiano, com eixo focal coincidente com o eixo OX. Os focos da elipse são vértices da hipérbole e os focos da hipérbole são vértices da elipse.

Dados os eixos da elipse como 10cm e $\frac{20}{3}$ cm, determine as equações das parábolas, que passam pelas interseções da elipse e da hipérbole e são tangentes ao eixo OY na origem. $R.: x = \frac{9\sqrt{35}}{40}y^2$

21) (IME) Determine a equação da reta que passa por um dos vértices da curva definida por $4y^2 + 8y - x^2 = 4$, formando um ângulo de 45º com o eixo horizontal. $R.: y = x - 1 \pm \sqrt{2}$

22) (ITA) Dada a cônica λ: $x^2 - y^2 = 1$; qual das retas abaixo é perpendicular à λ no ponto $P = (2, \sqrt{3})$?

A) $y = \sqrt{3}(x - 1)$

B) $y = \frac{\sqrt{3}}{2}x$

C) $y = \frac{\sqrt{3}}{3}(x + 1)$

D) $y = \frac{-\sqrt{3}}{5}(x - 7)$

E) $y = \frac{-\sqrt{3}}{2}(x - 4)$

23) (UFF) As equações $y - 2x = 0$, $y + x^2 = 0$ e $y^2 - x^2 + 1 = 0$ representam no plano, respectivamente:

a) uma reta, uma hipérbole e uma parábola.
b) uma parábola, uma hipérbole e uma reta.
c) uma reta, uma parábola e uma elipse.
d) uma elipse, uma parábola e uma hipérbole.
e) uma reta, uma parábola e uma hipérbole.

24) (UFF) As equações $y - 2x = 0$, $y + x^2 = 0$ e $y^2 - x^2 + 1 = 0$ representam no plano, respectivamente:

(A) uma reta, uma hipérbole e uma parábola.
(B) uma parábola, uma hipérbole e uma reta.
(C) uma reta, uma parábola e uma elipse.
(D) uma elipse, uma parábola e uma hipérbole.
(E) uma reta, uma parábola e uma hipérbole.

25) (UERJ) Observe o sistema: $\begin{cases} Y = \dfrac{1}{X} \\ X^2 + Y^2 = r^2 \end{cases}$

O menor valor inteiro de r para que o sistema acima apresente quatro soluções reais é:

(A) 1

(B) 2

(C) 3

(D) 4

26) (U.F. Juiz de Fora) Associe cada equação ao tipo de curva que ela representa:

(I) $\dfrac{x}{9} + \dfrac{y}{16} = 1$ (1) reta.

(II) $\dfrac{x^2}{9} + \dfrac{y}{16} = 1$ (2) circunferência.

(III) $\dfrac{x^2}{9} + \dfrac{y^2}{16} = 1$ (3) elipse.

(IV) $\dfrac{x^2}{9} - \dfrac{y^2}{16} = 1$ (4) hipérbole.

(5) parábola.

A associação correta é:

(A) I-1 II-2 III-3 IV-4;

(B) I-1 II-5 III-2 IV-4;

(C) I-2 II-5 III-1 IV-3;

(D) I-1 II-5 II-4 IV-3;

(E) I-1 II-5 III-3 IV-4.

PARÁBOLAS

27) (ITA) Uma reta t do plano cartesiano xOy tem coeficiente angular 2a e tangencia a parábola $y = x^2 - 1$ no ponto de coordenadas (a, b). Se (c, 0) e (0, d) são as coordenadas de dois pontos de t tais que $c > 0$ e $c = -2d$, então a/b é igual a:

a) –4/15

b) –5/16

c) –3/16

d) –6/15

e) –7/15

28) (ITA) Considere as afirmações:

I) Uma elipse tem como focos os pontos $F_1 : (-2, 0)$, $F_2 : (2, 0)$ e o eixo maior 12. Sua equação é

$$\frac{x^2}{36}+\frac{y^2}{32}=1$$

II) Os focos de uma hipérbole são $F_1\left(-\sqrt{5},\ 0\right)$, $F_2\left(\sqrt{5},\ 0\right)$ e sua excentricidade é $\frac{\sqrt{10}}{2}$. Sua equação é

$3x^2 - 2y^2 = 6$.

III) A parábola $2y = x^2 - 10x - 100$ tem como vértice o ponto $P : \left(5,\ \frac{125}{2}\right)$.

Então:

a) Todas as afirmações são falsas.
b) Apenas as afirmações II e III são falsas.
c) Apenas as afirmações I e II são verdadeiras.
d) Apenas a afirmação III é verdadeira.
e) n.d.a.

29) (UFF) Determine uma equação para cada reta que passa pelo ponto (2, 4) e intercepta o gráfico da função f definida por $f(x) = x^2$ em um único ponto. Resp : $y=4x-4$

30) Determine a equação da parábola que passa pelo ponto P1 = (0,a) e é tangente ao eixo x no ponto P2 = (a,0), sabendo que a distância de P1 a P2 é igual a 4.

Resp.: $y=\frac{\sqrt{2}}{4}(x-2\sqrt{2})^2$ e $y=-\frac{\sqrt{2}}{4}(x+2\sqrt{2})^2$.

31) (EN) A reta que passa pelo centro da elipse $x^2 + 4y^2 - 2x + 8y + 1 = 0$ e pelo vértice da parábola $x^2 - 4x - 2y + 12 = 0$ tem equação dada por:

a) $y + 3x - 2 = 0$.
b) $y + x - 6 = 0$.
c) $-y + 3x - 2 = 0$.
d) $y - 5x + 6 = 0$.
e) $-y - 2x + 8 = 0$.

32) (EN) A equação da parábola cujo foco é o ponto (1, 4) e cuja diretriz é a reta y = 3 é:

a) $y = x^2 - 2x + 8$
b) $y = -x^2 + x - 8$
c) $y = \frac{x^2}{2} - x + 4$

d) $y = \dfrac{x^2}{2} - \dfrac{x}{2} + 2$

e) $x = y^2 - y + 4$

33) (EN) A menor distância entre um ponto da parábola $y = 1 - x^2$ e a origem é igual a:

a) 1

b) $\dfrac{1}{2}$

c) $\dfrac{1}{4}$

d) $\dfrac{\sqrt{3}}{2}$

e) $\dfrac{\sqrt{3}}{4}$

34) (EN) A área do triângulo formado pelos eixos coordenados e pela tangente à curva $y = 4x^2$ no ponto (1, 4) vale:

a) 8

b) 4

c) 2

d) 1

e) $\dfrac{1}{2}$

35) (UNIFESP) A figura representa, na escala 1:50, os trechos de dois rios: um descrito pela parábola $y = x^2$ e o outro pela reta $y = 2x - 5$.

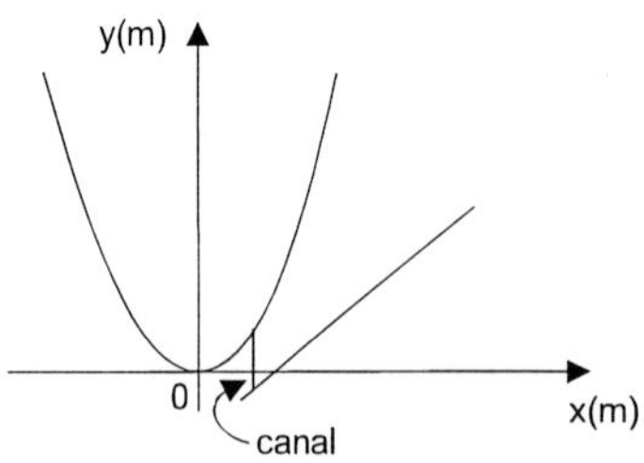

De todos os possíveis canais retilíneos ligando os dois rios e construídos paralelamente ao eixo Oy, o de menor comprimento real, considerando a escala da figura, mede:

a) 200 m.

b) 250 m.

c) 300 m.

d) 350 m.

e) 400 m.

36) (ITA) Considere a parábola de equação $y = ax^2 + bx + c$, que passa pelos pontos (2, 5), (–1, 2) e tal que a, b, c formam, nesta ordem, uma progressão aritmética. Determine a distância do vértice da parábola à reta tangente à parábola no ponto (2, 5). **Resp.** $\dfrac{\sqrt{5}}{5}$

37) (IME) Assinale a opção correspondente ao número de possíveis valores de $\alpha \in [0; 2\pi)$ tais que o lugar geométrico representado pela equação $3x^2 + 4y^2 - 16y - 12x + \text{tg}\,\alpha + 27 = 0$ seja um único ponto.

A) nenhum valor

B) apenas 1 valor

C) 2 valores

D) 4 valores

E) um número infinito de valores

38) (UFF) A equação da parábola que passa pelo ponto (– 2, 0) e cujo vértice situa-se no ponto (1, 3) é:

a) $y = -x^2 + 2x + 8$

b) $y = -3x^2 + 6x + 24$

c) $y = -\dfrac{x^2}{3} + \dfrac{2x}{3} + \dfrac{8}{3}$

d) $y = \dfrac{x^2}{3} - \dfrac{2x}{3} - \dfrac{8}{3}$

e) $y = x^2 + 2x + 8$

39) (UFMG) Considere o sistema $\begin{cases} y + x^2 - 4x = -3 \\ y - ax = -2 \end{cases}$, com incógnitas x e y.

1) Calcule os valores de a para os quais o sistema tem uma única solução. **Resp. 2 ou 6**
2) Responda: Existe algum valor de a para o qual esse sistema tem mais de duas soluções? Justifique sua resposta. **Resp. não**

40) (UFMG) Considere a parábola de equação $y = 8x - 2x^2$ e a reta que contém os pontos (4, 0) e (0, 8). Sejam A e B os pontos da interseção entre a reta e a parábola. Determine a equação da mediatriz do segmento AB. **Resp.** $2x - 3y + 4 = 0$

41) (UFRJ) Determine o comprimento do segmento cujas extremidades são os pontos de interseção da reta $y = x + 1$ com a parábola $y = x^2$. **Resp** $\sqrt{10}$

42) (U.F. Juiz de Fora) A equação da reta tangente à parábola $y = x^2 - 7x + 10$, no ponto de abscissa $x = 6$ é:

(A) $y - x + 2 = 0$

(B) $y - 5x + 14 = 0$

(C) $y + x - 10 = 0$

(D) $5y + x - 26 = 0$

xE) $y - 5x + 26 = 0$

43) (CESGRANRIO)

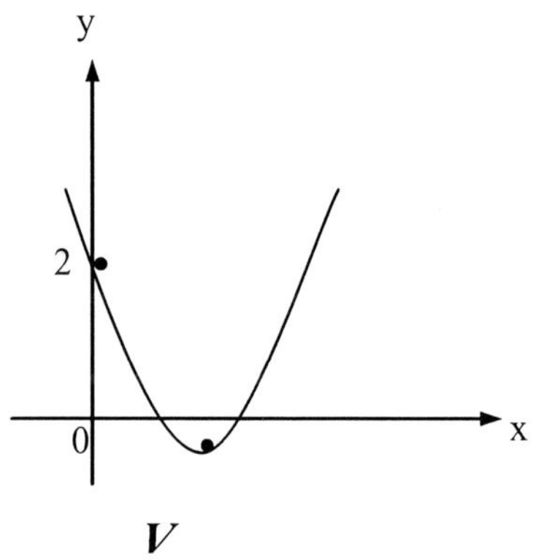

Considere o gráfico acima, que representa a função definida por $y = 2x^2 - 5x + c$. As coordenadas do vértice V da parábola são:

(A) $\left(\frac{5}{4}, -\frac{9}{8}\right)$

(B) $\left(\frac{5}{4}, -\frac{3}{5}\right)$

(C) $\left(-\frac{5}{4}, -2\right)$

(D) $\left(\frac{1}{2}, -\frac{2}{3}\right)$

(E) $(2, -1)$

LUGARES GEOMÉTRICOS

44) (EN) As imagens dos complexos z tais que $|z + 2\bar{z}| = 1$ formam uma:

a) elipse

b) hipérbole

c) parábola

d) circunferência

e) reta

45) (CFO) No plano complexo, o lugar geométrico dos complexos Z tais que $|Z - 2 + i| = |Z + 4 - 3i|$ é dado por:

a) um par de retas paralelas.
b) uma circunferência de centro C (1, 1).
c) uma elipse de focos em (−2, 1) e (4, 3).
d) uma reta perpendicular ao segmento de extremos (2, −1) e (−4, 3).
e) uma reta que passa por (−2, 1) e (4, 3)

46) (UFF) Identifique, justificando, o lugar geométrico dos pontos do plano definido pela equação: $x^2 - y^2 - 4x + 8y = 12$ Resp.: par de retas: $x-y+2=0$ e $x+y-6=0$

47) (AMAN) O lugar geométrico de $x^2 - 5x - 6 = 0$ no R^2 corresponde a:
a) uma reta
b) duas retas concorrentes
c) uma parábola
d) três retas
e) duas retas paralelas.

48) (EsFAO) No plano Argand-Gauss, o lugar geométrico dos complexos "z" tais que $|z - 2i| + |z + i| = 5$ é:
a) uma circunferência
b) uma hipérbole
c) uma parábola
d) uma elipse
e) uma reta

49) (ITA) A área do polígono, situado no primeiro quadrante, que é delimitado pelos eixos coordenados e pelo conjunto $\{(x, y) \in IR^2: 3x^2 + 2y^2 + 5xy - 9x - 8y + 6 = 0\}$, é igual a:
a) $\sqrt{6}$
b) $\frac{5}{2}$
c) $2\sqrt{2}$
d) 3
e) $\frac{10}{3}$

50) (EN) O Lugar Geométrico das imagens dos complexos $z = x + yi$ tais que $x^2 - y^2 + x + y = 0$ é:

a) uma reta
b) uma circunferência
c) uma parábola
d) formado por duas retas concorrentes
e) formado por duas retas paralelas

51) (ITA) A área do polígono, situado no primeiro quadrante, que é delimitado pelos eixos coordenados e pelo conjunto $\{(x, y) \in IR^2: 3x^2 + 2y^2 + 5xy - 9x - 8y + 6 = 0\}$, é igual a:

A) $\sqrt{6}$
B) $\frac{5}{2}$
C) $2\sqrt{2}$
D) 3
E) $\frac{10}{3}$

52) (ITA) Considere a família de circunferências com centros no segundo quadrante e tangentes ao eixo Oy. Cada uma destas circunferências corta o eixo Ox em dois pontos, distantes entre si de 4 cm. Então, o lugar geométrico dos centros destas circunferências é parte:

A) de uma elipse
B) de uma parábola
C) de uma hipérbole
D) de duas retas concorrentes
E) da reta $y = -x$

53) (EN) O Lugar Geométrico das imagens dos complexos $z = x + yi$ tais que $x^2 - y^2 + x + y = 0$ é:

a) uma reta
b) uma circunferência
c) uma parábola
d) formado por duas retas concorrentes
e) formado por duas retas paralelas

54) (CONC. PROF-SP) A equação do lugar geométrico dos pontos do plano que são equidistantes dos pontos $(0, -1)$ e $(1, 0)$ é:

a) $y = x^2$.

b) $y^2 = x^2$.
c) $y = -x$.
d) $y = x$.
e) $y^2 = x$.

55) (ITA) Considere a família de circunferências com centros no segundo quadrante e tangentes ao eixo Oy. Cada uma destas circunferências corta o eixo Ox em dois pontos, distantes entre si de 4 cm. Então, o lugar geométrico dos centros destas circunferências é parte:

a) de uma elipse.
b) de uma parábola.
c) de uma hipérbole.
d) de duas retas concorrentes.
e) da reta $y = -x$.

56) (CONC. PROF-SP) As soluções do sistema $\begin{cases} x^2 + y^2 = 25 \\ xy = 12 \end{cases}$ são:

a) um número finito de pares de números inteiros.
b) inexistentes.
c) dois pares de números irracionais negativos.
d) infinitos pares de números racionais.
e) um único par de números racionais.

57) (VUNESP) O conjunto de todos os pontos P(x, y) do plano, com $y \neq 0$, para os quais x e y satisfazem a equação $\operatorname{sen}\left(\dfrac{y}{x^2+1}\right) = 0$ é uma:

a) família de parábolas.
b) família de circunferências centradas na origem.
c) família de retas.
d) parábola passando pelo ponto Q(0, 1).
e) circunferência centrada na origem.

GABARITO

1	B	11	A	21	R	31	D	41	4	51	B
2	C	12	E	22	B	32	E	42	E	52	C
3	D	13	B	23	E	33	D	43	A	53	D
4	A	14	R	24	E	34	A	44	A	54	C
5	C	15	D	25	B	35	A	45	D	55	D

6	B	16	B	26	E	36	R	46	R	56	A
7	A	17	A	27	A	37	C	47	E	57	A
8	A	18	D	28	E	38	C	48	D		
9	E	19	C	29	R	39	R	49	B		
10	A	20	A	30	R	40	R	50	D		

QUESTÕES COMPLEMENTARES PARA UMA REVISÃO GERAL

PONTOS E VETORES NO IR^2

1.Os pontos A(–5, 1), B(2, –5) e C (6, 4) são vértices de um triângulo ABC. A distância do baricentro desse triângulo ao vértice C é igual a um número x tal que:

A) $x < 4$

B) $4 < x < 5$

C) $5 < x < 6$

D) $6 < X < 7$

E) $x > 7$

2.Uma praça circular de raio 20 metros tem no centro um chafariz. Imaginando um par de eixos ortogonais com interseção no centro do chafariz, é possível localizar pontos da praça através de coordenadas cartesianas (x, y). Assim, uma barraca de sorvete se encontra no ponto S (15, 8), a geladeira de refrigerantes no ponto R (–5, –7) e a bilheteria do parque de diversões no ponto B (7, –2). Ao chegar à praça com seu pai, Rafael foi ao chafariz, depois à barraca de sorvete, à geladeira de refrigerantes e finalmente à bilheteria. Sabendo que cada um desses trechos foi percorrido em linha reta, o total caminhado do chafariz à bilheteria é, em metros:

A) 48

B) 50

C) 52

D) 55

E) 45

3.Em um alojamento estudantil, os armários individuais estão encostados em uma parede e dispostos em colunas umas após as outras. Cada coluna é composta de 3 armários e há um total de 10 colunas.

O armário A (a, b) é aquele que se encontra na coluna a, numerada a partir da esquerda, e em posição b dessa coluna contada de cima para baixo. A ocupação é feita a partir de A (1, 1) por ordem decrescente de classificação do estudante. Assim, aquele que está classificado em quarto lugar ocupa A (2,1).

Um estudante, que em 1999 ocupava A (7,2) e em 2000 ocupa A (4,1) melhorou sua classificação em quantas posições?

A) 5

B) 7

C) 8

D) 10

E) 12

4.Os pontos A, B e C do gráfico cartesiano abaixo pertencem a uma mesma reta.

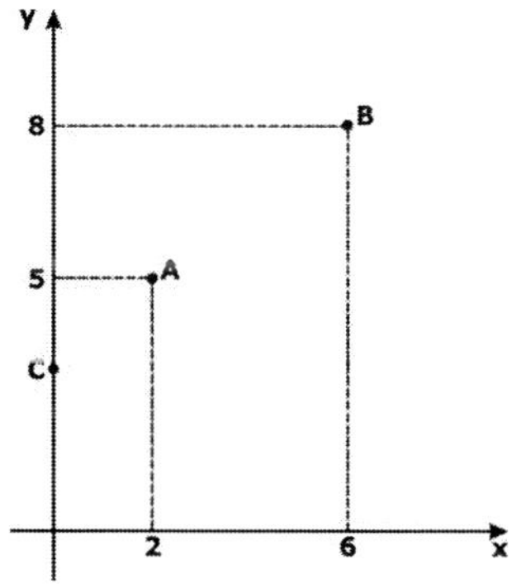

A distância entre C e B é igual a:

A) 8,5

B) 8,0

C) 7,5

D) 7,0

E) 6,5

5.Se um polígono P está dividido em figuras T_1 e T_2, de áreas A_1 e A_2, respectivamente, e sendo (x_k, y_k) o baricentro da figura T_k, o centro da gravidade da superfície de P é o ponto G = (x, y) tal que:

$x = \frac{A_1x_1 + A_2x_2}{A_1 + A_2}$ e $y = \frac{A_1y_1 + A_2y_2}{A_1 + A_2}$

Determine a posição do centro de gravidade da superfície do trapézio abaixo:

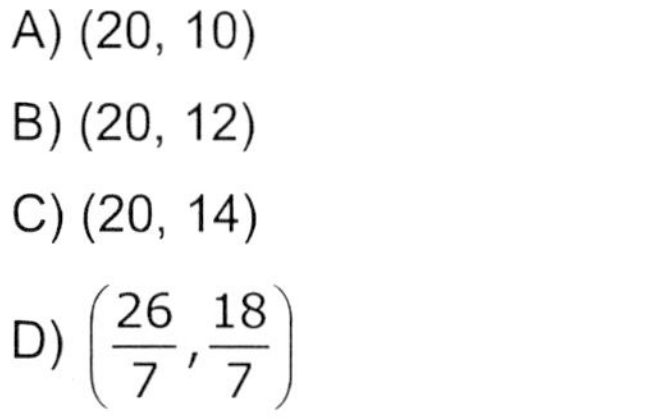

A) (20, 10)

B) (20, 12)

C) (20, 14)

D) $\left(\frac{26}{7}, \frac{18}{7}\right)$

E) (26, 18)

6.Seja G o baricentro do triângulo OAB de ângulo reto A. Sendo O (0, 0) e A (3, 0), a abscissa de G é:

A) $x_G < 1$

B) $x_G = 1$

C) $x_G = \frac{3}{2}$

D) $x_G = 2$

E) $x_G = -1$

8. Considere os vetores do R^2, $v_1 = (2, m)$ e $v_2 = (n, 4)$ cuja soma é o vetor $V = (5, 1)$. O produto escalar $v_1 \bullet v_2$ vale:

A) 18

B) 6i— 12j

C) 9

D) 2i + 4j

E) – 6

9.Se dois vetores u e v são tais que $|u| = 1$, $|v| = 2$ e formam um ângulo de 60º, então o módulo do vetor diferença $u - v$ é:

A) 1

B) $\sqrt{3}$

C) 2

D) 4

E) $\sqrt{5}$

10.Se $\vec{\mathbf{x}}$ e $\vec{\mathbf{y}}$ são vetores unitários, o ângulo entre $\vec{\mathbf{x}} + \vec{\mathbf{y}}$ e $\vec{\mathbf{x}} - \vec{\mathbf{y}}$, em graus, mede:

A) 30

B) 45

C) 60

D) 90

E) 120

11.Considere os vetores do IR^2, $\vec{\mathbf{u}} = (1, -3)$ e $\vec{\mathbf{v}} = (2, -4)$. Sejam a e b dois números reais tais que

$a \,.\, \vec{\mathbf{u}} + b \,.\, \vec{\mathbf{v}} = (5, -2)$. O maior dos dois números reais é:

A) – 8

B) $\frac{13}{2}$

C) $\frac{3}{2}$

D) 8

E) $\frac{5}{2}$

12.Numa prova de Matemática, um professor informou as coordenadas dos quatro vértices de um quadrilátero ABCD. Paulo observou imediatamente que o produto escalar entre os vetores $\vec{\mathbf{AC}}$ e $\vec{\mathbf{BD}}$ (diagonais do quadrilátero) era igual a zero e concluiu que o quadrilátero ABCD era um quadrado.

Tendo em vista a conclusão de Paulo, pode-se afirmar que ela está:

A) correta, pois o quadrado é o único quadrilátero que possui as diagonais perpendiculares.

B) correta, pois sempre que o produto escalar for igual a zero, os segmentos só podem ser diagonais de um quadrado.

C) errada, pois o quadrilátero só poderia ser um losango.

D) errada, pois o quadrilátero só poderia ser um trapézio.

E) errada, pois a observação de Paulo não é suficiente para tal conclusão.

13.Se P é o baricentro de um triângulo ABC então:

A) $P = \frac{A + B + C}{2}$

B) $\vec{PA} = 2 \bullet \vec{PB}$

C) $|\vec{PA}| = |\vec{PB} + \vec{PC}|$

D) $|2\vec{PA}| = |\vec{PB} + \vec{PC}|$

E) $A + B + C = \frac{P}{3}$

14.Duas retas r e s passam pela origem do sistema cartesiano, conforme mostra a figura abaixo, com a direção dos vetores $\vec{\mathbf{u}}$ e $\vec{\mathbf{v}}$, respectivamente.

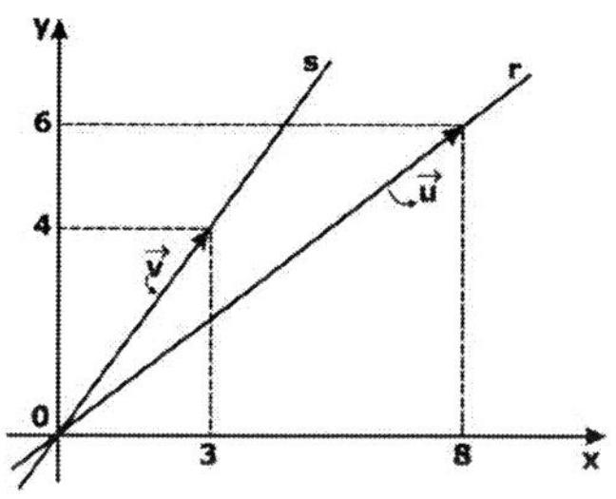

A reta bissetriz do menor ângulo formado por r e s terá a direção do vetor:

A) $\vec{w} = (-1, 2)$

B) $\vec{w} = (1, 2)$

C) $\vec{w} = (2, 1)$

D) $\vec{w} = (1, 1)$

E) $\vec{w} = (-2, 1)$

16.O ponto do IR^2 pertencente a bissetriz dos quadrantes ímpares, equidistantes dos pontos A = (–2, 1) e B = (1, 3), tem para soma de suas coordenadas o valor:

A) 4

B) 3

C) 2

D) 1

E) 0

RETA NO IR^2

17.Se o ponto A(x, y) pertence à reta que passa por P(1 , 3) e Q(2, 5), então, temos necessariamente:

A) $y = 2x + 1$

B) $y = -2x - 1$

C) $y = 2x - 1$

D) $y = -2x + 1$

E) $y = 2(x + 1)$

18.Sabe-se que a reta s, de equação $mx + ny = 0$, é perpendicular à reta t, de equação $x - 2y + \frac{4}{3} = 0$. Então $m - 2n$ é igual a:

A) 2

B) 1

C) 0

D) 3

E) 4

19.Considere as retas r, s e t, cujas equações são, respectivamente, $x + 2y + 8 = 0$, $x - 2y - 8 = 0$ e $2x + y + 8 = 0$. Pode-se afirmar que:

A) as retas r e s são paralelas.

B) as retas r e t são perpendiculares.

C) o ponto de interseção das retas r e s é (0, –4)

D) as retas r e t são paralelas

E) as retas r e s são perpendiculares

20.As retas $x = 2$, $x - 2y + 4 = 0$ e $x + 2y - 16 = 0$ determinam no plano cartesiano um triângulo. O baricentro desse triângulo tem ordenada igual a:

A) 2

B) 3

C) 4

D) 5

E) 6

21.As retas suportes dos lados de um triângulo são:

$x = 0$, $y = 0$ e $x + y = k$. A área do triângulo sendo 18, então:

A) $k = 6$

B) $K = \sqrt{18}$

C) $K = 5$

D) $|k| = 6$

E) $k = 9$

22. Seja r a distância de um ponto P de coordenadas x e y à origem do sistema de coordenadas cartesianas. Se a razão $\frac{y}{r}$ é igual a s e a razão $\frac{x}{r}$ é igual a c, pode-se afirmar que $c^2 + s^2$ é igual a:

A) –2
B) –1
C) 0
D) 1
E) 2

23. A projeção do ponto (5, 3) sobre a reta r de equação 3x + 2y = 8 é o ponto de coordenadas:
A) (4, – 2)
B) (2, 1)
C) (– 2, 7)
D) (1, 3)
E) (0, 4)

24. A reta de equação $\frac{x}{4} + \frac{y}{3} = 1$ forma com os eixos coordenados um triângulo de área igual a:

A) 16
B) 6
C) 10
D) 18
E) 2

26. Uma reta r contém o ponto (3, 4), que é o ponto da reta mais próximo da origem. A equação da reta r é:
A) 3x + 4y – 25 = 0
B) 4x – 3y = 0
C) 2x + 2y – 14 = 0
D) x + 5y – 23 = 0
E) 5x – 3y – 3 = 0

27. As retas de equações ax + y = 1 e x + ay = 1 não possuem ponto comum. O valor de a ∈ IR é:
A) –1
B) 1
C) 2
D) –2
E) 3

28. As retas que representam as funções reais y = 3x + 2, y = – 3x + 2 e y = – 2 determinam:
A) um triângulo equilátero
B) um triângulo isósceles

C) um quadrilátero

D) um triângulo retângulo

E) um triângulo e um trapézio

29.Observe atentamente o gráfico abaixo:

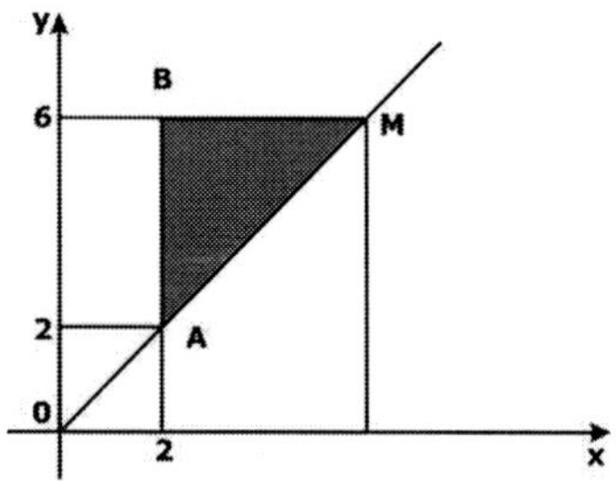

O valor positivo da abscissa de M, para que a área do triângulo ABM seja igual a 8 unidades de área, é:

A) 4

B) 5

C) 6

D) 7

E) 8

30.Um raio luminoso é emitido do ponto A(–2, 3) situado num sistema ortogonal e incide sobre o eixo Ox, formando com o sentido positivo deste um ângulo a. Sabe-se que tg a = 3. Após atingir Ox, o raio é refletido. A equação da reta suporte do raio refletido é:

A) $3x - y + 9 = 0$

B) $3x + y + 3 = 0$

C) $x + y - 3 = 0$

D) $3x + y + 9 = 0$

E) $3x - y + 3 = 0$

31.Seja r a reta que contém o ponto (2, 1) e é perpendicular à reta de equação $\frac{x}{3} + \frac{y}{4} = 1$. Se a equação de r é $ax + by + c = 0$, então $\frac{c}{b}$ é igual a:

A) $-\frac{3}{4}$

B) 2

C) $-\frac{1}{2}$

D) $\frac{1}{2}$

E) $-\frac{2}{3}$

32.Considere a reta r de equação ax + by = ab em que a e b são números inteiros. Se r forma com os eixos coordenados um triângulo de área 6, o número de elementos do conjunto dos pares ordenados (a, b) é:

A) 6

B) 12

C) 18

D) 24

E) 30

33.Sejam A = (1, 3), B = (3, 5) e C = (5, 1), três vértices consecutivos de um paralelogramo. A reta que passa pelos pontos médios dos lados $\overline{\mathbf{AB}}$ e $\overline{\mathbf{BC}}$, intercepta o prolongamento do lado $\overline{\mathbf{DC}}$ no ponto N. A abscissa de N é igual a:

A) 6

B) 7

C) 8

D) 9

E) 10

34.O coeficiente angular da reta que passa pelos pontos A = (log3, log2) e B = 4log 3, log 18), é:

A) $\frac{3}{2}$

B) 2

C) 1

D) $\frac{1}{3}$

E) $\frac{2}{3}$

35.Uma equação da reta r representada na figura é:

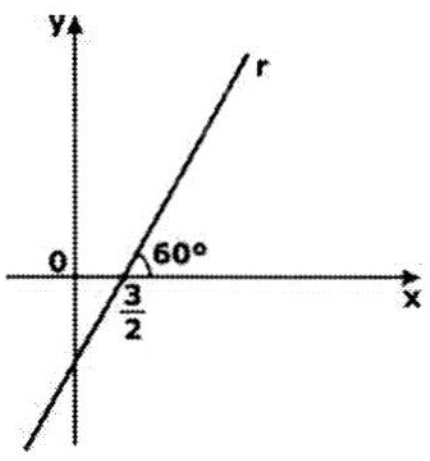

A) $y = \sqrt{3x} - \frac{3\sqrt{3}}{2}$

B) $y = \sqrt{3x}$

C) $y = -\frac{\sqrt{3}}{2}x + \sqrt{3x}$

D) $y = \frac{2\sqrt{3}}{3}x - 1$

E) $y = -2\sqrt{3x} + 2$

36.A distância do ponto P: (b, a) à reta de equação ax + by – ab = 0, sendo a e b positivos é $\frac{1}{\sqrt{2}}$. Podemos afirmar que:

A) $\frac{1}{a} + \frac{1}{b} = 1$

B) a + b = 1

C) a = 1

D) $\frac{1}{a^2} + \frac{1}{b^2} = 2$

E) $a^2 + b^2 = 1$

36.A figura abaixo representa um hexágono equilátero A B C D E F onde AB // DE // CF

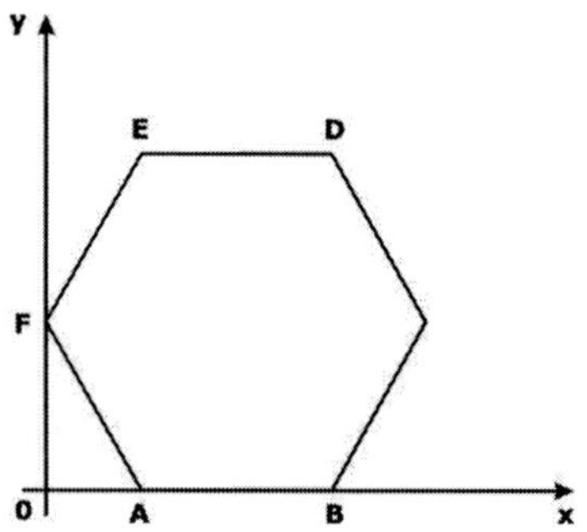

Se A (3, 0) e F(0, 4), então D tem coordenadas:

A) (8,8)

B) (6,8)

C) $(9,5\sqrt{3})$

D) $(8,5\sqrt{3})$

E) $(5\sqrt{3,8})$

37.

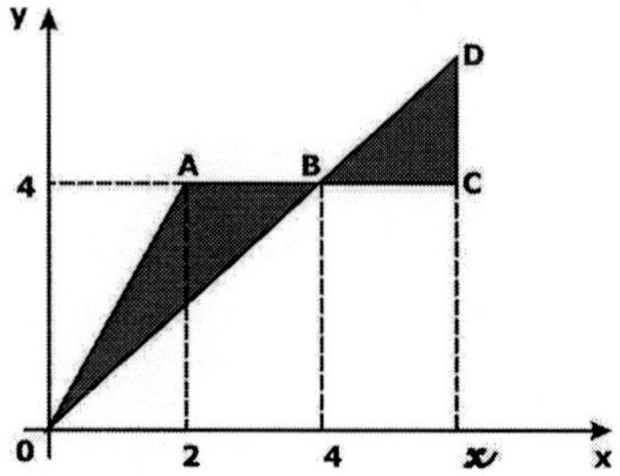

Na figura, os triângulos OAB e BCD têm a mesma área. Logo, x vale:

A) $4 + \sqrt{2}$

B) $4 + \sqrt{3}$

C) $4 - \sqrt{3}$

D) $4 + 2\sqrt{2}$

E) 5

38.Se $(a, b) \in \Re^2$ é solução de $(3x - 2y + 3)^2 = -(2x - y - 4)^2$ então o valor de $\dfrac{\mathbf{2x \quad y}}{\mathbf{3x - 2y}}$, é:

A) $-\dfrac{3}{4}$

B) $-\dfrac{4}{3}$

C) 4

D) 3

E) $\dfrac{1}{4}$

39.Considere o conjunto dos vértices do polígono definido pelas sentenças: $\begin{cases} \mathbf{x \geq 0} \\ \mathbf{y \geq 0} \\ \mathbf{x + y \leq 3} \\ \mathbf{4x + y \leq 6} \end{cases}$

Se F = 2x + y, o vértice (x, y) que dá o maior valor de F tem y – x igual a:

A) 0

B) 1

C) 2

D) 3

E) 4

CIRCUNFERÊNCIA $\Re^2$

42.As circunferências $x^2 + y^2 - 2x + Ey - 4 = 0$ e $(x - a)^2 + (y + 2)^2 = 2$ são concêntricas. A área da coroa circular determinada por elas é igual a:

A) π

B) 3π

C) 4π

D) 5π

E) 7π

43.A reta que passa pelo ponto (2, 0) e pelo centro da circunferência $x^2 + y^2 - 4y - 6x = -4$ têm por equação:

A) $y = 2x - 4$

B) $y = \dfrac{1}{2}x - 3$

C) $y = 2x + 4$

D) $y = x - \dfrac{1}{3}$

E) $y = 3x - \frac{1}{2}$

44.A equação geral da circunferência, com centro no ponto C = (1, 2) e que tangencia a reta t: $2x + y + 1 = 0$ é:

A) $x^2 + y^2 - 2x - 4y = 0$

B) $x^2 + y^2 - 4x + 2y + 1 = 0$

C) $x^2 + y^2 - 2x + 4y = 0$

D) $x^2 + y^2 + 2x + 4y = 0$

E) $x^2 + y^2 - 4x + 2y - 1 = 0$

45.Traçando-se pelo ponto (4, –4) as tangentes à circunferência $x^2 + y^2 - 6x + 2y + 5 = 0$, a distância entre os pontos de tangência será igual a:

A) 10

B) $\sqrt{10}$

C) $\pm\sqrt{10}$

D) 6

E) 8

46.Considere a circunferência da figura abaixo, cuja equação é $x^2 + y^2 - 4x - 2y - 4 = 0$. A corda $\overline{\mathbf{AB}}$ é dividida pelo ponto M em dois segmentos $\overline{\mathbf{AM}}$ e $\overline{\mathbf{MB}}$ de 1 cm e 4 cm respectivamente. A distância do centro da circunferência ao ponto M, em cm é:

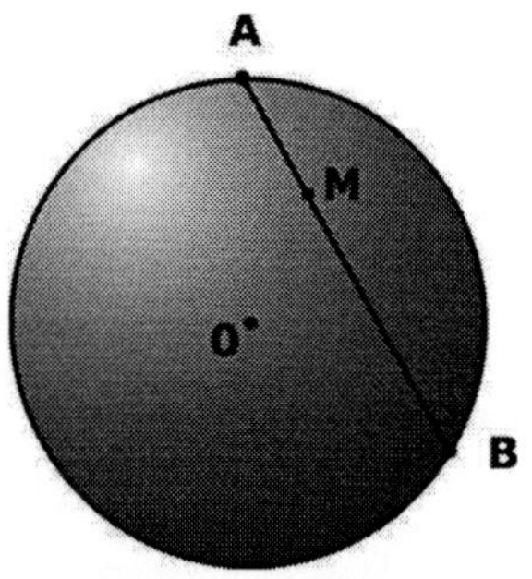

A) $\sqrt{2}$

B) $\sqrt{3}$

C) $\sqrt{5}$

D) $\sqrt{7}$

E) $\sqrt{11}$

47.Os pontos A e B são as extremidades de um diâmetro da circunferência de equação $(x - 3)^2 + (y - 1)^2 = 16$. Se P = (6, 5), então a maior área que o triângulo PAB pode assumir é igual a:

A) 16

B) 20

C) 18

D) $20\sqrt{2}$

E) $18\sqrt{2}$

48.O número de pontos distintos comuns aos gráficos de $x^2 + y^2 = 25$ e $y^2 = 25$ é:

A) infinito

B) 4

C) 3

D) 2

E) 0

49.A circunferência de equação $x^2 + y^2 - 2x - 4y - 3 = 0$ determina sobre o eixo das abscissas uma corda cuja medida é:

A) 5

B) 3

C) 6

D) 2

E) 4

50.Assinale a alternativa em que a região hachurada corresponde a todos os pontos (x, y) do $\Re^2$ que satisfazem o sistema da inequações $\begin{cases} \mathbf{x^2 + y^2 - 4 \le 0} \\ \mathbf{x + y + 1 \ge 0} \\ \mathbf{x.y \le 0} \end{cases}$

A)

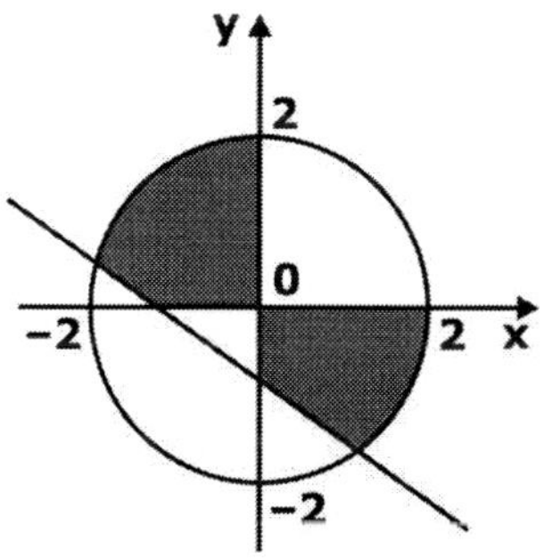

D)

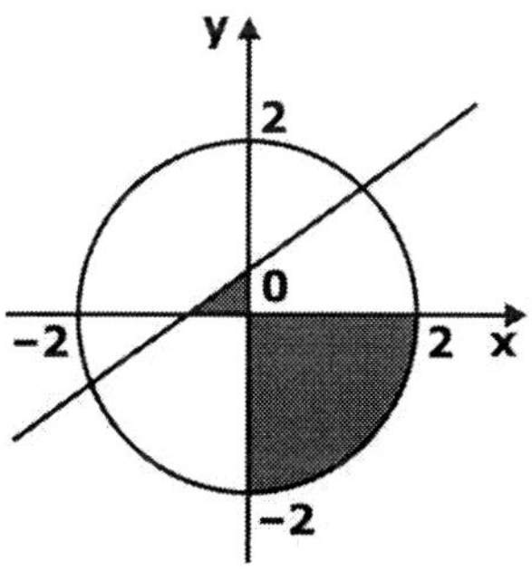

B)

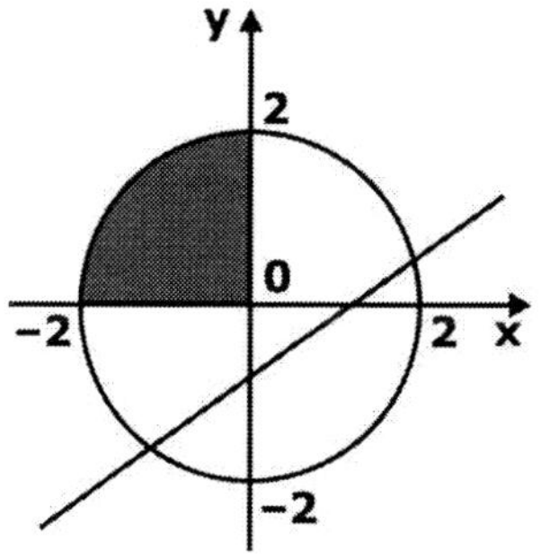

E)

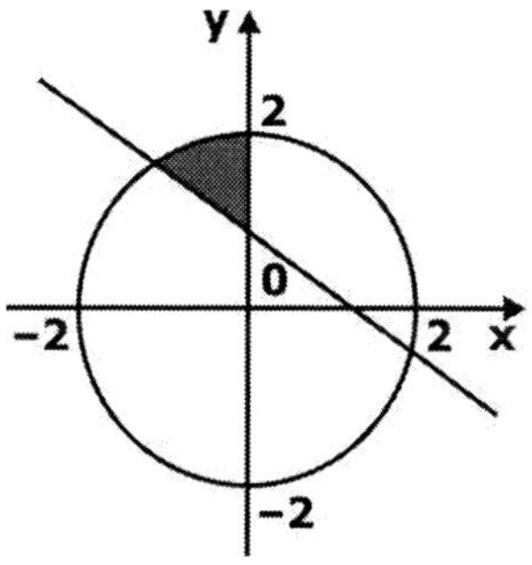

C)

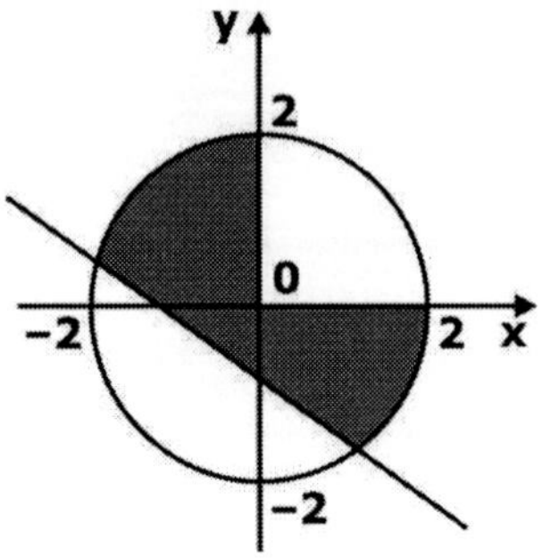

51.As retas $4x + 3y - 6 = 0$ e $7 - 8x - 6y = 0$ são tangentes a uma circunferência. O raio dessa circunferência mede:

A) $\frac{1}{2}$

B) $\frac{1}{4}$

C) 1

D) 2

E) 13

52.As equações das retas que passam pela origem do sistema cartesiano ortogonal, e são tangentes à circunferência de equação $(x - 5)^2 + y^2 = 9$ são:

A) $y = 0{,}25x$ e $y = -0{,}25x$

B) $y = 0{,}5x$ e $y = -0{,}5x$

C) $y = 0{,}75x$ e $y = -0{,}75x$

D) $y = x$ e $y = -x$

E) $y = 1{,}5x$ e $y = -1{,}5x$

53.O gráfico da relação $S = \{(z, y) \in IR^2 / x^2 + y^2 - 2 = 0\}$

Está inscrito em um quadrado de lados paralelos aos eixos coordenados, como mostra a figura abaixo.

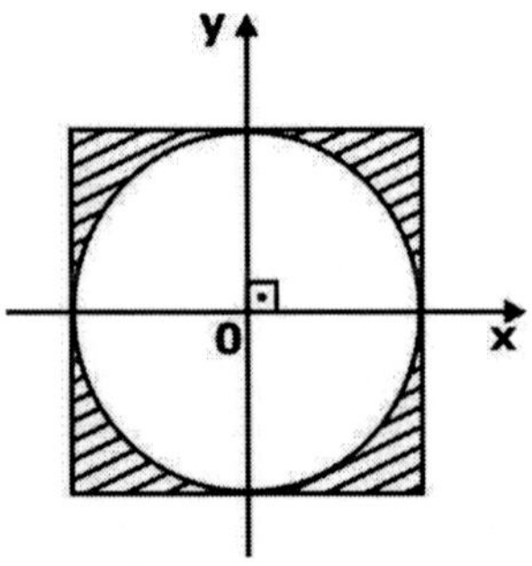

A área da região hachurada é, em unidade de área:

A) $\sqrt{2}\,(8 - \pi)$

B) $\sqrt{2}\,(4 - \pi)$

C) $2(8 - \pi)$

D) $4(4 - \pi)$

E) $2(4 - \pi)$

54. Se a equação $4x^2 + 4y^2 + 4x \text{ sen } a + 4y \cos a + \text{tg } a = 0$ representa um único ponto, então:

A) $a = \frac{\pi}{4} + k\pi$

B) $a = k\pi$

C) $a = \frac{\pi}{4}$

D) $a = \frac{\pi}{3} + 2k\pi$

E) $a = 2k\pi$

55. O valor numérico da expressão $x^2 - 8y - 6x + y^2 + 25$ é zero. Sabendo que x e y são reais, podemos afirmar que a soma x + y é igual a:

A) 3

B) 4

C) 5

D) 6

E) 7

56. A circunferência de equação $x^2 + y^2 - 4x - 12y + m = 0$ é tangente interior à circunferência $x^2 + y^2 + 2x - 4y - 31 = 0$. O valor de m é:

A) 39

B) 40

C) 0

D) –40

E) –39

57. Se r é positivo, a reta de equação x + y = r tangencia a circunferência de equação $x^2 + y^2 = r$ no ponto P e intersecta o eixo x no ponto Q. A área do triângulo OPQ, se O é a origem do sistema cartesiano, é, em unidade de área:

A) 4

B) $2\sqrt{2}$

C) 2

D) $\sqrt{2}$

E) 1

58. A equação de uma circunferência é λ: $4x^2 + 4y^2 - 16x + 20y + 25 = 0$. A equação da circunferência concêntrica a λ e que tangencia a reta $5x - 12y - 1 = 0$ é:

A) $(x - 2)^2 + (y + \frac{5}{2})^2 = 9$

B) $(x-2)^2 + (y + \frac{5}{2})^2 = 4$

C) $(x-2)^2 + (y + \frac{5}{2})^2 = 8$

D) $(x+2)^2 + (y + 5)^2 = 9$

E) $(x+2)^2 + (y - \frac{5}{2})^2 = 9$

59.Se o gráfico da equação $x^2 + y^2 - 2x - 4y + P = 0$ é tangente ao eixo x, então o valor de P é:

A) 1

B) 0

C) 2

D) 4

E) 3

CÔNICAS E TRANSFORMAÇÕES LINEARES

60.Considere a parábola $y^2 + 2x = 0$. A área da região compreendida entre a diretriz da parábola e as retas $y = 2$ e $y = 2x - 2$ mede:

A) $\frac{9}{4}$

B) $\frac{9}{2}$

C) 1

D) 3

E) 9

61.Sabendo-se que o gráfico da função quadrática $y = \frac{1}{2}x^2$ em um sistema de coordenadas cartesianas é uma parábola com vértice na origem. Quando movemos cada ponto (x, y) da parábola, três unidades para a direita e duas unidades para baixo, a expressão da nova função quadrática é:

A) $y = x^2 - 6x + 5$

B) $y = \frac{1}{2}x^2 - \frac{5}{2}$

C) $y = \frac{1}{2}x^2 + 3x + \frac{9}{2}$

D) $y = x^2 + 6x - 5$

E) $y = \frac{1}{2}x^2 - 3x + \frac{5}{2}$

62.A equação da parábola com eixo paralelo a OY, que passa pelo ponto (1, 0) e cujo vértice situa-se no ponto (4, –2) apresenta discriminante cuja raiz quadrada é igual a:

A) $-\frac{32}{9}$

B) $\frac{12}{9}$

C) –1

D) $\frac{16}{9}$

E) –2

63.No plano cartesiano, o número de pares ordenados, de coordenadas inteiras, que satisfazem simultaneamente as desigualdades $\frac{x^2}{9}+\frac{y^2}{4} \leq 1$ e $|x| \geq 1$, é igual a:

A) 6

B) 8

C) 10

D) 12

E) 14

64.A órbita da Terra é uma elipse, de excentricidade 0,016, que tem o sol em um dos seus focos e eixo maior de, aproximadamente, 250 milhões de km. Afélio e periélio são posições da terra mais afastada e mais próxima do sol, respectivamente. A diferença entre o afélio e o periélio, em milhões de km, é:

A) 4

B) 4,2

C) 5

D) 5,4

E) 6

65.A representação gráfica da relação $T = \{(x, y) \in IR / x^2 - y^2 - 2y - 1 = 0\}$ é:

A) uma circunferência

B) uma hipérbole

C) um par de retas paralelas

D) um par de retas perpendiculares

E) uma parábola do 2º grau

66.Com relação ao gráfico da função real de variável real $F(x) = \frac{1 - x^3}{x^2 + x + 1}$ em um sistema de coordenadas cartesianas podemos afirmar que:

A) é uma hipérbole equilátera.

B) é uma parábola que possui o eixo das ordenadas como eixo de simetria.

C) é uma reta perpendicular à reta de equação y = x + 3.

D) é apenas o ponto (1, 0)

E) é uma parábola cujo vértice é o ponto (1, 0).

CONJUNTO IR^2 - VETORES – RETA, PLANO E ESFERA

67.Na figura abaixo está representado um prisma reto cuja base é um retângulo.

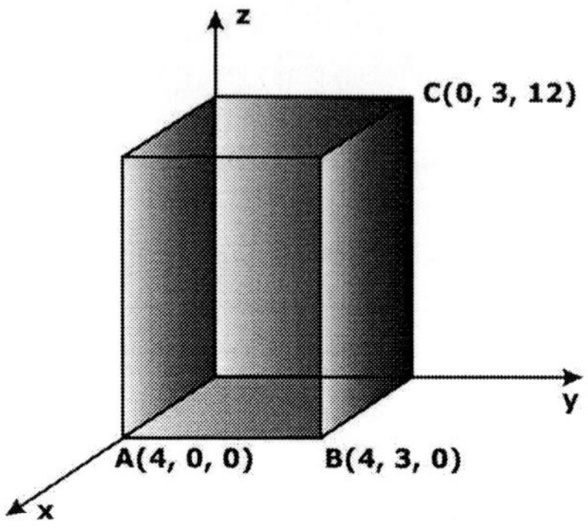

A medida da diagonal desse paralelepípedo é igual a:

A) 10

B) 11

C) 12

D) 13

E) 15

68.Os valores $\vec{\mathbf{a}} = \mathbf{x}\vec{\mathbf{i}} - \mathbf{3}\vec{\mathbf{k}}$ e $\vec{\mathbf{b}} = \mathbf{3}\vec{\mathbf{i}} + \vec{\mathbf{j}} + \mathbf{2}\vec{\mathbf{k}}$ são ortogonais. Pode-se afirmar que o valor de x é:

A) –2

B) –1

C) 1

D) 2

E) 3

69.São dados os vetores $\vec{a} = 2\vec{i} + 2\vec{j} - \vec{k}$ e $\vec{b} = 3\vec{i} - 4\vec{k}$. É FALSO afirmar que:

A) o produto escalar entre eles vale 10

B) o módulo do vetor $\vec{a}$ vale 3

C) a soma dos dois vetores é o vetor $5\vec{i} + 2\vec{j} - 5\vec{k}$

D) o módulo do vetor $\vec{b}$ vale 5

E) o produto escalar entre eles vale –2

70.A figura abaixo representa três eixos perpendiculares dois a dois no ponto 0.

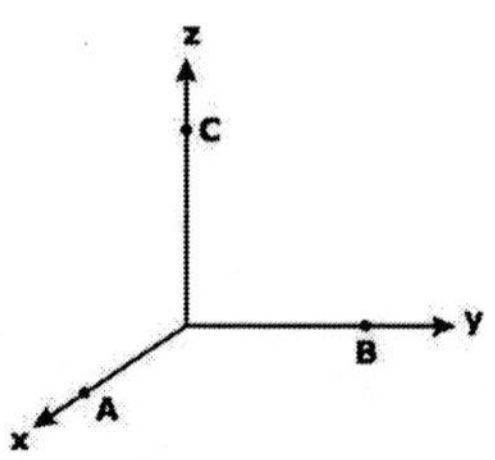

Se $\overline{\mathbf{OA}} = 1$, $\overline{\mathbf{OB}} = 2$ e $\overline{\mathbf{OC}} = 3$, a área do triângulo ABC mede:

A) 3,5

B) 4

C) 4,5

D) 5,5

E) 7

71.Se dois vetores $\vec{u}$ e $\vec{v}$ formam um ângulo Ø, sabe-se que o módulo do produto vetorial entre eles é igual a $|\vec{u} x \vec{v}| = |\vec{u}| \cdot |\vec{v}| \cdot$ sem Ø.

Assinale a opção equivalente a $|\vec{u} x \vec{v}|^2$

A) $|\vec{u}|^2 \cdot |\vec{v}|^2 + (\vec{u} \cdot \vec{v})^2$

B) $|\vec{u}|^2 \cdot |\vec{v}|^2 \cdot \cos Ø$

C) $(\vec{u} \cdot \vec{v})^2 - |\vec{u}|^2 \cdot |\vec{v}|^2$

D) $|\vec{u}|^2 \cdot |\vec{v}|^2 - (\vec{u} \cdot \vec{v})^2$

E) $(\vec{u} \cdot \vec{v})^2 + |\vec{u}| \cdot |\vec{v}|$

72.Dois vetores $\vec{u}$ e $\vec{v}$ do IR^3 satisfazem: $\vec{u}$ x $\vec{v}$ = $\vec{i}$ + $\vec{j}$ + $\vec{k}$ e $\vec{u} . \vec{v} = 1$.

O ângulo entre $\vec{u}$ e $\vec{v}$ é:

A) 30°

B) 45°

C) 60°

D) 90°

E) 120°

73.Se $\vec{u} = \vec{i} + \vec{j} + \vec{k}$ e $\vec{v} = \vec{i} + \vec{k}$, o número real a que torna a igualdade $a\vec{i} . (\vec{u}$ x $\vec{v}) = 2$ verdadeira é:

A) 0

B) 1

C) 2

D) –1

E) –2

74.A área do triângulo cujos vértices são os pontos A = (1, 3, 2), B = (2, –1, 1) e C = (–1, 2, 3) é:

A) $\frac{1}{2}\sqrt{3}$

B) $\frac{1}{2}\sqrt{107}$

C) $\frac{1}{2}\sqrt{17}$

D) $\frac{1}{2}\sqrt{7}$

E) $\frac{\sqrt{19}}{2}$

75.Dados os vetores $\vec{\mathbf{u}} = (2,-1,1)$, $\vec{\mathbf{v}} = (1,-1,2)$ e $\vec{\mathbf{w}} = (0, 3, k)$, sabe-se que $\vec{\mathbf{u}}$ é perpendicular a $\vec{\mathbf{v}} \times \vec{\mathbf{w}}$. Logo o valor de k é igual a:

A) –3

B) –2

C) –1

D) 0

E) 1

76.A equação geral de um plano é da forma Ax + By + Cz + D = 0. Pode-se afirmar que

A) o plano 2x – 4y – 5z = 0 contém o eixo OZ.

B) o plano 2x – 4y – 5 = 0 é paralelo ao plano XOY.

C) o plano 2 – 4y – 5z = 0 é paralelo ao eixo OX.

D) o plano 2x – 4y – 5z = 0 contém o eixo OY.

E) o plano 2x – 4y – 5z = 0 contém o ponto P(–2,4,5).

77.Os pontos V (0, 0, k), A (1, 0, –1), B (2, 1, 0) e C (–1, 1, 0) do IR^3 são vértices de um tetraedro de volume igual a 1. O valor negativo de k é:

A) –3

B) –2

C) –1

D) –4

E) –5

78.O valor de m que torna os planos 2mx + 2y – z = 0 e 3x – my + 8z = 1 perpendiculares é:

A) $\frac{1}{2}$

B) 1

C) $\frac{3}{2}$

D) 2

E) $\frac{5}{2}$

79.Para que o vetor (–2, 4, k) seja paralelo ao plano de equação 2x + 3y – 2z + 5 = 0, k deve ser igual a:

A) –4

B) –2

C) 0

D) 2

E) 4

80.Considere o sistema de equações $\begin{cases} x + y + z = 1 \\ x + ay + z = 1 \\ x + y + az = 0 \end{cases}$. Se $\begin{vmatrix} 1 & 1 & 1 \\ 1 & a & 1 \\ 1 & 1 & a \end{vmatrix} = 0$, então as equações desse sistema são representadas por três planos conforme sugere a figura:

A)

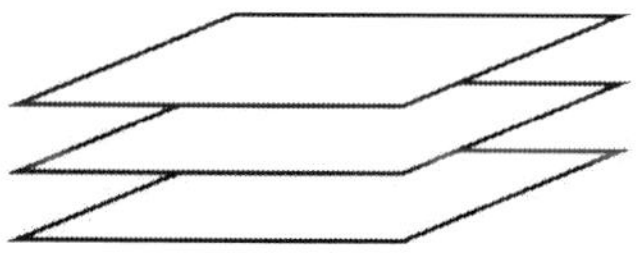

D)

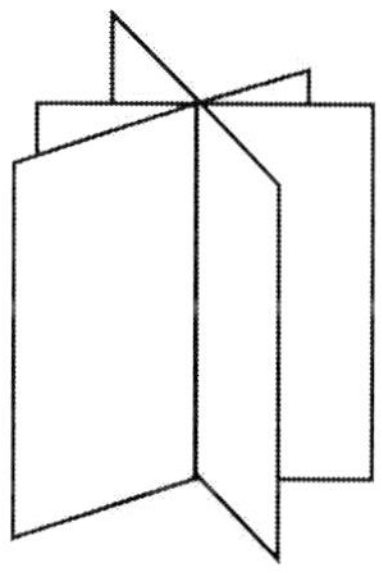

B)

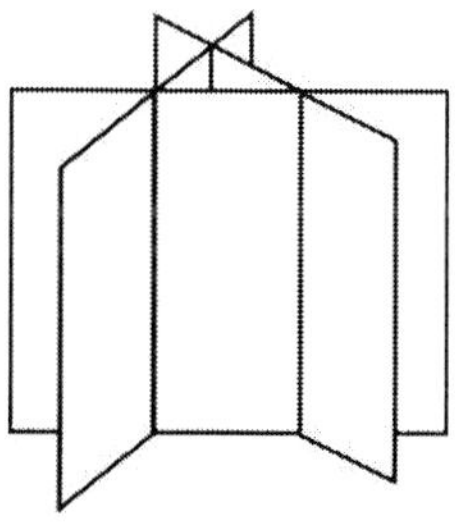

E)

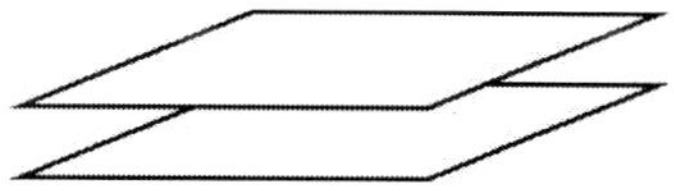

C)

81.Dados o plano 2x + 3y – 5z = 10 e a reta $\frac{x+3}{2} = \frac{y}{3} = \frac{2-z}{5}$ pode-se afirmar que:

A) o ponto P(3, 0, 2) pertence à reta.

B) a reta está contida no plano.

C) o plano e a reta interceptam-se na origem O (0, 0, 0).

D) a reta é perpendicular ao plano.

E) o ponto A (2, 3, –5) pertence ao plano.

82.Uma reta (r) do IR tem equações paramétricas $\begin{cases} x = 1 - t \\ y = 2t \\ z = 2 + 3t \end{cases}$, $t \in$ IR. Se (r) intercepta o plano α: 2x – y – z – 14 = 0, no ponto Q (x, y, z), pode-se afirmar que x + y + z é igual a:

A) 11

B) 8

C) 5

D) –1

E) –5

83.A equação $x^2 + y^2 + z^2 + 6x + 8z = 0$ representa:

A) uma esfera cujo centro é o ponto C (3, 0, –4)

B) um plano que contém o ponto P (3, 0, –4)

C) uma esfera de raio 5

D) um plano que contém a origem (0, 0, 0)

E) uma esfera que contém o ponto P (3, 0, –4)

84.O ponto P(1, –1, 3) está no interior da superfície esférica S: $x^2 + y^2 + z^2 - 6x + 4y - 10z - 62 = 0$. A menor distância de P a essa superfície é igual a:

A) 8

B) 7

C) 6

D) 5

E) 4

85.Considere as esferas cujas equações são $x^2 + y^2 + z^2 = 9$ e $x^2 + y^2 + z^2 = 6x$. Pode-se afirmar que:

A) as duas esferas têm centro na origem

B) o raio de uma das esferas vale 9

C) o centro de uma das esferas é o ponto (0, –3, 0)

D) as duas esferas têm o mesmo raio

E) o raio de uma das esferas vale 6

86.Considere duas esferas cujas equações são $x^2 + y^2 + z^2 - 2x - 4z + 4 = 0$ e $x^2 + y^2 + z^2 - 4y = 0$. Pode-se afirmar que as esferas:

A) são tangentes interiores

B) são concêntricas

C) têm o mesmo raio

D) são secantes

E) são tangentes exteriores

87.Seja a função f: $IR^2 \to IR^2$ tal que $f(x, y) = (51x + 49y, 49x + 51y)$. Para o ponto (x, y) que se transforma no ponto A = (35, 65) tem-se:

A) x +y = 0

B) x +y = 1

C) x +y = 2

D) x +y = 3

E) x +y = –2

88.Uma transformação linear T: $\Re^2 \to \Re^2$ é associada à matriz M = $\begin{pmatrix} \cos 30° & -\text{sen} 30° \\ \text{sen} 30° & \cos 30° \end{pmatrix}$.

Se A é afixo do número complexo z = 4i, M(A) será o afixo do número complexo:

A) $-2-2i\sqrt{3}$

B) $2-2i\sqrt{3}$

C) $-2+2i\sqrt{3}$

D) $2+2i\sqrt{3}$

E) $0 + 0i$

89.Uma transformação linear T: $R^2 \to R^2$ é dada pela matriz $T = \begin{pmatrix} -1 & 0 \\ 0 & 2 \end{pmatrix}$.

Se $A = \{(x, y) \in R^2 / y = x + 1\}$, o gráfico que melhor representa o conjunto T(A) é:

A)
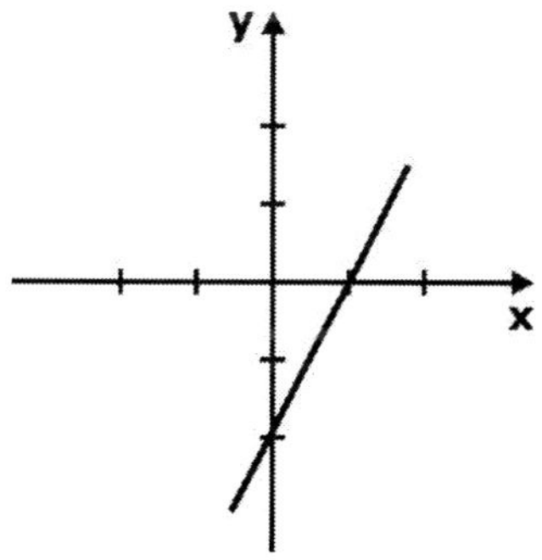

D)
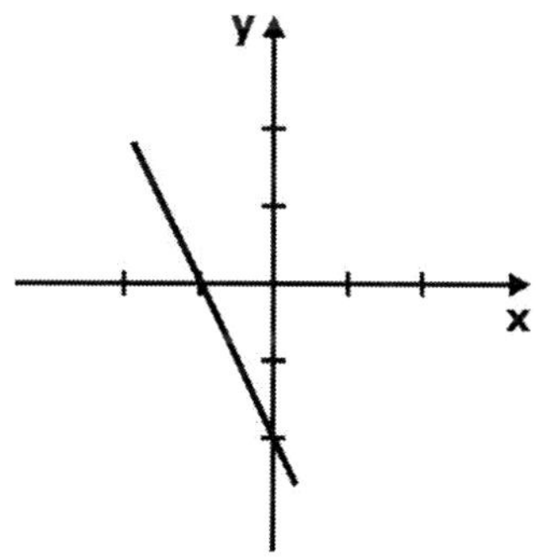

B)
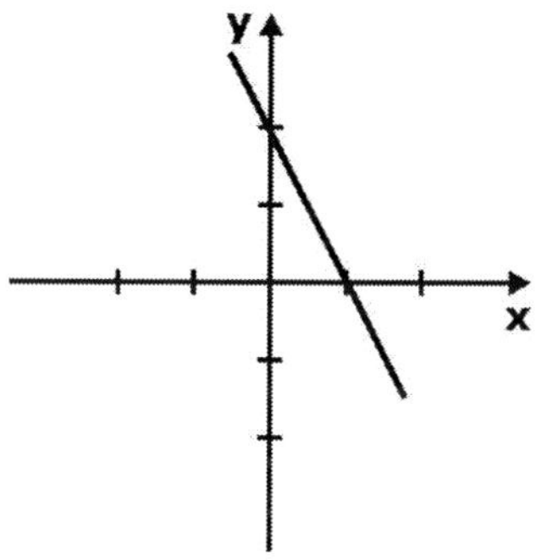

E)
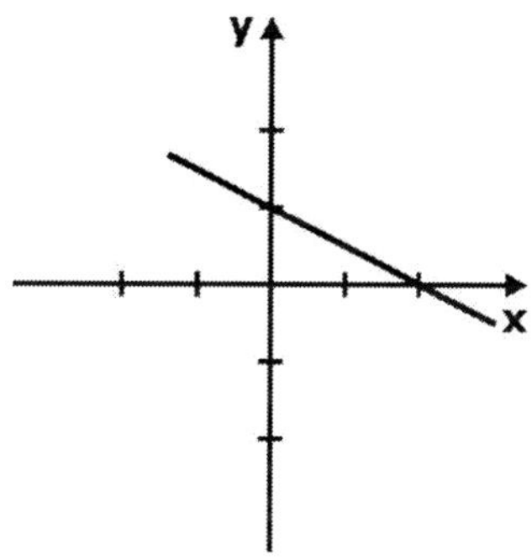

C)
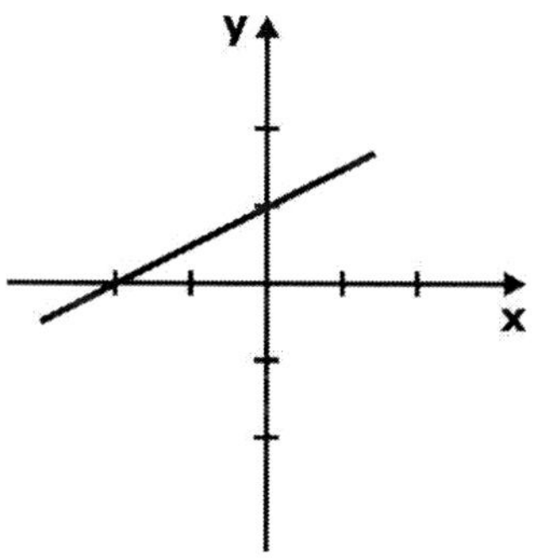

90.João resolveu graficamente o sistema de equações do 2º grau $\begin{cases} x^2 + y^2 = 4 \\ x^2 + y = 2 \end{cases}$.

Dentre os gráficos abaixo, aquele que pode representar a resolução obtida por João é:

a)
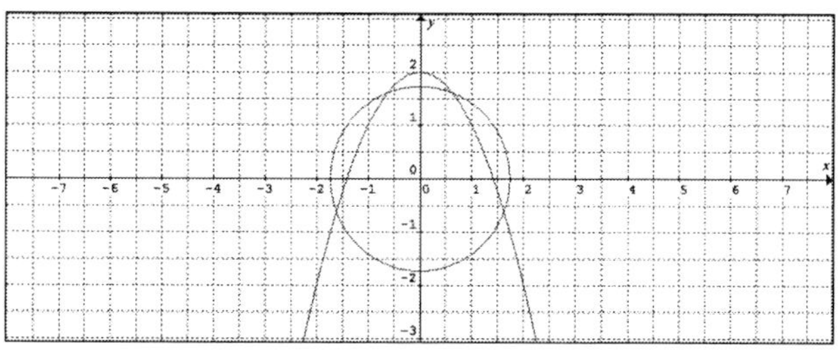

b) (x)

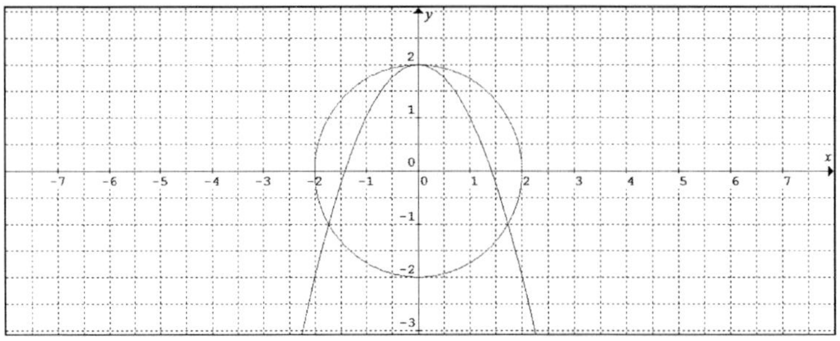

c)

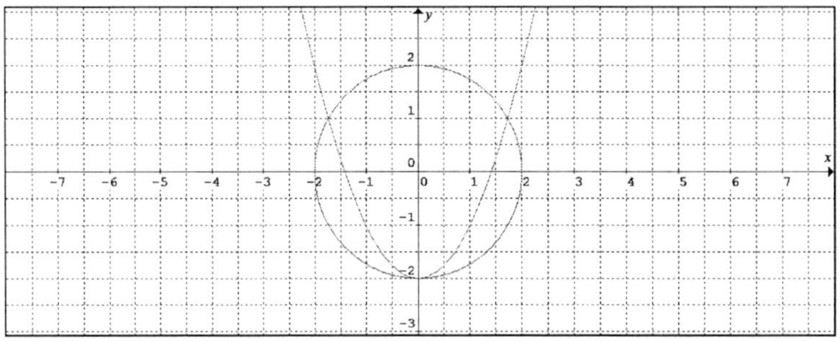

d)

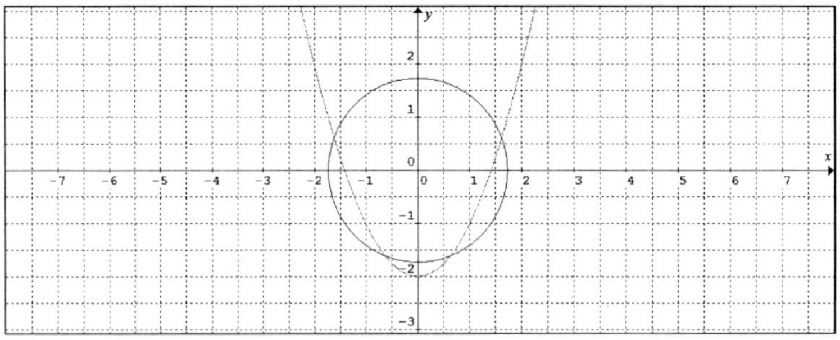

91.No conjunto R^3, os pontos A (–1 , 2 , 4) , B (3 , –3 , 4) e C (–1 , 6 , 1) são os vértices de um triângulo ABC. A partir desses dados foram feitas as três afirmações abaixo:

I. A área do triângulo é igual a 12,5 unidades de área.
II. A medida da altura relativa ao lado AC é igual a 5 unidades de comprimento.
III. O ângulo BÂC é obtuso.

O número de afirmações corretas é igual a:

a) 0

b) 1

c) 2

d) 3

92.Uma circunferência tem centro no ponto (1 , – 2) e tangencia a reta cuja equação é 5x – 12y – 3 = 0. Pode-se concluir que a equação dessa circunferência é:

a) $x^2 + y^2 + 2x - 4y + 1 = 0$

b) $x^2 + y^2 - 2x + 4y - 1 = 0$

c) $x^2 + y^2 + 2x - 4y - 1 = 0$

d) $x^2 + y^2 - 2x + 4y + 1 = 0$

93.A figura abaixo sugere a representação de um plano (α). Nesse plano, estão destacados, um ponto M(0, 1, –2) e dois vetores $\vec{u}$ = (1, 2, 3) e $\vec{v}$ = (2, –1, 1). Com base nessas informações, pode-se concluir que a equação algébrica do plano (α) é dada por:

a) $2x - y + z - 6 = 0$

b) $y - 2z + 2 = 0$

c) $x + y - z - 3 = 0$

d) $6x - 5y - 7z - 16 = 0$

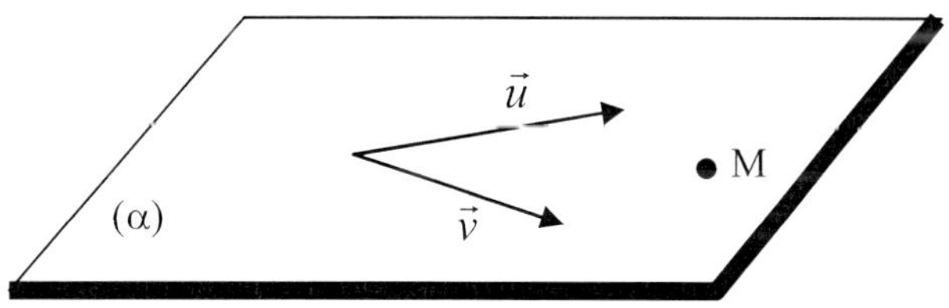

94.O gráfico cartesiano abaixo representa uma elipse, com centro na origem, cuja equação é $\frac{x^2}{25} + \frac{y^2}{16} = 1$.

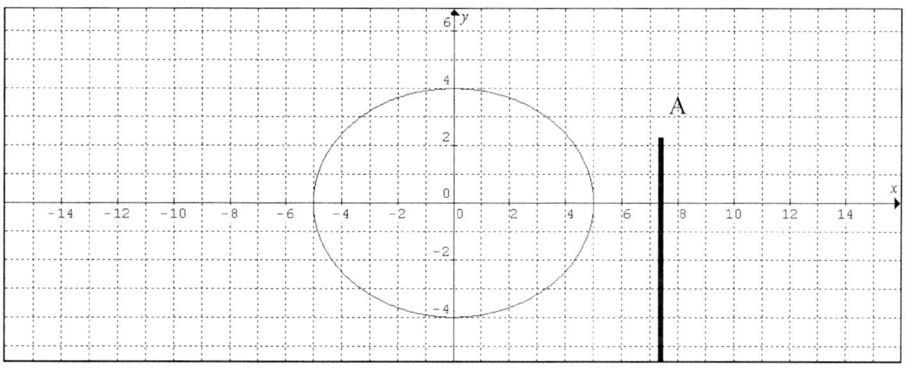

O comprimento da corda AB destacada no desenho, que passa por um dos focos dessa elipse, e é paralela ao eixo das ordenadas, mede:

a) 7,2

b) 6,4

c) 3,6

d) 3,2

95.Uma reta passa pelos pontos $A(3,\ 2)$ e $B(-3, -\frac{1}{2})$ e é tangente a uma circunferência que tem centro no ponto (1 , – 1) , conforme sugere a representação gráfica abaixo:

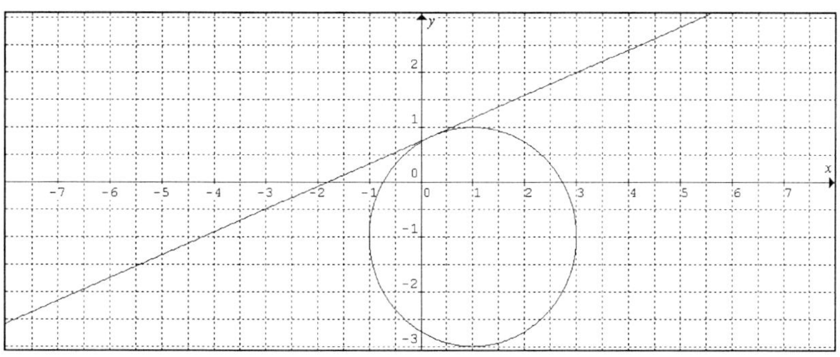

A equação dessa circunferência é:

a) $x^2 + y^2 - 2x + 2y = 2$

b) $x^2 + y^2 - 2x - 2y = 2$

c) $x^2 + y^2 + 2x - 2y = 1$

d) $x^2 + y^2 - 2x + 2y = 1$

96.Considere no conjunto $\Re^3$ uma reta r: $\begin{cases} x = -2 + t \\ y = 3t \\ z = 4 + 5t \end{cases}$ em que $t \in \Re$, dada por suas equações paramétricas e um plano α: Ax + By + Cz + D = 0 que passa pelo ponto P (– 2 , 10 , 5). Sabendo que a reta r é perpendicular ao plano α, o ponto em que r intercepta α é:

a) (–3, –3, –1)

b) (0, 6, 14)

c) (–1, 3, 9)

d) (–4, –6, –6)

97.No plano cartesiano, uma circunferência passa pela origem O(0, 0), e tem centro no ponto C(6, 8). O comprimento da corda que essa circunferência determina sobre o eixo das ordenadas mede, em unidades de comprimento:

a) 10

b) 12

c) 16

d) 20

98.Considere que, no espaço R^3, os pontos A(0, 3, 1) e B(6, -1, 4) são vértices de um paralelogramo ABCD, e M(2, 2, 3) é o ponto de intersecção das diagonais AC e BD. A partir desses dados, são feitas as quatro afirmações abaixo:

i) O vértice C é o ponto (4, 1, 5)
ii) O ângulo DAB é obtuso
iii) O lado AD desse paralelogramo mede 3 unidades de comprimento
iv) A área do paralelogramo ABCD é igual a $\sqrt{260}$ unidades de área

O número de afirmações corretas é igual a:

a) 1

b) 2

c) 3

d) 4

99.Rodrigo representou num plano cartesiano todos os pontos que satisfazem as inequações $2x\ 3y + 4 > 0$ ou $(x + 2)^2 + (y - 1)^2 < 4$.

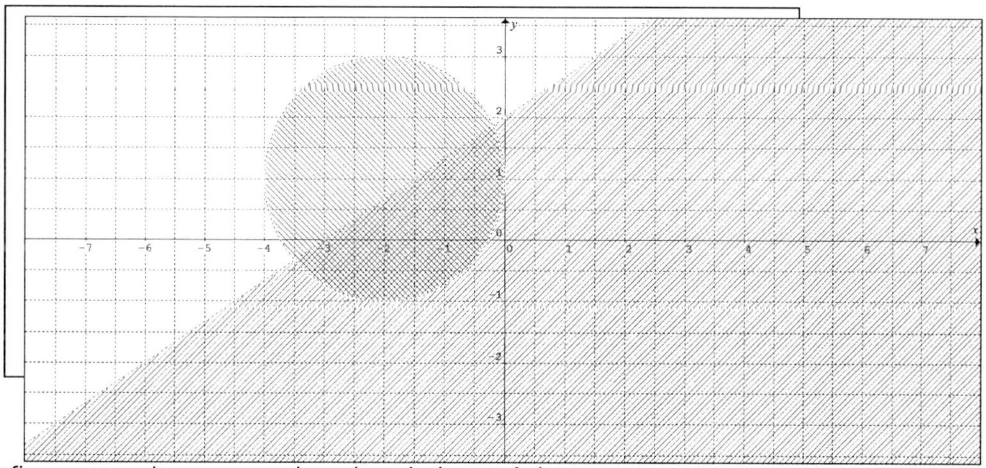

Pode-se afirmar que, dos pares ordenados abaixo, o único que pertence ao conjunto-solução do sistema de inequações $\begin{cases} x+2)^2 + (y-1)^2 < 4 \\ 2x - 3y + 4 > 0 \end{cases}$ é:

a) (-2, 2)
b) (0, 2)
c) (-1, 1)
d) (-1, -1)

100.No sistema cartesiano ortogonal abaixo estão representadas duas funções: $f(x) = ax^2 + bx + c$ e $g(x) = mx + q$ em que a, b, c, m e q são números reais, $a \neq 0$ e $m \neq 0$.

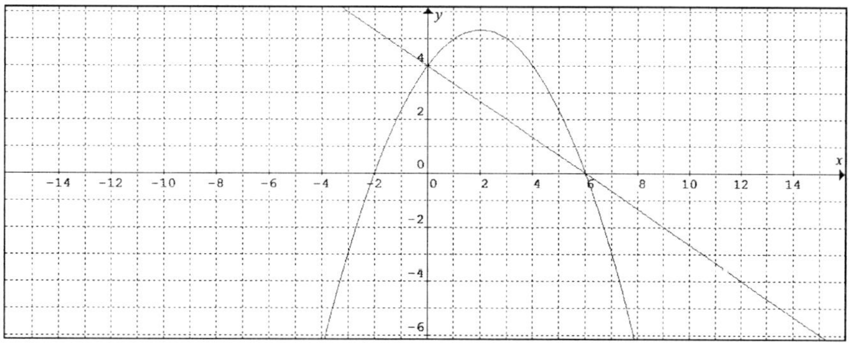

Com base nas informações obtidas a partir do gráfico, foram feitas cinco afirmações:

i. O conjunto solução da equação $f(g(x)) = 4$ é dado por $S = \{0\ ,\ 6\ \}$

ii. m = 2a

iii. m > a

iv. O intervalo real que representa a solução da inequação $\frac{g(x)}{f(x)} \geq 0$ é dado

por $S = [-2,\ +\infty\ [$

v. c + q = 0

As afirmações verdadeiras são:

a) i e ii (x)
b) ii, iii e v
c) i, ii e iv
d) ii e iv

101.Observe a foto de uma fonte luminosa, na qual foi desenhado um sistema de coordenadas cartesianas ortogonais conforme sugere o desenho abaixo.

Admita que os jatos d'água estejam descrevendo uma mesma trajetória parabólica, que pode ser expressa, nesse sistema de coordenadas, pela equação $y = -\frac{1}{10}x^2 + x$, em que x e y são dados em metros.

Disponível em http://matimage.blogspot.com/2009/09/parabolas, acessado em 07/03/2011.

Baseado nessas informações, pode-se concluir corretamente que a altura máxima (medida do segmento CD) alcançada pelos jatos, em relação à superfície da água é, em metros, igual a:

a) 2,0

b) 2,5 (x)

c) 3,5

d) 5,0

102.O conjunto – solução do sistema de inequações $\begin{cases} y \geq x - 3 \\ y \leq -x^2 + 6x - 5 \end{cases}$ é formado por pares ordenados que pertencem aos seguintes quadrantes:

a) 1° e 2°
b) 2° e 3°
c) 3° e 4°

d) 1º e 4º

103.O gráfico abaixo representa uma função polinomial do 2º grau, $f(x) = ax^2 + bx + c$.

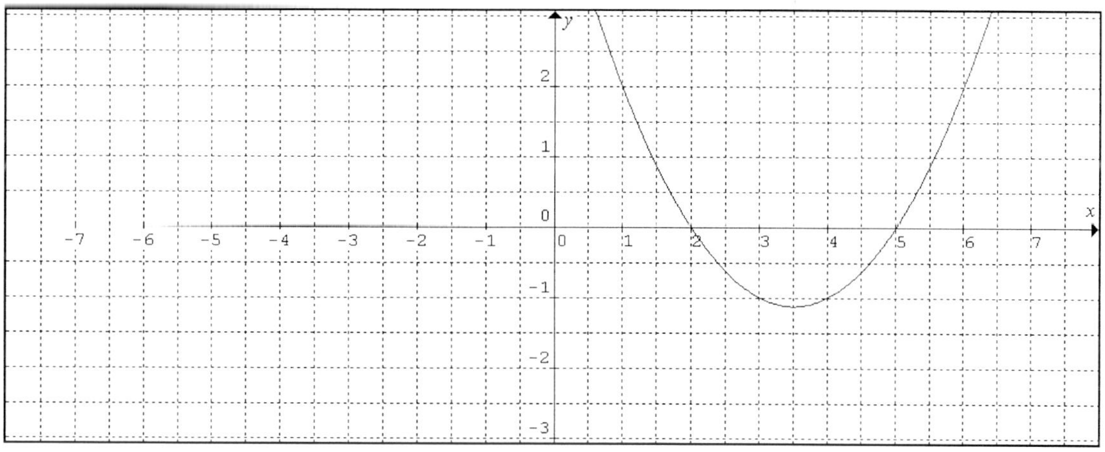

Sabendo que f(0) = 5, pode-se concluir que f(-1) é igual a

a) 6
b) 8
c) 9
d) 10

104.A parábola abaixo é a representação gráfica de uma função polinomial do 2º grau, $f(x) = ax^2 + bx - 2$, cujas raízes são – 4 e 2.

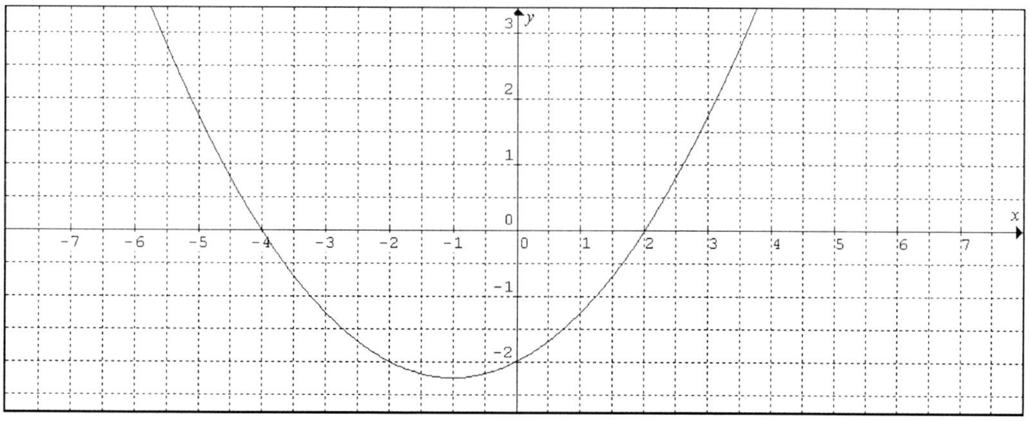

Se o vértice dessa parábola é o ponto V(m , p), pode-se concluir que m – p é igual a:

a) 1,25
b) 2,25
c) – 2,25
d) – 1,25

105.No plano cartesiano, os pares ordenados que pertencem ao conjunto-solução do sistema de inequações $\begin{cases} y \geq 1 \\ x \geq 0 \\ x + y \leq 7 \\ x - y \leq 1 \end{cases}$ determinam um quadrilátero. A área desse quadrilátero, em unidades de área, é igual a:

a) 12

b) 14

c) 24

d) 28

106.Para resolver a inequação $\left| \frac{1}{x} \right| \geq x^2$ um estudante considerou, separadamente, as funções f(x) = $\left| \frac{1}{x} \right|$ e g(x) = x^2 e representou-as num sistema de coordenadas cartesianas, obtendo o seguinte gráfico:

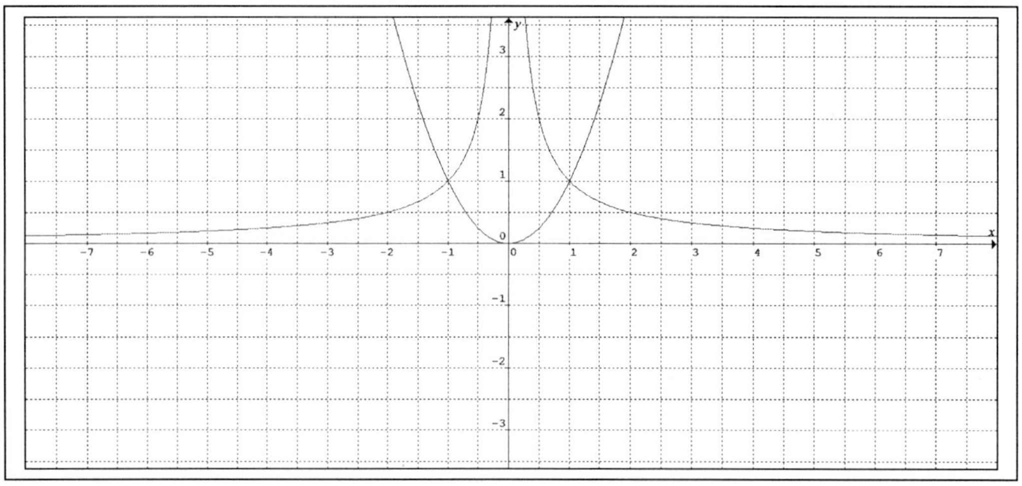

A partir do gráfico, esse estudante concluiu corretamente que a solução da inequação $\left| \frac{1}{x} \right| \geq x^2$ é o subconjunto dos números reais x, expresso por:

a) x > 1 ou x < -1

b) x ≥ 1 ou x ≤ -1

c) -1 < x < 1

d) -1 ≤ x ≤ 1

107.

Quanto você fumou hoje?

Veja quantos cigarros acaba consumindo quem convive com fumantes nas situações do dia-a-dia

SE VOCÊ FICAR...	DURANTE...	TERÁ FUMADO
– ao ar livre (sentado atrás de um fumante)	3 horas	1
– num restaurante (na ala de não fumantes)	2 horas	1,5
– na casa de um fumante (onde o consumo é de um maço por dia)	24 horas	3
– no carro (entre fumantes com a janela fechada)	1 hora	3
– num bar	2 horas	4
– no escritório (onde é permitido fumar)	8 horas	6

Fonte: Universidade da Califórnia (Veja, 14/07/99)

Analisando os dados acima, podemos concluir que a quantidade de cigarros que uma pessoa fuma indiretamente depende do local e do tempo de permanência dela entre os fumantes.

Descreva, em linguagem matemática, a relação existente entre o número de horas (x) e a quantidade de cigarros (y) que uma pessoa terá fumado, indiretamente, se ficar:

A) no carro (entre fumantes, com a janela fechada);

B) no escritório (onde é permitido fumar).

108.O recente incidente ocorrido na reserva indígena dos ianomâmis reabriu o debate em torno de uma questão antiga, que é a do desaparecimento dos povos indígenas, vítimas da violência do "homem branco". Em relação a esse fato, a revista VEJA (25/08/93) publicou uma reportagem com o gráfico abaixo, que demonstra como a relação entre esses povos, no Brasil, desenvolveu-se desde a descoberta.

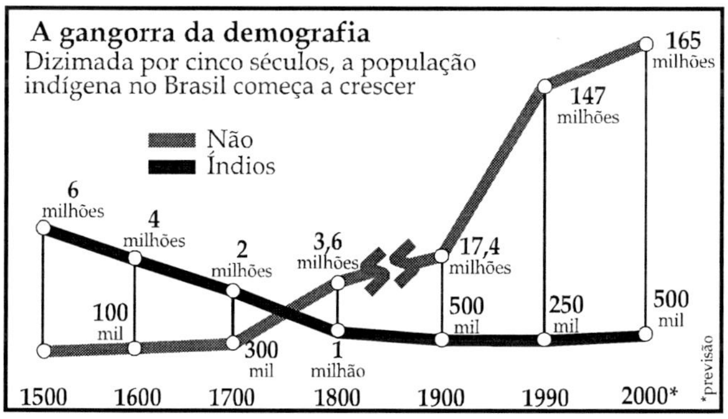

Após analisar o gráfico, conclui-se que:

A)de 1500 a 1700 as duas populações cresceram na mesma proporção

B)entre 1700 a 1800, a população indígena foi superada pela "não indígena"

C)em 1900 a diferença entre as duas populações era de cerca de 12 milhões de habitantes

D)no ano de 1990 a população indígena era igual à "não indígena"

E)após 2000, a população indígena terá sua taxa de crescimento diminuída

109.A velocidade angular W de um móvel é inversamente proporcional ao tempo T e pode ser representada pelo gráfico ao lado.

Quando W é igual a 0,8π rad/s, T, em segundos, corresponde a:

A)2,1

B)2,3

C) 2,5

D) 2,7

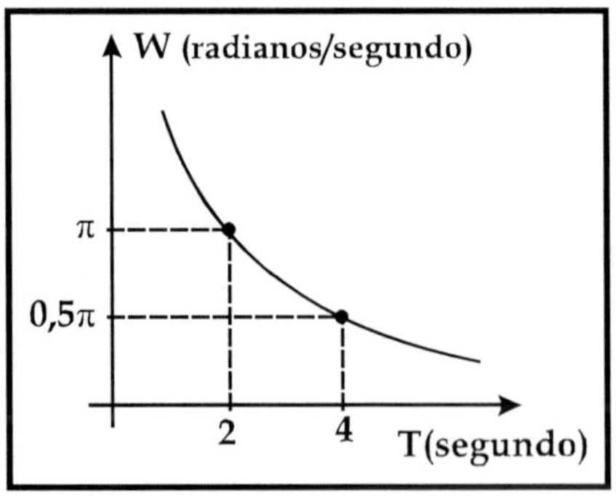

110.Admita que, a partir dos cinquenta anos, a perda da massa óssea ocorra de forma linear, conforme mostra o gráfico abaixo.

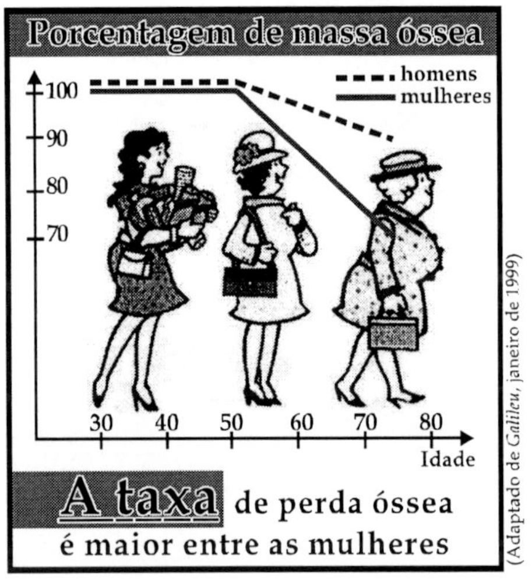

Aos 60 e aos 80 anos, as mulheres têm, respectivamente, 90% e 70% da massa óssea que tinham aos 30 anos. O percentual de massa óssea que as mulheres já perderam aos 76 anos, em relação à massa aos 30 anos, é igual a:

A) 14

B)18

C)22

D)26

Referências Bibliográficas

1. ANTON, Howard. ***Álgebra Linear***. Editora Campus. 3ª ed.

2. BLASI, Francisco. ***Exercícios de Geometria Analítica***. Papirus Livraria Editora

3. BOLDRINI, José Luiz, COSTA, Sueli I. Rodrigues, FIGUEIREDO, Vera Lúcia & WETZLER, Henry G. ***Álgebra Linear***. Harbra – Harper e Row do Brasil. 3ª ed.

4. BOULOS, Paulo & CAMARGO, Ivan. ***Geometria Analítica, um tratamento vetorial***. Mc Graw Hill. 1987.

5. CALLIOLI, Carlos, DOMINGUES, Hygino H. & COSTA, Roberto C. F. ***Álgebra Linear e Aplicações***. Atual Editora. 4ª ed.

6. D. KLÉTÉNIC. ***Problemas de Geometria Analítica***. Livraria Cultura Brasileira. 1970.

7. FAINGUELERNT, Estela K. & BORDINHÃO, Noelir de C. ***Álgebra Linear e Geometria Analítica***. Editora Moderna. 1980.

8. IEZZI, Gelson. ***Fundamentos de Matemática Elementar, volume 7***. Atual Editora. 4ª edição.

9. LEHMANN, Charles H. ***Geometria Analítica***. Editora Globo, 4ª ed. 1982.

10. LIPSCHUTZ, Seymour. ***Álgebra Linear.*** Coleção Shaum. Editora Mc Graw – Hill do Brasil Ltda. 2ª ed. 1974.

11. MACHADO, Antonio dos S., ***Matemática Temas e Metas, volume 5***. Atual Editora. 1986.

12. NETO, Aref A., LAPA, Nilton, SAMPAIO, José Luiz P. & CAVALLANTTE, Sidney L. ***Noções de Matemática, volume 6***. Editora Moderna. 1980. OLIVA, Waldyr Muniz. ***Vetores e Geometria***. Edgar Blücher. 1973.

14. RIGHETO, Armando. ***Vetores e Geometria Analítica***. Instituto Brasil15. SMITH, Percey F., GALE, Arthur Sullivan & NEELLEY, John Haven. ***Geometria Analítica***. Ao Livro Técnico. 1957.

16. STEINBRUCH, Alfredo. Álgebra Linear e Geometria Analítica. Mc Graw Hill do Brasil. 1972.

Impressão e acabamento
Gráfica da Editora Ciência Moderna Ltda.
Tel: (21) 2201 - 6662